2022
室内设计论文集

中国建筑学会室内设计分会　编

2022
INSTITUTE OF
INTERIOR
DESIGN
JOURNAL

·北京·

内 容 提 要

本书为中国建筑学会室内设计分会2022年年会论文集，共收录论文40篇，内容包括建筑设计、景观设计和室内设计的设计理论探讨、设计方法总结、设计案例分析、项目实践经验分享等，涉及中国优秀传统设计文化传承、设计教育改革、历史建筑室内空间环境解析、艺术与技术融合、空间设计创新、新型材料应用等论题。

全书内容丰富，图文并茂，可供建筑设计师、室内设计师阅读使用，还可供室内设计、环境设计、建筑设计、景观设计等相关专业的高校师生参考借鉴。

图书在版编目（CIP）数据

2022室内设计论文集 / 中国建筑学会室内设计分会编. -- 北京 : 中国水利水电出版社, 2022.11
ISBN 978-7-5226-1064-1

Ⅰ. ①2… Ⅱ. ①中… Ⅲ. ①室内装饰设计—文集 Ⅳ. ①TU238.2-53

中国版本图书馆CIP数据核字(2022)第202496号

书 名	**2022 室内设计论文集** 2022 SHINEI SHEJI LUNWEN JI
作 者	中国建筑学会室内设计分会 编
出版发行	中国水利水电出版社 （北京市海淀区玉渊潭南路1号D座 100038） 网址：www.waterpub.com.cn E-mail：sales@mwr.gov.cn 电话：（010）68545888（营销中心）
经 售	北京科水图书销售有限公司 电话：（010）68545874、63202643 全国各地新华书店和相关出版物销售网点
排 版	中国水利水电出版社微机排版中心
印 刷	清淞永业（天津）印刷有限公司
规 格	210mm×285mm 16开本 13.25印张 530千字
版 次	2022年11月第1版 2022年11月第1次印刷
定 价	**98.00** 元

目录

设计的解剖——从现代性之下的室内设计文化基因说起 …… 叶 铮/1
基于社区生活圈调查的适老化优化设计策略研究 …… 刘令贵 高涛涛 吕 涵/18
建筑装饰工程的工业化转型——产品化思维下的室内工程设计理论研究 …… 曹 阳/22
象征与重构——欧美早期邮轮中的国家身份表达 …… 田 壮 崔笑声/31
基于满意度评价的历史文化街区使用环境研究——以重庆东水门老街为例 …… 张 雯 周铁军/35
试论“城市可阅读”的重构与熵增 …… 崔仕锦/40
以节能减碳为目标的西藏太阳能公共建筑设计探究 …… 王妍淇 周铁军/44
纳西族民居院落空间的特征 …… 王星懿 李瑞君/49
基于德勒兹感觉逻辑的复杂性建筑形态审美研究 …… 项 玮 刘 杨/53
“批判性地域主义”当下意义的探讨——对王路建筑作品的解析 …… 代芳园 周铁军/58
明清绘画中灯具与居室陈设图像考 …… 任康丽 牛海霖/63
基于学龄前儿童心理行为特征的幼儿园趣味性室内设计研究 …… 杨雨萱 马 辉/68
既有建筑适应性再利用专题教学比较研究
——以罗德岛设计学院和阿尔托大学室内建筑硕士课程为例 …… 郭晓婧 傅 祎/73
“元宇宙＋游艺学”视阈下大学校园高压绿廊景观创新设计探索 …… 王珺茜 王 玮/77
基于亚安全区的深埋复杂地铁车站疏散组织策略研究 …… 杨向婷 张海滨/81
更健康、更治愈的医疗空间 …… 乔媛媛 秦高阳/86
可持续理念下工业遗产再生设计方法与策略 …… 严佳丽 胡林辉/90
谈如何避免室内装饰设计的平庸化 …… 陈 宏/94
从建筑的展览到展览的建筑——展览事件与建筑设计的互动性 …… 冯亚星 安 勇/99
东北地区木屋建筑的类型与结构 …… 李瑞君/103
《金瓶梅》中宅院建筑形态研究 …… 余冯琪 李瑞君/109
生态理念在民宿景观设计中的应用研究 …… 张卫亮 王继宽/115
社会可持续视角下的青岛市北区社区网格空间运营设计研究 …… 朱笑宇 胡 彬 罗萍嘉/119
“在地性”视角下的乡村营建适宜性策略探析
——以广西都安琴棋村公益食堂为例 …… 翁 季 高 博 高 金/124
当代展示空间的文化转译设计研究
——以福建非遗寿山石雕技艺展示馆为例 …… 高宇珊 潘吟之 梁 青/129
“文脉修补”视角下历史古镇更新策略初探——以珠海唐家古镇为例 …… 熊宣智/134
基于蝴蝶光鳞片仿生技术的生态建筑幕墙设计研究 …… 赵聪聪 刘 杨/139

高校校园公共空间微更新策略研究——以重庆大学B校区为例 …………………… 白馨怡　周铁军/144
城市公园的景区定位属性与生活需求属性的矛盾与优化策略
——以重庆市碧津公园的人群活动调研情况为例 …………………… 周铁军　王　杰　徐茂杰/148
改造项目中可研报告的应用与分析——以X项目办公楼改造设计为例 ……………………… 姜静静/155
基于环境行为学的传统风貌区公共空间更新——以磁器口横街为例 ……………………………… 李　伟/158
互联网背景下"体验式"零售空间设计研究 ……………………………… 江　聪　王先桐　李　艳/163
并置与激发——彼得·卒姆托建筑中材料与空间的表达 ………………………………………… 陶涵瑜/167
近代汉口建筑瓦材历史研究与再利用思考 ……………………………………………………… 周运龙/171
汉口近代建筑中壁炉装饰设计探究 ……………………………………………………………… 谢宇星/177
明代陵墓神道石兽装饰研究 ……………………………………………………………………… 吴世君/182
从岐山村看近代上海中产阶层住家木作装饰特征 ……………………………………… 刘　涟　左　琰/188
浅谈空间设计的科学与艺术融合发展 …………………………………………………… 董维华　李咏仪/195
体验式商业综合体"情景营造"设计研究
——以遵化爱琴海城市广场商业综合体为例 …………………………………………… 陆娇娇　范小胜/199
农旅融合背景下的川南丘陵地区乡村景观规划设计研究
…………………………………… 李　吉　黄　禾　孙　丹　罗小娇　王华斌　杨琪芮　陈孟琰/203

设计的解剖
——从现代性之下的室内设计文化基因说起

■ 叶　铮

摘要　建筑史的发展，使传统建筑设计与现代室内设计产生了角色和使命的迭代转移。

以人为主体的现代性，同时构成了现代建筑对个体价值与群体价值的追求。作为建筑设计终点站的现代室内设计，被赋予了腐朽与卓越的潜在文化基因。

对室内设计本质与存在理由的追问，又揭示出本学科的六大特质，即终结性、整体性、非主体性、个体性、装饰性和服务性。同时，进一步分析基于人性目标为起点的现代室内设计四大阶段（心理行为、空间秩序、形式物化、终结整合）及其审美智力的介入，对设计过程转换起到的决定性作用，并梳理了现代室内设计的本体内容。由此，揭示出“什么是室内设计”“室内设计的核心是什么”等一系列问题。

现代室内设计本无主体可言，它是一种性质的存在，赋予所介入的对象以更加美好、卓越的体验。

鉴于对室内设计核心本质问题的解析，总结当下室内设计评价领域所持有的左倾与右倾❶两大评价标准，阐述了两大评价标准背后的意义指向，并通过左、右不同评价立场的分歧博弈，最终融汇成“拒绝腐朽，追求卓越”的设计展望。

不断发展的室内设计，在现代性的持续作用下，将面临一体化、装配化、精英化、社会化的历史洗牌。

关键词　**现代性　室内设计　非主体　审美智力　设计本体　腐朽与卓越**

1　建筑师与室内设计师的迭代转换

回望数千年的建筑发展，虽说推动建筑史进步的因素众多，但概括起来，从建筑本体而言，可大致分为三大因素：材料与结构、空间与形式、风格与装饰。

材料的进步，带来空间结构的变化；结构的变化导致空间形式的发展；空间与形式的发展需要相应的风格与装饰，来作为与时代匹配的象征语言。如果说，材料与结构的进步得益于时代技术的推动；风格与装饰的变迁则缘起时代与文化的作用；那么，空间与形式的发展则被视为建筑专业本体的规律性表现。这三大因素构成了推动世界建筑史的发展内容，亦暗示了建筑作为一门科学的本体领域。

作为建筑设计的终结阶段，室内设计起源于建筑的两项附属性工作：对空间界面的装饰装潢和家具陈设的空间安排。前者服务于空间精神与文化慰藉，后者满足于空间行为与生活方式。

如果从史前法国拉斯科山洞的岩壁装饰算起，装饰的发展过程，从最初的图案图形创造，开始对空间界面做出表皮式依附性装饰，逐渐演变为自觉追求结构形态与空间整体充分相融的现代式结构性装饰和材质性装饰；一路顺其发展，又到当代作为抽象关系的空间式关系性装饰，形成了一部跨越近万年的空间审美语言史（详见《空间思哲：空间本体与载体的抽象关系》）。

一旦装饰从界面的依附中剥离而出，由依附性装饰走向结构性装饰、材料性装饰、关系性装饰，那么，装饰则不可避免地成为对空间、形态、材料，甚至关系存在等不可分割的表述因素。于是，作为空间语言，装饰既是结构，又是材料，更是空间，以及空间关系本身，并指向空间形式，这一建筑设计的核心内容（图1～图6）。

图1　界面性装饰——古埃及底比斯·帕谢杜法老墓
（图片来源：《世界室内设计史》）

❶　左倾是指主张设计的伦理学价值的倾向；右倾是指主张设计的本体学价值的倾向。

图 2　结构性装饰——
意大利布里昂家族墓地　卡罗·斯卡帕
（图片来源：叶铮　摄）

图 3　结构性装饰——
法国朗香教堂入口　勒·柯布西耶
（图片来源：叶铮　摄）

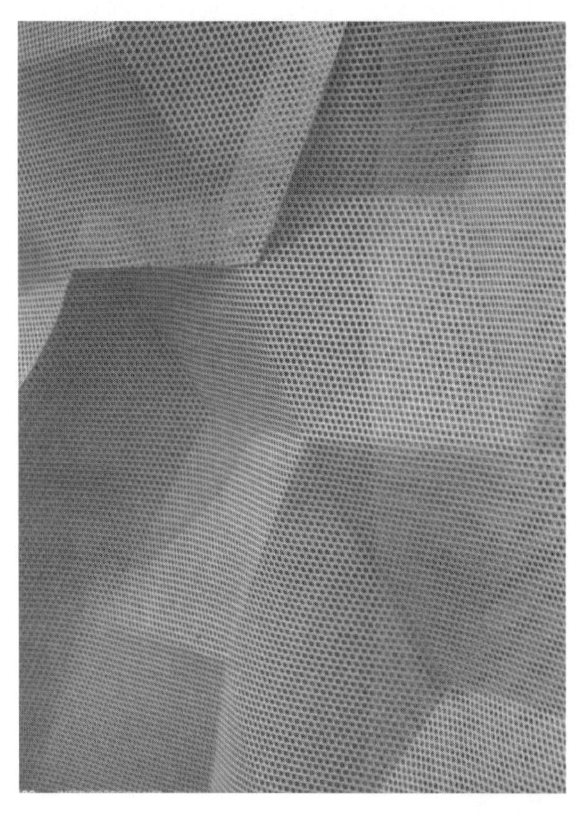

图 4　材料性装饰——爱马仕“上下”上海门店　隈研吾
（图片来源：《隈研吾作品集》）

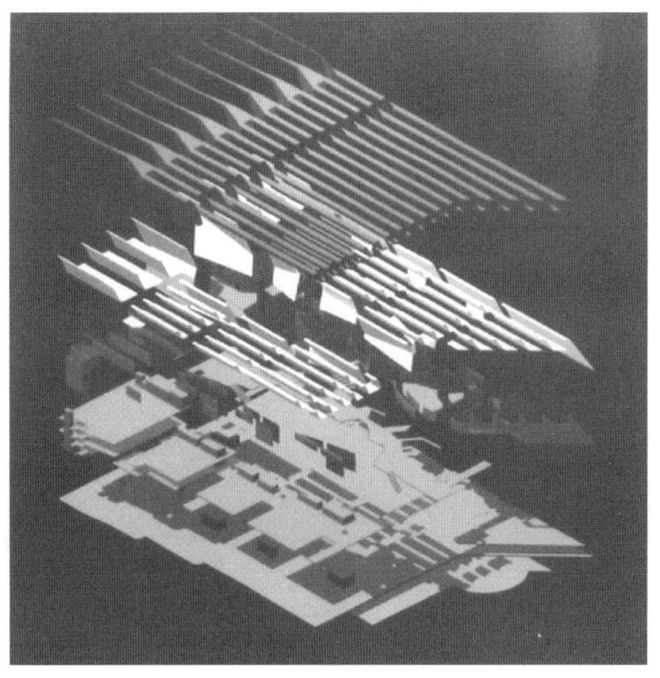

图 5　关系性装饰——法国雷诺汽车交流中心　Jakob＋Macfarlance

（图片来源：《法国室内设计 FRENCH INTERIOR SPACES ARCHITECTURE》）

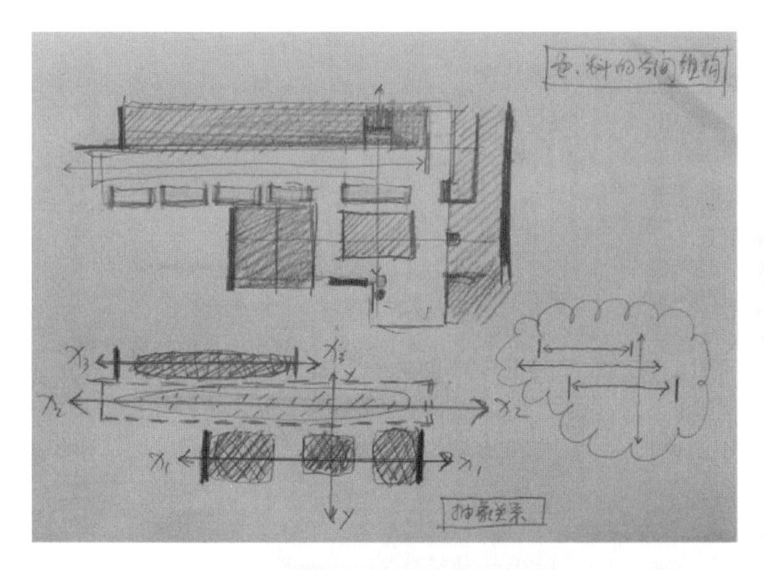

图 6　关系性装饰——锦江 4S 汕头店　HYID 泓叶设计

（图片来源：叶铮　摄）

与此同时，家具与陈设的空间布局，从一开始便切入到空间行为方式与空间组织关系的核心问题，并与装饰的结构性、材料性、关系性在空间规划中双双指向空间功能这一建筑学的基本课题。

从设计内容的变迁而言，室内设计凭借装饰和陈设两项附属性的建筑设计工作，已开始进入到传统建筑设计的核心领地。

从设计完成过程而言，室内设计虽然起源于建筑设计的附属性工作，但是，在项目设计的全过程中，又具备了另两项关键性特征，即设计的终结性和整合性。该两项特征，决定了作为建筑设计终点站的现代室内设计，必将设计全过程进行到底的专业角色。

其实，这一设计终点站意义非凡。它意味着：①将起源于自然庇护及物质技术的空间角色，最终推向了文化象征和身心体验的空间；②将人类身躯与灵魂、物质与精神融为一体的设计终结与整合。

一做到底的设计终结，难道不应该是传统建筑师的目标吗？在建筑史中，特别是文艺复兴时期，艺术家们将建筑设计视为最高的艺术境界。这就是为什么，传统建筑大师几乎都是当时杰出的艺术家或工匠。因为，艺术的力量在于最终的感性显现，它的存在必定是具体而鲜活的，任凭世上再伟大的事物，没有走到终极，均无法上升为艺术评价的对象。而如今的情境，恰巧又重现于现代室内设计师的职业目标中。而当代建筑师亦开始渐渐背离传统建筑师一做到底的工匠艺术家角色。

借助终结与整合，室内设计从建筑的附属性工作开始，不断拓展专业自身的边界，也由此唤醒其专业存在的自觉意识，使得当今的室内设计师，逐渐走向了部分传统建筑师的角色。与此同时，建筑师也逐渐转型到现代城市及规划等设计领域。更为宏大的叙述赋予现代建筑师们更为深远的社会学色彩。

从20世纪初开始，建筑师与室内设计师进入了角色迭代和转换的历史时期，这一迭代转换的动因，正是现代性思想的社会化结果。

2 现代性之下的室内设计

现代性是建立在以人为中心的思想基础上，强调人的个性意识与自由发展的价值观和文化观。作为一种世界性体系的生成，它深入到人类社会的各个领域。自文艺复兴到启蒙运动，以至当代社会，一句“以人为本”的经典口号，通俗化地表述了现代性的思想核心，持续影响着数代人的思维逻辑，改变着社会发展的各个层面。

作为人类的思想体系，现代性以人为主体的主张，首先反映在对于自我价值的尊重，即注重个人意志、个人利益、个人自由等主张。其间，对个人价值的强调，自然也包含着对物质世界与个体欲望的占有和扩张。

为平衡个体意志的单向扩展，现代性同时又反映在对公共价值的尊重，即注重群体秩序的公众性、公正性、民主性、远瞻性建设。这种对群体意志的关注，也自然包含着法治化、市场化、全球化、生态保护、国家意志等公共问题。

于是，以人为主体的现代性，可视为公众价值与自我价值的两极延伸与平衡。这一社会化进程的影响，体现在建筑设计的层面，便是现代室内设计与现代城市设计两门新兴学科，从传统建筑学的母体中分别崛起。使传统的狭义建筑学，走向了现代的广义建筑学，并构成了“一体两翼”的建筑发展新格局。所谓两翼，是指现代室内设计与现代城市设计，所谓一体，是指传统房屋建筑设计。通过建筑一体，连接两翼设计，实现均衡发展。

显然，以城市设计为代表的学科方向，倾向于现代性之下的公众价值，关乎社会性、系统性、公平性、健康性、持续性、市场性等层面的设计问题。以室内设计为代表的学科方向，则更倾向于自我价值：关乎个体性、个性化、自由化、片段化、即时化、艺术化等设计因素。需要说明的是，在此的个体是与公众相比较而言，它既可以是数字意义上的个体，也可以是某一小集群概念上的个体。

虽说得益于现代性的引领，室内设计作为一门新兴学科的崛起与独立，从一开始便携带着正反两方面的精神气质，呈现出“腐朽”与“卓越”的文化基因，抑或说专业底色。

以个体意志为人性目标的现代室内设计，其设计腐朽性从表象上讲，可归结为两个层面：设计的服务者与被服务者。

首先是设计的服务者，即设计师层面。这一层面对个性价值的追求，已发展为一股室内设计自定义的时代现象。在设计个人标签、名垂史册的社会驱动下，导致了个人英雄主义的漫溢。对个人荣耀的追求，使设计的初衷完全扭曲异化，设计界也因此沦为了名利场。

可以说，对荣耀的痴迷，几乎是人性中最不可抵抗的诱惑，它严重腐蚀了室内设计师的灵魂，潘多拉魔盒因此被打开。而有些媒体，更是火上浇油，助长了这一现象的发展。不得不说，这是一种现代性推动下的“专业腐朽”。

虽然对荣耀的迷恋不只存在于室内设计中，但室内设计因为缺乏明确而一以贯之的专业主体性，而成了重灾区，且几乎发展到丧失专业控制的程度，而全然不如其他设计门类——因为具备相应的专业主体而具有设计存在的前提制约。

假设，设计行为不与设计服务者的荣耀关联，即放弃设计师署名的习惯和观念，那么，我们能否得以看见更趋理性又现实的设计表现呢？许多过度设计可否得到相当控制？这不由令人想起历史上的那些工匠制年代，因无关工匠个人英名，设计动机与行为始终围绕其需要的初衷展开，并大量诞生百世流芳的经典作品。

其次是设计的被服务者，即项目的投资方、持有方、享用方等层面。这一层面有权支配室内设计的价值取向与最后效果，成为展示其阶层个体意志的专业工具。在以人为本、顾客是上帝等观念的推动下，顺其阶层的人性发展，自然导向了个体膨胀和自由纵欲的倾向。借助室内设计对装饰包装的职能，实现空间的享乐与炫耀，甚至极尽追逐奢华表现的心理满足。而室内设计的工作起点，往往起始于对人性所导致的行为与心理进行针对性的研究与迎合，因此，则有目的地强化和诱惑了人性中一些潜在的弱点和欲望，以此作为室内设计的切入点。这样的例子古今皆有，尤其是20世纪二三十年代席卷欧美设计界的消费主义文化运动，便是最好的写照。

这样说来，现代室内设计除了提供物质功能的需求，更多将上升到精神体验与心理认同的境界，它是因享乐与炫耀的人性心理所外化的艺术形式与行为目标。从本质上讲，现代室内设计对人性的无限依从，甚至诱惑，决定了它在专业使命的鞭策下，全然丧失了对负面人性膨胀的警惕和批判，并将竭尽所能地展示和美化人性中的各种欲望。说到底，有些室内设计是用来唱“赞歌”的专业工具，其实质就是对权力的颂扬、对富贵的歌唱、对欲望的美化、对自我的高扬。最终，汇集成“腐朽的包装”，成为时代文化的一种表现形式。现代室内设计，在整个设计家庭的谱系中，作为一项独立学科，已然不是必需品，而是奢侈品，这不难让人看出，室内设计的“腐朽性”专业底色的一面。

往往，“美”到深处是“腐朽”❶。设计中的“腐朽”，时常藏身于一种文化品位与专业水准的表现。往昔对物质的设计追求，已化为一场非物质、贵族式的艺术优雅。室内设计因此需要裹着艺术的外衣，导演一场“化腐朽为神奇”的空间大戏。如此发展，将使室内设计最终丧失对现实的审视及理性发展的能力。

不论是设计服务者还是被服务者，对“设计腐朽”的推进，借传媒之手而扩大。设计的两个层面均同时捆绑了传播，尤其是在互联网时代，由于媒体的普遍化，有的媒体背离长期以来以学术评价与经时间沉淀的设计历史观为主导的评价标准，而以商业运作为目的，从而导致设计评价失去客观、公正。事实上，媒体过度自由化、过度商业化，已然构成了对设计评价秩序的危害。

现代性一方面加速引发了室内设计的“腐朽性”，但另一面，也推动了室内设计专业的“卓越性”。

站在空间设计的视角，现代室内设计与城市、建筑、景观、规划等设计专业相比，无疑在空间体量及服务人群等方面，明显要小于这些设计领域。规模效应决定了室内设计走的是一条空间精品化道路。如若不求空间精品，室内设计几乎无存在必要；再者，精品化的道路选择，又伴随着室内设计所独有的“非主体”性质，使室内设计不断开创空间审美的伴随性高度；与原本起源于空间装饰出身的专业诉求，及对于空间的“腐朽包装”一脉相承，旨在将室内设计推向空间文化艺术的体验境地，并直抵卓越性的最终目标。前些年流行于欧美的某些精品酒店，便是“腐朽性”的折射（图7～图14）。

图7　欧洲洛可可风格，腐朽的优雅——德国慕尼黑宁芬堡宫

（图片来源：《世界室内设计史》）

图8　炫目的表演，腐朽的追求

W London Hotel Concrete

（图片来源：《顶级酒店-7》）

图9　个性与腐朽的张扬——迈阿密蒙德里安南滩酒店　马塞尔·万德斯

（图片来源：《艺术酒店》）

❶ “美”，特指室内设计之美。审美，是道德品性的一种折射，不同的审美追求反映了不同的人格品质。当人性中的某些因素（如对物质的过度追求，对地位、财富、权力的炫耀）化作审美对象——室内空间时，对室内设计极致的“美”的追求，折射的是人对物欲享乐等腐朽精神的迷恋。往往，室内设计成全了人性中这负面的一面，所以“美”得令人炫目的室内设计，往往带有“腐朽”的底色。

因此，规模效应、精品文化、非主体性、装饰起源、“腐朽包装”等因素，又共同催生出室内设计的另一专业底色——走向艺术卓越。

不难察觉，现代性之下，当代室内设计形成了两大品质：“腐朽”与“卓越”。所谓腐朽，是个体意志延伸的结果，是人性欲念的沦落；所谓卓越，是专业本体发展的结果，是个人才华的惊现。“腐朽”与“卓越”，在

图 10 光艳腐朽的商业文化——拉斯维加斯 MGM 酒店
马塞尔·万德斯
（图片来源：*Designing with Light Hotels*）

图 11 因腐朽而卓越——巴黎歌剧院
让·路易·夏尔·加尼埃
（图片来源：叶铮 摄）

图 12 现代理性的创造与卓越——
萨沃伊别墅 勒·柯布西耶
（图片来源：叶铮 摄）

图 13 后现代的力量，崛起的卓越——
毕尔巴鄂古根海姆博物馆 弗兰克·盖里
（图片来源：叶铮 摄）

图 14　超越时代的卓越——
上海世博会英国馆　托马斯·赫斯维克
（图片来源：《赫斯维克作品集》）

现代室内设计中，又是相辅相成的关系。室内设计因“腐朽”而“卓越”，因“卓越”而掩盖其“腐朽”，并化解“腐朽”之尴尬。而对美的创造与卓越的追求，恰好指向现代室内设计的核心所在。

如此，便需进一步解剖现代室内设计存在的专业特质。

3　现代室内设计的六大特质

在设计的谱系中，现代室内设计虽然仅是一个从属性的年轻分支，但它覆盖范围广、要求表述的程度深、引涉运用的相关学科多，而且作为一门新兴的设计学科，专业指向和边界显得十分含混，职业的规定性相对自由，缺少固定明确的专业制约。如此状况，可以从当下两个行业现象得到说明：一是“谁都能做”；二是“做什么都是”。

第一现象，似乎反映出谁都可以从事室内设计。由于专业门槛模糊，技术含量偏低，任何在艺术设计相近邻域中稍有基础的人，几乎都能跻身室内设计行业。如出身于平面设计、产品设计、建筑设计、时装设计、绘画艺术、工艺美术、舞台美术专业的人员，甚至从事古玩收藏的人，都有成功转入室内设计的例子。

第二现象，说明学科主体性模糊。由于任何人都能以任何方式，无论具体怎么做、做什么，只要对内部环境有所影响和改善，都能被冠之以“室内设计”。如通过装饰布展、空间调整、家具摆设、色彩配置、光线调节，通过移除或者搭建等方式，都可对内部环境作出改善。如此种种，造成室内设计如同没有专业边界一般，可以不断自由地延伸。

那么，面对诸多现状，带着疑问的积淀，不仅令人问道：“室内设计到底是干什么的？室内设计的主体性是什么？室内设计存在的专业底线在哪？室内设计作为专业存在的不可替代性是什么？”

为寻求答案，不妨先从室内设计的专业特性入手进行分析。总结室内设计的特质，它由六大方面组成，即终结性、整合性、非主体、个体性、装饰性和服务性。

3.1　终结性

室内设计的终结性，是指对项目完成到底的彻底性。它强调设计的现实落地与最终检验，意味着对所有设计问题的最后解决，及其由专业特质决定的细微表现与务实精神。

从整体项目的设计与过程来讲，终结性包括两层含义：其一，是指时间排序的终结性。简而言之，室内设计的完成，表明项目设计的结束，室内设计师的离场，意味着项目的竣工使用。其二，是指设计表现内容的终结性。也就是说，室内设计从空间来看，它是内部，而从表现上讲，则为表皮。这一对空间表皮的完成，直接体现设计的感性体验，决定设计对象的艺术化水准，意味着设计表现的终极所在。

设计的终结性特质，赋予室内设计对整体项目最后的决定、调整、整合、负责的职业权限，也因此对所覆盖到的项目范围，具备最终的决定性意义[6]。

3.2　整合性

室内设计是一门多专业交叉融合的学科，其终极性特质又决定了需要对介入空间中的各项因素作出统一梳理，形成一个多专业终结汇聚的大舞台，即设计的整合性特质。

室内设计的整合性，同样也可分为两层含义：其一，是指存在于设计学谱系之内的整合。从二维平面、三维产品、四维空间的维度而言，它包括了平面视觉、产品设计、建筑设计、景观设计、多媒体设计等学科；从艺术与技术兼容的工程学而言，又包括了机电选型与终端设计、空间结构与构造设计、环境光学与声学设计、材料属性与施工设计、生态技术与绿色设计等众多问题的综合。由此可见，室内设计几乎涵盖所有的设计谱系。其二，是指对于设计学谱系之外的内容整合，以解决设计所面对的各类服务对象的行为、专业、管理等问题。它要求设计师具备广博的知识面与跨学科的专业能力，比如心理学、社会学、管理学、营销学、艺术学、传播学、政治学、医学等，都将可能成为室内设计的研习课题。不难发现，那些专门从事医院室内设计的设计师，几乎成为了半个医生；另一些专门从事酒店室内设计的设计师，又几乎成为了出色的酒店管理专家。一言蔽之：凡是室内设计所服务的对象领域，都需对该领域的专业知识有深切的认知与表现。也因此可见，许多成功的室内设计师，非但是本设计专业层面上的成功，也是其他相关专业领域的资深研究者。

室内设计的整合性特质，意味着它极强的包容度与广阔性，体现出设计领域集大成者的姿态，促使相对独立分离的各个设计专业，回归一体化设计的秩序。但也暗示出室内设计主体性的模糊[6]。

3.3 非主体

非主体又可视为伴随性。它是现代室内设计的关键特质，决定着作为一门独立学科的发展与限制水准。

非主体、伴随性结论的发现，始于“对室内设计是干什么的?”等问题的追究。而且，这又是困扰学科界定而难以回答的一系列问题。

不同的时代与地域，室内设计的存在价值各不相同，所表现的承载内容与服务目标，亦具有不确定性。与其他设计专业相比，室内设计缺乏专业存在的主体性规定，而呈现出一个决定性的特质非主体及伴随性。

建筑设计、家具设计、服装设计等相邻学科都能明确看出设计的主体性存在。这类设计所持有的相对恒久不变的主体对象，是一种对具体物质性目标的实现使命或是体现为抵御自然、遮风挡雨；或是顺乎人的行为方式，满足生活习惯；抑或是护体保暖、遮羞挡身等，而此类不变的诉求，使建筑设计、家具设计、服装设计等学科，直接对应最基本的人类生存需求，在此称为“一类需求”。

但凡“一类需求”，都有固定的物质形式相对接，以实现设计的主体性目标。然而，室内设计恰好缺乏“一类需求”的存在支撑，即存在的主体性理由。假如试图找出室内设计存在的“一类需求”，你即刻就会发现，找出的理由，均可被建筑设计、家具设计等相关学科所代替。室内设计似乎有点多余？其实不然。

主体性的模糊势必导致伴随性的产生。除了设计大家庭中的“一类需求”，还存在设计的增值式需求，在此称“二类需求”。显然，室内设计无疑属于“二类需求”的学科范畴。“二类需求”所指向的“伴随性”，导致了设计对象的附加值表现与开放性姿态，从而获得更为自由、卓越的呈现。现代室内设计在建筑设计和产品设计等一类需求的学科之后，作为增值性伴随，改造或提升了之前事物的存在性质，并使设计对象更加美好，更加贴合人性。它可以说是一种继续设计。

在此，借用近来出现的一句十分精辟的话语：“室内设计不是从有到无的存在，而是从有到好的存在。”另一表述是来自近期一场青年室内设计师的学术演讲：“通过设计，赋予商业之美。”此两句话如出一辙，道出了现代室内设计的伴随性特征。

必须指出，非主体决定的伴随性不是创造事物的物质形式，而是赋予事物的存在性质。如此性质，通常归属于人类所追求的审美艺术与心理体验。因为艺术的卓越、审美的创造，改造了原先事物的存在性质，提升了其文化价值与人性体验。打个比方，如果有两座大山，其中一座因其人文景观而闻名天下。于是，原本两座具有相同物质属性的山体，因人文景观而使其中一座改变了存在性质，被赋予了名山大川的文化品质，也因此成为了体验旅游的商业热点。这便是伴随性的价值表现。

非主体导向的伴随性，对于现代室内设计而言，也同样是一把双刃剑。首先是主体性的模糊，室内设计因此不得不委身其他设计门类之下，却使室内设计拥有更自由、更持久的生存能力。从伴随性的视角出发，当一个依附宿主开始衰退，它自然会寻找新的宿主寄生，因此，伴随性似乎比任何宿主（主体性）显得更加长寿；再者又是，主体性的缺失，使它的伴随性得以保持与时俱进的专业特征，从设计发展的历程来看，它经历了装饰伴随、功能伴随、空间伴随、商业伴随、行为伴随、生态伴随、政治伴随、社会伴随等。

其实，非主体就是艺术性，它是一种性质的存在，而非物质形式的类型化存在。非主体带来的伴随性，借助空间形式的审美创造，推动着创造力的聚结。不断提升的附加值，又使当下室内设计显得更为卓越，以至于伴随性因主体性的缺位而长期占据其学科地位，成为另一类主体。当初，将室内设计归入实用美术的范畴，如今，随着室内设计自强的壮大，原本“实用”的主体开始日渐式微，并过渡成伴体；而“美术”却日渐受到青睐，从初始的伴随，渐渐突显为主体。

室内设计的非主体开放力量，体现着人性深处的欲望，正悄然改变着世界的秩序。

3.4 个体性

继非主体伴随性后，个体性成为解读室内设计一个较隐性晦涩的特质。个体性结论的导出方式，同样也是与空间领域中，其他设计学科相比较而成立的。比如，与城市设计、景观设计、建筑设计等公共性较强的专业相对比，室内设计显然倾向个体性的存在性质。当然，再次重申，个体性不单指数字上的个人，还体现为某种个体意志的表现，以及相对局部、独立、私有的空间属性。因此，室内设计的个体性实际上是，由空间属性带来的空间表现与空间享用所决定的，空间精神的双重个体意志，它同样具备双层含义。

首先，就空间物理的存在而言，由于空间的限定，室内设计具有明确的私有性、独立性、封闭性、局部化、小尺度等空间属性。而空间的私有性、独立性、封闭性特征，则决定了室内设计需要投入更深切、更细腻的人性关怀；同时，空间的小尺度和局部化特征，又需要对空间表达持有更加深入具体的形象创造与细节需求。两者均直指空间最终的落地完成和身心体验，直指空间形式语言的建构与实现，直指空间审美体验的感性表达、直指设计终极带来的空间具体化实践以及所将面临的各种设计难度。

其次，就空间态度的呈现而言，空间的具体化无疑要求出现更多的个性化表现与对自我风格的追求。室内设计因此成为展示个体意志与自由表现的一项重要手段。

在个性观念高扬的时代，个体意志有时也会膨胀。对个体意志的追求，可以从设计师层面与设计委托方层面分别讲述。

设计师层面，追求设计的个性化风格及个人标签无疑是设计师个人水准与观念意志的表现。在现代性思想的普遍影响下，倘如一个当代设计师缺乏自身风格标签，则意味着主动放弃被社会认知的优先机会。就设计委托方层面，对项目的建设必有包括自身功能性与精神性在内的双重诉求，需要设计方充分遵循项目投资方的个体意志。问题的焦点在于，室内设计所面对的业主，是某一具体的个人或个体群，所服从的也是某一具体的个体意志。

相反，倘如与工业设计、城市设计等专业相比，这些设计领域所面对的业主，从理论上讲是开放的、公众化的，因而设计师所遵循的是一种普遍理性的真理，而无须屈从于某一具体的个体意志，并呈现出更为理性健康的执业状态。相比之下，室内设计的个体性特质，更多却显得是看某一具体人的脸色的设计，服从的是某一个体的意志。整个室内设计的过程，成为双方智商与情商博弈的过程。而博弈的焦点，最终往往落在审美意志的个体性选择上，从属于个人内心情感的私有生命之体验。如此选择，均直接指向空间形式语言的立场分歧。

而矛盾的双方，似乎体现出世间冥冥之中，一种早已被安排的组合：将世上最为神圣的诉求，借助于最世俗化的途径得以展现，使矛盾对立始终成为抑制双方的存在，这便是设计存在所被设计的永远烦恼。

基于上述空间物理存在属性的个体性和空间态度主观呈现的个体性，其结果必然使室内设计徘徊于更加具体、深入、精准的专业表现层面，现实由终极性、整合性所带来的专业实践难度，旨在创造富有个性的空间形式与感性体验。

3.5 装饰性

喜欢装饰，是最原始的人性表现。可以说，装饰的历史比建筑史还更久远。人类对空间的装饰，成为了室内设计出身的第一张名片。

长期以来，由于装饰对世俗享乐与炫耀的伴随功能，它被广泛诟病为腐朽意识的文化表现。其实，装饰仅仅作为一种造型语言的手段而存在，属于工具。出于对情感、文化、传统、生活、宗教等伴随之需，装饰被赋予了符号式的记忆与象征，因其所指向的目标不同，呈现出的装饰性质也截然不同。在我的记忆中，就出现过极为“腐朽”和无限神圣的不同装饰表现（图 15～图 17）。

然而，百年前出现的那场现代主义运动，使传统装饰受到前所未有的批评。虽然如此质疑不乏时代闪光的先进性思想，也因此导致了装饰的发展，在之后的设计进程中迅速式微。

图 15　装饰的腐朽性——格林纳达拉卡图亚教堂圣器收藏室
（图片来源：《世界室内设计史》）

图 16　图形装饰的神圣感——佛罗伦萨洗礼堂外墙局部
（图片来源：叶铮　摄）

图 17　图形装饰的神圣感——佛罗伦萨洗礼堂内墙局部
（图片来源：叶铮　摄）

但是，装饰的产生源自人性对美好的朴素寄托。进而言之，她体现出一种审美情感的依托和需求。如此依托与需求，所对应的自然人性恰好是一种不可被泯灭的生命力表现。于是，在现代主义潮流下，作为语言表现的造型手段，室内设计开始从空间的传统装饰，走向了空间的时代审美变迁：以空间形式的审美体验，代替传统的装饰装潢。即便是当下广为流行的极简主义设计，同样亦不乏对审美表现的追求，并以一种拒绝装饰的装饰，抵达当初历史上通过传统装饰设计所获取的审美效应，实现了室内设计对于精神慰藉和空间美好的体验，可谓是貌离神合，形异而质同（图 18、图 19）。

由此说明，反装饰绝对不是反审美，审美终究是人性不灭的理想。人性与生俱来，持有对远方与未知的渴望，并不断促使审美主体，推陈出新，创造属于不同时代和地域的新形象、新语言、新风格、新记忆……

图 18　极简主义设计——德国新柏林博物馆　大卫·契普菲尔德
（图片来源：《契普菲尔德作品集》）

这场始发于装饰的古老旅程，途经不同的驿站，串联成一条人类崇尚审美的轨迹。换言之，没有传统装饰的审美开始，便没有当下对审美广阔性的追求；没有对审美广阔性的追求，便没有现代室内设计的当代发展。今天，装饰性的全部功能和含义，均转换为审美性的追求。

因此，将装饰性理解成审美性，也许是自现代主义运动以来，一种更为确切的解读。无论装饰发展抵达何种境地，室内设计中的装饰表现，包括反装饰表现，都是对审美观念的表达，都将是专业永恒的命题。

3.6　服务性

在梳理现代室内设计前五大特质之后，倘若还需找寻第六条特质的话，那便是室内设计的服务性。当然，所有的设计门类，都具备相应的服务性要求。室内设计的服务性使命具体包括空间的使用功能和空间的精神象征。它同时也可视为设计的工具性特质。

这一工具属性使得室内设计，在面对每一具体设计项目时，肩负着明确的服务目标，亦即项目确立的初衷。只是室内设计的服务主体相对偏弱，缺乏一以贯之的明晰性。但是，正因为室内设计仅有的那点服务性特征，最终仍使得它有别于纯粹艺术表现的存在形式，尤其有别于空间装置艺术的存在方式，成为避免室内设计走向绝对自由的工具性制约。

总结上述六大特质，分别指向现代室内设计不同的存在意义，指向专业底色的腐朽与卓越。简单归纳如下：

图 19　极简主义设计——VO 度假住宅　文森特·凡杜伊森
（图片来源：《凡杜伊森作品集》）

终结性，意味着对全程设计的决定性作用。

整合性，意味着设计所持有的足够宽容性。

非主体，意味着设计的伴随性以及自由性。

个体性，意味着对个体价值的表现与创造。

装饰性，意味着对审美的人性需求与发展。

服务性，意味着区别于纯艺术的设计底线。

基于非主体的立场来问：现代室内设计是什么？回答是：现代室内设计不是什么，它只是一种性质的输出。一旦失去输出对象，其性质的存在即刻消失；如果基于六大特质的立场再问：现代室内设计是什么？回答便是：现代室内设计是以非主体、伴随性为基础的六大特质的总和。

但是，上述回答显然还不够。因为它仍需进一步揭示室内设计作为一门学科存在的核心内容与本体答案。

4 室内设计的专业核心与审美智力的转换

我们已经揭示了现代室内设计的六大特质。但是，有一个显而易见的现象是，除了非主体与个体性之外，其余各项，特别是最后装饰性、服务性两项特质，都不同程度与其他相邻设计专业重叠。同时，其余各项特质又围绕着非主体和个体性这两项作为室内设计唯一性存在的隐性特质，而充分展现出各自的价值。

那么，进一步追问：室内设计作为一门当代学科的存在，它的不可被代替性究竟在哪？室内设计的核心内容到底是什么？

4.1 室内设计的专业核心问题

可以发现，非主体和个体性其实都纷纷指向一个共同焦点，那便是空间形式的审美创造。这一认识成为引领我们追问现代室内设计核心之问的切入口。为更具体地证实该核心之问，不妨从“设计比较”和“设计阶段”两种认识途径展开分析研究。

第一种途径是，借助与相邻设计专业与室内设计作横向对比，以此得出，室内设计中有哪些因素是可以被其他专业替代的？哪些因素是不可被替代的？从而确定现代室内设计，得以存在所能依赖的核心因素和根本缘由。

具体选择建筑设计、工业设计、视觉设计、室内设计四大门类的设计学科，通过排比对照的方式，对设计承载的社会价值、功能技术、自由创想、终极体验四个层面所常见的关键词进行提炼，运用排除法寻找不同专业最适合的承载表现和专业内涵。

(1) 社会价值层面：社会性、公众性、公正性、开放性、持续性、远瞻性、普适性、民主化、系统化、参与化、政治化等。

(2) 功能技术层面：功能性、合理性、技术性、逻辑性、移动性、物质性、经济性、便捷性、标准化、高效化、装配化等。

(3) 自由创想层面：超现实、非物质、符号化、图式化、二维化、编辑化、传达化、识读性、想象性、宣传性等。

(4) 终极体验层面：人性化、情感化、个性化、整合化、空间化、生活化、形式化、艺术性、文化性、服务性、体验性、装饰性等。

虽说室内设计，几乎对上述四个层面均有不同程度的覆盖。但是，与建筑设计（包括城市、景观设计）相比，显然在社会价值层面处于弱势；与工业设计相比，则在功能技术层面显得弱势；与视觉设计相比，又在自由创想层面处于弱势。那么，相比之下，室内设计只有在终极体验的层面，能显示出不凡的表现，呈现出作为学科存在的不可被替代性。

借助终极体验层面所罗列的关键词，可以看出室内设计不同于其他设计专业的要点在于：空间整合化、体验个性化、空间形式化、装饰结构化。因此，现代室内设计的本质便自然倾向于营造审美的空间感受、追求情感与精神的空间体验，旨在创造直抵心灵的时代审美感。最后的核心落点仍在于空间形式和空间形态的卓越表现。这不正是与非主体伴随性所导出的结果如出一辙吗！

再次强调，室内设计不是一个从无到有的存在，而是一个从有到好，甚至是更好的存在；室内设计的核心目标始终不是“设计的一类需求”，它是设计谱系中的奢侈品设计。至此，现代室内设计开始显示出潜在的核心内涵——空间再造的形式审美建构。

如果第一种途径是通过对相邻设计学科的横向比较来获取专业核心之问的答案。那么继续追根溯源，第二种途径是通过现代室内设计全过程所展现的各个纵向阶段，来进行透析求证，以寻找出作为专业存在的核心要点。

现代室内设计大约始于20世纪50年代。一个明显的表现就是，室内设计从传统历史装饰为目标的被动式空间装潢，发展到以行为心理与功能梳理为基础的主动式空间建构，构成了传统室内设计与现代室内设计的分水岭。

更确切地讲，现代室内设计是始于20世纪中叶的现代办公空间设计。基于对现代办公行为模式的心理分析，室内设计开始以功能需求为基础，打造了办公空间的新秩序，及其与之相应的现代室内设计观念与方式。还成功整合了建筑、产品、照明、纺织等相关设计领域，在室内设计的主导下，引领了一场现代办公模式的时代转型，开创出崭新的室内空间形式，成为室内设计史上的里程碑（图20）。

此外，继现代办公设计之后，受到当代消费文化的影响，欧美国家的一些商业零售业，也同样借助室内设计的方式，通过对消费心理与空间行为的设计研究，建立起商业零售与空间逻辑之间的对应关系，有效刺激了人的消费欲望，奠定了现代室内设计以人性为本位，以空间行为心理为基础的全新设计格局。

20世纪中叶，那场对当代设计历史具有里程碑意义的转型，显示出两个重要的信息：第一，室内设计是一门基于行为研究为基础的空间设计；第二，室内设计不是一门单一的专业，而是各设计专业的叠加。

图 20 现代主义办公空间——康涅狄格人寿保险公司
戈登·邦沙夫特
（图片来源：《室内设计 100 年》）

鉴于上述现代室内设计的全过程观察，可大体梳理出如下四大阶段：

第一阶段，基于空间行为模式的设计研究。以人性为本位的思想出发，开启了现代室内设计基于空间行为心理的设计切入方式，结束单纯以空间装饰为宗旨的传统设计思维，走向了以空间功能建构为先导的崭新设计观念。

第二阶段，由行为模式研究导致的空间秩序。在空间行为模式的分析基础上，梳理出空间对应的逻辑秩序，明确空间系统合理的流程规划，建构出既符合功能需求，又满足场所精神的双重设计秩序。至此，空间仍然处于抽象理念的状态。

第三阶段，由空间秩序导向的空间形式风格。在空间秩序的基础上，突变成可视化的空间形式与形态，赋予抽象秩序以具象风格，与空间形象的感性体验。不容置疑，这是全程中最具决定性意义的设计阶段，是设计核心的显现。

第四阶段，空间终结整合的设计一体化完成。空间形式风格的创建，意味着已经打造出一个对后续设计具有操作意义的进展平台和语言模式，实现了在室内设计框架下的多专业叠合。现代室内设计作为建筑设计的终点站，汇聚了空间秩序、界面风格、产品陈设、环境照明四大设计层面，覆盖了建筑、装潢、产品三大设计学科，并将设计推向了最终所冀图的详尽细微，旨在控制好空间的身心双重体验，解决好所有相关的设计问题，保障好设计的最后落地完成。

上述现代室内设计四大阶段，简单用关键词概括为：行为模式──►空间秩序──►形式风格──►空间整合。

可以说，除了前述的六大特质外，反映现代室内设计本质的更有四大阶段的内容。并且四大阶段中，任何一项阶段的成果，都意义非凡，足够促成一项优秀室内设计的问世。其间，从第二阶段的空间秩序，向第三阶段空间形式的蜕变，则是全过程中最为关键的一步，是从理念世界走向感性世界的突变转换。它直接体现室内设计师创造力的物化水准，可谓是四大阶段中现代室内设计的核心内容。其结论与前述横向比较所得出的立场完全吻合。

在此第一阶段向第二阶段突变的过程中，审美智力无疑是其成功转换的关键因素。

4.2 审美智力的核心转换及设计本体的认识

审美智力是一种创造能力。它的出现，甚至没有太多先兆，瞬息流闪，又无从习常，世称天才，似比神力转世。

值得一提的是，审美智力是设计智力的一种，处于智力因素的顶层；另一方面，审美智力又是一种十分特殊的智力形式，它不同于一般对智力的理解。因为审美智力是智力水平与道德品质的高度统一，无法分离存在。这一相互包容的特征，体现出审美智力具有神圣的一面，单纯道德品质的优秀，或是单纯智力水平的出众，均不能构成审美智力。这也就是为何在现实生活中，有部分富有才华的人士，在审美智力面前，竟然也会令人大跌眼镜，甚至其中的不少人士对此仍毫无意识。当然，在此更要说明，审美智力亦无需误解为那些经过相关艺术职能培训后所能获得的专业性技术。

简单说来，审美智力不仅需要想象力、创造力，还需要具备对形式的鉴赏能力。所以，审美智力从设计第二阶段向第三阶段的转换，直接点明了现代室内设计的核心主体：对空间形式与形态的审美创造。这一设计的核心内容，也同时成为评析现代室内设计的试金石。

对设计师而言，审美智力是设计智力中最关键的组成内容，并指向设计师的创造力水准。可以说，无创新就无所谓设计这回事。设计的本质在于创造，而创新的艰难性往往不是在于技术层面，而是在于审美形式。可是，现实中存在的大量设计重复，主要是包括对形式原型的重复，虽然具有广泛的实用价值和社会学意义，并持有诸多正确的存在理由，却无法代替作为设计本体进步的核心学术价值，对学科自身的提升没有多少贡献。与此同时，现实中还存在的另一现象——为创新而创新。如此表现，往往更无所价值，甚至扭曲了健康的设计生态，演化成伪新的设计风气。

尽管设计的核心问题决定着设计的卓越表现，但是，有关设计的问题还远不止这些。如果说，审美智力决定审美创造，那么，设计的智力因素，在包含审美创造的同时，则广泛连接着室内设计的专业本体问题，并全面控制着设计专业水准的表现。

假如，有两位设计专业的学生，面对同样的课题布置，分别提交各自的设计方案。虽然他俩持有相同的设计前提和观念，最终仍然会出现设计表现的高低之差。而这一差异，刚好反映出两位同学在设计本体表现上的天赋能力。让我们暂且抛开形式创新这一更高层面的问题，一个好的室内设计，说到底，无非就是一场出色的摆弄所体现出的设计智慧。它可以是对比例关系的摆弄、对形态语言的摆弄、对空间关系的摆弄、对光影照明的摆弄、对色调材质的摆弄……摆弄得恰当、舒适、优美，便是一场好设计的开始。其间，并没有什么过多的道理可言，仅仅是天赋才能的呈现，虽然才能的激发需要被磨炼，却不因磨炼而诞生。这场始于摆弄而获得的好设计，就是一场设计智力的反映，包括审美智力对设计本体的表现。进而凭借出色的摆弄，这一视觉性范畴的表述，更可上升为心理与精神的设计体验，即从视觉概念到心理意念的过程。如此现象，亦就是通常在室内设计中被称作为诗意、情怀、场所精神等概念追求的过程。因此，室内设计可视为基于功能目标的一场带有审美性的专业化摆弄(图 21～图 25)。

所以，好设计的判断，仅仅是对某一具体设计对象的表象评价，它不同于室内设计的核心问题，是对专业本体创造语言有否提升的学术评价。

图 21　天才般的摆弄——伦敦圣马丁酒店　菲利普·斯达柯

(图片来源：*Designing with Light Hotels*)

图 22　精致优雅的比例构成与建构关系的摆弄——

东京法隆寺宝物馆　谷口吉生

(图片来源：叶铮　摄)

站在专业的视角，决定一个设计水准好坏高低的是设计智力因素所面对的那些问题，而非其他如情感、态度、立场、各类正确等因素所面对的命题。即室内设计的本体内容。即便是本体内容之外的因素，亦必须由本体内容得以转换实现。设计的专业性内容，即广义技术范畴，就是设计的本体对象。

现代室内设计的本体内容，从设计师应具备的能力范围而言，可简单概括为四类能力：空间秩序的知觉能力、空间技术的实现能力、空间表现的创造能力、空间过程的梳理能力。四类能力分别依次对应如下：

现代室内设计本体内容——
- 空间类型秩序的心理与行为研究
- 空间各项技术与实施的发明研究
- 空间审美与表现形式的语言研究
- 设计思维与过程方式的综合研究

图 23　空间逻辑与形态语言的摆弄——

东京安缦酒店　凯利·希尔

(图片来源：叶铮　摄)

图 24　通过形、光、色、质的空间摆弄，传递出宗教般的宁静与诗意——锦江之星四川中路店　HYID 泓叶设计（图片来源：叶铮　摄）

图 25　通过摆弄，融合东西文化，展现知性、简朴、平和、内敛、优雅的海派情怀——达华都城精品酒店　HYID 泓叶设计（图片来源：叶铮　摄）

室内设计本体内容的四个方向，体现了整体的专业性框架，是包含了审美智力在内的，设计智力的全部成果范畴。

如果说，在整个设计过程中，不论你前期持有怎样的思想理念，坚持什么样的情怀态度，或听起来有多么正确的主张见解，最终，在设计落地完成之际，是否能通过审美智力，物化出直抵人心与满足需要的空间形式与形态，进而通过设计智力出色地解决好设计的各项问题与要求，才是设计的硬道理。

其实，对设计本体的研究，就是学习如何提高设计水准的学问。审美智力的转换，是设计智力中最特殊的表现，是设计过程的关键焦点，指向的体验是包含空间形式和形态为主的、以空间抽象关系和语言表述为一体的现代室内设计的核心内容。

让我们再次回到“什么是室内设计?”“室内设计存在的底线理由为何?”“室内设计的核心内容是什么?”这一连串的问题。以上对室内设计六大特质、相邻学科之比较、设计四大阶段、审美智力的转换等论述，是否有助于我们更加深入地洞悉现代室内设计这一新兴而富有生命力的专业的本质?

现代室内设计不是指具体的设计对象，而是集合了六大特质、四大阶段为一体的空间集合，是多学科叠加的结晶；是以性质输出，兼容合一为追求的终结设计领域。其隐性的本质共同指向相同的结论：审美体验的空间形式创造，是现代室内设计的核心内容。

是否，我们得以发现室内设计的根本价值，不在于仅仅作为物质性身躯的存在形式，而在于承载精神性理想的空间力量。从这一点而言，它与哲学、艺术、文学、音乐等学科有其殊途同归的使命，只是被借用以设计的名义与身躯，介于物质性与精神性两者之间，作出挣扎与徘徊。亦正因为室内设计的双重性、混杂性，使其表现更受制约、亦更见难度。它的存在，是世间背后神性[1]意志的需求；同时，亦可视为借“腐朽”而对魔性的选择。只是这一次，伟大之神性借助于室内设计得以呈现。也许，这就是作为力量与现象存在的室内设计的最终底线。

5　现代室内设计两大评价标准

有关现代室内设计本体内容和核心问题的讨论，使得如下对设计评价的议题，将显得相对方便。

无处不在的设计评价，无时不对设计产生影响。尤其面对业内各类设计评奖，或是学术讲演，更是体现出评价立场的多样和冲突。总结起来，当下存在于室内设计界的主张论点，大致有如下各类，并直接导向了不同的设计评判。比如现代论、国学论、文化论、科技论、情感论、情怀论、人本论、问题论、功利论、工具论、社会论、商业论、地域论、生态论、本体论等。

---

[1] 神性，指心灵、精神层面的某种崇高的感受、理念。

上述每一主张都耳熟能详，有其合理一面。细致分析，在众多评价立场上，可不同程度的归结为两大阵营，即主张设计正确和提倡设计本体。

主张设计正确，通常都站在设计伦理的角度，持有对社会关怀、目标服务、时代使命等道德评判。最常见的设计论点有：社会关怀、弱势群体、边缘地带、环境保护、传统文化、问题解决、利益回报等。

提倡设计本体，则是站在专业学科的立场，持有对学术价值以及设计表现水准的专业性评判。经常被提及的有：空间建构、形态语言、形式风格、技术创新、材料研发、过程方法、设计自律、智能化运用等。

两类不同倾向的评价，前者以设计伦理为依据，后者以设计本体为起点。两者的差异，构成了当下设计评价的左派与右派❶。

问题是，当下存在于左、右双方的设计分歧中，似乎左派占有优势，至少在观念表述与媒介传播层面是如此。以至于近年一些著名的顶级国际性设计评奖，几乎成了全球范围内对设计界"好人好事"的评奖活动。那么这又是为什么呢？

可以从如下三个层面的群体，对这一现象进行解析：

（1）从设计师群体的层面来看。对设计本体的贡献创造，是对专业难度与专业智慧的极致挑战。特别是能够对空间形式与形态作出时代创造的设计者，更是凤毛麟角。事实上，只有历史上那些最杰出的天才，才能肩负如此超凡的伟业。因此，难度之下，与其设计平庸，不如选择正确，成为一名正确的平庸者。否则，将会两头落空。这就是为何左派论点占据主流的年代，往往是整体设计行业创造力日渐式微的时候。

（2）从社会民众群体的层面而言。更是因为对一些难以理解的专业问题存在认知与判断的障碍。加上长期以来，实用主义观念的作用，早已将设计仅仅作为工具载体与提供服务的评价对象，而没有将设计同时视为具有独立品格的对象来予以敬重。因此，在这种思想背景下，设计正确具备了广泛的认知基础，必然深得人心。

（3）从设计理论家群体的层面来讲。似乎存在着某种更为隐匿的思想暴力，并构成意识的危险性。就设计理论而言，一般来自于两类不同背景的人群。其一，是来自优秀设计师出身的理论。这些理论因大量源于实践的感悟，可谓字字珠玑，成为设计界广为流传的经典话语。但是，感性与片段思维，也显示出他们理论的局限，难以形成深邃而系统的论述。其二，是纯粹理论家出身的理论。他们通常缘起从一个宏大的理论框架，从理论思辨到理论，虽有无懈可击的逻辑演绎，却有失鲜活的专业感受。这样的理论，更容易站在设计正确的立场，通过社会学与伦理学的视角，对现实设计进行理论评判。而且听来会显得无比雄辩。雄辩之下，往往使理论叙述与专业本体，呈现出平行宇宙的状态，在设计人士看来，颇有隔靴搔痒之感。因为，同样是专业理论，在自然科学领域，理论与实践本是一回事，实践的进步就是理论的发展；而在艺术和设计领域，实践的推进与理论的建树，往往不能充分重叠，换句话讲，艺术或设计的发展并不依赖于理论的产生，理论仅仅是创作与设计的解说或后置品。

所以，上述三方的因素，使得设计左派的发声，占有压倒设计右派的优势。

如果我们退出分歧，从更长远的视角观察，左派理论的设计正确，所指向的伦理正确及利益回报，都是相对可变的、主观的表现因素。这些设计正确，将随时间和地域的不同，而有所不同。相比之下，右派理论所指向的设计本体和专业水准，则表现的更长久、更确定、更学术，也更客观。由于设计右派对学科本体的尊重，超越了对人性变化中各种意志的遵循，也因此在设计历史中留下一批经典作品。

而艺术史、设计史恰好是由各时代最辉煌的作品所串联而成的文明史。假如仅仅是立足于设计正确的道德评判标准，今天，我们是否还能看到如埃及金字塔、罗马斗兽场、中国万里长城等伟大遗迹，就完全成了一个问题。

至此，我想到了前不久关于2020东京奥运会主场馆设计方案的那场变故。扎哈·哈迪德设计的方案因造价过高、缺乏日本本土文化、体量过大、影响周边建筑等因素，被广泛诟病为设计不正确，后改由日本本土设计师隈研吾重新主持设计。前后的变迁，充分反映出两类设计评价标准的差异。在此无意评论两位大师的设计作品，想必这场纷争，在今后的建筑史上将会有一个更为理性的注解（图26、图27）。

图26　2021东京奥运会主场馆方案　扎哈·哈迪德
（图片来源：腾讯新闻）

图27　2021东京奥运会主场馆方案　隈研吾

❶　设计评价的左派主张设计的伦理学价值，而右派主张设计的本体学价值。

上述事例充分说明，评价观点对设计发展有着巨大影响，健全、理性、全面的评价标准，是保障设计健康发展的重要前提。而理性全面的标准，势必依赖对专业本体的认识深化。事实反映出一个片面的认识与评价观念，将会误导一个行业、一个时代的设计生态，尤其是对许多涉行不深的设计师们，更是一场从业危险。

基于专业本体与伦理观之上的两大设计评判，分分合合，对立统一。设计左派拒绝“腐朽”，设计右派则追随“卓越”。归根结底，两大评判的意义与差异在于世俗性对神圣性、现实性对学科性、当下性对长远性、公益性对文化性的分歧。反映出的人文观念之别亦在于一个重于现实关怀和正确，具有工具性使命；另一个重于人类文化学意义的价值创建，具有存在的主体使命。两者立场不一，意义不同。

对于评价，表面看似是一个专业领域的局部性问题，背后的取向却不仅是一个局部问题。对设计正确的评判，它服从的是“人”；而对设计本体的评价，它服从的是“理”。

“人”与“理”，时而统一，时而分离，对于“人”与“理”的态度，决定着我们的格局与未来。

6 室内设计的未来与展望

姑且我们仍然延续“室内设计”这一不十分贴切的名称。在经历两大室内设计评价标准的差异和博弈之后，两者亦彼此出现了公共地带，指向了“拒绝腐朽，追求卓越”的平衡发展。这一指向已然暗含了室内设计的未来方向，在当下部分兴起的行业动态中，似乎隐约可见其端倪：设计一体化、工业装配化、设计精英化、设计社会化四大新趋势。

(1) 室内设计一体化。终结性和整合性，决定着室内设计的一体化未来。回看历史，设计之初，原本也无所谓有那么明确的专业划分，更无当下对学科认识的主观界定，仅在建筑的大背景下，更多呈现为一种整体的设计观念，需要设计行为，站在系统的立场来看待问题和解决问题。面对现实，所有的设计都是彼此关联，就好比一场大戏中的不同角色，共同构成了整体环境中的众多空间因素。而现代室内设计，就是这么一台大戏，需要兼容不同的设计门类，以便从不同的侧面解决问题。这一兼容，显现出现代室内设计，是以末端要求出发的一体化整合。因而也成为，在一个更高的专业层面上，重返昔日建筑设计的伟大传统。在室内设计的主导下，致力消除现代行业分工所导致的专业壁垒，甚至消除业已存在的室内设计与建筑设计的空间界定于习惯认知，实现建筑、景观、家具产品等领域的一体化设计。

其实，室内的一体化设计，正迅速消解室内设计本身、消解着与之相关设计领域的专业划分；有效地平衡了设计的个体性与公众性、执业的宏观视野与精深表现的两极分裂。并且，室内的一体化发展，不但存在于整体设计谱系之内，更扩展到设计谱系之外的一体化整合，使现代室内设计得以迎来更为开放的姿态，和拒绝腐朽的专业前景。

(2) 室内工业装配化。传统一对一定制服务的贵族式设计模式，已然不适合未来大规模、高效率的社会发展要求。如此模式，只能大量重复社会时间与劳力成本，极大浪费了公共资源。许多时候，对大多数项目来说，室内设计是一种基于社会惯性的被动式设计行为，用当下流行的说法，叫做“内卷”。显然，这一长期固有的设计模式，被工业化的思维模式所代替，也算是势在必行。

工业装配化的介入，可以说，是发生于当下室内设计最具影响力的一次变革。这一设计模式的崛起，将深刻改变人们在室内设计领域的日常起居和消费观念，推动传统室内设计向普适性、经济性、高效化的设计原则发展。原有的非主体和个体性特质将出现自我瓦解，使原本服务于个体意志的定制式设计，转型为服务于普遍公众的室内工业产品设计，在工业装配化的规范下，使室内设计走上了标准化、模式化的道路，同时，也更彻底地解构了室内设计的腐朽专业底色，重建专业的文化基因。

未来，所有传统的设计领域，几乎都将不同程度经受工业设计模式的改造。

(3) 室内设计精英化。精英化与工业化同是现代设计的两极模式。艺术创造和精神追求的卓越表现，始终构成人性不灭的因素。对审美体验的无限想往，促使人类社会永远怀有对伟大艺术的崇尚。反映在设计史的发展中，无疑是通过设计形式，对每一时代的时空观进行崭新的诠释。其间，对空间形式与语言的创造，注定成为室内设计永恒的主题。那些时代最具才华的设计大师，无一不是这一主题伟大的开创者，而成为精英文化追捧的历史偶像。

空间设计，作为人类文化学意义上的践行者，在传统设计的核心课题面前，依然遵循着原初的设计意志，踏着设计自律的步伐，在精英文化的轨迹上前仆后继，呈现出设计右派的奉献与智慧，一如时代的堂吉诃德，向着学科金字塔的顶峰，挑战专业难度和人类才华的终极标高，在历史的长河中，一如既往地追求那永恒的卓越（图 28～图 30）。

图 28　开世纪室内设计之风尚——
香港半岛酒店 Falix 餐厅　菲利普·斯达柯
（图片来源：《斯达柯作品集》）

(4) 室内设计社会化。设计的诞生，从一开始便具备服务性与社会性的工具属性，它是设计左派观念的基础。随着现代性的推动，现代室内设计对社会发展及热点问题的参与度与日俱增，在所谓设计正确的激励下，设计的主体开始转变为社会的关怀，追求一种借乎专业，又超乎专业的姿态，旨在与时代跳动共生共融，甚至成为社会事件的一部分。比如，发生在当下设计界的热点议题：乡村更新、城市更新、环境保护、弱势关怀、边缘地区、政策参与、危机设计、社会设计等主题，便是最典型的证明。

然而，设计的社会关怀，终究无法构成社会发展的主体力量与终结价值，但却有着现实改造的爱心与价值。

上述四点构成了我对未来室内设计趋势的初步展望。作为室内设计学科本身，第三条内容体现了专业的核心问题，及其专业的难度挑战。英国著名艺术与建筑史学家尼古拉斯·佩夫斯纳曾说："我们要明白，小天才们尽力满足我们的日常必需。"

换而言之，似乎可以这样理解：一流大天才超乎日常之需，建构时代范式；二流天才创造个性化经典摆弄，贡献时代优秀作品；三流小天才在大天才开创的思维模式与形式原型中进行设计，并借鉴二流天才的经典摆弄，解决诸多日常具体问题。一流大天才创造了时代的形式语言与看待世界的眼光，是设计学科本体进步的主力。

其实，未来的所有，在历史发展的各项因子中早已存在。只是不同时代有不同因子，分别得已上升为每一时代的主要因素；或者说，不同因子的组合，构成了不同时代的风貌。因此，不断认识、解剖设计的本质，方能于万千现象中免于迷茫。

图 29 "皮"的概念在室内设计中的出现——Longchamp Flagship Store 托马斯·赫斯维克
(图片来源：《赫斯维克作品集》)

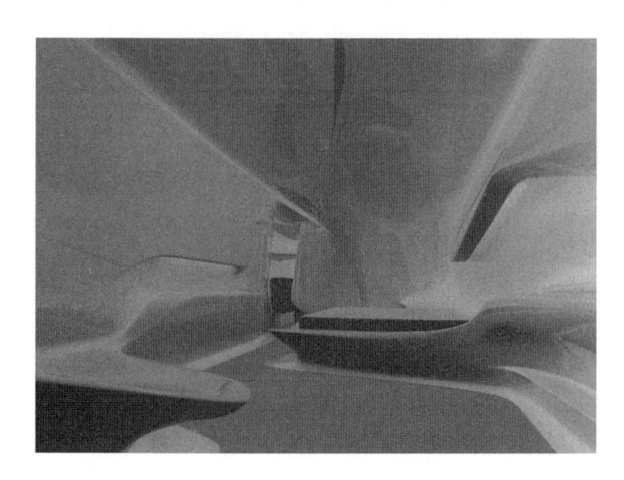

图 30 前卫的空间观——马德里美洲之门酒店 扎哈·哈迪德
(图片来源：《扎哈·哈迪德作品集》)

参考文献

[1] 安妮·梅西. 1900年以来的室内设计 [M]. 朱淳，闻晓清，译. 北京：三联书店，2018.
[2] 尼古拉斯·佩夫斯纳. 欧洲建筑纲要 [M]. 殷凌云，张渝杰，译. 济南：山东画报出版社，2011.
[3] 尼古拉斯·佩夫斯纳. 现代设计的先驱者：从威廉·莫里斯到格罗皮乌斯 [M]. 王申祜，王晓京，译. 北京：中国建筑工业出版社，2004.
[4] 约翰·派尔. 世界室内设计史（原著第2版）[M]. 刘先觉，陈宇琳，等译. 北京：中国建筑工业出版社，2007.
[5] 叶铮. 空间思哲：空间本体与载体的抽象关系 [M]. 沈阳：辽宁科学技术出版社，2010.
[6] 叶铮. 作为力量与现象的室内设计 [J]. 室内设计与装修，2020 (11)：126-127.
[7] 叶铮. 审美与道德 [J]. 室内设计师，2012 (33)：100-109.

基于社区生活圈调查的适老化优化设计策略研究

■ 刘令贵　高涛涛　吕　涵
■ 西安交通大学人文学院艺术系

摘要　社区生活圈是现行宜居城市规划考量的重要指标，也是评价影响市民生活质量的重要因素。伴随中国人口老龄化的不断加深，老年人作为城市社区生活的重要群体，适老化社区生活圈的研究成为现今城市更新的重要方面。本研究通过调查西安市城市社区生活圈设施及老年人生活行为，采用GIS空间分析和问卷访谈获取老年人日常出行和空间分布数据，掌握老年人出行行为和适老诉求，进而提出基于社区生活圈体系的适老化空间更新策略。
关键词　**社区生活圈　适老化　公共设施配置**

引言

2021年，《商务部等12部门关于推进城市一刻钟便民生活圈建设的意见》（商流通函〔2021年〕176号）（简称《意见》）中规定了居住区分级控制规模标准，如何实现社区生活圈构建成为政府和学者聚焦的热点。基于城市生活空间结构划分，柴彦威（1996）从空间和时间上对居住者的行为进行研究，通过考察工作单位的组织、形成、分布特征等，提出由“基础生活圈-低级生活圈-高级生活圈”构成中国城市的内部生活空间的三层次结构[1]。基于社区配套公共服务的功能设置，孙道胜等（2017）提出突破传统社区的行政边界理论，完善社区生活圈体系下“自足性”“社区居民出行能力制约”“共享性”的三圈层结构的构建[2]。基于环境行为学分析，金云峰（2018）研究中借助ArcGIS平台，对时空行为数据进行可视化分析，取得更为科学的空间绩效测度，为生活圈相关研究提供新方法、新思路[3]。基于人居需求分析的视角，2021年以来关于社区生活圈研究的相关文献中出现“绿色”“便民”“文化”等词，标志着在我国当下城市高品质发展要求下，城市居住环境可持续发展的社会新动向。生活圈构建被赋予了更高层次的要求，标志着城市规划向人居需求的转变。尽管相关学者对生活圈划定及研究方向存在差异，但总体上都是对生活圈进行空间尺度上的规划限定且具有圈层化和多层次的嵌套关系。

但目前国内关于社区生活圈尚缺乏系统性的研究对生活圈构建中人群关系的分析及应用不够充分，且多侧重于生活圈的空间属性与圈层划分，以质性研究为主，缺乏与实践对接理论。在我国步入老龄化社会的新背景下，老年人作为社区景观中使用时间最长的群体之一，其诉求在规划实施中并未得到体现，反映出针对老年群体相关实态研究的缺失。

本研究将环境行为学、城市微更新、社会属性等视角融入到生活圈构建的研究中，通过调查研究老年人出行行为，根据研究的需要进行数据收集和分析，对老年人出行特征及规律进行探索分析，提出基于老年人出行特征的社区公共服务空间适老化设计策略。从老年人群体需求出发，创新圈层划分，完善社区生活圈内资源配置，系统化整合微空间，提升生活圈空间品质和公共服务质量，为适老化社区生活圈的优化提供新思路。

1　社区生活圈的提出与划分

1.1　社区生活圈的提出

生活圈理论来源为佩里提出的“邻里单位”（neighborhood unit）概念，即“指单位内部或与之相邻的一个居民共同生活的社区群体”。邻里单位的规划以“学区”为重要构成原则，在单位内设置配套公共设施，在单位交界处设置商业区。经过实践与运用逐渐形成一套完整的体系，成为当今社区居民交往活动的重要手段。佩里邻里单位强调城市社区圈层建立和邻里之间的情感纽带，这也为现在新型邻里单位的构建提供了重要的借鉴意义。

1.2　社区生活圈的划分

国内学者对生活圈时空距离划分中，吴秋晴（2015）提出，“社区生活圈”服务半径应控制在1000～1200m，并根据服务半径200m、500m进行公共服务设施配置，其中对短途出行需求高的老人、儿童、弱势群体等群体建议以服务半径500m为核心构筑社区生活圈[4]。针对不同居住群体特点，提供更具针对性的公共服务设施。依据《意见》中的三类生活圈居住区规范显示，老年人步行平均速度根据4.6km/h计算，5min步行圈的距离约为385m，10min步行圈的距离约为790m，15min步行圈的距离约为1170m。因而一般认为，400m和800m步行圈作为推动城市更新的基准，1500m为社区极限步行距离。本研究基于已有学者对生活圈层级划分，结合老年人出行特征将生活圈划分为三个层次，以社区中心为中心，空间半径分别为400m、800m、1500m构建的社区生活圈。

2　西安城市社区生活圈调查与分析

2.1　样本选择

西安交大第二附属医院家属院位于西安市新城区内，

社区类型为单位制社区，共计房屋 732 户，住户多为 1956 年后从上海西迁的职工或家属，年龄层次丰富。社区建成已有 60 余年，周边发展成熟，对外交通便利，活动用地种类较为齐全，空间特征研究代表性强，故选择其作为样本采集地址。

2.2 研究方法

调研目的是从定性与定量的视角对生活圈构建中的人群特性及社会属性进行分析，从问卷获取的一手资料中解析老年人日常活动范围与空间层次，总结出行行为特征，为判定社区生活圈的规模半径和配套服务设施提供数据依据。社区是生活圈构建的核心，也是老年人活动频繁的区域，基础设施配置以社区为圆心展开。本次调研基于以上原因选择社区为基点展开。研究方法采用实地调研、访谈和观察，实施时间选择 2021 年 11 月，其中连续发放问卷 80 份，收到有效问卷 77 份。

2.3 数据分析

2.3.1 出行距离与年龄关系

老年人出行距离在 6～10min 段和 11～15min 段占比分别为 29.8%和 53.2%，在该范围内可满足购物、公园广场、生活服务等基本生活需求。老年人出行距离与年龄呈负相关，即随着年龄段上升，出行距离呈下降趋势。在年龄增加时，老年人由于身体机能下降、行动出现不便情况可能性上升，在生活圈划分时需要把握好老年人出行 6～15min 为主的出行距离特征，优先考虑此时间段内层级的规划配置，同时兼顾 5min 以内和 15min 以上出行距离的老年人需求。

2.3.2 老年出行类型

1. 出行类型与内容

根据老年人出行共性与个性需求，将老年人出行类型划分为九类，出行内容为出行类型下对应的具体公共服务设施，在对居民基本公共服务设施配置使用需求下，增设适老化服务设施的内容，如老年活动中心、老年大学、老年餐厅等（表 1）。

表 1 出行类型划分及内容

出行类型	出行内容
购物	百货商场、便利店、超市连锁、早夜市、农贸综合等
公园广场	城市公园、城市广场、老年活动中心、旅游景区等
体育娱乐	运动场馆、疗养度假等
餐饮	各类中西餐厅、老年餐厅等
教育文化	接送孩子（幼儿园、小、初、高中）、老年大学等
生活服务	老年服务中心、营业厅、美容美发、维修护理等
交通	公交站点、地铁站点等
医疗保健	综合医院、街道社区诊所、医药销售等
金融	银行营业厅、银行 ATM 网点等

2. 家庭状况与出行类型关系

老年人出行类型总体以公园广场和购物为主，占比为 57%，体育娱乐其次，占比为 19%，出行类型为生活服务、金融和交通的比重和家庭成员人数呈负相关，教育文化只出现于照顾三代同住的家庭。随着家庭成员人数的增加，老年人的出行类型与家庭成员更密切，子女工作繁忙，接送孩子、提供饮食等任务就由老人承担，故可自由支配的时间与出行类型也相应减少。在访谈中得知照顾三代同住老人参与“公园广场”活动通常为接送孩子上下学，与儿童共同参与的几率较大。

2.3.3 出行轨迹与空间关系

徐怡珊等（2019）运用 GPS 数据采集的方法，以时间作为主要影响因子，对问卷中老年人日常活动轨迹的数据进行收集与处理分析，得出老年人活动轨迹，分析得出老年人空间行为特征[5]。具体操作步骤为：在 GIS 中导入城市街道及建筑数据，制作时空圈底图；以交大二附院为圆心，根据调研结论，分别以 400m、800m、1500m 为半径划分生活圈；选取 8:00—12:00、12:00—14:00、14:00—16:00 三个时间段，根据问卷数据标出出行目的地，以调查问卷资料为基础，对重复点进行筛选，并标记居住点、出发点、结束点、兴趣点；根据时间顺序以点数据的方式进行轨迹连接，利用高德地图开放平台优化模拟路径，得出不同时间段社区老年人出行时空轨迹图；以调研中心为圆心，活动类型特征点为半径画圆，对不同时段活动轨迹分析得出老年人出行规律。

基于不同时间段出行轨迹可知，一天内老年人出行距离在 8:00—12:00 最长且活动频率高，且随着一天时间的变化而逐渐缩小。上午出行距离集中在 400～800m 圈内；中午出行次数明显减少，且出行距离基本在 400m 范围内，下午活动频率较中午有所增加，出行距离在 800m 范围内。上午时段出行类型为购物、公园广场和教育文化，中午为餐饮、教育文化，下午为公园广场、体育娱乐，不同出行时段轨迹与出行类型相对应。

2.3.4 时空圈内公共设施可达性分析

在高德地图开放平台将社区中心设为起始点，以老年人步行速度绘制 5min、10min、15min 可达性图并将其作为底图，获取 15min 步行范围内生活圈公共服务设施的数据（图 1）。

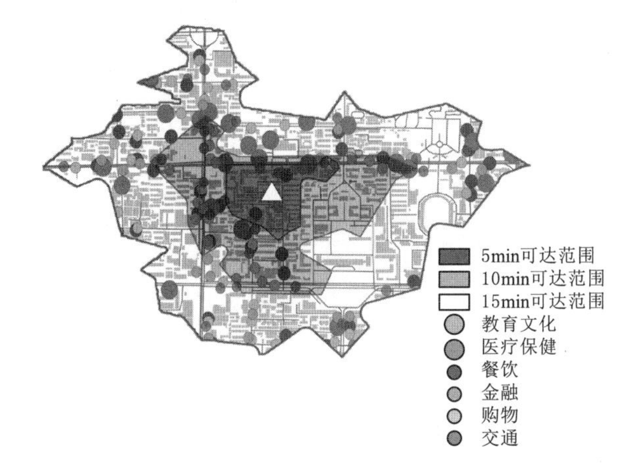

图 1 5～15min 可达范围内公共设施配置

利用GIS分别连接社区中心点到各出行目的地进行测距，测距总数与各公共服务设施数相除得出出行平均距离。在800m生活圈内部分出行类型如教育文化、体育娱乐不可达，且平均距离超过1km，便利性较差（表2）。

表2 出行类型与其平均距离

出行类型	购物	公园广场	教育文化	生活服务	体育娱乐	金融	交通	医疗保健	餐饮
出行平均距离/m	751	938	1644	336	1073	808	795	231	459

2.4 生活圈调查分析结论

2.4.1 设置空间可达的生活圈距离

老年人出行特征为出行时间基本在6～15min，出行方式以步行为主，所以400～800m是老年人到达基本服务设施可接受范围。但各层次的公共服务设施平均距离都远大于400m步行圈，部分高级公共服务设施在800～1500m范围，过长的步行距离大大降低老年人日常使用的频率。

2.4.2 进一步完善设施配置种类

交大二附院作为传统单位制社区，与其他社区间设施不共享，构成封闭的社区生活圈，社区内部活动设施与场地不完善，社区外活动场所较少，老人活动只能去大型公园、体育活动中心。且社区生活圈内空间类型以单一餐饮商业街和早市小吃街为主，设施配置数量及种类较少。

2.4.3 设施分布不均问题突出

设施分布多沿城市交通主干道，社区内部设施配置缺失，且呈现集聚分布，与老年人出行行为轨迹错位。各类服务设施之间差距较大，出现分布不均的问题。

3 适老化优化设计策略

近年来，我国城市化进程已步入提升和更新阶段，城市通过公共服务空间和设施更新不断优化改善，开始关注不同使用者在不同情境下的诉求。通过不断完善空间功能，优化设施配置来提升城市品质，激发城市活力[6]。运用“城市针灸”这种实现城市小规模、渐进式更新的方法，在城市肌理中选取局部“穴位”为落脚点进行更新改造，激发城市活力，从而带动整个城市面貌改善[7]。因而从老年人社区生活圈优化的角度来看，老年人是核心的服务群体和改善对象。在进行社区生活圈适老化优化过程中，应尽可能地体现精细化和差异化，尽可能满足大部分老年人的主要需求。另外，不同功能设施的设置决定了人们对空间环境的依赖性不同，适老化优化设计应充分考虑老年人的生理需求和心理需求，满足老年人群体的特殊性需求。

3.1 合理生活圈设施配置

调研显示，老年人出行以购物与公园广场作为主要出行类型，基于老年人对此设施配置的需求，应该重点完善400m、800m步行圈内购物、休闲等设施配置。同时，通过调查老年人对提升生活品质和继续教育的需求，应该增设老年活动中心和老年大学，满足老年人精神文化方面的需求。在保障老年人基本生活需求的设施配置的基础上，兼顾共性与个性需求的设施布局，构建基于社区生活圈的公共服务设施配置体系（表3）。

表3 社区生活圈基础设施配置

基本出行类型	公共设施内容	400m生活圈	800m生活圈	1500m生活圈
购物	农贸市场	●	○	○
	超市连锁、便利店	●	●	○
	大型综合商场	○	○	●
教育文化	幼儿园、兴趣班	●	○	○
	小学、初高中	○	●	●
	老年大学	○	●	●
公园广场	幼小公园、口袋公园，街道微绿地	●	○	○
	大型公园、街道活动中心	○	○	●
	老年活动中心	○	●	●
餐饮	早点店	●	○	○
	饭店、快餐店	●	●	○
	大型酒店、饭店	○	●	●
体育娱乐	健身场馆	○	●	●
交通	公交站点、地铁站点	●	●	○
生活服务	老年生活护理中心	●	●	○

注 “●”表示必须配置，“○”表示选择性配置。

3.2 微空间系统化整合策略

微空间的是城市微更新的重要方面，在有限的范围内应满足老年人对户外活动需求，不断完善区域内的生活设施，与社区服务联动，提升空间品质和活力。不同形态和尺度的空间应根据其场地差异，提出不同的空间优化策略，注重老年人的适老化需求，选择性配置活动设施。微空间的整合应围绕社区为中心进行开展，改变以往社区以居住社区为中心的单一布局模式，将可利用的点、线、面形态的微空间灵活布置，将组团级空间体系与居住社区和城市街道串联，构建社区丰富的“点线面”复合型户外活动空间单元。

3.3 完善步行路网体系

目前，老人出行可选择方式多元化，但步行仍为最主要方式。以空间安全性为原则，以步行为导向，根据老年人出行轨迹，强化社区生活圈无障碍通行，如盲道、多规格扶手配置等。同时将步行系统与公共设施联系，依据老年人步行与设施使用，在步行可达内嵌入适老化公共服务设施，使老年人出行与设施分布高度契合，构建多元复合步行网络体系。

4 结论

伴随我国人口老龄化的不断加深，老年人作为城市社区生活的重要群体，适老化社区生活圈的研究成为现今城市更新的重要方面。从老年人出行时空规律着手，基于适老化更新中存在的具体问题提出相应解决策略，注重社区生活圈内公共服务设施配置体系构建和既有环境的微空间系统更新，为社区生活圈的适老化设计提供新思路。然而，本研究中存在样本容量少和数据采集时间跨度短的问题，在数据获取方面需要不断提升质量，以期采集更加精准和详细的老年人生活圈相关数据。本研究着眼于既有城市社区中老年人生活需求，体现宜居城市社区建设的老年友好这一目标，为社区生活圈构建与适老化平衡提供方法参照。

参考文献

[1] 柴彦威. 以单位为基础的中国城市内部生活空间结构：兰州市的实证研究 [J]. 地理研究，1996 (1)：30-38.

[2] 孙道胜，柴彦威. 城市社区生活圈体系及公共服务设施空间优化：以北京市清河街道为例 [J]. 城市发展研究，2017 (9)：7-14，25.

[3] 杜伊，金云峰. 社区生活圈的公共开放空间绩效研究：以上海市中心城区为例 [J]. 现代城市研究，2018 (5)：101-108.

[4] 吴秋晴. 生活圈构建视角下特大城市社区动态规划探索 [C] //新常态：传承与变革：2015 中国城市规划年会论文集 (16 住房建设规划)，2015：92-102.

[5] 徐怡珊，周典，刘柯琚. 老年人时空间行为可视化与社区健康宜居环境研究 [J]. 建筑学报，2019 (S01)：90-95.

[6] 侯晓蕾. 基于社区营造的城市公共空间微更新探讨 [J]. 风景园林，2019 (6)：8-12.

[7] 贾永达. 城市针灸理论研究与分析 [J]. 中外建筑，2021 (3)：86-91.

建筑装饰工程的工业化转型
——产品化思维下的室内工程设计理论研究

■ 曹　阳
■ 中国建筑设计研究院有限公司

摘要　随着“十四五”国家规划战略建议的落实，全行业高质量的发展已经成为了全社会发展目标，建筑工程行业首当其冲地进入了快车道发展。建筑装饰行业（室内工程行业）作为整个建筑工程建设项目的一个重要环节，自身承载了建筑体系延续、工程深化落地与功能需求反馈的责任和义务。在新发展时期和新发展阶段，如何从传统室内工程建设与项目管理模式下寻求新发展理念和新发展道路，达到高质量发展的目标。结合自身多年来在国家大型设计院体系下的室内设计与管理经验，遵循建筑绿色化与建造工业化的体系，创新性地提出“产品化思维下的室内工程设计理论”，以达到推动设计全过程控制、全周期管理、建筑绿色化、建造工业化转型发展的目的。其本身的理论体系与方法措施也可以成为室内工程行业从业者拓展专业知识能力与工程项目管理水平的理论指导。
关键词　**产品思维　全过程　全周期　高质量**

1　时代背景——新发展时期/新发展阶段

1.1　国家政策的引导

2020 年 10 月 29 日，党的十九届五中全会审议通过了《中共中央关于制定国民经济和社会发展第十四个五年规划和二〇三五年远景目标的建议》（简称“十四五”规划）。根据上述建议，住房和城乡建设部于 2022 年 1 月印发了“十四五”建筑业发展规划，主要阐明了在此时期建筑业发展的战略方向，明确发展目标和主要任务，其中加快智能建造与新型建筑工业化协同发展，包含：完善智能建造政策和产业体系；夯实标准化和数字化基础；推动数字化协同设计；大力发展装配式建筑；打造建筑产业互联网平台；加快建筑机器人研发和应用；推动绿色建造方式。

1.2　建筑行业的转型

在政策推动下整个建筑工程行业也在随之转变，从投资方向而言，传统的房地产业减量明显，随之带来的是以保障民生为主导的城市基础设施（交通物流/文教医养）、保障性住房、城市更新、生态修复等方向的投资力度增加；从咨询设计而言，全过程咨询、建筑师负责制、设计牵头的 EPC 更加注重工程项目品质的提升与规范化管理建设；从工程建设而言，提倡绿色化建造、工厂化加工、装配化安装与信息化管理，提升工程建设质量，达到减碳低碳的目标；从运营管理而言，提升建筑全生命周期的运营与运维，通过数字化技术提升整体建筑运行效能与城市大数据的采集。

1.3　客户需求的提升

从使用者角度看，无论是政府投资或者民营资本投资的建设项目，不仅对项目的使用品质与环境质量有着更为功能丰富、绿色健康的需求，也同时带来了对于建设周期与工程成本的严格控制。室内空间作为使用者最为直接感知的环境，也首当其冲地成为了使用者的关注重点。尤其在城市更新背景下大量的民生类改造项目都是以室内功能提升为主要目标，例如文化教育、医疗养老、商业办公等。

1.4　专业要求的提高

作为传统的室内设计专业，传统的思维模式与设计方式已经无法满足上述新发展时期与新发展阶段的时代需要，例如延续室内外一体化的设计方式已经无法适应项目类型多样化的使用需求，尤其在以既有空间改造项目类型中室内设计师的主导性被大大提升，从原始的建筑语言中无法提取出更为有效的设计语言进行设计；以概念意向为主导的设计方式同样也面临着大量标准化、基础性的项目类型，室内设计师面临着概念枯竭、手法套路的效果危机。

2　概念解读——产品化思维下的室内工程设计理论

在此时代背景下作为室内设计专业如何顺应时代需求，更高效地完成室内工程设计过程并提升工程建造质量，根据多年的设计经验与项目实践提出了“产品化思维下的室内工程设计理论”。

2.1　基本概念

概念涵盖三个方面的基础内容：“产品化”强调了以标准化、集成化与工业化为导向的建造逻辑；“思维”强调了设计过程中前瞻性、系统性与方法性的思考方式；“工程设计”强调了区别于传统以室内单个专业为主导的设计内容及设计方法，向建筑学习掌握工程建设项目的全专业与全过程的设计内容及组织模式。

2.2 概念区别

(1) 概念区别于建筑/室内装饰设计，已经不符合当前时代下的绿色低碳建筑的发展观，告别装饰主义与概念套路。

(2) 概念区别于室内/空间设计，过分强调方案创作阶段的设计过程，而将工程建造的思考工作后置，在整个项目阶段过于片段性，告别“虎头蛇尾”与“相互推诿”。

(3) 概念区别于装配式装修设计，装配式装修设计只是概念包含的设计手段之一，不能完全地统筹绿色建造所涵盖的内容，甚至在某些项目建设中全装配式装修并不符合节能降碳的发展目标，存在一定的项目局限性。

2.3 从属关系

概念其内涵的思维方式与设计方法从属于绿色建筑设计理论体系中本土化、人性化、低碳化、长寿化、智慧化的主要原则，以坚持从建筑设计本体出发，以正向设计逻辑展开整合设计，统筹多维度要素的过程手段。其内涵对建造阶段的控制从属于建造工业化的技术。对提升整体建筑工程质量、建设管理水平及建筑全生命周期的运营与维护起到良好的助力作用。其概念理论本身是对建筑行业高质量发展的具体实践反馈。

2.4 适用范围

当代室内空间呈现模式大致可以归纳为：①适用于城市大型文化性、标志性建筑的室内外一体化空间模式；②适用于城市商业空间与个性化定制化人群的创意性空间模式；③适用于城市基础民生保障服务性空间的标准化空间模式。“产品化思维下的室内工程设计理论”因为其内涵的标准化、集成化与工业化的因素，现阶段更加适用于第三类空间模式。在概念适用人员方面，因为其内涵的前瞻性、系统性与设计管理逻辑，所以主要适用于具有一定工程项目实践经验的从业人员，不适用于行业初入人员。

3 理论意义——践行高质量的新发展理念

3.1 推动设计全过程控制

概念中强调了对整体室内工程建设项目全专业与全过程的控制，区别于传统的以“形式主义”与“风格主义”为先导的设计方式，注重从方案创作阶段到工程建造阶段的全过程设计管理。从单纯的创意设计思维逐步转化到设计管理思维。增加了设计师对于项目全专业的协同性控制，也增加了设计师对项目建设的责任意识。真正的为使用者（业主单位）负责，提高项目建设质量，让过去片段性带来的责任不清的设计过程回到正确的运行方式。

3.2 推动项目全周期管理

如果说全过程设计是设计师的直接工作，那么作为使用者角度对项目全生命周期的良好运行才是项目建设的目的。作为设计师的每一步操作都不可避免的决定了项目运行过程中的好坏，当然这是看似间接性的影响。但在当前高质量发展的要求下就必须减少这种间接性的影响，提升室内设计师对项目全生命周期的设计思维意识与设计管理能力，例如对于工程技术、材料性能、经济测算、项目管理等跨专业学科知识的二次学习，正如建筑行业现阶段推行的“建筑师负责制”。

3.3 推动建筑绿色化变革

概念以前瞻性、系统性的设计思考方式其最为直接的目标就是要与建筑全过程设计相互关联，深化并细化建筑设计绿色化的体系建设，注重体系在向下贯彻的过程中的落实情况。拒绝各专业自说自话，理论细化传导变形。其本身带来的设计思维的转变、设计方式的转变与操作工具的转变都可以大大提高设计工作效率、提升设计成果的质量。其去装饰、轻介入、标准化、装配化、信息化的措施与手段，也是同建筑设计绿色化的一种具体实践。

3.4 推动行业工业化发展

随着国内劳动力市场的变化，传统建筑装饰行业依靠以农民工和包工队为主导的工程用人方式逐步转化为以工厂端和产业工人为优选的工程操作模式，逐步脱离传统用人方式带来的松散管理、层层分包所导致的工程质量低、结算超概、运维困难等问题。所以行业的工业化转型是未来的必经之路，随着新技术、新材料的不断推陈出新与升级迭代相信很快将会实现，而概念以产品化思维为先导的工业化建造手段可以极大的从设计端推动建筑行业工业化的转型。

4 理论体系——“三变/六化/九措”

4.1 设计方式

由于“产品化思维下的室内工程设计理论”相对于传统的室内设计思维方式有所不同，所以掌握概念的理论体系就必须先转换思路，在更高更宽的维度去思考。

4.1.1 前策划+系统性——思维模式的转变

相对传统设计方式往往是以“点”为入手渠道，无论是建筑内外逻辑关系，还是概念/元素的提炼运用，始终无法逃离形式与寓意的束缚。当然这源于室内设计从图形化装饰主义的发展起源，从形式出发也许是最便捷快速的设计方式。但也让设计师过分“形式主义”产生相对局限性，在后期的工程建造过程当中现实转化难，效果妥协的结果。“产品化思维下的室内工程设计理论”往往更多的要从“面”为设计入手的出发点，要综合考虑建筑空间逻辑、真实的使用功能、机电系统的现状、空间尺度与材料产品的规格选型、建造做法的操作性与周期等综合因素。也就是所谓的“前策划”，即对形式与功能的策划、对材料与建造的策划、对造价与周期的策划。“系统性”则是对“前策划”的各部分内容及专业进行整合，提升设计统筹思维。

4.1.2 多专业+协同性——设计管理的转变

项目“前策划”和“系统性”的延续，落实到具体的实操设计阶段，设计师要统筹多种专业人员进行分部分项的设计工作，例如空间功能与造价周期确定后的形式与材料设计、机电系统与点位的设计、空间环境氛围的设计等。室内设计专业不仅要保持好对建筑空间形式美感的控制，还要统筹照明、电气、消防、水暖、陈设、平面、造价、建造工艺的工序与效果的管理。“协同性”就是要求项目设计阶段的各专业工序都可以保持高效的运转，不同于简单的“相互合作”，更是设计管理流程的科学性组织。这就需要室内设计师掌握更为全方位、多专业的知识与经验积累，甚至在实践中的二次学习。

4.1.3　数据化＋后验证——操作模式的转变

多专业协同效果的保证离不开操作工具的变革，仅凭借人力与传统二维模式下的软件应用无法满足全专业全过程的设计工作。BIM 信息化模型操作系统可以给设计效率带来本质的提升。首先，它可以使绝大多数的涉及专业在同一操作界面上进行工作，避免了工序等待与片段操作；其次，它联系了原始建筑的建造信息，便于二次设计的利用；再次，真实地反映设计后的空间建造效果与材料产品的性能指标；最后，信息化的反馈可以形成相对真实的数据指标，通过数据指标设计师可以有效地进行对项目结果的验证、控制与调节，也就是所谓的“后验证”。

所以对于“产品化思维下的室内工程设计理论”设计方式是基于项目实践经验与需要不断二次学习的设计理论体系，其本身也是在不断成长与变化的。

4.2　表现特征

因为设计思维与方式的转变所带来的概念表现特征也有别于传统的室内设计方式。

4.2.1　过程系统化

过程系统化区别于传统室内设计方式的点式或线性的设计流程，由于其提升了对整体项目运行的管理逻辑，所以形成网状系统的全过程设计流程。包含了对于各涉及专业的组织与分工、周期及进度，并加入了对项目建造环节的管控与重要实施节点的验证反馈，形成有组织、有控制、有依据的系统化设计全过程管理模式（图 1）。

4.2.2　专业协同化

专业协同化区别于传统室内设计方式在各专业、各工序之间相对简单生硬的工作划分，更加强调在各专业之间的内部联动与各工序之间的效率优化，最大化地减少设计过程中自身反复，提升设计过程的运行效率。在以 BIM 操作系统的辅助下真实地达到全专业之间的协同化设计（图 2）。

4.2.3　设计标准化

设计标准化区别于传统室内设计方式注重概念与形式为先导，设计标准化是其最为直观的表现特征，包含设计流程的标准化、设计语言的标准化、设计结果的标准化。设计流程的标准化更加符合工业化的建造逻辑；设计语言的标准化更加符合产品化的思维导向；设计结果的标准化更加符合高质量的评判标准（图 3）。

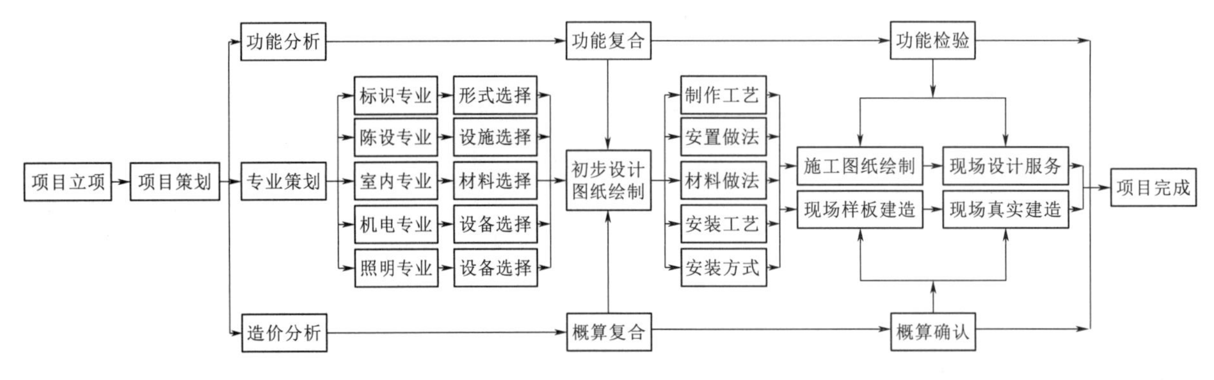

图 1　全过程设计流程

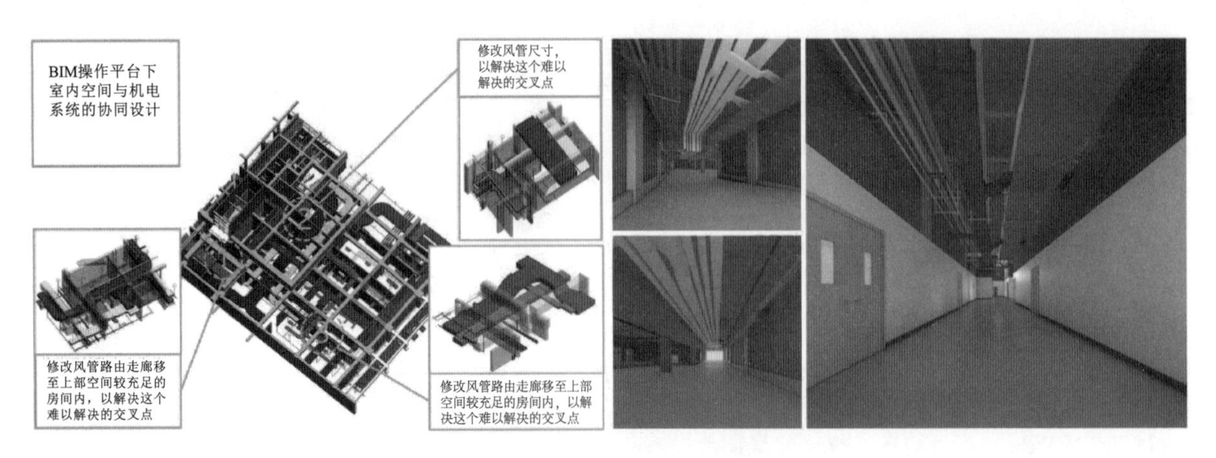

图 2　基于 BIM 操作平台下的全专业协同设计

4.2.4　技术艺术化

技术艺术化区别于传统室内设计方式注重“装饰主义”为先导，其更加强调技术工艺本身带来的真实的、朴素的美，也就是建筑师越来越关注的“技术本底”之美。对于室内空间的表现特征，包含梳理与利用、适度的修饰、开放真实构造、新技术的运用。其本身也是对绿色建筑设计理念的直接应用（图4）。

4.2.5　建造工业化

建造工业化区别于传统室内设计方式带来的大量的现场施工操作，由于其以产品为导向设计方式，表现特征就是大大提升了以工厂化加工与现场化安装（装配式安装）的建造过程，将传统以施工现场为工程组织实施的主战场，逐步转移到以产品工厂为制造基地，现场只做安装调试及少量的接口性施工工作，达到从工程建造到产品制造的工业化转型发展（图5）。

4.2.6　操作数字化

操作数字化区别于传统室内设计方式的感知型的操作手段，其运用全信息化模型（BIM）可以更为科学、准确、及时地反馈在全过程设计的信息数据，使设计阶段与建造阶段达到数据化的操作与验证，得到准确的设计效果、建造工艺、建造周期、经济数据等，直接提高项目全过程设计工作效率（图6）。

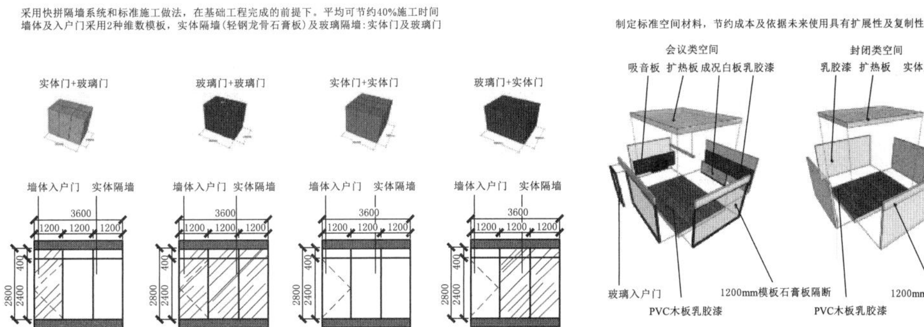

图3　某办公空间项目标准化模块设计过程

图4　“霍普金斯住宅”是迈克尔·霍普金斯和帕蒂·霍普金斯夫妇设计的自住宅与工作室

图5　德国 Bauhofstrasse Hotel 木结构预制模块酒店建造过程

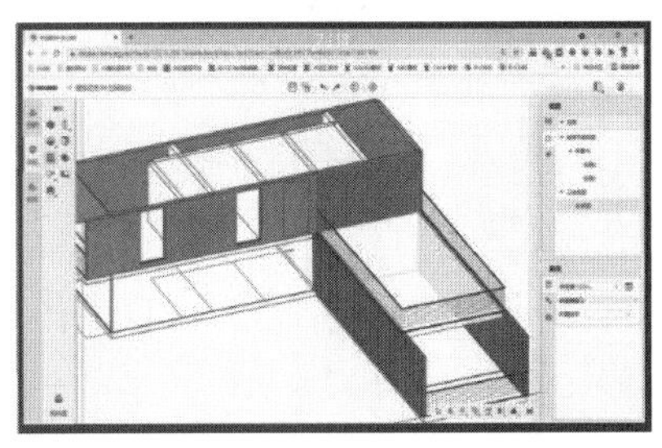

图6　中国建设科技集团研发的拥有自主知识产权的新一代 BIM 数字设计软件平台——马良 XCUBE

4.3 措施手段

根据室内工程项目情况，结合多年室内工程项目实践经验，为室内设计师提供以下九种具体的措施手段，使其真正为新发展时代下的室内设计师提供帮助。

4.3.1 理关系，梳逻辑

无论新建或改造类室内空间工程设计，对于原始建筑空间的熟悉与梳理都是十分必要的，其包含功能定位、空间逻辑、结构体系、机电系统、材料系统等。不同的功能定位决定了不同的空间形式，不同的空间逻辑决定了不同的设计方式，不同的结构系统决定了不同的间接手段，不同的机电系统决定了不同的环境质量，不同的材料系统决定了不同的构造方式，所以对建筑体系的梳理是概念措施手段的基础（图7）。

4.3.2 重功能，弱形式

功能是室内工程设计的核心，尊重空间真实的使用功能，拒绝无意义的形式主义设计。具体手段包括单一性功能更为清晰、明确化地展示出来，减少形式语言带来的歧义；多样化功能进行归类整合，减少多种形式语言带来的工程构造；专项化功能保持专项的纯粹性与技术性，减少形式语言的干扰（图8）。

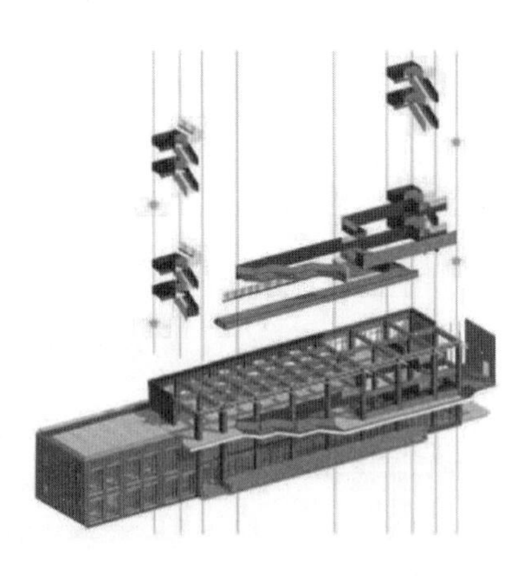

图7 以梳理建筑结构条件，置入新交通空间为主导的北大附中实验学校图书馆改造设计

图8 景德镇国际学校标准化形式下的不同功能空间组织（教学、阅读、实验、教师办公）

4.3.3　轻介入，去装饰

崔愷和刘恒在《绿色建筑设计导则》中提到，还要叮嘱室内设计师几句，因为你的美化空间环境的手段就是以装饰为主，装饰得越华丽，与绿色节俭的理念差距就越远，所以如何下手轻一点，引导一种朴素、真实又优雅的空间氛围是努力的方向。例如对原始结构和机电管线的梳理，裸露顶面或者局部吊顶的处理手法；空间分区也可以利用家具陈设、绿化植物进行环境氛围上的独立，不仅节约了装修界面与工程构造，还可以使整体空间体现一种优雅的美（图9）。

4.3.4　善利旧，巧更新

在城市更新背景下对于既有建筑空间改造提升的需求日渐明显，以保留原始建筑结构为条件提升室内功能品质为主导的项目类型，增加了室内设计专业在整个项目实施过程中的责任和工作内容。不仅需要我们学会梳理原始建筑系统下的逻辑关系，在一些特定的项目中还需要我们对文化因素进行传承，这就需要室内设计师学会善于利用原始建筑空间中看似不利的空间因素，将其转化为满足使用者的功能需求及审美要求，也就是一种“利旧更新”（图10）。

4.3.5　做标准，优集成

标准化设计可以通过简化、通用与组合的方式进行应用，其具体包含界面形式的标准化、材料规格的标准化、构建工艺的标准化、组合模式的标准化。例如装配式装修设计方式就是一种很好的标准化设计的应用。集成化设计通过集成化产品与模块化设计进行应用，例如优选市场成熟的集成厨房与卫生间、集成化吊顶、集成隔断等产品，还可以将功能和设备进行集成化的合并，形成单元模块进行使用（图11）。

图9　运用奥运色彩系统设计的冬奥延庆赛区雪车雪橇中心和“冰屋”

图10　利用原始工业厂房遗址的首钢工舍精品酒店设计

4.3.6　多预留，少拆改

预留是应对空间使用功能变化的现实需求，所以选择多功能的设计形式、装配式的装修方式与灵活性的产品选型都可以达到很好地预留效果，避免未来空间功能变化后的大量拆改。所以充分考虑到空间使用过程中的功能变化，拒绝一次做满做死，可以有效地提升项目全周期的使用效能（图 12）。

4.3.7　用专项，强体验

室内工程设计中专项设计包含照明、标识、陈设、工艺、媒体、智能化等方面，巧妙地利用这些专项设计在空间中的分量，提升空间氛围的体验感，同样是一种很有效的设计手段。从全方位全因素系统下提升空间的时代感和使用者的体验性是当代室内工程设计创新的重要途径与手段（图 13）。

4.3.8　重加工，少施工

在工程建造环节，传统的室内工程建设核心场所是施工现场，80%的工程操作都在此产生。“重加工、少施工”就是通过设计手段使室内工程建设的核心场所和工程量占比进行转移和缩减，进行标准化、模块化、产品化的设计方式，增加工厂化加工的工作量，减少现场施工操作的工作量（现场安装工作增加），达到工程建设走向工业化的转型的动力（图 14）。

4.3.9　做样板，重验证

“样板”的设计与建造，是提升工程建设科学性的重要标志，包括样板界面、样板做法、样板段、样板房间等。往往大型建筑建造过程较多，而对于室内工程项目较少。但在全过程设计管理与高质量要求的基础下，“样板”的真实建造反馈与全面感受体验，可以直观地验证设计过程当中的内容，完成全过程设计的流程闭环。所以注重真实建造的体验，杜绝纸面上的意向感知是工程科学化管理的必要环节（图 15）。

4.4　小结

产品化思维下的室内工程设计理论体系，如图 16 所示。

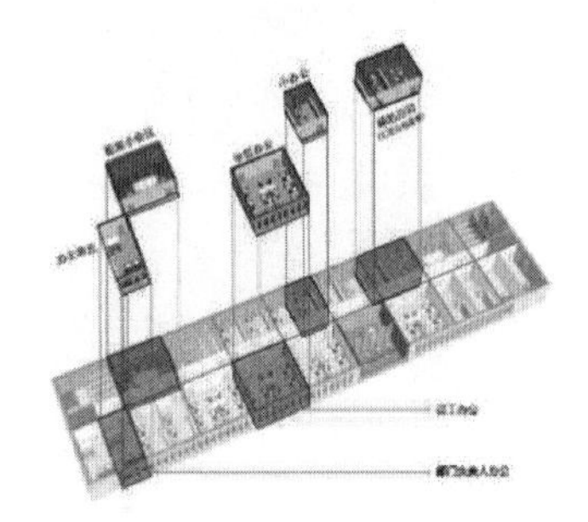

图 11　北京副中心综合物业楼办公区域标准化设计

图 12　世园会生活体验馆室内空间的多功能预留性设计
（600mm×600mm 金属网＋预留轨道照明，1200mm×1200mm 设备框架＋预留吊装轨道）

图 13　运用媒体和绿植营造的室内空间展陈设计

图 14　雄安市民服务中心综合办公区，采用工厂化加工的装配式集装箱模块设计

图 15　装配式教学模块单元样板间

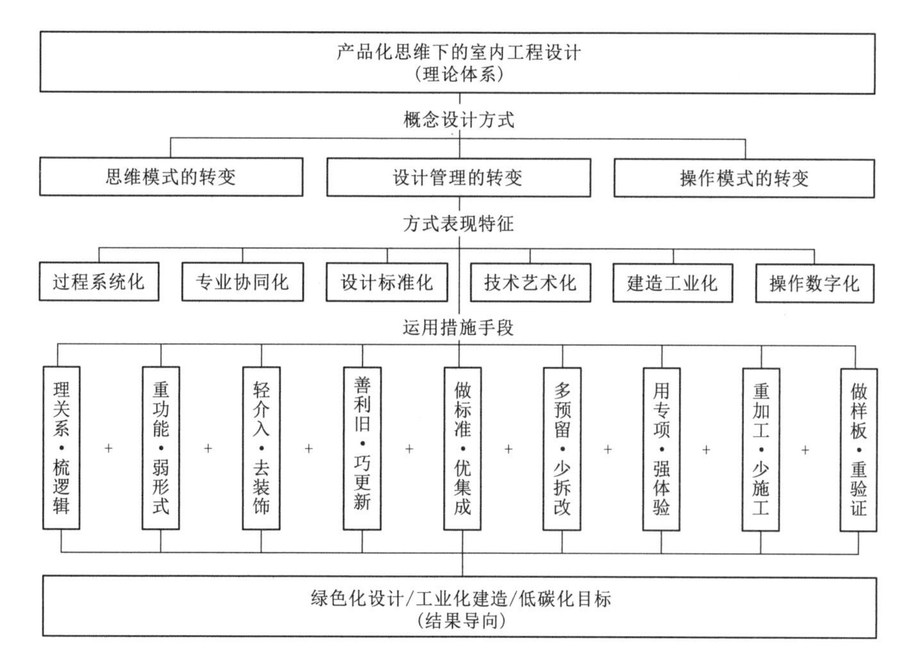

图 16　产品化思维下的室内工程设计理论体系

5　总结与展望

从改革开放发展到今天，我国城市建设吸引了越来越多的国内外优秀的建筑师与设计师，建造出了越来越多的具有城市时代性、标志性的建筑，而这些建筑的室内空间也具有高水平的设计理念与视觉效果。而“产品化思维下的室内工程设计理论”更加致力于对城市环境下城市基础民生保障服务性建筑空间类型，它可以不分城市级别与建筑年代。

“产品化思维下的室内工程设计理论”是一种基于建筑绿色化与建造工业化体系下的室内工程设计运用理论，在现今建设工程周期快、造价严、标准高的环境下找寻出路，无疑是最为有效的思维方式和参考标准。对于“国家‘十四五’规划”建议下的建筑工程行业高质量发展的基准线提升具有重要的意义。为建筑工程建设守好这“最后一公里”，全面地提升建筑工程行业高质量发展，满足时代进步下人民追求更好生活的标准提升和品质需求，反映出国家综合国力进步。

现阶段在疫情常态化的今天，建筑工程行业遇到了有史以来最为严峻的考验，作为从业者在这个关键时期更加应该多思多学。在高质量发展为导向的项目建设要求下，设计师肩负了越来越多的责任，不仅对效果负责，还要对管理负责，甚至对后期的运维负责，也就是建筑设计行业提到的“终身责任制”。这就需要设计师不断学习，增加对项目全过程、全周期的预判意识和管控意识，拒绝片段的、阶段化的工作方式。在传统中继承和发扬优势，在传统中寻找和察觉不足，在传统中创新和突破自我。祝福我们的国家越来越好，祝福我们的行业越来越好！

参考文献

[1] 中国建筑业信息化发展报告编写组. 装配式建筑信息化应用与发展［M］. 北京：中国电力出版社，2019.

[2] 崔愷，刘恒. 绿色建筑设计导则［M］. 北京：中国建筑工业出版社，2021.

[3] 李富田. 标准化概论［M］. 6 版. 北京：中国人民大学出版社，2014.

象征与重构

——欧美早期邮轮中的国家身份表达

■ 田 壮 崔笑声

■ 清华大学美术学院

摘要 邮轮作为技术进步的重要象征符号与日常生活的特定消费空间，是国力竞争的重要媒介，因此，国家身份的表达在邮轮历史中扮演着十分重要的角色。19 世纪末至 20 世纪 60 年代是邮轮蓬勃发展的历史时期，以英国、法国、德国、美国、荷兰和意大利为代表的国家在这个时期借助邮轮空间展开了对国家形象的探索与表达。本文通过图像学、文献分析与案例分析的研究方法，并借助本质主义与建构主义的理论观点，提出传统符号的象征与现代语汇的重构是欧美早期邮轮设计中两条主要的线索，以期为我国首制游轮中的国家身份表达提供有效地设计策略与方法。

关键词 **邮轮设计 国家身份 室内设计 设计策略 装饰**

1 邮轮：国家身份的物质载体

纵观古今中外，物质创造与国家身份的互文现象在设计史上屡见不鲜，细究之下分为两类：一类设计的初始目的就是国家身份的表达，小到国旗、国徽等视觉符号，大到宫殿、城堡、会议厅、公共广场、乃至整个城市规划；另一类设计的初衷并非出于政治文化的传播与表达，但是由于使用情境、传播途径的发展与变化，逐步兼具了国家身份的象征功用。邮轮设计无疑属于后者。

起初，邮轮并不以运送乘客和远洋旅行为主要目的。19 世纪上半叶，班轮的需求更多来自于邮件和货物的快速运输，在优先考虑安全、速度等因素的情境下，船舶的室内设计被认为是无关紧要的部分。19 世纪下半叶，随着更多的大众旅行者选择邮轮出行，设计师开始通过室内设计将各个阶层区分开来：不仅邮轮的空间布局发生了巨大的转变，更加精致的室内装饰也被应用其中。直到 20 世纪初，以英、法、德、美、意、荷为首的国家开始了对北大西洋海域的竞争，各国的邮轮空间俨然成为了福柯笔下的“另类空间”。

2 杂糅的符号：国家身份的综合媒介

2.1 技术革新的象征

邮轮本身即是一个国家技术进步与现代化的象征性符号，其技术的革新集中体现在发动机和辅助机械的设计上，这部分直接决定了一艘邮轮的航速、稳定性、载客量、船舶外观。19 世纪末至 20 世纪初的技术革新以涡轮机技术在邮轮动力系统中的应用为特点，以毛里塔尼亚号为例，其采用了帕森斯新涡轮机技术，前向涡轮还装有两个额外的涡轮叶片以确保其达到更快的航速。20 世纪 20 年代则以涡轮电动变速器技术的应用为特点，这项技术可以实现机械能与电能的双向转化。印度总督号是第一艘采用此技术的欧洲邮轮，随后诺曼底号也采用涡轮电动变速器技术，并配有阿尔斯通制造的燃气涡轮发电机和电动推进马达，即使一台发动机无法运行，也可保证所有螺旋桨正常工作。

2.2 陆上消费的延伸

邮轮为消费体验方式提供了更多的可能性与前瞻性，班轮空间中的功能与设施往往意指出的一个国家对于新兴生活方式的构想和引导。从 19 世纪末到 20 世纪 60 年代的邮轮中可以看出头等舱公共空间功能分化与设施完善的渐进过程。起初的空间功能仅包括餐厅、休息室、吸烟室，后来发展出土耳其浴室、游泳池及各类室内外运动场所，还有剧场、画廊、美容院、购物中心、甚至儿童活动区与宠物区等。特别是与 19 世纪时期相比，邮轮已经从一个仅满足游客基本生活与社交需求的单一空间逐渐发展成海上的奢华酒店，是陆上生活方式的延伸，在船上仍可享受基本的休闲娱乐和社交生活。

头等舱客房的设计也逐渐发展出比肩酒店客房乃至私人宅邸的配套设施与服务。诺曼底号最豪华的套房中，不仅设有饭厅，小型三角钢琴，多间卧室还有私人甲板。印度总督号的豪华客舱不仅设有私人浴室，还设计了可容纳客人或女仆的房间。此外，一些特殊的功能设置还是一个国家表明其政治立场的符号。例如，玛丽女王号是第一个配备犹太祈祷室的远洋客轮，这是英国国家政策的一部分，对德国纳粹的反犹太主义表达了明确的反对立场。

2.3 社会结构的镜像

邮轮的空间布局与分隔方式无疑是社会空间与物质空间相互对应的直观表达，是一个国家社会结构与权力关系的镜像。事实上，不论是欧美早期还是当下的邮轮设计都无法摆脱资本主义所主导的空间排序。以 19 世纪下半叶至一战前的邮轮为例，头等舱、二等舱与三等舱按照由上至下的顺序进行排布，其中头等舱的空间占据整个船舱空间的三分之二乃至更多，与头等舱丰富多样的公共娱乐设施相比三等舱仅有多人床铺的住宿空间，卫生设施颇为紧缺。例如，阿基塔尼亚号的头等舱餐厅采用了各种历史时期的奢华装饰，与仅保留基本设施的三等舱公共大厅形成鲜明对比，反映出爱德华七世时代英国极端的社会鸿沟。

2.4 审美的典型符号

邮轮中的装饰风格、家具陈设与艺术品等视觉符号彰显出一个国家的艺术审美素养，而设计师与艺术家的选择与雇佣直接决定了一艘邮轮最终的视觉表达与艺术形象。

以英国为例，19 世纪末期至少三条航线的多条邮轮设计是由工艺美术运动背景的建筑师完成的。20 世纪初到一战之前是邮轮行业的迅猛发展期，德国后来居上。设计师 Bruno Paul 使用简化的形式来装饰乔治华盛顿号的内部空间，例如，黑色简洁线性装饰的纯白墙壁，铺有几何装饰图案的地毯，装饰有重复抽象图案的玻璃穹顶。两次世界大战期间，室内装饰师与女性时尚装饰者的地位逐渐攀升，印度总督号是这种类型的重要例证，为满足上流人士的艺术品位与时尚触觉而委托了影视女星 Hon. Elsie Mackay，她在英国的历史风格中融入了当时国际流行的艺术装饰风格。30 年代之后，邮轮上的室内设计部分开始由推崇现代风格建筑师完全掌控，装饰公司与女性装饰师的影响逐渐式微。二战之后，室内设计作为一个专业领域地位逐渐上升，以美国为首的许多国家开始委托一个专业的室内设计团队来负责邮轮的设计工作，由 Eggers & Higgins 公司负责的美国号表现出极简倾向的设计风格。

3 国家身份的四种建构方式

同 19 世纪末以来的室内设计发展史相似，邮轮空间设计也经历了从历史风格向现代风格迈进的探索过程。一方面，邮轮的内饰风格表现出多元繁杂的特点，不同的灵感来源与设计手法纵横交错；另一方面，每个国家或地区的邮轮装饰设计在探索的过程中逐渐建立起本民族特有的风格语言和表达特点。细数邮轮蓬勃发展时期的各国邮轮设计，可解析出四种最具代表性的国家形象建构方式。

3.1 历史风格的集合

传统元素与历史符号往往是一个国家身份与民族象征的首要选择。20 世纪 30 年代之前，各国多数的邮轮设计均采取历史主义的表达方式，从哥特复兴风格、路易十六时期风格到安妮女王时期风格等，几乎所有应用于邮轮内饰的设计语汇都来源于过去。

19 世纪下半叶，受工艺美术运动的影响以埃及号、阿拉伯号为代表的英国邮轮呈现出统一的历史风格倾向：基于对哥特风格的复兴，结合浪漫的维多利亚时期风格。相较之下，20 世纪初期的法国则以本国的历史风格与宫廷文化为邮轮设计主题。法国 II 号被称为最豪华且内饰风格最为统一的跨大西洋班轮，室内空间全部采用巴洛克复兴风格。头等舱空间中多处以路易十四及其亲属的肖像画装饰，豪华套房中也使用了路易十六时期风格。

随着工艺美术运动影响的式微，对法式布扎艺术的推崇则成了 20 世纪初邮轮空间的流行风向，表现出极强的折中主义风格，杂糅并汇集了各种历史风格。20 世纪初英国冠达公司与白星公司的三艘奥林匹克级邮轮涵盖了从法国宫廷到意大利文艺复兴，从英国地区到荷兰地区的各种历史时期风格。以毛里塔尼亚号为例，头等舱餐厅采用法国 16 世纪佛朗索瓦一世风格［图 1（a）］、头等舱吸烟室应用了 16 世纪的意大利风格［图 1（b）］、图书室则凸显了路易十六时期的风格［图 1（c）］、精巧的电梯与中央楼梯则是典型的布扎风格［图 1（d）］、豪华套房则以英国古典主义时期的亚当风格为主题［图 1（e）］。

(a) 佛朗索瓦一世风格　(b) 意大利风格

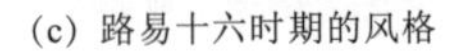

(c) 路易十六时期的风格

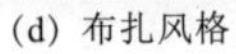

(d) 布扎风格

(e) 亚当风格

图 1　毛里塔尼亚号室内照片

(DeGolyer Library，at Southern Methodist University)

3.2 流行元素的介入

进入 20 世纪 20 年代以来，装饰艺术风潮正盛，当代的流行元素与装饰语汇开始与历史时期的各种设计风格平分秋色。于是，邮轮出现了历史风格与流行风格杂糅的空间内饰，印度总督号就是这种类型的关键例子。同时期的英国女皇号则是英国传统历史风格、装饰艺术风格、工艺美术风格以及中国风的多元混合。

1925 年，在法国巴黎举行的“工业与现代艺术博览会”的影响下，自 20 世纪 30 年代开始，装饰艺术风格逐渐成为法国国家身份的代名词。这种风格不仅广受美国人民的欢迎，还对其他欧洲国家产生明显的影响。装饰艺术风格被广泛应用远洋班轮之中。

法兰西岛号是装饰艺术语汇的集大成者，被称为“漂浮的装饰艺术交响乐”。头等餐厅的设计威严不失摩登气质，墙面与柱子以灰色大理石装饰，多层阶梯状的天花板上以 110 盏琥珀色的方形壁灯陈列排开，点亮大厅（图 2）。为进一步增强法国民族身份，法国大西洋海运公司斥资超 6000 万美元聘请了在 1925 年巴黎展览上得到官方支持的所有设计师和装潢商进行诺曼底号的设计。头等舱餐厅（图 3）是典型的装饰艺术风格：它被 12 根高高的水晶玻璃柱照亮，两侧是沿着墙壁的 38 根玻璃柱子。在房间的两端悬挂着枝形吊灯，使诺曼底获得了“光之船”的绰号。咖啡厅（图 4）是船上最具现代气息的空间，椭圆形的房间中可以欣赏到船尾的海景；墙壁为涂有清漆的猪皮，家具为管状不锈钢椅子，柱子是闪烁的黑色大理石；小舞台上有一架黑色的三角钢琴；抽象造型的灯具饰于天花板中央，周围的照明均为极简的灯管造型。

图 2　法兰西岛号餐厅（Eco Museum St Nazaire）

图 3　诺曼底号头等舱餐厅（Eco Museum St Nazaire）

图 4　诺曼底号咖啡厅（Eco Museum St Nazaire）

3.3　拥抱现代风格

德国是最早摒弃历史主义风格而拥抱现代风格的国家。早在 19 世纪 10 年代，Bruno Paul 设计的乔治华盛顿号和 Paul Ludwig Troost 设计的哥伦布号就以简洁抽象的设计语言著称。19 世纪 20 年代末期，受德意志联盟及更多当代设计形式的影响，德国的设计师不再受制于德国的历史风格与过去的表达方式。

De Groot 在不来梅号的设计上集中表达了共和制德国的民族认同感，反映出德国向现代风格稳步迈进的趋势。他自我评述道“不来梅号通过强调形式的纯净，线条的美感和材料的卓越品质，使我们从一个不属于我们自己的时代解放了，并带领我们进入了当今时代的宏伟时代，在这个时代中我们渴望呼吸而不是窒息。”头等舱休息室（图 5）处理简单，天花板上隐藏着灯光，两侧装饰有反光的，无装饰的柱子，椅子和桌子都装饰有抽象的纺织品，仅在房间尽头通过兴登堡和俾斯麦的青铜胸像暗示出邮轮的国籍。图书室（图 6）采用了相同的设计风格，天花板上的线性灯带与金属落地灯都是极简造型。受德国不来梅号设计风格的影响，Pulitzer 在意大利邮轮维多利亚号和萨瓦亚伯爵号的设计中将现代风格与意大利本土语言相结合。

图 5　不来梅号头等舱休息室（earl of cruise）

图 6　不来梅号头等舱图书室（earl of cruise）

3.4　未来主义的想象

第二次世界大战后，随着美国逐渐在世界舞台上占据统治地位，代表着未来感与先锋感的国际主义风格与流线型风格备受推崇，对未来的乐观信念和对新技术的高度崇拜共同推动了这一时期的邮轮设计与发展。以 1951 年的美国号为例，其不仅追求极简的几何形式，还大量使用了现代化的装饰材料，包括全金属家具、用于窗帘和床罩的玻璃纤维以及塑料。同一时期，法国 III 号与鹿特丹号都表现出现代风格下的流线型与极简主义倾向。由意大利著名设计师吉奥・庞蒂负责的多艘邮轮均体现出意大利全新的国家形象，设计中避免了纯粹的理性主义，主张更加有机的未来主义风格。

由英国P&O公司出品的奥里亚纳号与堪培拉号则是第二次世界大战后设计趋势的典型代表：当代家具设计、抽象艺术品结合各种波普元素展现出极具未来主义的空间面貌。两艘邮轮的样式完全没有提及过去的任何一种历史风格，均反映出一种全新的英国国家形象，以及对未来、新技术、新材料的信仰。然而收获媒体与大众广泛的民族认同感的英国邮轮则是伊丽莎白女王二号。位于邮轮中部的圆形大厅（图7）与头等舱的女王休息室（图8）都展现出全然不同的设计策略与艺术风格：白色玻璃纤维制成的喇叭形柱子是这两个空间的标志性符号，向上与相同材质的白色天花板融为一体；座椅设计参考了埃罗沙里宁的郁金香椅原型，基座的形态呼应了空间中的柱子曲线；抛光铝材与铬金属、米色与果绿色的皮革以及银色漆面被应用于空间多处。

图7 伊丽莎白女王二号中央大厅

图8 伊丽莎白女王二号头等舱女王休息室（getty images）

4 国家身份的两种表达：传统的象征与符号的重构

基于前文的分析，可以看出历史时期风格的集合是邮轮空间中国家身份表达的重要策略，因为传统的象征符号更容易与国家的本质特征产生关联并引发民众的情感共鸣。根据 Jimeno－Martínez 在《设计与国民身份》中的表述可知这是本质主义观点的直接体现，"国家"是如同信仰一般的存在，首先人类不可避免地属于一个民族或国家，其次一个国家的民族特征是通过文化生产和设计发展而得以彰显的。

但这并非是国家身份表达的唯一途径。随着技术进步与消费文化的迅猛发展，邮轮中的国家身份生发出新的变化与表达，现代性的设计创新也越来越重要。事实上，流行文化、现代风格与未来主义都是国家身份在当代语境下重新探索的结果，是全新的表达方式。与之对应的构建主义观点指出，国家是被创造出来的，国家身份也是可以被重新建构的；国家作为一种概念是被自上而下创建的，它源于国家上层与精英阶层而后渗入公民社会中。

鉴于国家象征的建立是通过符号组合与语汇联想实现的，因此这两类方式都是可取的。一艘邮轮空间的设计仅能反应某个特定时期的国家身份或民族形象的其中一个向度，因而国家形象并非一成不变的，它既是历史的集合体也是历史迈向未来的连续体。

5 结论

综上所述，首先，邮轮空间确实是国家身份的符号与缩影，它是民族形象多元的集合体，代表了技术的革新、经济的繁荣、生活方式的发展和艺术文化的提升。其次，邮轮中国家形象的表达有两条线索：一条是历史的线索，沿着过去的时间线寻根溯源；另一条是地域的线索，于不同民族的本土文化中发掘多元的灵感与养分。再次，邮轮中国家形象的设计方法包括四个纬度：历史主义、流行文化、现代风格和未来主义的想象。最后，邮轮空间中的国家身份并非一成不变的模样，是可以重新建构与不断演化的。历史风格与时代语言的再现或许是最传统与保守的国家象征，但与时俱进的设计才是国家身份的最贴切表达。

参考文献

[1] 福柯. 另类空间 [J]. 王喆，译. 世界哲学，2006（6）.

[2] 勃罗德彭特. 符号·象征与建筑 [M]. 乐民成，译. 北京：中国建筑工业出版社，1991.

[3] GAULIN K，BRINNIN J M. Grand Luxe：The Transatlantic Style [M]. United States：Holt，1988：139.

[4] WEALLEANS A. Designing Liners：A History of Interior Design Afloat [M]. United Kingdom：Taylor & Francis，2006.

[5] MILLER W H. The Fabulous Interiors of the Great Ocean Liners in Historic Photographs [M]. United States：Dover Publications，2013.

[6] GIMENO－MARTÍNEZ，JAVIER. Design and National Identity. [M]. United Kingdom：Bloomsbury Publishing，2016.

[7] PHILIP D. Cruise Ships：An Evolution in Design [M]. United Kingdom：Conway Maritime，2003

[8] PETER B，HERBERT G，DAWSON P. Ship Style：Modernism and Modernity At Sea in the Twentieth Century. [M]. United Kingdom：Bloomsbury USA，2011.

[9] 安妮·梅西. 1900年以来的室内设计 [M]. 朱淳，闻晓菁，译. 北京：生活·读书·新知三联书店，2018.

[10] 约翰·派尔. 世界室内设计史 [M]. 刘先觉，陈宇琳，译. 北京：中国建筑工业出版社，2003.

[11] 田壮，崔笑声. 漂浮的博物馆：20世纪二三十年代法国邮轮的空间布局与装饰特征 [J]. 装饰，2022（2）：36－39.

基于满意度评价的历史文化街区使用环境研究
——以重庆东水门老街为例

■ 张　雯[1]　周铁军[1,2]
■ 1　重庆大学建筑城规学院　2　山地城镇建设与新技术教育部重点实验室

摘要　历史文化街区作为一个城市发展的缩影，极具保护价值，然而目前我国大部分的历史街区改造依托的是自上而下的更新模式，不少更新策略将注意力集中在物质环境上，忽略了空间建成后使用者的体验感受。为了更好地从多角度了解历史文化街区建成后的环境使用状况，本文引入满意度评价的研究方法，以重庆东水门老街为例，收集各类人群对建成后的历史文化街区反馈评价，对结果进行量化分析，从不同类型使用者的综合角度为历史文化街区的保护策略提供思路支撑。

关键词　满意度评价　历史文化街区　东水门老街

引言

历史文化街区承载着一个地区的文化与记忆，体现着一个城市的发展过程与生活缩影。城市化进程的不断推进使得这些历史街区出现配置老化、空间无法满足现代城市的多层次生活需求的问题，随着城市保护体系的完善与历史文化街区概念的兴起[1]，城市历史文化街区的保护改造开始起步。然而，现阶段我国的保护工作大多为政府、专家等主体所主导，是一种自上而下的改造方式，最终结果所呈现的大都是以保护为核心的物质改造，缺少对使用者在空间中需求的考虑，业态比例的失衡与生活层面的空间缺失使得不少历史文化街区变成了城市孤立的博物馆[2]。使用者的满意度反馈评价体现着其对已建环境的真实感受，能在一定程度上衡量已建环境的质量，影响着历史文化街区的后续发展。因此，本文将使用者满意度评价研究与已建历史文化街区联系起来，从多使用者的角度来探究历史文化街区的使用现状，以此来挖掘历史空间环境的使用问题，为历史文化街区的保护策略提供思路支撑。

国内目前对于历史文化街区的研究大部分集中在改造前期策略探讨与设计方面。例如，整体规划层面上，国内学者对于历史文化街区的规划内容研究[3]、更新策略[4]、实施模式[5]、针对更新的综合性评估体系[6]等方面进行了较多研究。实际实施与设计层面上，针对历史文化街区的文化挖掘[7]、空间活化设计[8]、空间特征研究[9]、景观设计[10]等方面的探究较多。人群使用评价方面，国内的研究集中在满意度和空间感知等方面对游客或是居民单独进行探讨，李彦伯等基于居民满意度的测量提出群体参与和治理方式的转变有利于历史街区发展[11]，刘建国等基于 IPA 方法对历史古迹景区的游客满意度对景区的发展策略提出意见[12]。

但是，历史文化街区中人群类型的构成是复杂而非单一的，他们的相关评价也会因为使用角度不同而产生差异，从而出现对空间环境评价多样的结果。因此，将历史文化街区中的各类人群类型纳入综合性考虑并进行差异分析，从多方角度了解历史文化街区的环境满意度情况是十分重要的。

1　场地概况与研究设计

1.1　场地概况

东水门老街位于重庆渝中区，东水门老街东临长江滨江路，南接湖广会馆，西北侧为东水门小学、商品批发市场以及物流区（图 1）。其所在的湖广会馆及东水门历史文化街区是重庆市第一批市级历史文化街区，场地内保留有湖广会馆和重庆仅存两道古城门之一的东水门及其古城墙，历史悠久，具有极为重要的历史价值。随着城市的快速发展，街区设施老化，生活环境恶化，空间使用逐渐衰败，自 2002 年街区被纳入重庆市一级保护历史街区后，东水门老街亟待复兴。

1.2　研究设计

满意度评价可以对使用者主观感受进行衡量，用数据的形式来比较已建环境与预想规划之间的差距，为后续空间优化提供基础支撑。本次调研采用问卷调查与访谈相结合的方式，以详细的问卷评价数据为主，结合访谈内容，了解场地使用者对东水门老街的评价认识，同时对比人群评价差异，明确现有历史文化街区的环境使用评价与问题所在。

（1）问卷设计与数据处理。满意度评价问卷采用李克特量表，依据场地实际情况设置评价影响因素，设立 8 个维度方面评价和 27 个次级评价指标，评价数据分为五个等级，按满意程度分为非常满意、较满意、一般、较不满意、非常不满意，对应数值分别记为 5、4、3、2、1。利用 SPSS 26.0 版软件对问卷结果进行数据录入、

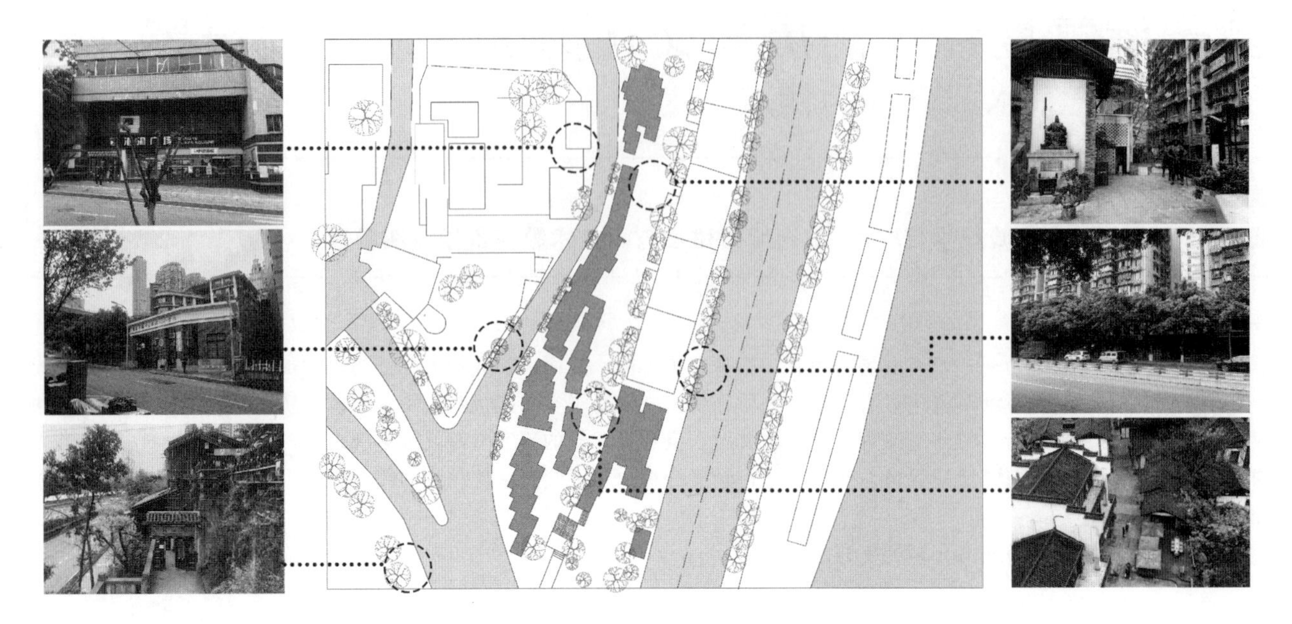

图 1　场地及周边使用现状
（图片来源：作者自绘）

统计与分析，本文主要对数据的描述性统计分析、单因素方差分析结果进行对比研究。

(2) 评价主体人群分类。由于老街改造更新与商业性质的设置，老街现有人群类型较为复杂，对历史文化空间的体验具有参考作用的人群有：①游客，东水门老街的主要受众，受到文化或空间吸引来到此地，进行游览休闲等活动；②居民，居住在老街附近的人，其日常生活会涉及老街的空间；③商户，依托老街商业与历史文化属性提供商品，其日常活动与老街空间密不可分。由于场地改造，部分原住民已外迁至其他地区，同时因为经营问题，部分商户已退出，因此本样本以游客为主体，兼顾居民与商户。

2　调研数据分析

2.1　样本概况

本次问卷总共发放 90 份，有效回收 86 份，回收率 95.56%。根据问卷的基本情况数据显示，调查者中男性 39 名，女性 47 名，年龄范围 19～30 岁占人群主体。交通选择方面，人群大部分选择地铁，占 48.84%，之后依次为步行、出租网约车、公交车。人群构成方面，游客占 72.09%，附近居民占 20.93%，商户占 6.98%。游客方面，老街吸引人群的以年轻群体为主，其吸引点主要为历史文化因素；居民方面，老街主要作为居民归家的必经之路，居民多以路过为主，不太会长时间使用老街空间；商户方面，其业态兼顾了游客观光消费与居民生活需求。

2.2　信度检验

信度分析可对问卷所得数据进行检验，根据可靠性系数（Cronbach's Alpha）数值证明问卷与数据的可靠程度，若 α 系数大于 0.7，则表示量表信度较好、是可靠的。SPSS 软件的可信度分析显示，本次问卷系数为 0.927，因此本次量表数据可以接受。

2.3　总体分析

数据显示（表 1），次级指标中，评价得分较高的前五项为空间安静程度、绿化配置、空间开敞性、景观小品和环境卫生，均值偏低的后五项为停车条件、商业满意度、无障碍设计、空间活力和业态品牌设置。

标准差表示着使用者对于某个评价因素的感受差异，标准值越小，群体感受越统一，标准值越大则群体感受之间的分歧越大。人群对场地的绿化景观、环境卫生以及具体的设施设置这类物质层面上的因素评价较为统一且均值较高，说明老街对于环境营造与场地建设这方面给人以较好的体验，其成效有目共睹。而针对于无障碍设计、停车条件等方面，则由于规划和山地地形限制等原因而使大多数使用者不太满意。

2.4　基于使用人群类型的满意度评价差异分析

为了了解不同类型的使用者对于历史文化街区要求的差异，研究以使用者类型作为自变量，通过单因素方差分析和均值比较等方法对其满意度评价进行差异性分析。

以使用者的身份作为类别划分，以其对各项因素的满意度评价进行统计，并以其均值进行比较。经过计算，本次数据的方差齐性检验 P 值均大于 0.05，即本次单因素方差分析有效可行。单因素分析表格显示（表 2），周围交通状况、建筑与环境协调程度、山城特色展示、绿化配置、空间实用度、空间安静程度、空间趣味性、休息设施、标识系统、文化展示牌、无障碍设计、安全管理等 12 项因素中，人群评价之间显著性 P 值小于 0.05，存在显著性差异。将该 12 项因素提取出来，通过事后检验得出以下结论：

表 1 描述性统计分析

准则层	均值	子准则层	N	最小值	最大值	均值	标准差	方差
A 交通环境	3.53	A1 到达方便程度	86	2	5	3.88	0.832	0.692
		A2 周围交通状况	86	2	5	3.49	0.808	0.653
		A3 停车条件	86	1	5	3.23	0.746	0.557
B 建筑改造效果	3.53	B1 建筑与环境协调程度	86	1	5	3.35	0.878	0.771
		B2 建筑形式	86	2	5	3.72	0.762	0.580
C 历史文化	3.80	C1 城市记忆保存	86	2	5	3.85	0.790	0.624
		C2 山城特色展示	86	1	5	3.65	0.991	0.983
		C3 历史保护程度	86	2	5	3.90	0.783	0.612
D 绿化景观	4.14	D1 绿化配置	86	3	5	4.22	0.518	0.268
		D2 景观小品	86	3	5	4.06	0.675	0.455
E 空间体验	3.84	E1 空间实用度	86	3	5	3.87	0.590	0.348
		E2 广场空间舒适度	86	3	5	4.03	0.659	0.434
		E3 空间安静程度	86	2	5	4.35	0.732	0.536
		E4 空间开敞性	86	3	5	4.16	0.591	0.350
		E5 空间趣味性	86	2	5	3.63	0.798	0.636
		E6 空间活力	86	2	5	3.01	0.861	0.741
F 配套设施	3.49	F1 休息设施	86	2	5	3.64	0.810	0.657
		F2 标识系统	86	2	5	3.70	0.634	0.402
		F3 公共卫生间	86	2	5	3.45	0.663	0.439
		F4 垃圾收集设施	86	1	5	3.44	0.835	0.697
		F5 文化展示牌	86	2	5	3.62	0.800	0.639
		F6 无障碍设计	86	1	4	3.08	0.723	0.523
G 商业设置	3.07	G1 商业满意度	86	2	5	3.19	0.847	0.718
		G2 业态品牌设置	86	1	5	2.94	0.886	0.785
H 街区管理	3.88	H1 安全管理	86	1	5	3.83	0.689	0.475
		H2 环境卫生	86	2	5	4.03	0.641	0.411
		H3 设施维护	86	2	5	3.77	0.792	0.628
Z 总体满意度			86	2	5	3.80	0.700	0.490

(1) 场地中的活动轨迹不同造成评价差异。周围交通状况方面，居民与游客将注意力放在从公共交通到达场地的环境评价，大部分会经过特色步道，满意度较好，而商户则主要认为周边的物流环境过于复杂，货物与货车占据了街道，在一定程度上影响了道路的使用，评价不高。同时，居民与游客更加在意场地东侧临江观景面，而西侧临街商户则对与其相邻的物流区关注度更高，该物流区建筑相对老旧且高大，环境相对杂乱（图 2），同时货物运输也会产生一定噪声，因此临街面商户对建筑与环境的协调程度、山城特色展示、绿化配置与空间安静程度的评价与其他人群评价产生了较大差异。

(2) 老街的针对性措施引发群体评价偏差。居民与商户长期生活在场地内部与附近，而老街的各项设施更多注重游客，并未为对其他人群进行针对性的考虑，比如公共桌椅、健身设施的设置等，因此会出现不少居民会在空闲时刻宁愿聚集在居民楼拥挤的麻将馆里进行活动、而不选择老街空闲场地的情况，甚至有商户员工表示自己工作一年，但从未产生过进入场地逛一逛的想法。如此环境下，居民与商户逐渐成为了老街的旁观者，相较于对场地具有新鲜感的游客来说，其对老街的空间实用度、趣味性满意度较低。

(3) 场地设施与管理制度存在提升空间。居民在场地的停留时间较短，其对休息设施的需求并不高，而游客与商户的停留时间较长，休息需求较高，场地可用的公共座椅多集中在绿化池旁，且位置分散，同时观景平台被商户桌椅占据，需要消费才可使用（图 3），因此游客对休息设施评价较低。此外，山地地势陡峭造成场地内阶梯较多，最长的阶梯位于老城门处（图 4），极大的高差为游客造成不便，而通向居民楼的通道里阶梯数量也多，虽然高度低，但其出现的频繁与狭窄程度也为不少老年居民出行带来一定影响（图 5），因而无障碍设计方面的满意度评价出现差异。在安全管理方面，不同于居民和游客，商户会将其所有物存放至店铺中，有商户表示不少放置在户外的工具与装饰品在晚上关门之后遭到破坏与盗窃，因此对安全管理的评价较低，这也表现出老街在管理方面存在不足。

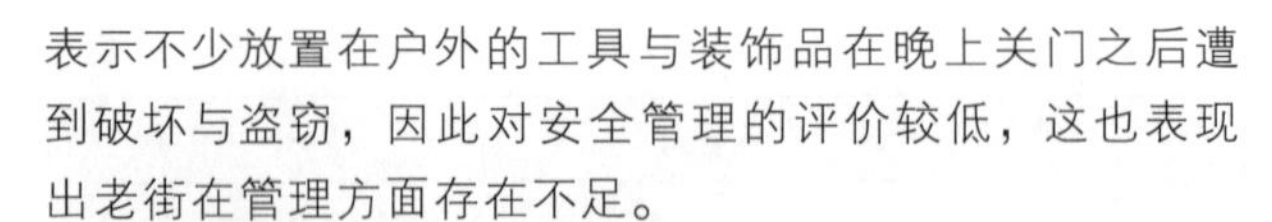

图 2 老街物流环境现状
（图片来源：作者自摄）

图 3 观景平台被商家占据
（图片来源：作者自摄）

图 4 老城门阶梯高差
（图片来源：作者自摄）

图 5 居民楼街道
（图片来源：作者自摄）

表 2 不同类型人群满意度调查结果均值分析和单因素方差分析

评价因素	均值			单因素方差分析		评价因素	均值			单因素方差分析	
	居民	游客	商户	*F* 值	Sig.		居民	游客	商户	*F* 值	Sig.
A1 到达方便程度	3.89	3.87	4	0.053	0.948	E5 空间趣味性	3.33	3.78	2.8	5.573	0.005
A2 周围交通状况	3.89	3.44	2.6	5.947	0.004	E6 空间活力	2.89	3.03	3.2	0.315	0.731
A3 停车条件	3.39	3.21	3	0.671	0.514	F1 休息设施	4.11	3.56	3	5.461	0.006
B1 建筑与环境协调程度	3.22	3.46	2.4	3.857	0.025	F2 标识系统	3.78	3.73	3	3.444	0.037
B2 建筑形式	3.89	3.71	3.2	1.634	0.201	F3 公共卫生间	3.44	3.48	3.2	1.573	0.214
C1 城市记忆保存	3.89	3.84	3.8	0.035	0.966	F4 垃圾收集设施	3.56	3.37	4	0.399	0.672
C2 山城特色展示	3.33	3.84	2.4	6.909	0.002	F5 文化展示牌	3.56	3.7	2.8	3.141	0.048
C3 历史保护程度	4.11	3.84	3.8	0.869	0.423	F6 无障碍设计	2.67	3.17	3.4	4.277	0.017
D1 绿化配置	4.22	4.27	3.6	4.162	0.019	G1 商业满意度	3.22	3.21	2.8	0.548	0.58
D2 景观小品	3.89	4.13	3.8	1.268	0.287	G2 业态品牌设置	2.89	2.98	2.6	0.47	0.627
E1 空间实用度	3.56	3.98	3.6	4.62	0.013	H1 安全管理	4	3.86	2.8	7.057	0.001
E2 广场空间舒适度	3.78	4.13	3.8	2.379	0.099	H2 环境卫生	4.11	4.03	3.8	0.458	0.634
E3 空间安静程度	4.11	4.57	2.4	4.284	0.000	H3 设施维护	3.78	3.81	3.2	1.385	0.256
E4 空间开敞性	4	4.22	4	1.195	0.308	Z 总体满意度	3.89	3.81	3.4	0.966	0.385

3 改进建议

空间影响着使用者的行为与活动倾向，而使用者的评价又反过来映射着空间质量、影响着空间的后续发展。历史文化街区作为一个相对复杂的结构体系，其在对历史文化进行保护的同时又承载着现代生活的各项需求，如何平衡历史保护与人群需求成为了现有历史文化街区在更新改造时需要思考的问题。因此，本文基于数据结果，提出以下建议：

（1）发展需对人群的多样性进行综合考虑。国内现有的历史文化街区改造存在着不少大拆大建的问题，结合搬迁政策，两者对原有街区的空间肌理与社会关系带来了极大的破坏。为保而保的限制与过度商业化的开发迫使居民从原有空间的参与者逐渐成为旁观者。同时，商业街区对游客单一的指向需求也削弱了居民与商户空间参与的积极性。因此，加强对人群需求的综合性考虑，扩大空间包容性，提高公众参与，在保护历史文化的同时也应保护身在其中的使用者。

（2）挖掘文化内涵，提高历史文化竞争力。历史文化街区在更新过程中，除去对物质环境的优化之外，还应对文化发展进行考虑。单一的物质更新并不会为空间带来稳定的使用，文化与商业的融合、街区内文化活动的举办有利于提高人群参与度，同时也能加强人群之间的互相联系，从而提高人群满意度。

（3）城市历史文化街区应与周边联合发展，形成辐射面。单独发展的街区会如一块补丁粘贴在城市空间的灰色面，这样如同孤岛一般的打造使得街区与周边环境格格不入，美化的内部环境与糟糕的外部环境形成矛盾，从而引发空间使用者不满。历史文化街区应利用改造契机，在修复内部的同时为周边注入活力，形成联动发展。

（4）利用地形特点进行发展的同时应优化相关空间体验。山地特色为街区带来独特的视觉效果，然而高差所带来的游览体验成为了部分人群的通行障碍。重庆历史文化街区在改造更新的同时应注意山地地形对人群行为的影响，并加强对相关设施的优化。

4 结语

本文结合满意度评价法，将不同类型的人群纳入综合性考虑，从空间使用者的角度来挖掘历史文化街区在实际发展过程中的环境使用问题。东水门老街在优化城市空间、保护城市历史文化方面取得了较好表现，然而其在平衡现实使用需求上出现一定问题。基于此，本文提出改进建议，希望为城市中历史文化街区的更新改造提供一点思路。

参考文献

[1] 李晨．“历史文化街区”相关概念的生成、解读与辨析［J］．规划师，2011，27（4）：100－103．

[2] 言语，徐磊青．记忆空间活化的人本解读与实践：环境行为学与社会学视角［J］．现代城市研究，2016（8）：24－32．

[3] 李睿，李楚欣，芮光晔．城市历史景观（HUL）视角下的历史文化街区保护规划编制方法研究：以广州逢源大街：荔湾湖历史文化街区为例［J］．规划师，2020，36（15）：66－72，85．

[4] 邱强．磁器口历史文化街区保护与利用路径选择［J］．规划师，2017，33（S2）：70－73．

[5] 杨亮，汤芳菲．我国历史文化街区更新实施模式研究及思考［J］．城市发展研究，2019，26（8）：32－38．

[6] 徐敏，王成晖．基于多源数据的历史文化街区更新评估体系研究：以广东省历史文化街区为例［J］．城市发展研究，2019，26（2）：74－83．

[7] 李云燕，赵万民，杨光．基于文化基因理念的历史文化街区保护方法探索：重庆寸滩历史文化街区为例［J］．城市发展研究，2018，25（8）：83－92，100．

[8] 王霖．广州历史文化街区保护与活化研究［D］．广州：华南理工大学，2017．

[9] 全水．基于空间句法的喀什历史文化街区空间特征研究［D］．哈尔滨：哈尔滨工业大学，2012．

[10] 游媛媛．基于有机更新理念的成都历史文化街区景观改造设计研究［D］．成都：西南交通大学，2016．

[11] 李彦伯，诸大建，王欢明．新公共服务导向的城市历史街区发展模式选择：基于上海市居民满意度的实证分析［J］．城市规划，2016，40（2）：51－60．

[12] 刘建国，晋孟雨．基于 IPA 方法的北京历史古迹景区游客满意度分析［J］．北京联合大学学报（人文社会科学版），2018，16（1）：38－45．

试论“城市可阅读”的重构与熵增

■ 崔仕锦
■ 上海大学上海美术学院　湖北美术学院

摘要　城市空间是映射人类社会文化价值的载体和容器，既是具象的物理场域，又是人民情怀的发生器。“城市可阅读”是整合历史、文化和社会等空间营造和情感共情后，完善基层社会文化治理，实现“人民城市人民建，人民城市为人民”的终极语境。本文结合长沙“文和友”和武汉“利有诚”两个叠化的叙事空间矩阵，探究城市的空间营造和情感共情，通过物质感知、文化构想、虚拟智造和社会共振四个面向，试论“城市可阅读”的重构与熵增。

关键词　城市可阅读　物质感知　文化构想　虚拟智造　社会共振

“场所精神”是建筑学家诺伯舒兹于1979年提出的，尤以将个体的地方认同感与建筑和室内设计营造的氛围做出辨析，“场所”即为个人情感的物化。身处后工业时代，城市文化认同的张力给设计学科发展带来了诸多思考和机遇。正如扬·阿斯曼所指的“文化记忆”理念，既传承着图像化及符号化的外象表征，又促发着单个文化主体和共同客观世界的相互作用，是整体认同对个体认同的塑造[1]。时代背景和物质环境的融合，是城市生活历时性的独特呈现。步入2022新纪元，人们很难从城市规模扩张的粗放建设中寻得心灵的栖息，城市更新的脚步也逐渐放慢，向着渐进性有机化发展。20世纪初的《欧洲城市更新》指出城市更新涉及的几个面向，即社会功能的修复、社会关系的融合以及社会生态的复原，并展开社会综合治理，直至疗愈人心。

在城市演进与既有文化交互的过程中，更具鲜明符号特征的环境设计，裹挟着生活气息、文化元素和在地属性，弥合着后疫情时代下城市濒临消失的社会情感。虽然亨利·列斐伏尔在其“空间生产理论”中指出，空间是物质空间、精神空间和社会空间的统一体[2]。但随着物联网和数字化的迭代发展，虚拟交互平台崛起，塑造着意识形态同质化的主客体，在此“虚拟”也加入后文要探讨的版块。作为承载城市文化记忆的沉浸式商业综合体，前有红极一时的长沙“文和友”，后继刚开业不久的武汉“利友诚”，试从物质感知、文化构想、虚拟智造和社会共振这四个面向展开，叩问新时期城市更新视角下“城市可阅读”的空间意象。

1　物质感知，共情式沉浸裂变

吴细玲在探讨西方空间演进研究中率先提出物质空间是空间意象的实体存在[3]，借助仪器工具的精准丈量和测绘，进而设计成为可被人所触摸和感知的物理空间形态。建筑肌理、交通布局、街道景观，裹挟着人的交往和交流，组成了城市的空间格局。随着物联网多媒体的裂变传播，信息流的多感官冲击力蕴藏在建筑与景观之中，不断提升着穿梭于城市的人们的视知觉共情，强化着城市鲜明外在下的空间演进（图1）。与此同时，伴随社交媒体的持续性强输出，城市物质空间获取了更多的共情观照和场景体验，诸如西安古城墙、长沙橘子洲、重庆洪崖洞和成都太古里等城市的特色场域，都是城市物质空间的沉浸式显映，亦是新时期中国城市更新进程中的崭新现象。

斑驳的石板墙、市井的旧街景，在超高跨度和尺度的城市中心内，糅合着人们旧时的生活场景，绘制着棚户区自由生长的非常规空间，“文和友”囊括高辨识度符号空间的怀旧场景，“利有诚”还原老武汉百年岁月的地标印象和市井市集，无不给予观者强烈的视觉冲击和社会共情。可以说，这样的场景是中国城市千城一面背景下的一抹沁人心脾的甜，不同于高楼林立与市井街巷的对峙（图2）。两者以“和而不同”的设计语言，将引起共情的叙事场景置入到纵横动线、空间次序及视觉元素中，物质空间的叙事结构被打散重组、自发生长，叙事主体和场景转译出情感与记忆的载体，通过“共时性”“多事件”和“同空间”，将多场景与跨时空堆叠，唤醒城市中社会关系与集体意识的裂变。

物质感知，即为“城市可阅读”的载体。

2　文化构想，秩序化精神熵增

亨利·列斐伏尔提及的空间理论第二点，人们将对应的知识、符号和秩序进行维度上的建构，整合为精神空间。通过对城市媒介的中介化处理，提炼和建构出具备传播属性的空间意象，将实体空间形态用秩序化的叙事口吻加以展现，赋予城市更饱满的文脉符号和象征意蕴。城市文化是随着历史演进和变迁，地域异质化发展

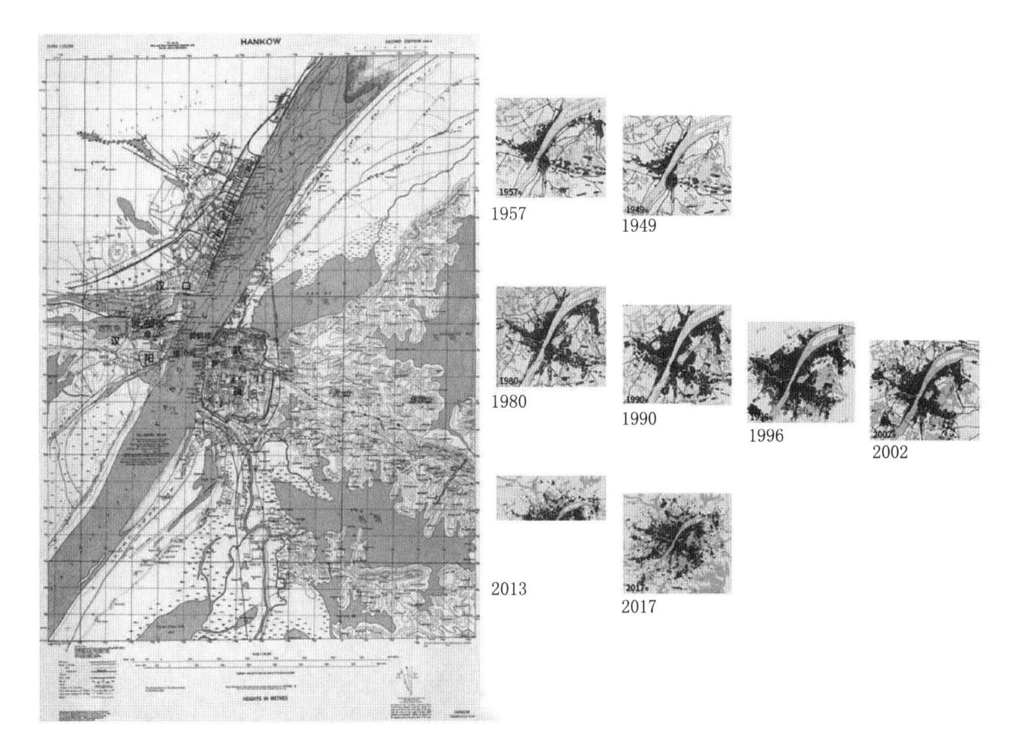

图 1　武汉城市空间场域衍变 1957—2017 年
（图片来源：笔者整理）

图 2　20 世纪 80—90 年代的武汉城市地标
（图片来源：笔者整理）

的整体文化参酌体系，其本身所附着着的特有精神符号以及当地文化要素的业态延续，便是城市特有文化内涵的具象化解读，在城市与人不断的交流与互动中，深化着两者的关系。“熵增”一词本为力学概念，是一个自发的由有序向无序发展的过程，而哲学界定事物的存在本质就是由有序向无序迭代演进的。放在当下的“城市可阅读”的语境中，“精神熵增”是在混乱自搭建空间中寻求深处的情感秩序，从记忆载体中，汲取情感养分，来孕育滋养高楼商厦与错落旧楼的情愫。

传统底蕴结合现代氛围的物理场域下，文化扮演着人类社会的记忆载体。不同于一般性质的商业综合空间，以武汉“利友诚”举例：通过文化要素的提取和文化记忆的重建，将情节关联性与故事建构性结合，还原老武汉代表性地标，展现老武汉市井生活方式。从少男少女爱情起点的“江汉路天桥”，到历经离愁悲欢的“京汉火车站”，从心向往之的“武大牌坊”，到见证百年岁月的“江汉关码头”，将极具城市烟火气的文化社区赋予功能完备、内容庞大和动线齐全的载体，不断挖掘处在后疫情时代下的武汉故事，将英雄城市的宏大画卷，凝练场所特征和文化元素，赋予在地的观者更为厚重的感染力（图3）。文化是物质空间与人文精神的纽带，也是可解读的精神符号，是城市符号的凝视和在地特色的唤醒：一步一寸，充斥着熟悉又陌生的叫卖声，一幕一景，封存着历史岁月的人和事，而这何尝不是精神与物质的联结？

文化构想，即为“城市可阅读”的旁白。

图3 武汉“利友诚”
（图片来源：笔者自摄）

3 虚拟智造，圭臬式业态共存

虚拟智造是消费行为、消费环节和消费空间的集合，它立足万物互联背景下强社交性、高流量和高浏览率，突破具体空间狭隘性，促发空间和地域上“去中心化”壁垒，实现现实场域与虚拟场景“既在场又不在场”的耦合，延伸城市形象。后工业时代契机下的城市文化空间被赋予了更多改变的可能性：城市人文价值的善用、城市社会结构的迭代、城市功能结构的转变、城市空间意象的转移以及城市与人情感交迭的根本改变等。从施密特的《体验式营销》中不难得出消费者体验的五种构成要素：感官感受、情感需求、思维模式、行动导向和事物关联性，这也得以让我们反观在体验式经济形态下城市文化空间的业态共存现象：城市不是被创制的形式，而是突破主客观主体的局限，审视现实并介入现实，与未来科技合流的发展内核。“圭臬”是中国古代测日影的器具，比喻准则或法度，在此尤以表达借助经济和文化全球化趋势影响的消费业态，经过图像和符码转译，跨越到意识形态的争斗范畴，塑造意识认同的“同质化”主客体。

随着互联网交互平台的崛起，长沙“文和友”率先营造情景合一的复合型体验消费模式，精准界定集空间形式、感官享受和人景互动的高人气聚焦场域（图4）[4]。正如爱德华·索亚提出的第三空间理论，长沙“文和友”充分利用了“城市IP”“城市名片”的公共效能，促发消费者自发建构多维的空间形态意识，打造多元业态共振的聚媒体“实体空间＋虚拟空间”的传播矩阵。“文和友”的独到和率先之处，是多业态穿插后的空间要素重构；多场景置入后的声光电凝结；以及借助媒体之力，提升信息化传播语境，与城市同频共振。

虚拟再塑，即为“城市可阅读”的注脚。

图4 长沙“文和友”
（图片来源：笔者自摄）

4 社会共振，情感化迭代建构

社会空间是亨利·列斐伏尔提出的第三维空间，是物质空间与精神空间的耦合与超越，亦是虚拟空间的叠化与显映。社会群体共情为核心的关系纽带，引发社会个体的共鸣与驻足，情感卷入环境设计的具体实践中，不断促发着空间意向中新的社会关系，深化着城市情感的文化解读。城市社会空间由“故事”和“话语”构成，前者为发生事件的当下环境，后者为体验事件的叙述角度，在两者的结合下，经过唤醒和激发，促使在场观者迸发出饱满的情绪，使他们在达到情感认同的同时动身前往，与场所空间产生持续的关联和对话。

长沙“文和友”以异质性表现形式呈现市井文化记忆，结合20世纪80年代部分社区功能与当下流行的用语与词汇形成了魔幻现实主义的社区感，突出规划布局的体系性时间性，展现沉浸式环境设计的新形态和新思路[5]。武汉“利有诚”在此基础上梳理城市背景，整理现代历史上“大武汉”概念的出现与延伸，从城市文化背景、时代背景、建筑风格、街头文化、社区文化、小吃文化、品牌文化、牌匾沿革和方言语系等九方面进行剖析，展现城市发展与社会情感的前世今生（图5和图6）。两者均是从设计本土化族群性的在地属性出发，以颠覆传统的建造语言打破“常规化”的空间氛围，精准拿捏住日常生活场景的现实写照，通过故事化空间和场所性记忆，凸显场所的主体间性和本土表达，策划不同主题的文旅服务与文创产品，构筑文化符号的特殊语境，营造社会情感意象并持续输出城市文化。

社会共振，即为“城市可阅读”的驱动。

图5 武汉市井街区风貌——汉正街
（图片来源：笔者整理）

图6 武汉市井街区风貌——保成路夜市
（图片来源：笔者整理）

5 余论

上海市在“十四五”规划率先发起“街区可漫步、建筑可阅读”活动，从建筑、故事和人三个面向，漫步城市，走读上海，彰显城市发展理念的跃迁。城市既是物质文明的记忆器官，又是社会情感的文化容器，是集物质感知、文化构想、虚拟智造和社会共振的多体验集合体。人栖居于此，与城市空间产生相互作用，赋予场所独有的价值构想和情感共鸣，进而产生“城市可阅读”的文化认同和身份归属。正如埃罗·沙里宁所指“城市是一本打开的书，从中可以看到它的抱负。”这便是，始于城市、终于民众，“人民城市人民建，人民城市为人民”的终极语境。

［本文为2021年教育部首批新文科研究与改革实践项目“深化艺教协同，拓展多维融合：建设综合性大学一流环境设计专业”（发文号：教高厅函〔2021〕31号）和2021年上海市文化创意产教融合引领项目“新海派乡村复兴”（批准号：20212698）阶段性成果。］

参考文献

［1］阿斯特利特·埃尔，安斯加尔·纽宁．文化记忆研究指南［M］．李恭忠，李霞，译．南京：南京大学出版社，2021.
［2］夏铸九．重读《空间的生产》：话语空间重构与南京学派的空间想象［J］．国际城市规划，2021，3：33－41.
［3］吴细玲．西方空间生产理论及我国空间生产的历史抉择［J］．东南学术，2011，6：19－25.
［4］吴宗建，练绮琪．蒙太奇式内建筑装饰在餐饮空间中的应用研究：以超级文和友为例［J］．装饰，2020，8：108－111.
［5］傅才武，王异凡．场景视阈下城市夜间文旅消费空间演进：基于长沙超级文和友文化场景的透视［J］．武汉大学学报（哲学社会科学版），2021，6：58－69.

以节能减碳为目标的西藏太阳能公共建筑设计探究

■ 王妍淇[1]　周铁军[1,2]

■ 1　重庆大学建筑城规学院　2　山地城镇建设与新技术教育部重点实验室

摘要　大力提升可再生能源在建筑应用中的水平，是当今减碳思潮下我国在节能领域中的重点举措。本文以 2021 年“台达杯”国际太阳能建筑设计竞赛获奖作品“光环·藏腔”为研究案例，基于项目需求、全过程低碳、太阳能技术运用和地域建筑特色等设计理念，结合太阳能被动式技术，辅以太阳能光伏系统、太阳能热水系统、地热能系统等主动式技术，旨在从建筑的整个生命周期实现高水平的碳减排，打造富有当地特色且可持续发展的零碳社区。最后结合全生命周期碳排放计算，论证设计方案的可行性，结果显示该方案可实现碳中和目标。

关键词　节能减碳　太阳能技术　气候缓冲层　全过程低碳

1　背景

气候变化是世界面临的最大环境挑战之一，建筑业具有减少温室气体排放的潜力，其节能减排越来越成为全社会的关注焦点。据估计，根据目前的建筑能耗趋势，如果没有严格的节能减碳措施，建筑能耗将于 2015—2030 年从 30% 增加到 50%[1]。西藏地区是我国太阳辐射资源最富集的地区，年均太阳辐射强度为 7000～8400MJ/m²[2]，具备有效利用太阳能利用被动技术的良好条件，在西藏推广发展被动式太阳能技术可以有效地解决当地的能源短缺和摆脱对传统加热方法的高度依赖[3]。

本文以 2021 年台达杯竞赛优秀获奖作品“光环·藏腔”设计案例为例，结合西藏地域性气候特征与太阳能技术综合运用，进行以节能减碳为目标的建筑设计与社区规划探讨，以期为西藏地区的公共建筑节能减碳研究提供思路和参考。

2　设计依据

2.1　项目背景概况

2021 年“台达杯”国际太阳能建筑设计竞赛的实地建设项目，选址于西藏班戈县青龙乡东嘎村，赛题旨在打造一个具有太阳能技术应用、减少碳排放和具有当地特色等元素的低碳社区。项目所在地位于西藏自治区西北部，平均海拔约 4700m，处于高原亚寒带半干旱季风气候区，多风雪天气，气候较严寒，年平均气温在 0°以下，故建筑设计需要严格控制建筑体形系数、门窗形式与数量，重点解决保温蓄热、防风防冻等问题。

2.2　全过程低碳概念

本项目引入了全过程低碳理念，全面控制建筑全生命周期中的建筑材料、建筑建造、采暖通风、生活热水、照明电梯、垃圾处理、建造降解等环节的碳排放量，实现节能减排。采用新型技术，利用太阳能、地热能和生物质能等自然资源进行能源转换，对碳减排以及高效可持续发展具有积极影响（图 1）。

2.3　太阳能技术与“气候缓冲层”结合

通过相关调研分析来看，当地传统建筑在日常使用与节能减碳方面主要存在以下几方面情况：①建筑体型低矮厚重，单元平面较为紧凑，存在采光、通风不足等问题；②建筑构造较为传统，室内温度受室外影响大；③在太阳辐射的直接受热作用下，部分南向房间温度尚能满足使用者活动需求，但北向房间普遍寒冷，采暖能耗较大[4]；④新型技术的普及不足，居民的能源消费活动依赖传统方式，碳排放较难控制。

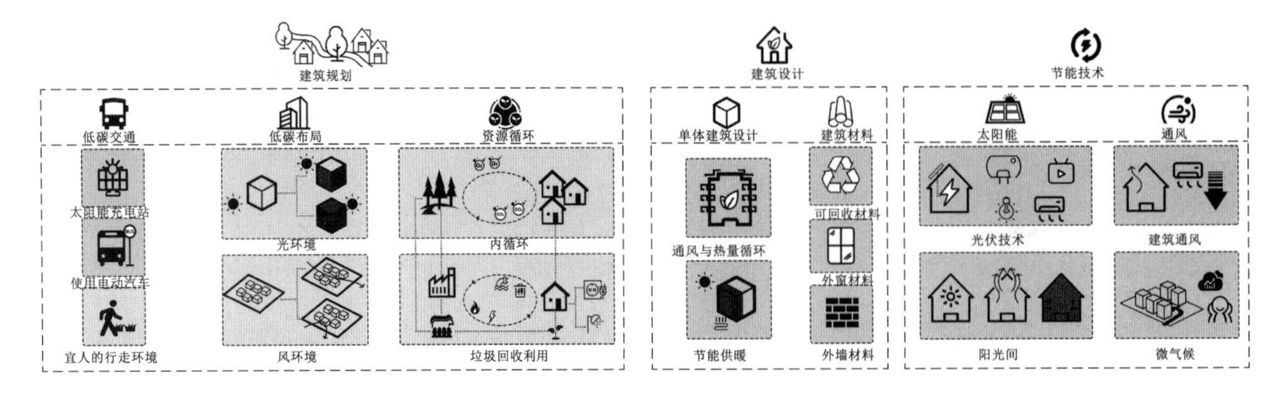

图 1　全过程低碳设计理念

（图片来源：作者小组作品“光环·藏腔”改绘）

为从根本上获得最多的日照资源，本项目建筑群落布局采用南低北高的形式，建筑布局均争取最佳朝向南偏西 7.5°，使得建筑的采光、集热以及太阳光伏系统等达到最佳角度，以最低的资源消耗达到低碳社区的目的。利用“气候缓冲层”这一过渡虚体空间，在建筑群、建筑实体以及建筑细部三个层级中分别设置了场地小气候缓冲区、建筑实体中的几类气候缓冲区、建筑细部构造部分，提供良好的空气质量和舒适的温度。由于西藏的高海拔和低温，能源短缺比其他地区更加严重，被动式太阳能技术的标准化推广可以解决这些问题，提高当地居民的生活质量，满足他们的基本能源需求[5]。

2.4 传统建筑语言提取

西藏地区宗教色彩浓厚且拥有丰富多样的建筑语言，本文参考了当地传统建筑元素，如相对方正简洁的平面布局、厚重而具有雕塑感的倾斜墙面、白色与藏红色强烈的色彩对比、协调有致的小条窗形式，以及毛石基座、白墙、边玛墙檐口收头的传统三段式划分，结合中空镀膜玻璃的映衬，将地域特色与现代元素在对比碰撞中有机地协调在一起。

3 设计理念与分析

项目场地建筑分为公共建筑（含商业与配套服务用房）和居民住宅两类，其中商业区用地总共 19703.5m²，包括特产售卖、民宿体验、特色饮和住宿服务四大版块，要求建筑高度不高于 3 层，单体建筑面积不超过 600m²，属于小体量公共建筑范畴。本文以项目中商业街区内的特产售卖兼餐饮建筑为代表案例（图 2），进行建筑设计部分的详细说明。

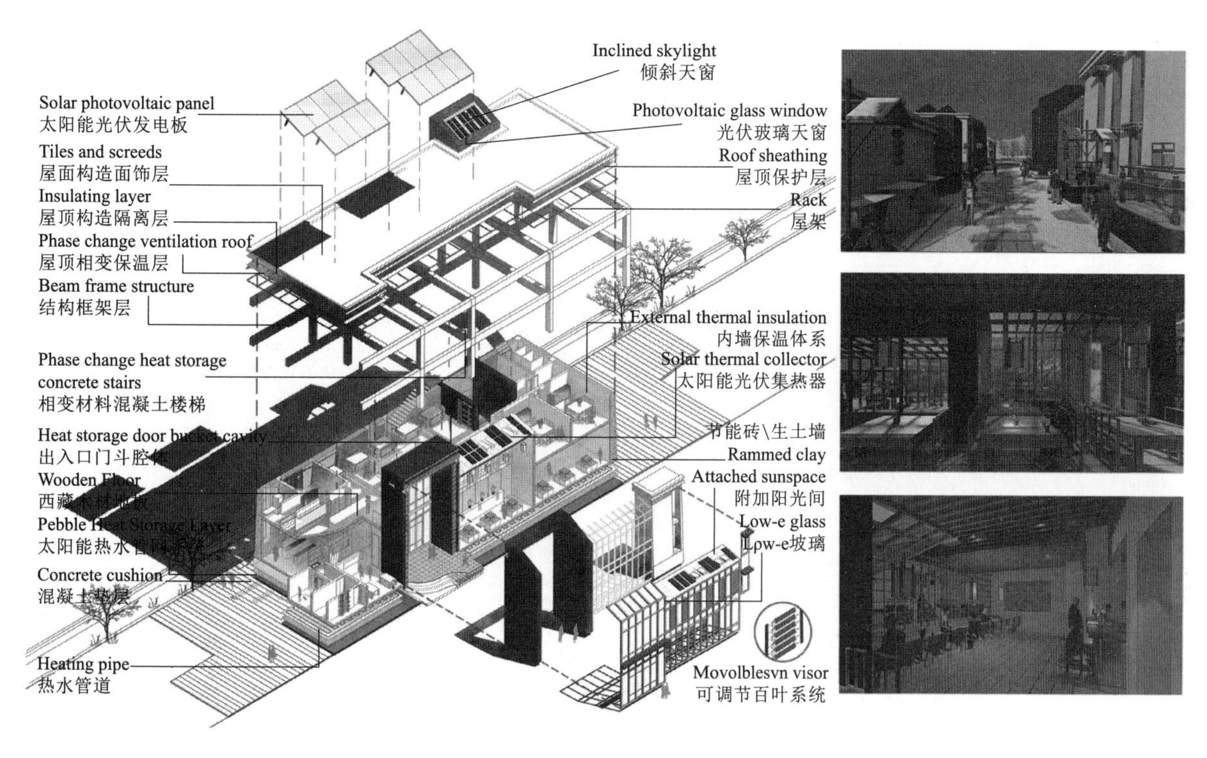

图 2 单体建筑概况
（图片来源：作者小组作品“光环·藏腔”改绘）

3.1 被动式建筑技术策略

3.1.1 蓄热保温

太阳能被动式采暖技术的目的是通过增加太阳辐射得热以及减少室内环境热损失两种手段[6]，减少因采暖期间所产生的能源消耗，实现节能减碳。为充分利用太阳能资源，该建筑重点设计了两种间接得热的气候缓冲层形式：一种是附加阳光间式；另一种是对流环路式，该气候缓冲层集吸热、蓄热和导热集于一身，将建筑与周边环境的能量与物质交换进行过滤，能减小室外温度对室内热环境的影响，减少采暖期间的供暖强度及供暖时间。

（1）附加阳光间式采暖。本文在重要使用空间的南侧附设一个与之相邻的阳光间，该阳光间可视为一个调控室内温度的气候缓冲空间。冬季白天太阳高度角较低，阳光间大面积的窗口允许热量最大限度地进入室内，关闭可活动窗形成封闭空间，利用温室效应原理提高内部温度，蓄热墙体与蓄热地板将热量储存，其余房间再通过与附加阳光间毗邻的窗、墙和地面蓄热体持续获得热量；到了夜间，阳光间与主体房间被保温窗帘隔开，能减少夜间热量流失。而夏季则可打开可活动窗，避免室内环境闷热，形成良好的空气循环系统（图 3）。

为检验上述节能措施的效果，采用 Ecotect 能耗模拟软件对特产售卖兼餐饮建筑节能效果进行量化分析。该建筑内除楼梯间、卫生间和厨房等用房不进行供暖外，一层集展示、接待、售卖为一体的特产售卖空间，二层的包房与公共餐饮区域（图 4），在一年内大多数日期中均有供暖需求。经前后对比模拟分析，这些主要功能空间在9:00—21:00的平均温度因阳光房的置入升高0.8～7.1℃。结合其余节能技术手段，主要房间的室内温度可满足JGJ/T 267—2012《被动式太阳能建筑技术规范》中“冬季被动式太阳能采暖室内计算温度应大于13℃”的要求，证明该太阳能被动式技术的集热效率良好，有利于减碳实施。此外，透明的阳光间设置为净深较大的建筑带来了充足的日照，减少了不必要的人工照明碳排放和新建电站的要求，自然光线和阴影也让社交互动空间有着更好的视觉体验。

白天：关闭可调节窗以阻挡冷风、形成封闭的阳光间，蓄热墙体与蓄热地板储存热量

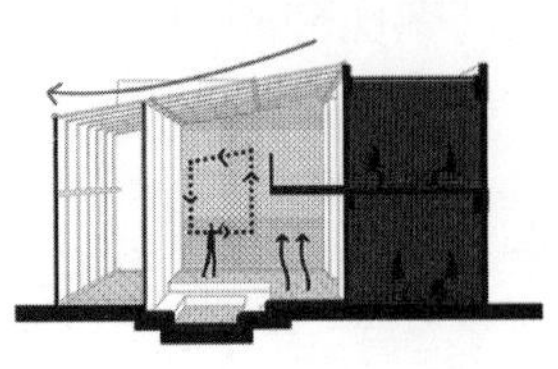

夜间：阳光间与主体房间被保温窗帘隔开，蓄热体系释放热量

(a) 冬季

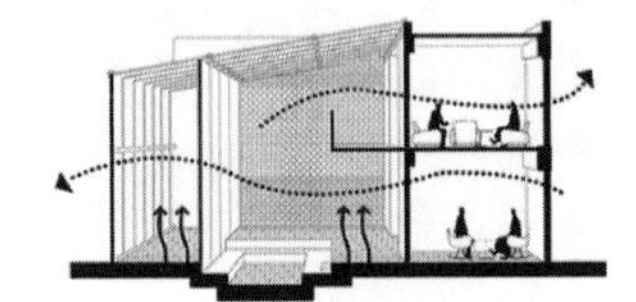

白天：打开可调节窗增强空气对流，避免室内闷热

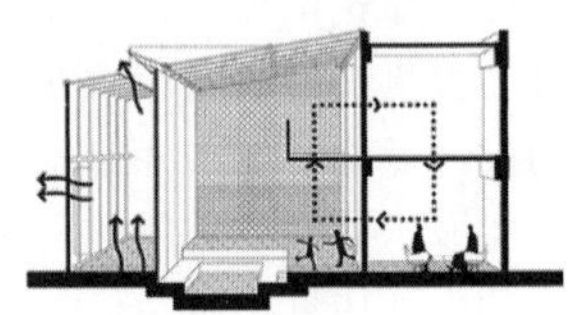

夜间：关闭部分窗户，在室内形成热循环

(b) 夏季

图3　附加阳光间

（图片来源：作者小组作品“光环·藏腔”改绘）

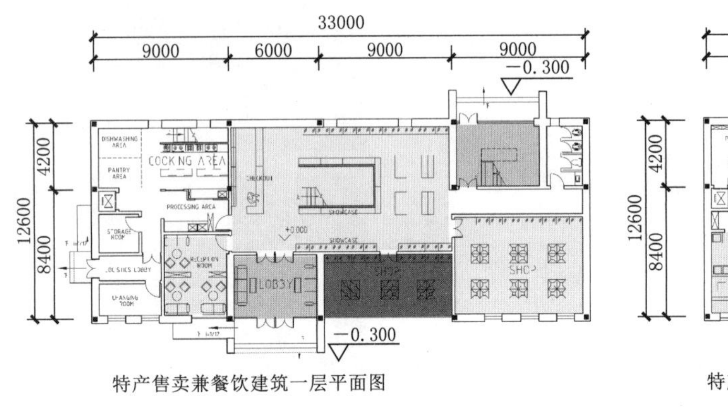

特产售卖兼餐饮建筑一层平面图

特产售卖兼餐饮建筑二层平面图

附加阳光间区域
气候缓冲区域
主要需供暖区域

图4　建筑平面图

（图片来源：作者小组作品“光环·藏腔”改绘）

(2) 对流环路式。对流环路式是指借助冷空气与热空气形成的热压差，实现热量从储热器到需供暖房间的循环流动，另外储热器与需供暖房间之间有一个卵石蓄热层，有太阳辐射时，利用太阳能驱动的送风机将日光间内的热空气吹进储存箱内，加热卵石层，形成采暖—蓄热—供暖的循环机制，起到室内温度调控作用。

在特产售卖兼餐饮建筑设计中，对流环路式这一循环由南侧附加阳光间、南向蓄热装置、地下通风道、北侧交通核空间几个部分得以实现，南向储热器受到太阳辐射将被加热的热空气排入到建筑内部，再利用冷热空气对流，将冷空气通过地道传入南部蓄热装置继续加热，如此循环，形成一个相对舒适的室内热环境。

3.1.2　门斗防风

除了最大限度地争取太阳能辐射来减少采暖期供热需求，从门、窗等薄弱环节降低室内热损失量也是本次被动式建筑技术的运用策略之一。公共商业建筑与住宅建筑在使用人群上有所不同，公共商业建筑人流量多、进出频繁，冷空气将迅速由出入口频开处侵入建筑内部，不利于建筑内环境维持稳定。为减少这一不利因素对内环境的影响，本文重点考虑了门斗部分的设计，以减少冷风进入楼内。门斗是设置在建筑物出入处的气候缓冲过渡空间，可以起到分隔、防风和御寒等作用。

以特产售卖兼餐饮建筑为例（图5），其门斗突出的两侧高墙和双重入户门的设置极大程度上减少了冷风的直接灌入，进一步减少了热损失；同时，参考上述附加阳光间的工作原理，将入口一面设计成大面积玻璃，配合相变蓄热墙体（由表面涂层、玻璃盖层、空气夹层、相变材料层及隔热层组成）、太阳能地暖系统（由太阳能集热系统、相变蓄热系统以及低温地板辐射供暖系统组成）等技术，有利于接待空间等主要活动区域维持相对适宜的温度与舒适度，减少对机械设备的依赖。

3.1.3　强化通风

“气候缓冲层”可以引导室内外空气流动，使得室内环境在满足夏季、冬季室内设计温度达到适宜条件的基础上，降低设备通风的使用，减少建筑使用周期中20%以上的能源消耗[7]。以特产售卖兼餐饮建筑为例，夏季时，在南侧附加阳光房打开可调节的百叶，让热空气向上流出并带入室外的水汽和新风，调节室内湿度；当阳

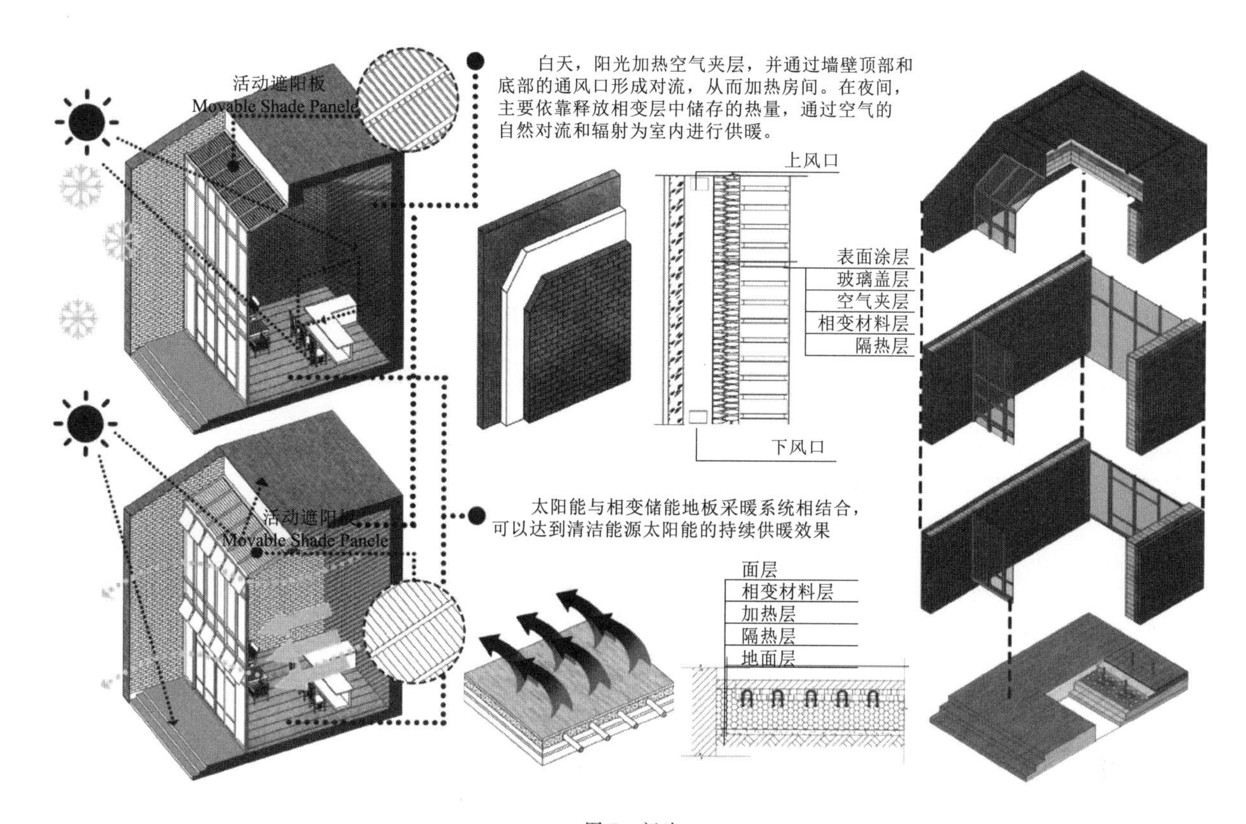

图5　门斗

（图片来源：作者小组作品"光环·藏腔"改绘）

光射到北侧交通核的缓冲空间顶部玻璃上，其内部空气升温，竖向空腔的高差可以促进热空气从高窗流出，促进相邻房间的空气流入北侧交通核，达到空气循环的目的[8]。冬季则与之相反，实现供暖和通风的双重功能。

3.2　主动式建筑技术策略

针对该地区日照时间长、太阳总辐射强度平均较高、太阳能资源丰富的特点，本项目运用了太阳能吸收式热水系统、太阳能光伏发电系统等主动式技术，为照明、设施设备、生活用水和热水地暖等日常使用环节抵消部分能耗。虽然光伏板的增加会导致建筑材料产量的增加，但对降低运营阶段的碳排放量有着较为突出的作用，是实现其运营阶段尤其是全生命周期零排放的重要途径。

3.3　材料与细部构造

考虑墙体材料的蓄热系数、导热系数、厚度以及经济性，本项目主要选用节能砖墙体、XPS保温板结合当地特色的生土材料为主要竖向墙体保温系统，相变材料作为水平屋顶的保温系统，提出了低成本、易维护、可回收的节能保温建筑墙体构造方案，达到地域与现代技术高效融合的目的。另外，阳光房窗体的层数、材料选择和缓冲层的置入对阳光间的保温性能有较大影响[9]，本方案选用双层 low－e 玻璃，可以有效提高阳光间的保温性能。

4　碳计算分析

该社区碳计算一共分为场地碳排放计算、建筑能耗计算和太阳能计算三大部分。场地碳排放计算考虑全生命周期，包括场地建材生产阶段、安装运输阶段和运行阶段（由于拆除阶段由于拆除去向未定，建筑使用年限也未知，测量手段有局限，先不做考虑）。

（1）建材生产阶段根据装配构件单位立方碳排放进行计算，公共建筑总碳排和住宅建筑总碳排分别为 5989.41t 和 2859.71t，合计 8849.12t。

（2）安装运输阶段中建材运输阶段碳排放以运输路程 100km 为例，计算装配构件单位立方的碳排放量，公建总碳排和住宅建筑总碳排分别为 1209.56t 和 586.59t，合计 1796.15t。

（3）运行阶段碳排放计算共分为生活垃圾、污水处理、交通工具、生活热水等方面，分别考虑特产售卖、民宿体验、特色餐饮、住宿服务和居民自住不同功能建筑的碳排放，以人均碳排放量作为指标，结合使用人数进行计算，合计年均碳排放为 32.1t。

综合总投资、建筑能耗需求以及屋顶可利用面积进行屋顶光伏发电板设置，表 1、表 2 分别为光伏发电板全年发电量和生活热水供热量计算详情。经计算，该场地光伏发电板全年发电量约为 57 万 kW·h，可满足建筑冷热、照明等基本能耗需求且有一定富余，该方式使该社区每年少排放 364.56t 二氧化碳。同时，结合太阳能被动式技术、太阳能主动式技术、垃圾站生物质能转换、地热系统和场地培植树碳汇系统，该社区在 30 年内完全可以达到碳中和，实现零碳社区的规划要求。

表 1 光伏发电板全年发电量

项目统计	统计值	单位	项目统计	统计值	单位
建筑屋顶面积	5555.9	m^2	建筑设备能耗	55	kW·h/(m^2·a)
屋顶光伏发电板全年发电量	574573	kW·h	建筑全年总能耗	562105	kW·h/(m^2·a)
建筑冷热能耗	住宅 8.9；公建 60.68	kW·h/(m^2·a)	发电量与耗电量差值	+12468	kW·h/(m^2·a)
建筑照明能耗	35	kW·h/(m^2·a)			

表 2 生活热水供热量计算

热水总用水量	供水温差	生活热水耗热量	年太阳辐射量	效率	面积	单个集热器尺寸	所需个数
L	℃	W	MJ/m^2	—	m^2	m^2	个
33400	55	536404	8000	0.48	628.6	2.4	270

5 结语

西藏作为我国太阳能资源最为丰富的地区，为建筑可持续、低能耗的探索创造了极佳的条件，太阳能被动式技术与主动式技术的综合运用不仅有利于提高使用者舒适度、争取太阳能资源利用最大化、实现可持续发展，且对于实现我国在2030年左右碳排放达峰目标具有积极意义[10]。此次西藏零碳社区建设作为一次尝试性的竞赛设计，在充分考虑建筑所在地理气候环境基础上，探讨了利用建筑设计与被动式太阳能热利用技术相结合，实现集功能合理、使用舒适、经济节能于一体的“零能耗”建设方案。

参考文献

[1] GUO S，YAN D，HU S，et al. Modelling building energy consumption in China under different future scenarios. Energy，2021，214：119063.

[2] 王玉群，王俊乐．西藏太阳能开发存在的问题及几点建议［J］．西藏科技，2007（2）：26－28.

[3] CHLELA F，HUSAUNNDEE A，INARD C，et al. A new methodology for the design of low energy buildings. Energy and Buildings，2009，41：982－990.

[4] 刘加平，杨柳，刘艳峰，等．西藏高原低能耗建筑设计关键技术研究与应用［J］．中国工程科学，2011，13（10）：40－46.

[5] LIU Y，YU Z，SONG C，et al. Heating load reduction characteristics of passive solar buildings in Tibet，China. In Building Simulation，2022，15（6）：975－994.

[6] 李雷立，丁怡文，丁辛宇．被动式采暖与降温系统在养老建筑中的应用：以2017年台达杯获奖方案为例［J］．建筑节能，2018，46（3）：16－20.

[7] 李晓丹，李文婧．生态建筑腔体被动式通风策略分析［J］．施工技术，2016，45（10）：60－65.

[8] 石丹．基于被动节能技术的山地酒店设计策略研究：以2019年台达杯建筑设计竞赛优秀奖方案为例［J］．四川水泥，2020（8）：101，105.

[9] 胡庆强．浅析附加阳光间在寒冷地区小型酒店建筑中的应用：以2019年“台达杯”国际太阳能建筑设计竞赛获奖作品《光·星院》为例［J］．住区，2020（4）：120－125.

[10] 张辉，唐萌．基于零碳理念的北方农宅生态改造设计分析［C］//2019国际绿色建筑与建筑节能大会论文集．［出版者不详］，2019：347－352.

纳西族民居院落空间的特征

■ 王星懿[1]　李瑞君[T]
■ 1　北京服装学院　T　通讯作者

摘要　纳西族人的民居院落空间有多种形式，不同的历史时期、不同的地域环境都促进了纳西族民居院落的发展，而每一种院落空间类型都是基于人们物质生活水平发展的需要所创造出来的。纳西族是一个十分包容且开放的民族，在历史发展的进程中不断吸收汉族、藏族等其他民族的文化，这种文化的交融与影响是在社会发展中自然而然发生而并非刻意形成的，纳西族人善于把细腻精致和大方开放的风格相结合，最终形成纳西族民居建筑独有的特征。本文主要从纳西族院落空间的构成特点、院落空间的组合形式以及院落空间的特征三个方面进行论述。
关键词　**纳西族民居　院落空间　特征**

1　纳西族民居院落空间的布局特点

可以说，不同的地形特点和生态环境的影响，造就了纳西族民居院落空间的发展，院落空间的内部变化丰富且灵活。首先，可以把民居院落看成由大小不一的方形组成的体块，天井、院子空间偏向于正方形，厦子、房屋则为长方形。不论是一坊房还是多重院落，都可以归纳为方形与方形之间的组合，不过多重院会在各院落之间嵌入一个长方形的过厅空间，来连接两个院落，这也可以看出纳西族院落空间组合灵活、简洁明了的特点。其次，根据由外而内的流线来看，民居院落空间大致可以分为院落外街巷空间→门楼→厦子→院落天井→厦子→室内空间（图1）。

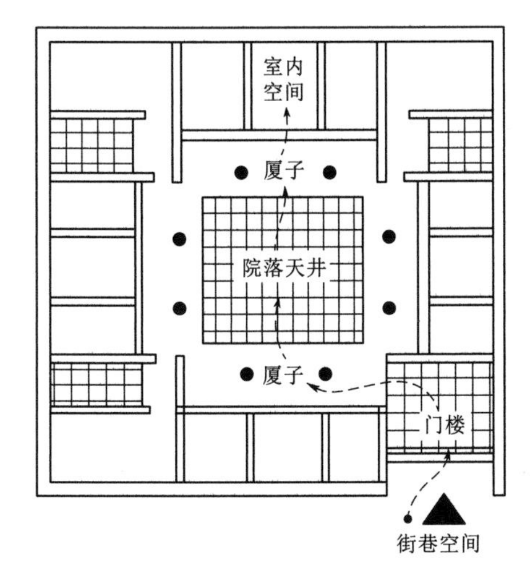

图1　流线分析
（图片来源：作者自绘）

本文把纳西族民居院落空间分成三部分加以论述：第一是室外开放空间，院子和天井；第二是过渡空间，厦子；第三是室内私密空间，各屋各坊的内部空间。

1.1　纳西族民居院落空间的构成

1. 开放空间

无论是哪种纳西族民居类型的平面布局，其院落布局都是以天井为中心点向四周发散开来组成完整的平面，主房、厢房、照壁都是围绕着院子在四个方向来布置。从平面构成来看，以主房和院落天井为核心形成院子的中轴线，整个院落以中轴线为轴左右对称布置，匀称稳重。纳西族人在庭院空间的设计中非常讲究层次感，追求空间的节奏和韵律感。纳西族房屋的间数多为单数，主房、厢房和耳房多以二层楼房为主。主房在正面的中间位置，体量高大，一般是三开间的两层楼房，厢房和耳房则略低于主房。民居院落既显得和谐、自然，又有变化、有对比。此外，主房和厢房相交处的转角空间多用作于辅助用房，它的进深与高度皆小于主房及厢房。有的人家把辅助用房做成漏角屋，左侧的漏角房用作卧室或者书房，右侧的漏角房用作厨房或者堆放杂物（图2），如此便可以很好地利用建筑相交处所形成的空间死角。也有的人家则作为天井使用，以满足排水、通风和采光等需求，这样既充分利用了空间，又带给人一种回环曲折的感觉。

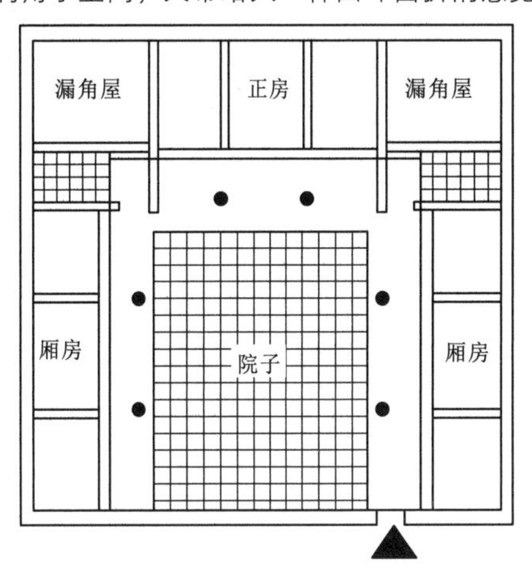

图2　平面图
（图片来源：作者自绘）

2. 过渡空间

厦子是纳西族民居中必不可少的要素，纳西族民居每家每户的正房都有宽大的厦子，其他房屋只要有足够的用地条件也多设厦子，厦子一般宽为 1.5～3.0m，它不仅可以供人们日常吃饭、休息、会客、娱乐、家务活动等使用，还可以作为一个过渡区域衔接不同的空间，它就像是一个连廊，能够起到遮风避雨的作用外，还可以很好地连接正房与厢房、室内与室外的空间，加强了彼此之间的联系，起到了重要的纽带作用，使围合整个院落的建筑成为一个有机的整体（图 3）。

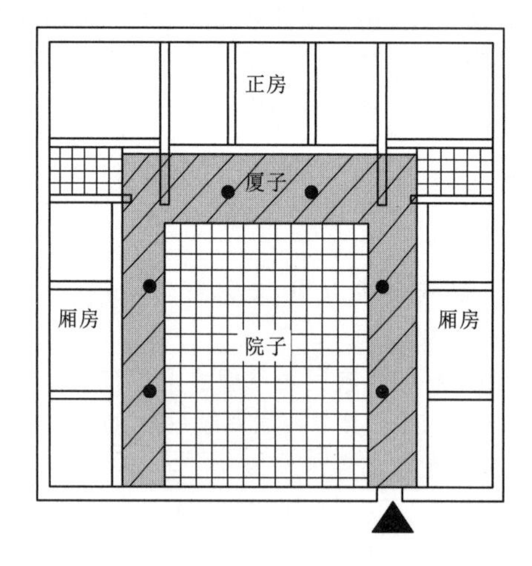

图 3　院落中的厦子
（图片来源：作者自绘）

3. 私密空间

正房和厢房多数以二层楼房为主，部分地区则为一层平房。纳西族建筑有明确的长幼、尊卑、内外之分，正房是整个院落空间最重要的建筑，其地坪和屋顶、室内空间的进深和高度皆大于其他各坊，一层多为三开间，正房一楼明间设为客厅，多用于会客接待；次间供家里的长辈居住，其余子女按照长幼顺序分别住在两侧的厢房，楼上则多用于客人居住，由于厦子宽大，室内进深则相对较浅，有的仅 3m 多。

由此，可以看到纳西族院落空间的序列清晰明了，从街巷空间进入到室内空间必然会经历一个阶段：院外空间→半开放空间→开放空间→半开放空间→私密空间，通过不同空间之间彼此的联系和衔接，让人们在面对室内外空间的转换时有一个很好的心理过渡。

1.2　纳西族民居院落空间的组合形式

丽江纳西族民居院落的平面布局常见的有下列几种基本形式：一坊房、两坊房、三坊一照壁、四合五天井、多重院、前后院、一进两院（图 4）。

1. 一坊房

纳西族人把院落围合要素中单一的建筑单体元素称为“坊”，因此，一坊房又名“独坊”，是纳西族最简单的民居样式，也是随着后来发展过程中产生的其余院落形式的基础。一坊房适用于小型家庭居住，一般是以三开间的两层楼房为主，明间是堂屋，主要用于起居和接

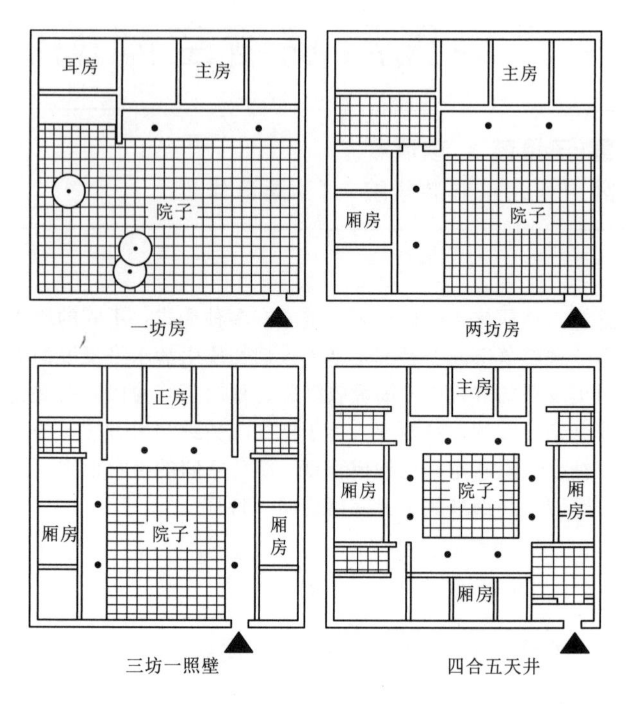

图 4　民居平面图
（图片来源：作者自绘）

待，是家庭中最主要的房间，也是全家人活动的中心。左右两次间为卧室。屋外设有厦子，作为家庭活动和娱乐空间，夏天纳凉，冬天晒太阳。二楼多为一整个通间，多用于储存粮食和杂物等，或者隔出一间房间当作卧室，也有纳西族人把二楼的明间作为供奉神灵的祭祀空间使用。一坊房在房屋外保留了一定的空地作为院落空间，但是总体来说，这种院落形式现在已经几乎看不到了。

2. 两坊房

随着社会的不断发展，一坊房已经不能满足人们物质生产活动，因此纳西族人在其原来房屋垂直方向的一侧增加一坊从而变成两坊房。因在纳西族的习俗中，两坊房不可以相对而建，所以我们常见的两坊房都是相交形成一横一竖的拐角形，建筑相交处的拐角则作为“漏角”空间，当作天井使用，其余剩下的两面为照壁。在此基础上同时增加的还有院落、天井和院门，两坊房的院落空间会相对较大，这是为了以后三坊一照壁的院落空间形式预留出空地，也可以说是在三坊一照壁的基础上将其中一坊的空间直接用围墙取代，这种民居样式适合人口较少的家庭居住。两坊房的功能与一坊房差别不大，主房的次间给家里的长辈居住，厢房的次间则是子女居住，院落则作为家人活动的中心，常常布置景观绿植等。门楼和院落围墙的装饰都比较简单，功能上仅仅保障院落的隐私性即可。可以说，两坊房是一坊房和三坊一照壁的过渡民居样式，两坊房在一坊房的基础上增加了房间数，同时也为了将来民居建筑的扩张做好了准备。

3. 三坊一照壁

三坊一照壁是纳西族最普遍也是最常见的一种民居样式，它是在两坊房的基础上加建后形成的院落形式，在两坊房中厢房的对面再加建一坊厢房，形成三面围合

的“三合院”。因此三坊一照壁是由一个正房、两个厢房，再加上正房对面的一照壁，共同围成而成的一个院落。主房在中间朝南，通常为三开间的二层楼房，明间空间相对较大，作为客厅可供起居和待客使用，次间则作为长辈的卧室。厢房则作为子女们的卧室。二楼空间与一坊房布局相仿，明间为祭祀供神的场所，两侧则作为储藏空间，也有少数设卧室供客人居住。三坊门前均设厦子，作为室内空间的延伸，是全家人活动、聚餐、娱乐的地方。在三坊建筑相交的两处都有漏角屋，其进深和高度皆小于正房和厢房，其中一处漏角屋多用作书房、楼梯间，而另一处漏角屋多用作猪圈、厨房，它们主要承担着院落的辅助功能。

三坊一照壁的院落空间相对较大，可以保证阳光充足且通风良好。在天气好的时候，人们往往喜欢在院子里晒晒谷物或是妇女们围在一起做一些手工活和家庭琐事。院落的景观通过精心布置与照壁相互辉映，照壁的一侧多设计成水池、花台或摆上一些花盆，其上布置多彩的植物以丰富院落景观，院落中心的地铺装饰在满足排水功能的基础上也设计得极具特色。

4. 四合五天井

四合五天井顾名思义由四个坊构成，它与北京的四合院有所区别，虽说都是由上下左右四栋房屋围合而成，但纳西族民居在相邻两个房屋衔接处的四个角还各设有漏角屋，其多用作天井，因此加上院子中央的大天井共有五个天井，故称“四合五天井”。它在三坊一照壁的基础上进行改善，把照壁去掉，以一坊房代替，整体装饰更为华丽。其四坊皆为三开间的两层楼房，但正房的高度、地坪、进深皆大于其他各坊，这也可以突出正房在院落空间中的主体地位。

院落的入口会在四个漏角天井里选一个，再在朝东或朝南方向设置一个门楼，以此来保证整个院落空间的私密性，其余几个漏角屋功能与三坊一照壁相似，多为辅助用房，可通风采光，排水排烟。在四合五天井的民居样式中，院落天井作为整个空间的中心，起着重要的枢纽作用。

5. 多重院

多重院是在上述民居样式的基础上发展起来的，有纵向发展，也有横向发展的，纵向发展形成了前后院的民居样式，而横向发展则形成了一进两院的民居样式。总体来说，多重院是由多进院落环环相套，由于居住人口的需求增加，在四合五天井的基础上继而发展产生多重院落的民居样式。

6. 前后院

前后院是多重院落纵向发展的成果（图5），把四合五天井的院子看作后院，那么前后院的民居类型就是以四合五天井的中线为轴在下方增设一个前院，前院为后院的附属院落，多为三坊一照壁或是两坊房的民居类型，前后院中可供穿行的房屋称为花厅。

前后院在功能上，后院与四合五天井的功能相仿，前院多作为小花园使用，院落空间主要依靠前后院的两个大天井来组织，因此占地面积较大，一般是家庭人口较多的会使用这种院落形式。

7. 一进两院

一进两院的民居样式是多重院落其中的一种（图5），是其横向发展的结果。适用于家庭人口数多的情况，它与前后院的区别在于后者是纵向布局，整个院落按照中轴线左右排列。而一进两院的特点是，在主院的左边或者右边新建一个院落与其并列，其院落由左右两条轴线相互平行布局，最终形成两条纵向的轴线，左右两个院落中间则多由过厅连接。

一进两院多有两个入口，其中一个入口与外界沟通，相对比较开放；另一个入口是与附院相连通的门，相对比较私密。

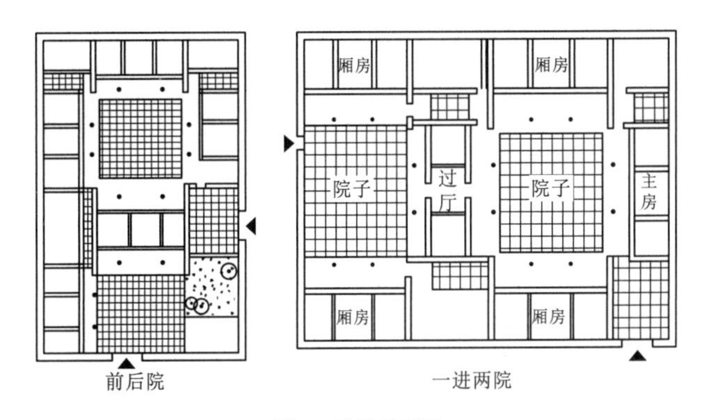

图5　民居平面图
（图片来源：作者自绘）

2　纳西族民居院落空间的特征

2.1　建筑形态特征

纳西族院落空间中由各坊、厦子、院落、天井等元素组合而成的形体，错落有致、有疏有密、主次分明，但是不论是哪种形式的民居样式，主房始终在院落空间中处于最突出的地位，其余的房屋根据功能和其重要程度按照居住者的需求自由地组合和变化。

2.2　院落空间特征

纳西族是一个开放且包容的少数民族，街巷空间、室外广场等都具有极大的开放性。纳西族人虽然性格开放，但也非常注重隐私，他们认为院落内的家庭生活理应是私密的，因此我们可以看到纳西族民居在院落的内部空间与室外空间的处理上往往会形成鲜明的对比。

民居对外的院墙上不设窗，人们无法直接窥见院内的景象，院门是唯一能够进入院内的方式，建筑二楼除了屋檐下一排小尺寸的窗户外都是实墙，但平时也很少打开，整个外立面显得较为封闭。而对内，院落空间却是十分开放，院落中各坊的房间都会朝着院落，且都是由木隔扇门和木雕窗组成，它们不像实体墙那样完全分隔两个空间，主要是以柱子划分空间，且门窗占据墙面的面积较多，门窗高大且雕刻着精致的镂空花纹，各坊的隔扇门几乎可以完全折叠，使室内外空间形成一个整体，就算关上门，阳光也会通过木雕窗花纹的缝隙洒进来，视线不会受到阻碍。室内外空间的界限被消除后，整个院落空间成为一个整体，房屋、厦子、天井等各个空间相互延伸，院落整体显得开敞、开放且流动。

2.3 景观环境特征

1. 丰富的植物

在走访调研中发现，纳西族家家户户都非常注重庭院景观，纳西族人在院子里布置许多树木花草（图6和图7）。民居院落多为100平方米左右的正方形天井，因此纳西族人常常会按照轴线对称、交叉对称、中心旋转等方式来布置庭院。院落的植被多以花台和盆景为主，花台会栽种花果树木，盆景则多为观赏性的盆栽。纳西族人布置庭院的方法很多，有的会以厦子檐下为界设立一个落地的花台，栽种一些相对低矮的植物，或是在檐下放置盆栽，多以兰花为主，既不会完全阻挡视线又极具观赏性。有的会沿着照壁布置小型景观，多以花台为主，再围着花台布置许多盆景，也有的盆景会沿着天井铺地图案的方向进行摆放，按照由高到低的顺序布置，在竖向空间上显得错落有致。

图6　纳西族民居院落景观
（图片来源：作者自摄）

图7　纳西族民居院落景观
（图片来源：作者自摄）

2. 多样的小品

纳西族人的庭院空间给人的第一印象是干净且整齐，这是因为纳西族庭院空间的序列处理得当。庭院没有过大的树木，在进入庭院时不会给人的视野上造成阻塞感，而细看又会发现处处都是装饰。比如各类小品，石花墩、水池、水钵等（图8），还有的则是一些与农作生活有关或是妇女们日常使用的工具，还有一些纳西族人喜欢在屋檐下吊着几串红辣椒、干玉米之类的农产品。寓意着红火，给家里带来福运的吉祥寓意。

图8　纳西族民居院落中的景观小品
（图片来源：作者自摄）

可以看到，这些没有经过刻意装饰的景观是纳西族民居院落空间景观环境的特点，不论是植被还是小品都是与人们的生活息息相关的，体现出浓浓的生活气息。

3　结语

纳西族民居历史悠久，最早可以追溯到穴居的形式，经过漫长的发展过程，由最早的穴居以及居无定所的迁徙时期发展到现在极具纳西族特色的院落式民居样式，这不仅是时代和技术的发展，更是纳西族人在满足建筑功能性和实用性的基础上继而朝着本民族独有的审美和个性发展的过程。纳西族民居样式由一坊房发展到多重院落，这不仅仅是由一到多的简单发展，它更离不开纳西族的文化，其文化从根本上影响了民居院落空间的格局和发展，必然会在空间的构成特点、院落空间的组合形式以及院落空间的特征等方面体现出来。

［本文为北京市教育委员会长城学者培养计划资助项目“中国传统地域性建筑室内环境艺术设计研究”（项目编号：CIT＆TCD20190321）和2022年北京服装学院研究生科研创新项目“竹材在建筑和室内设计中的应用研究”的成果。］

参考文献

［1］李孟琪．以丽江古城管理中心为例的纳西民居院落空间营造研究［D］．北京：北方工业大学，2014.
［2］高端阳．丽江纳西族民居的演变与更新研究［D］．云南：昆明理工大学，2012.
［3］陈凡．丽江大研古镇纳西族民居环境艺术特色研究［D］．云南：西南林学院，2009.
［4］方洁．云南传统民居平面布局比较研究［D］．云南：昆明理工大学，2012.

基于德勒兹感觉逻辑的复杂性建筑形态审美研究

■ 项　玮　刘　杨
■ 浙江理工大学艺术与设计学院

摘要 德勒兹“感觉逻辑”与当代复杂性建筑形态所呈现出的形变冲突、分形簇拥等非标准的审美新范式紧密相关。文章通过对“感觉逻辑”概念的解析，将其哲学思想在复杂性建筑形态审美中进行转译，阐明了德勒兹“感觉逻辑”的哲学思想与当代复杂性建筑审美的契合性。在此基础上，从“造型”“材质”“形体”三个方面总结出复杂性建筑形态的审美规律，体现其独特的审美内涵，同时也扩展了新的审美视角，以期对当代复杂性建筑形态的审美探究和形式创新提供参考。

关键词 **德勒兹　感觉逻辑　复杂性　建筑形态　审美**

1　感觉逻辑理论的解析

“感觉”的生成，即“力”穿越身体不同层次的运动。这里的“身体”指的就是“无器官身体”，可以说，“无器官身体”构造了一个内在性的平面，以保证“感觉”的不同层次和领域多样性的实现。德勒兹曾在论述培根的画作时说，“感觉”包含了不同的构成层次，范畴或领域，具有不可缩减的综合性特征。可以这样理解，身体的不同层次与不同感官的领域相对应，当“力”穿越不同的层次，不同感官间会产生震动，即产生单一的感觉，但同时，身体感官领域之间相互关联和沟通，“力”的相遇会产生共振，即“感觉”。因而，在“感觉”生成时，视觉、触觉、听觉等感官领域之间，必然产生了意义上的交织与沟通。

通过塞尚的绘画作品，德勒兹意识到，“感觉”同样也是一种双重性的统一体，它既朝向主体，又朝向客体，主体包括身体层次的运动，而客体则是艺术作品自身的表现运动。但是，艺术作品自身的表现运动实际就是感受到被体验的“身体”，这是一种存在身体中的“感觉”，已然被创作者倾注在艺术品中。如此，身体既接受感觉又给予感觉，既是客体又是主体，因而艺术品的本质就是在物质实在性的基础上所产生的“感觉”的“表现”。体现在复杂性建筑形态的审美中，建筑形态作为“意象”运动穿越观赏者的身体层次，引发了整体的“感觉”，使审美体验不仅仅来自于单一感官，而是触发了感官之间的共振。

2　事件理论在复杂性建筑形态审美中的转译

2.1　多变的形态创作

1. 分形集群

感觉层次具有多值的特性：一方面，感觉包含了不同领域的构成层次，“力”穿越身体不同的层次，根据它的广度和力度造成大小不一的震动；同时，层次间不同的力的碰撞，就如同一场没有进行事先规划的相遇；另一方面，感觉的层次运动引发的各领域之间的共振实际上就是单一领域震动的延续。共振是感觉层次运动中达到的一个理想状态，它充分体现了身体鲜活的形态，一种震动后身体层次的反馈和绵延。

呈现在复杂性建筑形态中，堆叠、簇拥等变化的姿态就如同感觉层次这种丰富和偶然的聚集状态。而重复的叠加造型则体现了感觉的绵延，重复不代表完全一样，通常是在基础形上根据需求进行变化。“力”的冲击在身体中展现的种种感觉内涵转化成复杂性建筑形态的多样呈现，例如，扎哈・哈迪德设计的阿卜杜拉国王石油研究中心，它的形态就仿佛是单一结构的多个组合堆砌，而单体结构又根据功能的需求作形态调整，具有分形且簇拥的特点，如图1所示。

图1　阿卜杜拉国王石油研究中心
（图片来源：谷德设计网）

2. 造型突变

德勒兹曾说，感觉不是质量化的，它只有一种强度现实，它不再决定再现的元素，而是同素异形的变化。可见，感觉如此富有变化的状态与强度大小有着密切的关系。这种强度同时也和“力”的速度和力量相关，一定的速度和力量会产生类似剧变的效果。

感觉表现的不同强度能够让身体变形，让绘画作品中的形象变形，也能让建筑形态创作出变形的效果，展现在复杂性建筑形态中即形体和空间呈现各个程度不一的变形状态。一方面，为了营造极具强烈的强度，复杂性建筑形态会出现尖锐、急促、大幅度扭转等夸张的效果；另一方面，意象运动也是感觉表现的一种，复杂性建筑形态往往作为一个极具感知冲击力的意象运动出现在大众面前，带给我们不一样的感觉体验。

2.2 感觉的形体转化

1. 节奏变化

感觉的强度变化有时候会带出一种节奏的韵律美。节奏是作为感觉领域转化的动力存在，从某种意义上来说，综合性的感觉本身就如同节奏。德勒兹曾在《弗兰西斯·培根：感觉的逻辑》这本书中阐述过一种下坠的节奏，他称之为是一种积极的节奏。下坠就是来自于感觉的冲击力，是一个从高处向低处坠落的运动，如同感觉的差异层次间的过渡转换，此刻能体会到的感觉强度变化极为丰富。

于建筑领域而言，节奏是建筑形态极为重要的表现手段，在复杂性建筑形态中，色彩的转换，材质的复杂排列，造型组合的韵律体现等，大多是建筑师感受到了来自于感觉强度运动的多元体现，不同的强度则会带出不同节奏的形态。在建筑的表面通过疏密节奏的造型设计可以增加建筑的灵动性，也可以采用打破节奏的方式制造建筑动势的姿态，在视觉上营造出不一样的平衡感和强烈的张力。

2. 材质融合

德勒兹曾表示，感觉转化为实体物质的过程实际上也是实体物质转化为感觉的事实。就如在一件闻名的艺术品中，真正深入人心且经久不衰的，不是色彩，也不是造型，而是一种纯粹的感觉存在，即感知和感情的聚合物。意象作为“力”贯穿身体的运动，从而形成感知，而感情指的是对意象做出的纯粹反应，是感知作用的延续和扩张。

在复杂性建筑形态中通过对材料的运用可以表达感觉，这同样也是设计师想通过材质与我们分享和交流的东西。例如图2为隈研吾设计事务所设计的德国冥想小屋，空间中由3厘米宽的木板交错堆叠于立面和顶面，如天然树枝一般，与周边的冷杉林相融。身体在此空间中感知自然的宁静，使人沉浸于这片安谧的冥想空间。

图2 WOOD/PILE冥想小屋

（图片来源：谷德设计网）

3 基于感觉逻辑的复杂性建筑形态审美规律分析

3.1 复杂性建筑造型的形变与冲突

德勒兹在《什么是哲学》的书中曾言，艺术家并非仅仅在作品里创造感受，而是把感受交给我们，让我们跟感受一起渐变。这句话中的“渐变”即形容了感觉层次的丰富变化以及在变化间因强度而带来的形变和冲突。复杂性建筑造型中一些硬朗、凌厉和看似不规则的造型都在展示这种强度的变化。

复杂性建筑尖锐的造型总给人一种感官上的刺激，显得让人无法靠近，但这却是冲突的可视化表现之一。力在身体层次中相遇，并不往往是擦肩而过这般轻柔，而大多数是来自强度的冲击碰撞。碰撞带来了新的感觉，一种速度和锋利如闪电般的刺激感。就如同复杂性建筑造型中尖锐的角，呈现出一副张扬、充满自信的面孔。这体现了复杂性建筑的造型可以不需要虚实柔美，而可以坚硬且具有锋芒，就如同大多雕塑艺术品般充斥着对艺术无所顾忌的追求。例如图3为扎哈·哈迪德设计的维特拉消防站，建筑造型中倾斜向上的尖锐形顶棚极具张力和动势，给人一种急促的紧张感。

图3 维特拉消防站

（图片来源：ArchDaily网）

如果说，复杂性建筑尖锐的造型是在体现力的强度，那么如同重力下坠一般的形式则是在描述感觉的过渡，即感觉在层次间运动的复杂动态变化。放置在音乐中，力的这种轻重传递变化，就好像是曲调渐强和渐弱的层次感。比较常见的造型是流体下坠和锐角下坠形式。流体下坠呈现了非线性建筑如液体重力向下的形态，有的像瀑布具有速度感，有的像黏稠的液体向下流淌，而锐角下坠则大多为立面折叠。两者的形变都体现了重力下坠的感觉，在观感上也有一种压迫感。例如，扎哈·哈迪德建筑事务所设计的深圳湾超级总部基地C塔（竞赛方案）中，利用液体流落的动态形体将两座楼相连在一起，流落的形态层层递进，犹如力的渐变下坠，如图4所示。

图 4　深圳湾超级总部基地 C 塔（竞赛方案）
（图片来源：谷德设计网）

倾斜的造型感同样也体现了这种冲突。倾斜代表着失衡，就如同是对平衡法则的对立挑战，与重力进行对抗。同时，倾斜属于解构的表现之一，消解因视觉上的平衡而带来心理上的肯定。如此，倾斜也象征着形态的不确定，这种不确定往往也体现了感觉层次间的不限定，引起人们对于审美新的思考。复杂性建筑造型利用这种失衡的形态呈现，带给人一种紧张的情感波动。通常体现在造型中，除了利用体块大幅度的倾斜，还会采用体块不同角度穿插的方式塑造这种不平衡和东倒西歪的体态。在蓝天组设计的德累斯顿 UFA 综合电影院中，建筑的形体就被设计成倾斜的失衡状态，外表玻璃、钢结构以及水泥的组合使建筑看起来像是斜插在水泥地面的晶体结构，如图 5 所示。

图 5　德累斯顿 UFA 综合电影院
（图片来源：领贤网）

3.2　复杂性建筑材质的质朴与繁复

感知物和感受一起组成了感觉的聚块，一种能使艺术得以长存的东西。德勒兹曾说，艺术的目的连同其材料手段，是以对客体的各种直觉和主体的各种状态中提取感知物，从作为此状态到彼状态的过渡的情感当中提取感受。可见，材质也成为复杂性建筑艺术留存的重要方法，而建筑材质不同的呈现形式，也将转化为丰富多彩的感觉体验。

纯粹极简的材质往往承载着最厚重的情感，更能打开人的心扉。这种材质作为感知物以最直观的方式进入身体，与主体的感受一起，组合产生新的感觉。在复杂性建筑材质中，那种最接近原始的，没有经过任何装饰和打磨过的材质，有着最为质朴的观感。这些材质大面积的运用能够营造出的体积感或光影感，更容易使我们产生融于自然的体验。此外，还有单一浅色调材质的使用，也使建筑具有轻盈纯净的通透感。最为代表性的就是安藤忠雄的建筑，他善用清水混凝土材质，给人一种朴实和纯粹的感觉。例如，图 6 为水之教堂，木质和混凝土材质的绝佳配合，将人们带入一个宁静温和的沉浸式空间，在忘却真实时间的同时，体验着来自于身体最真实的感觉变化。

图 6　水之教堂
（图片来源：设计链）

简约纯朴的材质能够进入身体层次而引发感觉的转化，繁复的材质组合也同理。经过组合的建筑材质已然作为建筑师感觉的物化存在，当它成为意象时，便逃离出了原先他人感觉的领域，成为了感觉聚块，重新进入层次运动。在复杂性建筑形态中，一方面，立面异质材质的组合体现了材质之间的对立，使材质之间或材质与身体之间都产生不同的反应。将不同的材质运用拼凑、堆砌、褶皱、交叠穿插等手法使复杂性建筑形态的立面看起来繁杂。另一方面，仿生性的表皮材质也同样具有复杂感，它不仅有为模仿触感而进行多种材质的合成，还有对于生物肤质的功能及运行机制的模仿。例如，在墨西哥利物浦百货商店的立面上，采用了多层次、不同大小的六边形叠加设计，层次的材质分别有玻璃纤维、铝、钢等材质的组合，整个立面外观看起来繁杂且具有深度，如图 7 所示。

（a）建筑外立面形态

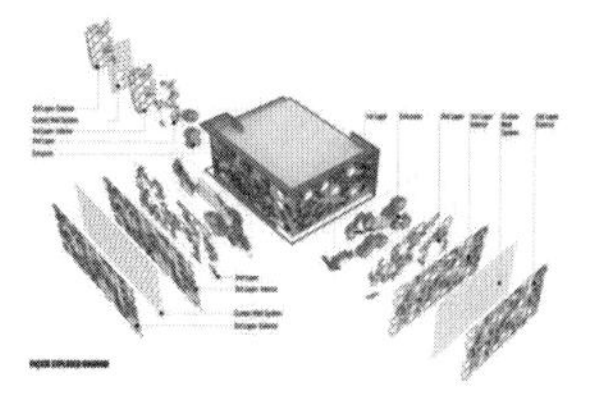

（b）外立面形态分层图示

图 7　墨西哥利物浦百货商店
（图片来源：ArchDaily 网）

此外，材质所演奏出的节奏感也是材质繁复的表现形式之一。不同的是，节奏更趋向于表现感觉在层次间的强度变化，也就是说，复杂性建筑立面材质不同的韵律感就是建筑师对感觉强度的体验，并在建筑形态上形象化。复杂性建筑立面有舒缓或是激烈的节奏。舒缓的节奏是利用材质在建筑形态的立面上排列出柔缓的规律，或呈线条排列，或呈曲线婉转排列，在观感上具有悠扬的唯美感。激烈的节奏虽然会带有杂乱无章的感觉，但其实就如同是刺绣中的乱针绣法，乱中有序。而尖锐、紧密、刺眼或是偶尔的跳脱，也被带入了节奏的排列中。例如，图 8 为日本青森 Nebuta 节文化中心，立面由大红色 12 米高的钢带所包裹，按规整的节奏排列，但会在不经意间设计几个扭曲的形态打破了原本的节奏，并作为出入口。

图 8　日本青森 Nebuta 节文化中心
（图片来源：视觉同盟网）

3.3　复杂性建筑形体的聚合与延续

感觉的“多”表明了力相遇的多值集聚，集聚的力带来了身体的共振状态，也就是感觉的绵延。在复杂性建筑的形态中，形体的聚合就体现了这种力的聚合，而分形和重复叠合的形体则表达了感觉的延续。

复杂性建筑分形的形体指的是在主体形状的基础上进行分裂或是变形，并且分形强调了形状内部的相似性和层次递归性。形体之间像这般不断分割衍生且相互连贯的形式，也表明了感觉绵延的形态。在复杂性建筑形态的具体表现中，通常以一个规整的几何造型为基本形，在此基础上进行不断分裂和重组，形成一个建筑群的形态。形体分形的设计亮点在于建筑组合的灵活性，根据使用需求进行组合或是扩散。例如，图 9 为 BIG 设计的未来漂浮城市，建筑的形体就是以六边形作为基础形，并在此基础上不断进行有机分形、变化和组合扩张，以此来适应新的环境和需求。

复杂性建筑“叠”状的形体表现出形状之间并不是分离的状态，而是彼此粘连重合，这同样也表现了感觉层次之间的震感互通且共振绵延。复杂性建筑形体的“叠”具体分为三种形态：其一，重叠强调了形体的重复性或相似性，粘连的部分面积较大，通常在立面上具有强烈的线条节奏感；其二，堆叠的形态有点像乐高模具的拼叠，形状等同或不同，粘连的部分也大小不一，强调了堆砌的观感；其三，折叠则是强调了形体如折纸般的褶皱状态，接连处常呈夹角形态，增加了建筑空间的

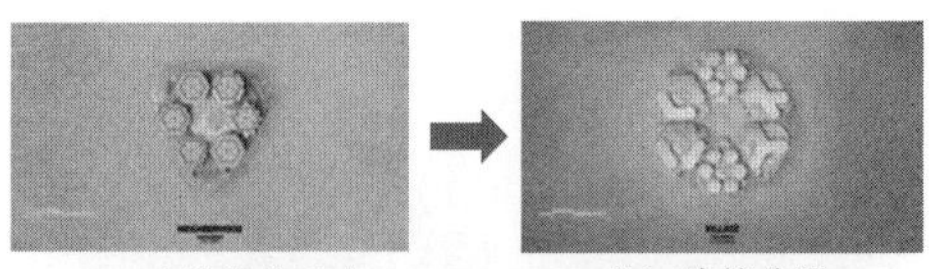

（a）建筑整体形态　　（b）建筑分形

图 9　未来漂浮城市
（图片来源：谷德设计网）

层次感。例如，让·努维尔设计的卡塔尔国家博物馆从立面看尤为明显，建筑形体是由尺寸和弯曲度不同的巨型圆盘穿插交错，且沿横向堆叠而成，层次错落，具有堆砌的观感，如图 10 所示。

（a）建筑整体形态

（b）建筑形态局部细节图

图 10　卡塔尔国家博物馆
（图片来源：谷德设计网）

簇拥形体的复杂性建筑所展现的就是“力”相遇的聚合状态。簇拥的形态并不是各种不同形体相聚集的表现，而是相同或是自相似性造型的聚拢，一般呈向心状或规整排列，但没有发散的动势趋向，而是强调形体相连的集聚。复杂性建筑形体的团簇状使空间功能很好地分布在各个区域，并且通道相连接，大大增加了功能使用的便利性和延伸性。同时，这样的造型看起来也具有团结积极、踊跃向上的氛围体验。图 11 为北京城市副中心图书馆，建筑师采用了多个模块化组件作集簇状，连接了屋顶与地面，且具有多重的功能，形态犹如茂密的树林。

图 11　北京城市副中心图书馆
（图片来源：谷德设计网）

4 结语

当代复杂性建筑在形态上所形象地表现出力在身体层次中丰富的运动变化，以及引发身体感觉的不同呈现。一方面，复杂性建筑作为感觉运动中意象的存在，不同形态的建筑形象给人一种不一样的感知体验，建筑形态大多时候就如将信息进行编码的符号，包含着物理和心理多方面的内容。另一方面，在建筑形态中表现出具有冲突性的形式也表达出感觉的强度变化以及层次间共振的蔓延。再者，对材质注入情感的使用更是充分体现出感知和感受之间的关联和感官之间的通感特性，同时也表明触觉作为独立的存在，具有主动性。由此，复杂性建筑展现出的突变形态以及涌现造型都涵盖了对感觉逻辑理论的丰富理解，并引发了建筑形态新的审美呈现，拓展了复杂性建筑形态审美研究的理论范畴。

参考文献

[1] 姜宇辉. 德勒兹身体美学研究 [M]. 上海：华东师范大学出版社，2007.
[2] 吉尔·德勒兹. 弗兰西斯·培根：感觉的逻辑 [M]. 董强，译. 桂林：广西师范大学出版社，2007.
[3] 吉尔·德勒兹，菲力克斯·伽塔利. 什么是哲学 [M]. 张祖建，译. 长沙：湖南文艺出版社，2007.
[4] 刘杨. 基于德勒兹哲学的当代建筑创作思想 [M]. 北京：中国建筑工业出版社，2020.
[5] 吉尔·德勒兹. 意义的逻辑 [M]. 马克·莱斯特，译. 纽约：哥伦比亚大学出版社，1990.
[6] 刘杨. 德勒兹哲学视阈下的当代建筑审美观念嬗变 [J]. 装饰，2019 (12)：138-139.
[7] 张向宁. 当代复杂性建筑形态设计研究 [D]. 哈尔滨：哈尔滨工业大学，2010：15，74.
[8] 刘杨. 德勒兹哲学视阈下的当代建筑审美新思维 [J]. 美术观察，2018 (9)：143-147.
[9] 达米安·萨顿，大卫·马丁-琼斯. 德勒兹眼中的艺术 [M]. 何林，译. 重庆：重庆大学出版社，2016.

“批判性地域主义”当下意义的探讨
——对王路建筑作品的解析

■ 代芳园[1] 周铁军[1,2]
■ 1 重庆大学建筑城规学院 2 山地城镇建设与新技术教育部重点实验室

摘要 自20世纪批判性地域主义思想传入我国以来，许多学者对其进行了研究与实践，其中不少学者对于批判性地域主义思想对当下建筑发展的意义仍存有质疑。该文对批判性地域主义思想的发展历程进行了梳理，从“批判”的视角对王路的建筑作品进行解析，探索符合当下中国的地域性建筑设计理念。研究成果表明，王路的批判性地域主义思想为当代中国地域性建筑师提供了可借鉴的设计思路与方法，是对于西方批判性地域主义的温和补充与创新，对当下的建筑设计及其理论的发展仍具有持续的意义。
关键词 批判性地域主义 王路 天台博物馆 毛坪浙商希望小学

引言

王路是当代地域主义建筑师代表，他于1979—1987年相继取得清华大学建筑学学士学位和硕士学位。由于师从于清华大学单德启老师，早年间便跟随单老师进行大量乡土建筑的实践研究，他赞同单老师对于传统民居的观点，“传统民居不应该是采用一成不变的对话方式去应对当下全然改变了的生活传统”[1]。在他众多的建筑实践中，天台博物馆、毛坪村浙商希望小学等项目体现了王路老师如何应对当下建筑面临的全球化趋同形势，所设计出的带有中国新建筑特征的地域性建筑。

1 批判性地域主义的脉络梳理

1.1 批判性地域主义的产生

“地域”建筑这个概念最早见于维特鲁威所撰写的《建筑十书》，在书中他用罗马文详尽地描述了地域性建筑与“政治”“气候”“物质环境”之间的关系。当代著名的希腊学者楚尼斯夫妇于1980年在《网络与路径》一文中首先提出了“批判性地域主义”一词[2]。他们提到批判性地域主义的主要特征是“批判性”和“陌生化”，是对于建筑所属特殊环境的独特性回应及探究，而非一成不变的接受；是对于“全球化干涉”蔓延至建筑领域，如何保存其地方性的艰难延续[3]（图1）。

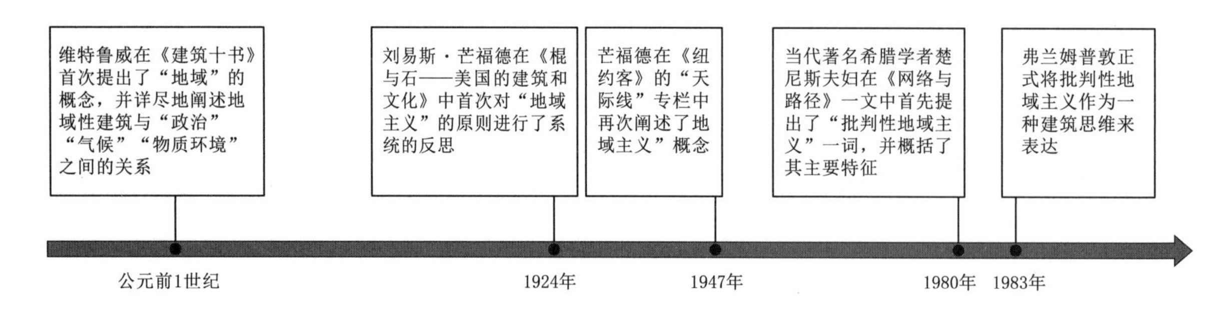

图1 批判性地域主义脉络梳理
（图片来源：笔者自绘）

1.2 芒福德的“批判性地域主义”思想

勒费夫尔归纳了芒福德对于地域主义的再反思和内省，形成了新的批判性地域主义思想。其内容是：①反对绝对的历史决定论，他认为，历史建筑应该被用来欣赏，而非现在这样被简单使用，拒绝新建筑对于历史建筑的完全仿造，仿造的建筑再逼真也只是成为历史建筑的“赝品”，只有当我们完全理解过去，才会以同样的创造性精神来面对当下新的机遇；②反对浪漫主义的地域主义，对他来说，一个场所的地域性不仅仅局限于场所精神，而是应该使人产生共鸣和回忆的地方；③不同于海德格尔对一切机器文明的反抗，芒福德赞成使用现代的先进技术，但前提是这种技术在功能上是合理的和可接受的，他认为必要的先进技术是对地域主义的延伸和补充；④他认为社区应该在“人类社会群体”中起到核心作用，建筑不能被简单地理解为为人遮风避雨的场所，而应该体现时代和社会的精神意志；⑤芒福德并非将“地域性”和“普遍性”对立起来，而是在其中找寻一种微妙的平衡来应对建筑面临的全球化冲击。

1.3　弗兰姆普敦的“批判性地域主义”思想

美国建筑理论学家弗兰姆普敦教授在其著作《现代建筑：一部批判的历史》一书中同样提到了楚尼斯夫妇关于地域主义的观点，认为：一个民族或国家应该扎根于历史的土壤，体现出一种特定的民族精神，但在面临全球化蔓延的当下又应该再度展现这种精神和历史文化的复兴。过去的历史已经无法适应现世文明，这就要求它在接受科学、技术、政治理性的同时，又不简单地抛弃历史文化的过去。事实上，每个历史文明都无法阻挡现世文明的冲击，怎样成为现代的而又体现历史，如何复兴古代文明而又参与普世的文明成为了批判性地域主义思想的症结所在[4]。

弗兰姆普敦将批判性地域主义思想的重要特征总结为：①批判的地域主义并非完全拒绝现代建筑的解放与进步，而应该融合现代建筑进步的方面共同形成“新建筑”；②批判性地域主义建筑应与它所处的特定环境之间形成一种“领域感”；③建筑应体现自身的构筑逻辑，而非建造环境的重现；④反对普世文明，倾向于对场地、气候、光线等作出回应；⑤强调人在环境中的感受，触觉和视觉相当，注重人性化；⑥反对乡土因素的一味模仿，试图发展面向现世文明和对乡土精神再诠释的地域主义（表1）。

表1　地域主义思想的对比

芒福德“地域主义”思想	楚尼斯夫妇“批判的地域主义”思想	弗兰姆普敦“批判的地域主义”思想
①反对绝对的历史主义； ②反对浪漫的地域主义； ③接受机器文明； ④建筑应该反映社会存在； ⑤拒绝形成血统、种族、地理等限制上的单一文化； ⑥地域化和全球化并不是对立关系	①强调“批判性”； ②主张建筑的“陌生化”； ③反对抹杀建筑的“地域性”； ④反对照抄地域传统建筑； ⑤反对自上而下的普世原则	①接受现代建筑解放和进步的方面； ②主张“场所—形式”的产物； ③主张把建筑视为建构现象； ④建筑要对场地光线、气候等要素作出回应； ⑤提倡发展面向当代的特点场所文化； ⑥强调触觉、听觉、嗅觉； ⑦逃避普世文明

2　批判性地域主义在中国的发展

在当下的中国，越来越多的建筑师开始投身于寻找一条符合中国传统特征的建筑设计之路，不只是简单地把西方现代主义的设计方法照搬过来，而是独立探索自身建筑实践过程的可能性。例如，贝聿铭先生设计的香山饭店作为蕴涵中国传统文化和融合了现代建造方式的典范，给同时期的建筑师指明了中国建筑发展的道路。批判性地域主义把建筑当做一个中观层面的介质，不同于国际式建筑风格，其从事物本质出发，通过对设计思路不断地推敲打磨，在普世文明的框架中寻求本土文化的突破，以一种独特的方式展现中国地域建筑的发展实践。

地域主义的设计方法在中国自古有之，从原始社会的“穴居”“巢居”建造方式，到古代北方建筑坐北朝南、宽敞庭院式的布置，而南方建筑则采用幽深天井的设计方式，无一不是跟气候、方位、地理位置等重要的地域性特征有关。近代著名建筑师杨廷宝和吕彦直先生自归国后也一直在探寻符合中国地域性特征的建筑实践及理论研究，如吕彦直先生设计的南京中山陵采用了具有中国传统寓意的“钟”形总平面布置，表达了他对于中国地域性建筑的思考。然而，当代的中国由于受到全球化的冲击，建筑界也受到了极大的影响，建筑形式趋向普遍化而缺乏自身建筑特性，建筑风格的差异性越发含糊，甚至出现了为了彰显独特个性而建造出的“丑陋”建筑。在寻找符合中国特征的地域性建筑时，我们不能绝对地舍弃文化根源，也不能完全将符合中国文化的某单一元素放大使用，而是在理解这一地域历史文化特征之后，建造反映其民族精神和文化内涵的地域性建筑。因此，为了抵抗全球化建筑在当今的蔓延，批判性地域主义思想仍有其实际意义，它是对国际式主义建筑创作的温和修正和调和现代技术与传统乡土建造矛盾的“润滑剂”[5]。

3　批判性地域主义视角下王路作品解析

王路自德国留学归来后一直致力于中国新乡土建筑的实践研究，设计出了一大批反映中国地域特征的优秀作品，表达了他对于当代中国批判性地域主义的探索。其作品从传统与创新的角度、建筑与自然、特定环境的关系、现代技术与传统构造的结合入手诠释了他对于批判性地域建筑的理解。他认为对历史与未来的思考应立足于在传统与未来之间嵌入属于“此时”“此地”特定历史环境的层面，而非对传统历史“粗犷”地复制来混淆当下与过去，传统的形式只形成于当时特定的历史时期[6]。他以本土文化为基础，去吸纳现代建筑所带来的有益影响、先进理念和技术，向我们展现了本土建筑与国际式风格相结合的更多可能性（图2）。

3.1　遵循人·建筑·自然的设计原则

中国建筑自古以来就遵循天人合一的设计思想，王路的建筑设计理念也是在这样的思想熏陶下完善起来的[7]。自然是建筑的载体，建筑需要在自然之中去协调自身与环境的关系，并且采用适宜的对话方式去营造与人和场所之间的和谐氛围。人-建筑-自然更像是从微观、中观到宏观三个维度的递进层面，处于中观层面的建筑应该采取一种亲和的态度去契合人的需求，建筑既不能夸大自身的尺度去对抗自然，也不能刻意收缩至不符合人体特征的尺度。

王路的作品中展现出了极强的尺度感，在天台博物馆的设计中，博物馆以十分谦逊的姿态、平和的态度去回应自然环境，创造了一个宁静、内省、供人沉思遐想的佛教场所。博物馆所面临的场所因素并不佳，东侧是在全球化经济背景下衍生出的商业居民楼，南侧是尺度巨大的佛教城，唯有西面的赫溪是可供博物馆敞开的景观自然。王路采取了明计成“佳者借之，俗者屏之”的设计思想，博物馆朝向东面的是一个封闭实体，而在西面则是一个通透的玻璃体量并设计平台向景观延伸，在博物馆的入口南广场设专家楼形成“照壁”，有效地隔绝了南面佛教城所造成的尺度不当影响。博物馆的外墙特意使用了尺度较大的石材来减弱建筑在自然中的尺度感，并且营造一种石墙的厚重感来抵抗佛教城巨大尺度所带来的威压。建筑总体布局结合场地采用水平向的铺展，以极小的体量与尺度巨大的佛教城形成了鲜明对比，设计通过墙、廊、建筑实体、高差的处理对场地环境做出有利回应，营建了一个融于自然环境的建筑。建筑作为人-自然当中的介体存在，成为了塑造场所精神的介质和人们寄托美好愿景的载体，批判性地域主义建筑采用亲和的态度去满足人情化需求，并且面对自然呈现顺应、服从的姿态，这种不以建筑为第一关注对象的对话方式同时也是批判性地域主义在当代有意义的探索（图3）。

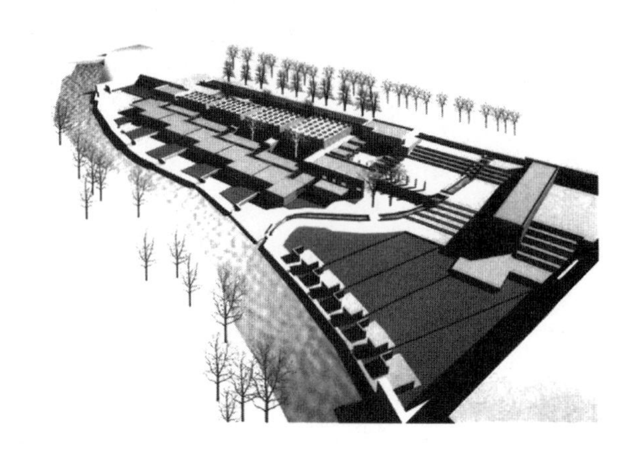

图2　天台博物馆的外部环境

（图片来源：引自《批判性地域主义》）

图3　天台博物馆外观

（图片来源：引自《批判性地域主义》）

3.2　传统建造方式的现代演绎

批判性地域主义摒弃绝对的“历史模仿论”，反映本土文化的建造方式并不意味着对传统形式的简单模仿，而是要结合现代创新技术对既有传统构造逻辑的梳理、调整，拓展我们对本土文化的认知，进而延续我们的传统[7]。王路的作品更多呈现一种对历史的借鉴与吸收，如天台博物馆外墙石材的铺砌方式借鉴了当地传统的构造做法，这是对本土地域性特征的一种体现，然而为了不沦为周边佛教建筑的附属品，又与佛教城外围石墙横向的砌筑方式有所区别，采用斜向砌筑，超越了当地传统做法，达到了创新的目的。

传统做法的现代演绎还体现在本土建筑材料的使用上，天台博物馆巧妙地采用了当地传统的建筑石材和灰砖，既节约了建筑成本，也体现了建筑的地域性和现代感[8]。在博物馆的内部采用现代的石灰粉刷做法，外部则直接裸露石材、灰砖，将现代工艺做法与传统材料相结合，反映了时代精神与历史气息。在现代建筑思潮影响下，批判性地域主义对于传统建造方式秉持一种谦逊和包容的态度，运用现代技术提供的可能性，结合传统工艺做法，在关注建筑内在品质的前提下，创造蕴涵历史气息的现代建筑（图4）。

3.3 乡土文化的传承

“文化性”是批判性地域主义所需要关注的另一个重要维度，在全球面临跨文化交流的今天，如何在吸纳外来优质文化的同时，又能秉持自身文化的特殊性与标识性，是批判性地域主义的核心要义之一[9]。王路的乡土作品呈现对传统文化特性与精神内涵的提取，利用建筑实体重塑场所文化精神，去延伸和拓宽现存的世界文化，传承和发展传统文化。在毛坪浙商希望小学的设计中，建筑从人与文化的角度入手，营造了一个符合当地基本文化精神、供人回忆的场所，传统与现代并不是互斥关系，它们更像是鱼与水的依存关系。传统文化孕育着现代，两者是不可切割的形态，拥有着同样的原始基因组，现代文化只有在完全理解传统，通过自身的净化后才能聚合成符合时代的文化精神。

3.4 场地-气候-光线的回应

批判性地域主义将“光”视作揭示建筑的容量和构筑其价值的主要介质，其次是建筑对于气候条件的反应，需要对所有建筑开口慎重处理，以期达到与场地、光线、气候形成融洽的对话关系[4]。王路同样关注这些因素，天台博物馆采用了与瑞士瓦尔斯温泉浴场类似的屋顶光带处理方式，在博物馆形体转结处设置屋顶条形光带，展厅屋顶周边也利用天窗直接采光，为观展者提供了一个富有光影韵律变化的展陈空间（图5）；在毛坪希望小学的设计中，由于项目地位于湖南，属于夏热冬冷地区，王路在教学楼底层部分采用外廊架空以达到最好的通风效果，并且在二层设置竖向的木板格栅来遮挡日照直晒[10]。

图4 天台博物馆的内部庭院
（图片来源：引自《批判性地域主义》）

图5 天台博物馆内部光影
（图片来源：引自论文《新乡土建筑的一次诠释——关于天台博物馆的对谈》）

批判性地域主义关注于场地的内在特质，把场地视作承载建筑物的三维载体，进而关注如何将照向场地的光线变幻性地引入建筑内部，将气候等看做建筑需要对其作出反应的因素，因此对场地-气候-光线的回应是批判性地域主义一种积极的探索和发展。

4 结语

从“批判”的视角看待王路的建筑作品，能够折射出批判性地域主义仍是当代最有活力的建筑思想，对于当下探索符合中国特征的地域性建筑具有较强的指导性意义，为当代建筑师提供了可借鉴的设计思路和方法。其作品融合了古代“天人合一”的设计思想，创新性地将人作为设计的基本出发点，弱化建筑自身，反对国际式主义以建筑为中心的设计理念，利用现代技术对传统建造方式进行重新诠释，抛弃“历史绝对论”，对乡土文化进行创新性吸纳，关注建筑所处场地、光线、气候等因素，并强调建筑与人一自然的和谐对话关系。

批判性地域主义建筑是属于“当时”“当地”的，不可复制和移动的，它的“批判性”在于没有特定的建筑风格和设计手段，然而却能感受建筑对于本地文化、自然、人的尊重，这种融合自然，传承文化，运用现代技术诠释传统建造的新建筑才能真正解答“批判”二字。

参考文献

[1] 赵夏榕. 研究民居与聚落深层逻辑，创作反映地域特征的新建筑——访清华大学建筑学院教授王路 [J]. 设计家，2010 (2)：10-17.

[2] 沈克宁. 批判的地域主义 [J]. 建筑师，2004 (5)：45-55.

[3] 亚历山大·楚尼斯，利亚纳·勒费夫尔. 批判性地域主义——全球化世界中的建筑及其特性 [M]. 北京：中国建筑工业出版社，2007.

[4] 弗兰姆普敦. 现代建筑：一部批判的历史 [M]. 张钦楠，译. 北京：中国建筑工业出版社，1988.

[5] 邹德依，刘丛红，赵建波. 中国地域性建筑的成就、局限和前瞻 [J]. 建筑学报，2002 (5)：4-7.

[6] 支文军，王路. 新乡土建筑的一次诠释——关于天台博物馆的对谈 [J]. 时代建筑，2003 (5)：56-64.

[7] 王路. 人·建筑·自然——从中国传统建筑看人对自然的有情观念 [J]. 新建筑，1987 (2)：59-62.

[8] 沈春红，袁富坡，李艳红. 从天台博物馆的设计剖析批判性地域主义建筑 [J]. 工业建筑，2012，42 (12)：9-12.

[9] 金承协，王园，冯俊棋，等. 对批判的地域主义再思考——以张珂建筑作品为例 [J]. 华中建筑，2020，38 (1)：16-19.

[10] 王路，卢健松. 湖南耒阳市毛坪浙商希望小学 [J]. 建筑学报，2008 (7)：27-34.

明清绘画中灯具与居室陈设图像考

■ 任康丽　牛海霖
■ 华中科技大学建筑与城市规划学院

摘要　明清居室陈设文化内涵丰富，蕴含巧思的择物观与置物观。在明清绘画❶作品中呈现出多样化、民俗性的场景特征。论文以居室空间中灯具造型、光环境相关图像作为研究基础，“以图佐史”归纳梳理明清灯具设计的类型与特点，以及陈设方式与观念。以揭示灯具与明清民俗事象的文化关联，探寻明清居住空间与陈设艺术的生活美学。

关键词　**明清绘画　灯具　居室陈设　图像**

明清时期文人士大夫的绘画成为画坛主流。“文人绘画一方面与贵族生活相结合，另一方面紧贴市井生活，产生了大量极具写实性的绘画作品。”[1]其中，包含场景画、界画、人物画、风俗画等主要作品，将古人各类生活空间、祭祀空间、书斋空间等陈设灯具刻画细腻，具有良好的图像参考价值。明清灯具陈设分为日常灯具陈设、佛事灯具陈设、节庆礼仪灯具陈设等，其对中国传统空间文化的影响及象征寓意具有重要的图像实证价值与史料研究价值。

1　明清绘画中灯具图像辨析

1.1　灯具陈设图像古籍辨识

明清绘画对灯具样式的描绘细致，反映出居室陈设艺术的丰富美学特征。文人多参与居室陈设设计，探究陈设之法，著书立说，为居室陈设实践提供美学理论基础，注入审美内涵。高濂《遵生八笺》、屠龙《考槃馀事》、文震亨《长物志》、曹昭《格古要论》等皆包含对居室陈设中灯具的考证，囊括古人书房中常用的书灯、佛室内供灯陈设搭配、卧室中灯具空间位置等。各类绘画作品也作为陈设图像遗存与文献、文物资料，以“图史互证”的方式为明清陈设艺术提供具实依据，展现出“明清居室陈设始终秉持物为人用的设计原则，凸显以人为本的造物观和环境观”[2]。

明清绘画图像中对居室陈设的描绘具有纪实性与写实性特点，展现出灯具形制与环境特征。清代宫廷画《十二美人图》中烛下缝衣，再现当时宫苑女子的闲适生活场景，高烛台陈设与使用。明代木刻版画插图《今古奇观》中“裴晋公义还原配”呈现出民俗婚礼场景的多种灯具样式与陈设，其中包括吊灯、高檠烛台及手持灯。晚清《点石斋画报》等综合性新闻画报更加注重其场景纪实性与叙事性，直观、写实地表现出灯具与陈设的方式（表 1）。

1.2　灯具造型内涵解读

明清灯具造型反映功能需求，承载文化内涵，表达志向、品格，以彰显主人的审美情趣。单盏灯与多支灯造型上的演变源于古人对室内照明亮度需求的不同。明代小说《金瓶梅》插图中刻画有一盏多支长檠烛台，烛台由底座、立柱、烛盘及荷花吊坠装饰构成，造型雅致，反映明清文人居室空间的雅致意趣。多支灯体量较大，主要陈设于公共厅堂中，室外高檠灯多搭配灯罩防风。灯具造型通过造型寓意烘托特定生活场景，如《红楼梦》二十二回为宝钗举办生辰宴插图中，可见堂前陈设一巨大鹤形烛台，“鹤”象征长寿，是道教中代表着长寿的神兽，福禄寿中的寿星也常与鹤相伴。此灯具陈设于厅堂中装点生辰宴会空间，在绘画图像中可点明场景主题。明清灯具在满足功能性设计的前提下造型设计奇巧，并赋予灯具特定的符号象征与内涵（图 1）。

1.3　灯具陈设方式秩序形成

“器玩未得，则讲求购；及其既得，则讲位置。”[3]居室空间陈设物品需要有适合的位置进行陈设。明清时期居室空间屋顶悬吊灯，几案陈设座灯，地上摆放灯檠等，层级分明的灯具陈设方式使空间布局丰富、形式多样。灯具组合不同类型以满足室内不同照明需求，“随用随置”体现“随方制象，各有所宜”的陈设观。桌灯与灯檠使用较为灵活，吊灯主要悬挂于高敞的公共厅堂，与建筑关联最为密切。吊灯借助绳索、铁钩等器具悬挂于室内空间上部，更具艺术表现力。同时可升降绳索便于剔剪灯芯以及更换灯烛。“一般略具规模的宅邸民居厅堂等处的屋顶横梁中，均有铁制构建固定，以裨吊挂宫灯。”[4]“位置之法，繁简不同，寒暑各异。高堂广榭，曲房奥室，各有所宜”[5]，灯具陈设在不同的条件限制下产生不同的布置方式，其唯一目的就是营造出和谐宜人的居室环境。

---

❶　明清绘画：明清时期用笔等工具，墨、颜料等材料，在纸、纺织物、墙壁等表面上绘出的图或画。在本文中主要指明清宫廷画、文人画、刻本插画与画报。

表 1　明清灯具图像古籍来源及图像来源

种类	名称（书籍、绘画、画报）	内容特点	图像举例
古书	《格古要论》《三才图会》 《长物志》《遵生八笺》 《考槃馀事》《闲情偶记》	这类书籍中主要论述古人生活艺术、杂论、器物审美、陈设之法；归纳居室陈设器物种类，并展现丰富的灯具图像资料	《三才图会》
绘画	《清明上河图》（明版　仇英）、 《明宪宗元宵行乐图》（佚名）、 《南都繁会景物图卷》（仇英）、 《康熙南巡图》（王翚、杨晋等）、 《雍正十二月行乐图》（佚名）、 《十二美人图》（佚名）、 《姑苏繁华图》（徐扬）、 《大婚典礼全图册》（庆宽等）等	这类绘画中反映真实生活场景： ①灯具使用方式；②灯具与建筑环境之关联；③古代城市场景灯具与陈设，主要呈现明清宫廷生活、姑苏市井生活场景	《十二美人图》局部
刻本插画	《程氏墨苑》 《西厢记》、《红楼梦》 《牡丹亭》《金瓶梅》 《重订相宅造福全书》 《太上感应篇图说》等	这类小说插图反映叙事空间情节： ①居室器物陈设；②呈现灯具与室内空间环境；③灯具造型样式、特色；④图像丰富生动	《程氏墨苑》局部
画报	《点石斋画报》 《飞影阁画报》 《旧京醒世画报》等	这类纪实新闻画报反映清代各类建筑室内外空间： ①生活场景；②祭祀空间；③各类灯具与陈设设计；④内容与场景结合	《吴友如画宝》局部

注　图片来源：《三才图会》；中华珍宝馆网站；《程氏墨苑》；《吴友如画宝》。

图 1　《金瓶梅》中高檠多支灯《燕寝怡情》中荷花高檠灯；《清孙温绘全本红楼梦》中室外檠灯鹤形烛台；清银仙鹤烛灯
（图片来源：中华珍宝馆网站）

2 明清绘画中灯具陈设观念

2.1 伦常秩序——供灯

明清居室陈设遵循“以礼为序”的思想，体现空间秩序与等级。居室内公共空间中灯具陈设方式受礼法所约束，呈对称式布局。例如厅堂中对称悬挂于横梁上的吊灯，供桌上对称放置的烛台。庙堂所用烛台体形较大，多以五供❶形式出现。其中“福”“寿”“喜”字烛台，表达富贵寿喜之意，烛台中的回纹纹样在民间有“富贵不断头”的象征寓意，在《点石斋画报》的各类祭拜场景图像中出现较多。香烛作为祭祀必备之物，在明清各地方志中都有明确记载，《西宁县志》载“祭江禮本縣官僚或應朝或陞任擇吉日具牲，醴香燭于羅旁水口具吉服行祭禮。”[6]说明当时的祭祀空间供灯多用蜡烛。明清婚丧喜事、时岁节庆、祭祀神明等活动时常在厅堂或庭院举行。通过改变家具陈设位置、增添祭祀物品，可变通为家庭祭祀的灵活空间。一般供桌朝向与宅向相同，供奉牌位，前置五供，香炉，两侧分别放置一对供灯、一对花瓶，其祭祀方位文化在灯具陈设中清晰展现，充分反映出中国传统文化中的礼制文明（图2）。

2.2 文房雅器——书灯

书灯在明清文人生活中兼具使用价值与文化价值，且在发展过程中对文化的关注逐渐超越其实用功能。书灯作为书房必备之物可分为两类：一类为室内阅读所用，尺寸不大，其中壶形书灯最为典型，带有手柄，方便移动，晚清《吴友如画宝》中书灯造型简约且带有灯耳，便于移动。由此可见，清代书灯在文人书房中一般是“随用随置”，按照使用功能进行配置。另一类专供文人把玩，如清代《长物志》中载，“书灯，有古铜驼灯、羊灯、龟灯、诸葛灯，俱可供玩，而不适用。”文人在灯具选择上更注重象征性寓意，追求通过外在的“象”，传达内在的“意”，旨在达到一种“言有尽而意无穷”的境界。明清书灯造型意在象征“观青绿铜荷一片，檠架花朵坐上取古人金荷之意用，亦不俗。”[7]文人以此雅致书灯设计彰显自身气质，营造风雅读书氛围（图3）。

图2 《点石斋画报》祭祀烛台样式；清乾隆画珐琅五供香炉、烛台、花觚，现藏于北京故宫博物院
（图片来源：《吴友如画宝》；北京故宫博物院官网）

图3 青花海藻纹壶形书灯（明），刻板插画中书灯造型
（图片来源：北京故宫博物院；《吴友如画宝》《西厢记》《百美新咏图传》）

2.3 气韵高雅——宫灯

宫灯是古代园林建筑屋梁下独特的装饰物，在王公贵族府邸环境尤为凸显。其造型华丽与传统建筑风格协调，烘托廊架结构装饰。宫灯并非室外檐下常设灯具，因“亭榭不蔽风雨，故不可用佳器，俗者又不可耐，须得旧漆方面粗足古朴自然置之”。[8]说明当时户外灯具维护之精细。清代《雍正十二月行乐图》展现了十二个月中不同节令风俗，其中正月观灯篇中亭榭回廊檐下悬挂精美宫灯，其流苏、吉祥结为喜庆之意。宫灯有装饰与美化环境、渲染节日氛围的功能，为明清居住环境烘托出典雅与独特的艺术风韵（图4）。

---

❶ 五供：明清时期，五供一般指陈设在佛像或神位前的五件器物，一般是由一个香炉（或鼎）、一对烛台（或豆）和一对花觚（或花瓶、壶）组成，香炉居中，花觚和烛台在两侧，依次对称排列。

图 4 《雍正十二月行乐图》七月乞巧 八月赏月篇 正月观灯篇

（图片来源：中华珍宝馆网站）

3 明清绘画中灯具文化寓意

3.1 仪式灯与民俗事象

中华传统文化中光明代表着吉祥和幸福，中华民族的民俗事象、庆典礼仪当中，仪式灯运用于环境表达，寓意着古人对美好生活的祈盼。清代徐扬《姑苏繁华图》木渎的婚礼队伍中高檠着“翰林院”“状元及第”等字样的纱灯，寓意子孙后代出人头地，科第发迹。清代《大婚典礼全图册》迎亲队伍前面执事和仪式灯，“牛角灯”“金框戳灯”上贴着大红“喜”字儿，挑得高高的金灯为引导，既可显示富贵，又可展现出“执烛马前❶”的传统风俗。灯具作为人生礼仪表达生命意识之用，除婚礼灯具外还包括生育灯、庆寿灯、丧俗灯等。

仪式灯还作为年礼仪器物被赋予不同的吉祥寓意。明清宫廷中天灯、万寿灯❷是新年安设的一种大型仪灯，每年腊月二十四至正月末期间使用；庆成灯❸是清代宫廷专用于元宵节期间祭祀本朝祖先。“庆成灯寓意功德庆成、福禄终成，以庆成尊先祖功绩之崇伟，以挂灯奉历代功业之建成。”[9]民间各地也将灯烛作为节年仪物的习俗，如泉漳地区元宵节燃“巨烛”，江南一带除夕之夜燃“守岁烛”等（图 5）。

3.2 观赏灯的空间趣味

观赏灯是空间氛围的点睛之物，装饰建筑及环境，丰富的光环境渲染欢娱氛围。明清时期居室陈设艺术非常注重“光”不同的运用方式，并且将“光”作为一种陈设手法纳入居室营造。《红楼梦》对元宵宴会描写，“每一席前竖一柄漆干倒垂荷叶……这荷叶乃是錾珐琅的，活信可以扭转……”[10]，“荷叶灯”可自由转动调节灯光亮度与角度，将灯影全向外照，看戏分外真切；在民间广为流传的走马灯利用气流推动轮轴旋转，不仅能营造出变幻的光影效果，产生动态景象且能够循环往复的呈现出精美、有趣的灯画及戏文故事。在中国传统灯节中室内外都悬挂起各式彩灯，宛若星芒散天，珠光撒海。观赏灯的使用具有节令性，特殊节庆、宴会之时才设置，通过灯具造之型精美，灯具陈设数量之多，装点室内外空间环境（图 6）。

3.3 礼佛灯与民众信仰

佛教中，佛灯作为佛教的六种供品之一，代表光明与智慧。礼佛灯注重塑造精神文化场域，古人在烛火摇曳之间渴望窥见神明启示，从佛灯中获得一种无形的精神支撑。佛经中最重视莲花造型，佛灯造型与纹样常有大量以莲花为主题的装饰。《大品般若经》卷二十一记载，释迦牟尼佛于前世修菩萨行时，尝求五茎青莲花供养燃灯佛，而受来世成道之记。礼佛制度下衍生出专用于佛教寺庙当中的石灯，常置于殿前内院之中，作为长明灯经久不息，兼有经幢的特点，具有照明和礼佛功能，融艺术性、观赏性、实用性；佛堂当中的灯海❹是佛前供器，光照度并不高，营造出庄严肃穆和神秘的氛围。礼佛灯形制蕴含宗教文化，承载古人的信仰与期许。

图 5 《姑苏繁华图》《大婚典礼全图册》中婚庆灯；《雍正十二月行乐图》《新年元宵景图》中万寿灯与庆成灯；燃“巨烛”

（图片来源：中华珍宝馆网站；《点石斋画宝》）

---

❶ 执烛马前：出自《仪礼·士昏礼》中“从车二乘，执烛前马”一语。

❷ 天灯、万寿灯：用于清宫过年仪礼。元旦（即今日春节）后要在乾清宫丹陛上下各立一对天灯万寿灯，乾隆五十四年（1789 年）始在皇极殿各增立一对。按《国朝宫》记载，每年十二月二十四日安设天灯、万寿灯。天灯至次年二月初三撤出，万寿灯至正月十八撤出。

❸ 庆成灯：作为清宫祭祀供灯，是专门用于年节中供奉先皇、先后的一类宫灯。依据清宫典章制度，每年正月皇帝须至太庙、奉先殿等处祭祀先祖，于元宵节前后悬挂庆成灯，代表功德庆成，寄托着对先祖的崇敬与追思，年节过后撤下收贮。

❹ 灯海：佛前海灯即长明灯，供于寺庙佛像前，灯内大量贮油，中燃一焰，长年不灭。

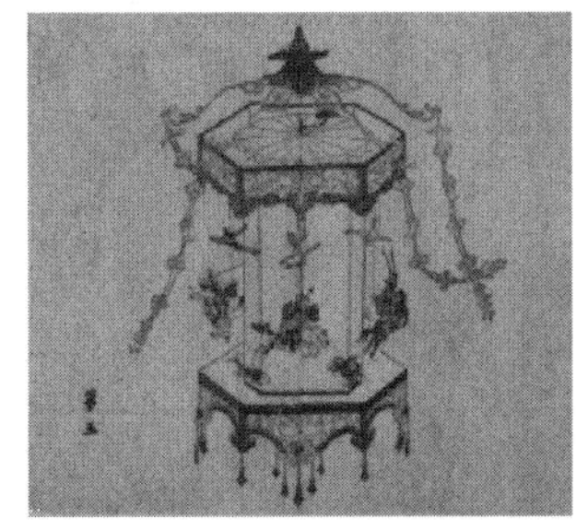

图 6　荣国府元宵开夜宴，走马灯，清代北京灯笼店
（图片来源：中华珍宝馆网站；《西厢记》；德国科隆东方艺术博物馆藏）

4　结语

明清灯具与居室陈设既受宗教礼法的约束，又具有生活美学的灵活特质。明清灯具类型多、样式新、材料广、功能全，在绘画中呈现出丰富图像，具有史料研究价值，该研究对当下“中国古典风格”“新中式风格”“和式风格”“侘寂风”等现代居住空间环境设计也具有现实性的指导意义，能够进一步丰富中国传统陈设观与居室设计文化观。

参考文献

[1] 周京南. 管窥明清绘画中的家具（上）[J]. 家具与室内装饰，2014 (9)：28 - 29.
[2] 刘森林. 中华陈设 传统民居室内设计 [M]. 上海：上海大学出版社，2006.
[3] 李渔. 闲情偶寄（下）[M]. 中华书局，2014：443.
[4] 赵囡囡. 中国陈设艺术史 [M]. 北京：中国建筑工业出版社，2019.
[5] 文震亨. 长物志 [M]. 胡天寿，译注. 重庆：重庆出版社，2017.
[6] 朱海闵，徐晓军，沙文婷，等. 浙江图书馆藏 稀见方志丛刊 [M]. 北京：国家图书馆出版社，2011.
[7] 高濂. 遵生八笺 [M]. 刘立萍，李然，李海波，张林，校注. 北京：中国医药科技出版社，2011.
[8] 文震亨. 长物志 [M]. 胡天寿，译注. 重庆：重庆出版社，2017.
[9] 赵赢赢. 宫苑花灯彻夜张春宵宁为赏灯华清代宫廷过年用灯 [J]. 紫禁城，2019 (1)：22 - 39.
[10] 曹雪芹. 红楼梦 [M]. 北京：华文出版社，2019.

基于学龄前儿童心理行为特征的幼儿园趣味性室内设计研究

■ 杨雨萱　马　辉
■ 大连理工大学　建筑与艺术学院

摘要　幼儿园是幼儿脱离家庭的保护进入社会学习的第一步，幼儿园室内空间环境承担着引导儿童身心发展的重要作用，其中具有包容性、多样性、私密性、挑战性等的内部空间，更加调动了儿童探索世界、学习知识的好奇心和能动性。本文从多样化的社会语言中的儿童心理和儿童行为特征出发，探寻幼儿园室内趣味性空间设计的策略和可行性，以提升幼儿园室内空间对儿童行为特征的包容性和灵活性，探讨幼儿园室内设计的趣味性营造。

关键词　学龄前儿童　感知觉　行为特征　幼儿园设计　趣味性

1　学龄前儿童的心理行为发展、特征

1.1　学龄前儿童的心理行为发展

儿童是社会的弱势群体，由于学龄前儿童这一群体的特殊性，针对服务于这一群体的设计更是设计师应该格外注重的设计，幼儿园是幼儿生活、学习、娱乐的载体，承担着重要角色作用。本文主要研究的是3～6岁学龄前儿童的心理行为特征为基础的幼儿园趣味性室内空间设计研究。

心理是脑的机能，行为是有机体的反应系统。儿童的生理、心理和行为是互相影响的，其中心理主导行为，行为是心理的表现。儿童的心理行为和生理形态是一个持续发育的过程，感觉统合理论作为一个评价标准能够很好地解释学龄前儿童的心理行为发展特征，感觉统合能力的发展在不同的年龄段具有不同的层次表现，3～6岁的学龄前儿童处于中级发展阶段，随着各种感官丰富且刺激大脑，幼儿开始产生注意力和记忆力，开始有自己独到的对事物的社会认知、社会评价和学习经验。由此可知（图1），感知觉通道曲线相比语言和高级功能通道曲线，人的感知觉系统在出生前已经开始发展，并且在婴幼儿中期到达最高点，在儿童中期关闭，但语言和高级功能通道发育较晚且通道永远不会关闭。可见，幼儿期时期是感知觉发展的黄金期。

1.2　学龄前儿童的心理行为特征

通过研究发现，3～6岁的学龄前儿童的心理行为特征主要表现为：①活泼好动，注意力不集中，由于大肌肉和小肌肉的逐渐发育总是跳来跳去且基本具备了跑、跳、抓的能力；②对未知领域充满极强的好奇心，甚至会存在翻垃圾桶、把玩具拆开等一些具有破坏性的行为；③强烈的情绪化，喜欢自己做决定，想得到大家的认同和关注且会观察、评价别人；④天马行空的想象力、创造力和探索精神，也许会有想象出来的玩伴，很难将想象和现实区分开来，会用自己的行动表现自己的想法，

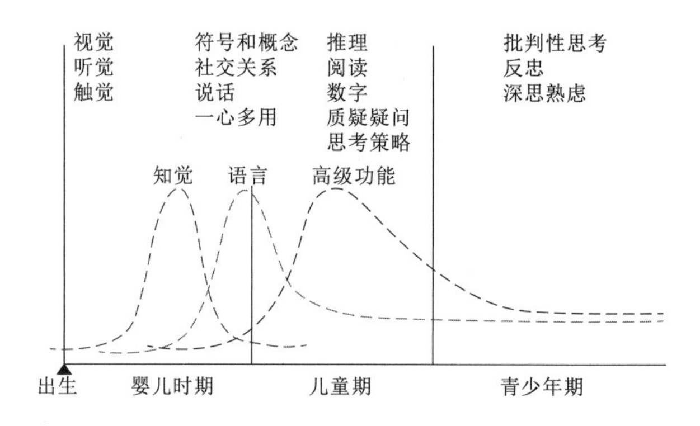

图1　3～6岁儿童感知觉发展高峰
（图片来源：作者自绘）

例如画画、涂鸦、说胡话等。在游戏中开始有规则意识和冒险精神，遇到困难不会轻言放弃。不同年龄段的感知觉差异和行为特征差异（图2）。设计师为孩子们的设计，不应该只是简单让孩子们玩得开心的设施，而是一个让孩子们能自发进行思考，能够激发孩子们创造力的设计[1]。在幼儿感知觉统合理论的关键期，通过充满趣味性和丰富性的内外部环境刺激促进幼儿神经系统的发育，在充满创造性的空间内发挥孩子们的天性和探索性。

2　幼儿园趣味性空间的内涵和意义

2.1　趣味性空间的内涵

在西方美学范畴中“趣味”被认为是一种让人感到愉快的审美判断和审美体验。有趣是一个开放的空间，一直伸往未知的领域；无趣则是一个封闭的空间，其中的一切我们全部耳熟能详[2]。趣味性空间通过丰富的空间故事性、情节性、意趣性呈现出特定的感知意向和情感诉求。通过对学龄前儿童生理、心理、行为研究发现幼儿的行为都是其好奇心、兴趣点来源的直接表现形式，简单、形象且直观。通过对幼儿心理行为的研究，可发现幼儿趣味来源和感兴趣的对象（图3），从而明确幼儿园趣味性空间丰富性、可变性、创新性的特征。

年龄	班级	感知觉	行动特征
3岁	小班	①听觉能力发展的关键期； ②注意力差，模仿能力强； ③情绪波动大，自制力差易冲动； ④善于用语言、动作与人交往，出现交往障碍或行为问题； ⑤逐渐自发地和同伴共同游戏； ⑥初步的自我评价	①很好的攀爬，骑三轮车； ②定点可以保持平衡； ③逐步能双脚交替上下楼； ④轻易地跑动
4岁	中班		①喜欢跳过障碍物,轻松地一只脚跳跃绕过障碍物； ②跑动，骑车，跳跃，滚翻，爬梯子； ③可以滚动和弹起球，但是抓住很困难
5岁	大班	①对新奇的东西总爱拿、摸，咬、尝、听或闻且刨根问底； ②思维具体形象，根据事物的表面属性概括，按形状、颜色、情景等分类； ③对事物的理解能力逐渐增强，区别空间如前后、先后等； ④对周围世界的简单因果关系可以理解:如花不浇水就会枯死等	①跳跃抓弹起的球； ②熟练的骑三轮车,表现出对其自行车的强烈兴趣； ③每只脚平衡站立5~10s； ④可以熟练的穿衣服、系纽扣、拉拉链、系鞋带
6岁	学前班	①强烈的求知欲，如“为什么影子会跟着人走”“鱼儿为什么会在水里游”； ②开始能从内在的原因来理解现象的产生； ③根据事物的本质属性进行初步的概括；和分类，例如说到人们饲养的猫狗视为宠物，但不能明确其意义	①好的平衡感； ②抓住小球； ③滑滑板，滑旱冰一些竞赛性活动

图 2　3～6 岁儿童感知觉和行动特征差异

（图片来源：作者自绘）

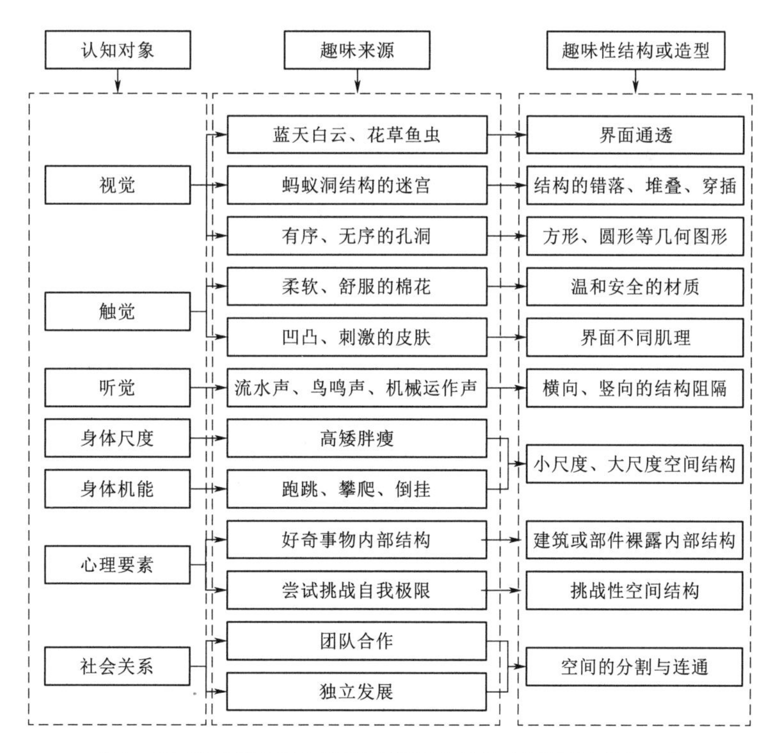

图 3　基于学龄前儿童心理行为特征的趣味性来源要素与结构支撑

（图片来源：作者自绘）

2.2　趣味性空间的意义

日本建筑大师日比野拓一直强调“幼儿设施不能等同于游乐场”这一观念[1]。游乐场所只是让孩子们被动地在设施中感受快乐，也就是说孩子们在这个限定的空间内没有过多的选择性和创造性。比起剥夺孩子们探索的可能性，他们更加害怕的是孩子们在自己的设施内受伤[1]，所以孩子们不需要过多的思考就被规定了只能做什么。这种情况也是国内幼儿园设计存在的普遍现象，幼儿园都有高高的围墙或栅栏围起来，有固定的娱乐设施，甚至将不同年龄段的孩子们错峰进行就餐和玩耍。这样大大阻碍了儿童释放天性和身心健康发展。能够激发幼儿的好奇心，满足幼儿游戏渴望的一定是富于趣味的事物[2]。所以设计富有趣味性的空间必然是幼儿园设计的亮点。

处在幼儿阶段的孩子，天马行空的想象力和创造力是不容小觑的，适宜儿童发展的空间积极促进和引导儿童的身心发展，甚至会开发孩子们更多的爱好和潜能。幼儿园趣味性设计就要打破传统的理念，多变的空间形式能给儿童带来更多的环境刺激，从而激发孩子们能力的全面发展。充满趣味性的室内外空间环境是在儿童感知觉差异和行为特征差异的基础上，实现对学龄前儿童年龄阶段差异和身心个体差异的包容性，实现对学龄前儿童的行为认知、行为特点和行为需求的拓展性。充分满足孩子们活泼好动、好奇心和创造力强的特点，以孩子为中心，充分发挥孩子的天性而不是将他们圈在规则和否定的范畴里。例如，大人告诉还处在被动接受认知阶段的儿童，“你只能这样做、这个是危险的”，但是他们还是会按照自己的想法去做，直到他们真意识到这是不对的，这是危险的。由于儿童的个体差异化，丰富多样且具有趣味性的装置或者造型为儿童提供更多选择，也不需要过多的保护，让孩子们更全面、多方位参与到社交活动、学习活动之中，在幼儿感知外界的同时提高了记忆的积极性。趣味性环境使幼儿由被动式的学习转化为主动式学习，使幼儿积极主动地认知自我和社会环境，同时锻炼了幼儿的想象力和思维能力。因此，幼儿园的趣味性设计是设计师在充分考虑儿童在空间中活动时广泛存在的差异性和多样性做出的多元化的设计研究。

3 基于学龄前儿童心理行为的幼儿园趣味性室内设计策略

3.1 提升感知觉刺激——多样性、多元化的空间

由于儿童感官性较强，往往根据视觉、听觉、嗅觉等具体的外在表现来对事物进行确定和判断[3]。大肌肉和小肌肉的连带运动和头部、颈部的所有活动都是通过感知觉最先感知到的，这也是为什么儿童往往行动快于脑子和嘴巴且活泼好动的原因。趣味性的刺激要体现在空间的变换、造型的高低错落、立面的凹凸有序和不会被人轻易发现的小机关、小空间等。例如，对于色彩和造型上可以化繁为简、化曲为直，在材质上舒适有度。在色彩方面不要过于复杂，不要滥用一些色彩的变换和卡通人物的叠加，这样大空间的无序感会使儿童感觉压抑和焦虑，对于体积过大的事物会产生压迫感和抵触心理，例如，在设计中摒弃弧线，而是用理性的几何线条作为空间语言，直线空间在视觉上给儿童带有更强的空间认知感（图4）。

图4　直线幼儿空间设计

（图片来源：作者自绘）

日本中村和彦教授研究发现，在幼儿时期应掌握的动作有跑、跳、堆、抱等36个（图5），一般下肢肌肉优先发育于上肢肌肉，所以孩子们更习惯跑、跳等运动。丰富且有趣味性的空间环境刺激给实现这36个基本动作提供了更多的可能性，现有的幼儿园娱乐设施和活动已不能满足全方位的肌肉锻炼，孩子们也已经不满足于在地面、平面上活动，添加更加具有趣味性和探险性的活动满足孩子们好奇心的同时又加强了肌肉锻炼。日本设计师日比野拓设计的KO幼儿园设计了14个变化曲折的小空间，尤其是在立面上做出丰富且有趣的造型，给孩子留下无限探索的空间，激发孩子的好奇心想要去试一试、看一看、摸一摸。这样多样性、多元化的空间设计在很大程度上提升孩子们的感知觉刺激，同时对于不被重视的动作也得到了锻炼。

图5　直线幼儿空间设计

（图片来源：作者自绘）

设计师只是为孩子们提供了学习、游戏的场所和设施，但是并没有明确说你要怎么做，这样具有趣味性的设计很大程度上引导着孩子们去探索更多的可能性，可以引导儿童发动自己的多种感官去体验和认知事物。例如，设置可以上下爬行或者是倒挂的设施，让孩子们更加全面的锻炼到上肢肌肉；在地面上设置高低不平的、凹凸有秩的区域，满足孩子们跑、跳、爬等的训练需求；设置仅可以儿童顺利通过的门洞和高低错落的窗洞，为儿童、老师、家长之间提供联系的机会，这种门、窗的形式变换为家长们无意中感受儿童尺度提供了积极尝试(图6和图7)；设置墙面上只能看见对方但是隔绝声音的小窗，或者是只能听见声音的小洞。这时儿童的五感被隔绝一个的时候就会带动其他感官去代偿来感知事物，比如用面部表情、手足舞蹈的形式去传达信息和表达自己。尽可能地选择温和和安全的木材、橡胶等，在降低触觉敏感的同时更容易消除儿童的戒备心理，也让他们能够进一步融入互动体验中。这种积极利用造型变形来增强空间趣味性的手法即尊重了儿童的天性，使儿童从自主行为，兴趣中心完成学习和活动的同时也为儿童增加了多样性、多元化的环境刺激和感官体验，提升了儿童多角度的专注度和行为能力，有助于更深层次的挖掘大脑的潜能。

图6　立面造型的儿童尺度

图7　刺激行为的不规则小窗
（图片来源：作者自绘）

3.2　满足独特性差异——私密性、探索性的空间

正是因为儿童的生理、心理、行为的独特性和差异性构成了丰富多彩的儿童世界，因为性别、性格、成长环境、家庭教育等多方面的原因使3～6岁的儿童在社会性发展方面产生了明显差异，有些儿童有明显的独立行为欲望，习惯说“不”“我自己来”，有自己的小世界和想象中的朋友，更习惯于不被看穿而自己独处，享受自己的小时光；有些儿童则明显的表现为喜欢和享受被其他人关注的感觉，自我中心强化，知道受到表扬是件好事而享受表扬，在活动中学会交往和享受快乐，获得领导同伴和服从同伴的经验。在认知能力方面则表现为有些儿童见到了新奇的东西总是喜欢主动地一探究竟、刨根问底，甚至出现摆弄和破坏行为；有些儿童则是接受家长和老师传达的信息，自己不主动地探索究竟，主动地选择接受正确信息，且具有较强的明辨是非的能力。为了尽可能地满足儿童行为的独特性和差异性，在设计时应为孩子提供平等的选择机会，丰富的室内活动空间可以促使儿童根据自己的兴趣爱好主观地探索。例如，设计一些私密性、隐蔽性的小空间（图8），像是蚁窝的洞穴一般由一条条小路径通往一处处小空间，为儿童提供躲避、隐藏的“秘密基地”，儿童处于自己的精神世界时会善于观察他人行为和进行自我思考，产生自我意识和领地意识从而促进独立性发展。这种小空间的设计不仅满足儿童心理行为独特性需求且增加室内空间的趣味性。

图8　私密性的小空间

3～6岁儿童处于“十万个为什么”阶段，好奇心极强，具有探索未知的精神和行动力，会逐渐产生胜负欲和挑战心理，不服输且不肯轻易放弃。从儿童心理行为特征的差异性和活泼好动的特点为出发点设计一座为每个小朋友的幼儿园。将平时隐藏在室内的装饰暴露在孩子面前，创造透明空间。例如，通风装置和螺旋桨的通风管道都是透明的，孩子们可以直观看到风流动的原理，同样，孩子们也可以通过连接洗脸盆的管道了解到水流的工作流程（图9)。类似小实验原理的装置设施的和谐配置使儿童无形中用生活和建筑本身进行学习，同时增加幼儿园室内空间的趣味性，包容儿童心理认知和行为特征的独特性和差异性，激发儿童的感知觉潜能且降低儿童的抵触心理。

3.3　加强智能化的互动——科技感、挑战性的空间

根据上述研究发现3～6岁的儿童注意力不集中，对新鲜事物充满好奇，想必如果幼儿园中的所有事物都是固定的、没有灵魂的装置设施则是枯燥乏味的空间状态，由于空间形态和大小等因素的限制，室内空间事物的容

图 9　透明开放的探索性空间

纳量是有限的，在有限的空间和设施中做到灵活的变换和重构出新鲜的事物就要借助便捷的技术手段。智慧型教室是当代高等教育中常用的手段，基于学龄前儿童心理行为特征的幼儿园趣味性室内设计可以充分利用传感技术、物联网技术、人工智能技术、多媒体技术等来改善空间中仅限于人与人的沟通交流，实现人与物、信息技术、虚拟事物等的交流学习和互动沟通。例如，地面互动投影的尺寸可根据场地和需要任意调节尺寸大小，可以通过系统的更改任意切换画面，可以满足多人同时参与并且互不干预。当儿童沉浸式融入其中时，能够对手臂、肩部，腹部等部位的肌肉和身体各部分的柔韧度起到很好的锻炼作用，互动投影游戏中声音、颜色、形状、光影等不断变换可以促进儿童听觉、触觉、视觉的发展，不仅增强儿童的感知觉刺激，加强儿童独立的行为能力还促进儿童智力的发展。充满趣味性、人性化、智能化的互动空间能够让儿童更广度的发挥想象力和创造力。

著名的儿童安全研究专家 Joe Frost 说："合理的冒险对于儿童的健康成长至关重要"[4]。但是对于大多数的家长而言不能容忍自己的孩子受到任何伤害、磕碰，对于孩子过度保护的现状也存在国内许多幼儿园的设计中，软性材料包裹的柱子或是随处可见的危险示意牌等。纽约大学环境心理学家荣格指出：孩子会对自己的独立感到自豪，而这种自豪是自信和安全感的内在源泉[4]。反之，被过度保护的孩子，就会严重缺乏安全感和解决问题的能力，在人际交往中也会缺乏自信。大人要正确引导儿童认识到冒险性和危险性的区别，并且面对危险如何处理和应对，学会量力而行。因此，对冒险的认识需要一定的社会共识，以防止出现因冒险受伤而把儿童关在室内的现象。不要让儿童处于明显的危险境地，但不能让儿童处于零风险的环境中，要在合理的风险评估中，丰富儿童的发展机会，建立相关的风险评估规则和制度。让孩子在受伤中学会保护自己，冒险游戏是丰富儿童的想象力和兴趣的过程，设计大型的冒险性、带有"一点危险性"的设施（图 10）使儿童可以施展身手，促进儿童形成自主意识、危险意识而进行自主探索。

图 10　不过度保护的冒险设施

4　总结

本文以 3～6 岁的学龄前儿童作为重点研究对象，将儿童的感知觉和行为特征特点作为主要切入点，研究了幼儿园室内设计的趣味性方法营造。分析了不同年龄段的儿童在感知觉和行为特征方面的独特性和差异性，遵循其发展特点为幼儿园室内空间环境设计提出三点策略：①增强儿童的感知觉刺激，主要在视、听、触方面进行对应设计研究，形成多样化、多元化的空间形态并且利用巧妙设计实现感官代偿；②满足儿童在生理、心理、行为等方面的独特性和差异性，让每一个小朋友在幼儿园中都能找到属于自己的小天地，培养儿童的自主独立性的同时发扬自己的个性；③添加智能设备，将科学技术的便捷性、科技感融入到幼儿园趣味性室内设计中，增强儿童与人、物的交流互动和冒险精神，在社交活动中形成自主学习、自主探索。但是在设计时也要把握有度，不能抑制孩子天性的发展要正确引导，达到设计规范行为的目的。

参考文献

[1] 日比野拓．用设计激发孩子的无限活力［J］．住区，2017（6）：6－13.

[2] 葛珈辰．结构建造与幼儿园趣味性空间设计研究［D］．南京：东南大学，2021.

[3] 崔迪．儿童医院外部活动空间设计研究［D］．咸阳：西北农林科技大学，2012.

[4] 朴冬梅．不要让安全工作走进"过度保护"的误区［J］．吉林教育，2019（47）：78.

[5] 吴桐，马云林．基于儿童行为心理的幼儿园设计分析［J］．戏剧之家，2018（2）：96－98.

[6] 宋美儒，唐建．人性关怀视角下的幼儿园活动室环境艺术设计研究［J］．艺术科技，2017，30（2）：310.

[7] 邓明，肖楚梵．儿童感觉统合思想的生态转向及训练实践设计［J］．艺术工作，2020（6）：99－102.

[8] 陈苡涵，李志刚，赵时珊．与"块"忆童幼儿园方案设计［J］．美苑，2015（S1）：116.

既有建筑适应性再利用专题教学比较研究
——以罗德岛设计学院和阿尔托大学室内建筑硕士课程为例

■ 郭晓婧 傅 祎
■ 中央美术学院（建筑学院）

摘要 既有建筑适应性再利用是当今建筑教育的重要内容之一，室内建筑背景下的硕士项目率先开展了专题教学。罗德岛设计学院室内建筑系硕士项目建立了适应性再利用课程体系，阿尔托大学室内建筑方向基于适应性再利用采取不同目标的项目制工作室教学。本文比较分析了两校专题教学下的总体课程设置、设计工作室、典型课程案例，总结教学特点的异同。如今，中国城镇化发展已经进入后半程，城市建设从增量开发逐步转向存量改造，借鉴西方院校既有建筑适应性再利用课程教学的系统经验，对我国相关专门人才培养具有现实意义。

关键词 既有建筑 适应性再利用 专题教学

引言

既有建筑适应性再利用是室内建筑❶的重要方向之一，20 世纪 60 年代后，逐渐被纳入大学教育中。在调研的全球 50 家学校的室内建筑系（方向）中，12 所开设了适应性再利用的专题课程，他们善于采取跨学科、批判性、技术与艺术相结合的方法，从区别于室内设计系和建筑系的视角展开教学。其中，美国罗德岛设计学院（Rhode Island School of Design）是全球首家开设以适应性再利用为方向的室内建筑硕士项目的院校，芬兰阿尔托大学（Aalto University）将高度城市化率的欧洲作为首要研究对象，近年来开设了一系列建筑可持续发展研究的硕士项目，适应性再利用是对象之一。两校对既有建筑适应性再利用专题教学均有深入实践，主要观念、课程设置、教学组织等方面各有特点。

1 罗德岛设计学院室内建筑系适应性再利用专题教学

罗德岛设计学院室内建筑系的缩写是 INTAR，代表了“干预”（intervention）和“适应性再利用”（adaptive reuse），下设一年制艺术学硕士和两年制设计学硕士，两个项目围绕既有建筑适应性再利用建立起了以设计、史论、技术为中心的课程体系。项目创始人及前系主任莉莉安·翁（Liliane Wong）[1]认为，与保护和拆除相反，适应性再利用可以保持建筑发展和变化的连续性，具有重要意义。

1.1 课程设置

罗德岛设计学院室内建筑系适应性再利用方向硕士项目的相关课程采取系统性组织方式：以设计课为核心，史论课、技术课为辅助。设计工作室是设计课的核心，强调跨学科、多角度和在地研究，综合运用传统和现代的技术寻找既有建筑的适应性再利用方法。史论课以“旧建筑概念——旧建筑形态——影响因素——设计手法——文化内涵”为主线，通过讲座式授课的方式分析案例中的政治、经济、文化、宗教等因素，梳理适应性再利用的历史及相关理论❷。技术课包括旧建筑的结构、材料、节点、系统及再利用方法，以讲授和练习结合的方式开展。同时，设计、史论、技术的三向教学相互渗透，学生在技术课中以设计训练的方式巩固知识学习，史论课中分析案例的设计策略，设计课中以理论知识为支撑，对技术知识加以应用。

课程分配上，一年制项目为 45 学分，必修课占 67%，均以适应性再利用为主题；两年制项目为 75 学分，必修课占 76%，其中约 77% 的课程以适应性再利用为主题[2]。

1.2 设计工作室

在设计工作室中，学生需要将个人思考置于建筑历史与理论的背景之下，通过设计展现既有建筑适应性再利用对社会和环境的重要意义，同时能够掌握定性和定量的设计评估方法。

---

❶ 国际学界将“室内建筑学”（interior architecture）界定为艺术、建筑与室内设计三者之间的“交叉学科”，是高度城市化背景下融合建筑、保护、室内设计、空间装置和数字智造，跨界构建的新的交叉领域。

❷ 史论课“适应性再利用历史”（History of Adaptive Reuse）是将适应性再利用视为独立专题的重要课程，内容上打破了遗产保护和建筑设计之间的学科壁垒，将建筑学、遗产学、人类学等相结合，从历史、政治、军事、理论等方面阐释适应性再利用的起源、发展、手段，启发建筑师对旧建筑的价值判断，在该专题的教学发展上具有重要价值。

教学总体呈现较强的灵活性和跨学科特征。工作室导师不限于校内教师，还有校外建筑师、艺术家、策展人等跨学科导师共同组成，每位导师在开学第一课进行约半小时演讲，阐述本工作室选题、作业要求和个人专长，学生可根据个人兴趣自主选择，工作室之间风格迥异，相互独立，无横向或纵向之间的关联。内容上，学生需要通过图纸和模型设计、推敲、修改个人方案，在最终成果表达上允许运用不同方式或媒介，除传统模型和建筑技术图纸外，如虚拟技术、叙事图像、动态影像等。

设计工作室的周期约 16 周，贯穿整个学期，每周有约 6 小时的辅导课。其中，一年制项目设在第一学期，两年制设置在第二学期和第三学期。教学组织上，每个设计工作室由 1～2 名老师和 6～12 名学生组成（不同学年安排有所差异）。

1.3 课程案例——阅读空间

“阅读空间”为 2016 学年第一学期的设计工作室之一，是设计工作室跨学科研究方法的典型案例，导师杰弗里・凯兹（Jeffrey Katz）是一名以服务设计（Service Design）为导向的建筑师。本工作室以改造二手书店——More Than Words[1] 为题，学生在设计之前要充分理解“再利用”这一关键词，过程中需要考虑“书籍的适应性再利用，人的适应性再生活，建筑的适应性改造”。策略上，空间设计需要融入服务设计的跨学科内容，方案需以书籍售卖为核心，通过咖啡厅、剧院、弹性空间来拓展空间业务，创新运营模式，符合企业发展需求。

本工作室时长为 12 周，内容分为 5 部分：开放式研究、二手书的适应性再利用、书架设计、抽象空间设计、建筑适应性再利用设计。学生需要从“物”的研究进入“空间”研究，首先，以本空间的单元化主体物——“书”为研究对象，理解空间组织的基本构成，设计其在空间中存在方式的新可能；其次，从空间组织逻辑的基本单元——“书柜”出发，通过设计书柜，了解书店的分类学属性，重新设计书店的空间组织逻辑；再次，从空间形式入手，以“书”的相关意向为切入点，组织抽象空间，由此引发基本设计概念；最后，将三部分逻辑整合，落实在建筑改造的概念中，进行适应性再利用设计，通过设计、细化平面、立面、剖面等说明性图纸以及制作比例模型的方式完善整体改造方案，并且选取部分空间进行深化设计，设计内容需包含节点、材质、色彩、灯光等，并找到合适的图面语言展示最终方案。

部分学生作业展现了教学过程和总体目标。第二部分，课程参与者周梦月以“书本的结构和基因”为概念，用不同颜色的线标示出装订结构、篇章结构、内容结构，最终形成独属于这本书的新书脊，替代了损坏的旧书脊，完成了二手书的适应性改造方案；第三部分，她以“如何能让人快速找到感兴趣的书”为主题，设计了交错的书架，增加了人们看到书外皮的面积，加大瞬间捕捉信息而产生购买意愿的可能性，重组了空间组织的基本逻辑；第四部分，她选择了“观点”（point of view）这一抽象名词，在立面上挖孔，以特定角度穿插其中，最终，人站在某一特定角度可看到完整的圆孔，对应着尽头的窗户；第五部分，她将前三部分进行了结合，以“空间的结构”为概念，提取了视线、柱网、动线等要素，并将书架设计运用至立面，完成最终设计（图 1）。

图 1 课程学生作业
（周梦月 提供）

[1] More Than Words 是一家非营利性社会企业，其图书来自于城市居民、企业、其他图书馆捐赠的二手书，店内服务人员均为无家可归或者失学的处在危险边缘的青年，被社会排挤又再次被接纳，在此工作是青年们“重生”的过程，整个企业的运营逻辑和“适应性再利用”十分契合。在建筑适应性再利用的过程中，也需要考虑人“重生”后融入社会的需要，在设计手法上，空间需要创造一个反映社会企业特性的环境，让青年工作者不感到恐惧，同时让顾客感到舒适，使两种人群在同一空间内共存。

2 阿尔托大学室内建筑方向适应性再利用专题教学

阿尔托大学室内建筑方向两年制硕士项目的教学重点之一是以建筑的可持续性、灵活性、适应性为基础，融合功能和体验要求，提出空间再利用解决方案，此部分占学分总数的 40%。教学上采取项目制的设计工作室，强调基于具体对象的实际学习，学生通过课程将人口变化、生活方式、数字化、服务逻辑、经济市场等关键问题的分析方法运用至适应性再利用设计。

2.1 课程设置

阿尔托大学室内建筑方向采取项目制教学的综合性方法，将适应性再利用的跨学科内容融入设计工作室中，以芬兰当地的实际项目为依托，有针对性训练相关能力，下设四个主题工作室：被忽视的空间（Neglected Space）、空间的身份（Identity of Space）、研究性空间（Researching Space）、空间实践（Space in Practice），分别对应既有建筑的问题发掘、物质性改造、空间系统适应性提升、再利用实践演练，结合科学、艺术、技术和商业等不同分析、研究驱动的方法，训练学生从设计开端到最终结果的全过程管理能力。

课程采取选修的方式，学生需在 4 门空间设计和 3 门家具设计课程之中共选取 4 门（其中 2 门以上需要为空间设计），该部分共 48 学分，占总数的 53%[3]。

2.2 设计工作室

四个设计工作室具有较高的稳定性，且注重实践训练，每年主题相同，“被忽视的空间”侧重于对既有空间中可被设计的关键点挖掘。学生需要找到并定义一个现有空间，挖掘潜力，并将其进行适应性转化；“空间的身份”意在对空间中物质性元素的新干预措施研究，课程将介绍声、光、色彩等物质性元素的逻辑和传统，并通过研讨会的形式鼓励学生实验新干预措施的开发和研究；“研究性空间”重点关注系统性方法研究，分析当前空间的状态和未来客户与空间发展的需求，确定需要关注的设计问题，从而产生替代性解决方案，并能够转化为空间适应性改造设计；“空间实践”将在课堂中演练任务书、现场调研、空间设计、材料报价、演示汇报的整个流程，面对真实甲方和项目，了解空间设计的内涵，学习如何进行设计决策。

每个设计工作室均有固定模式，与其他机构的合作办学在学年间存在连续性，课程结构和研究方法相对成熟。以“研究性空间”为例，工作室为期 6 周，以 3～4 人的小组为单位，采取跨学科的研究方法，将服务设计和空间设计相结合，教学被分解为四个步骤：①背景研究，对空间现状的分析和观测，收集足够的背景信息以探索可设计的机会；②用户研究，研究用户需求和当前使用体验，绘制用户在当前空间的行为与其所在的服务系统，研究内容包括幸福设计（Design for Wellbeing）、复杂服务环境下的设计（Design in Complex Service Environment）；③设计目标，进行细致的概念性服务行为设计和空间构思，同时考虑设计驱动原则和体验目标，研究内容包括设计与行为（Design and Behavior）、体验驱动设计（Experience - driven Design）、包容性设计（Inclusive Design）；④解决方案，最终产出详细的空间改造设计方案和服务理念。

2.3 课程案例——Koivukylä 健康中心改造设计

Koivukylä 健康中心位于芬兰万塔市，2021 年起与阿尔托大学建筑系建立合作关系，2021 年春季的研究性空间的选题是二型糖尿病和口腔保健部的空间改造设计。本次课程是空间可持续性研究和以人为本原则教学理念下的一次实践，着眼于目前社会和卫生保健的运用模式中的部门分离、同部门之间合作低效、客户体验不顺畅的问题，以提高服务的及时性、有效性、成本效益为目标，增强用户体验，开发用于接待的公共空间和客户设施，形成多渠道的服务理念。本次课程邀请用户代表将参与到全程设计及反馈，包括发展经理、护士、医生，除此之外，战略服务设计和医疗体系结构的相关教授也将参与授课。

背景信息部分重点对空间现状进行分析与观测，预测可被设计的机会。用户研究部分：首先，学生需要了解相关患者的个人经历和需求，对 4～8 个同时需要口腔保健服务的二型糖尿病患者进行信息收集；其次，了解糖尿病护士和医生、口腔护士和牙医的工作方式并进行信息收集，过程中可使用电子调查、参与式方法、测绘服务旅程、评估服务体验等方式；最终，将被结构化和可视化的用户信息作为设计的基础。设计目标部分：学生需要以健康中心为研究对象，建立新的空间格局和服务概念，根据团队的关注点开发设计目标，通过集中汇报的方式向任课老师和用户代表展示，并从中得到反馈。解决方案部分：要求学生所做的概念可以切实用于健康中心服务和设施的进一步发展，将前期研究文本、服务旅程、用户描述总结，落实到空间改造方案中，使用图纸和三维模型的方式表达方案，向任课教师及用户代表进行汇报。

课程参与者郭元蓉带领小组通过访谈的形式找到了患者和医护人员的共同需求，即自我保健能力提高和空间中需要快速找到目的地，之后选取了 4 个典型用户，了解其诉求和目前的困难。之后运用服务设计中“服务旅程”（service journey）的方法，分析每个接触点的诉求和反应，发现用户在使用中有定位困难、沟通不畅等问题。基于用户研究和空间调研，他们将设计目标确定为：使健康中心更有效率，建立以病友和医护人员为主体的社区，关注病人心理健康，养成健康生活方式。最终，提出“患者作为贡献者”的概念，患者从症状开始到后期随访健康中心将全流程跟踪，贡献数据，建立社区，将“服务旅程”中的接触点与创新功能相结合，数字化服务，增加候诊室、诊疗室、公共大厅等关键点之间的交流互动，其次，用颜色划分不同区域，明确空间结构（图 2）。

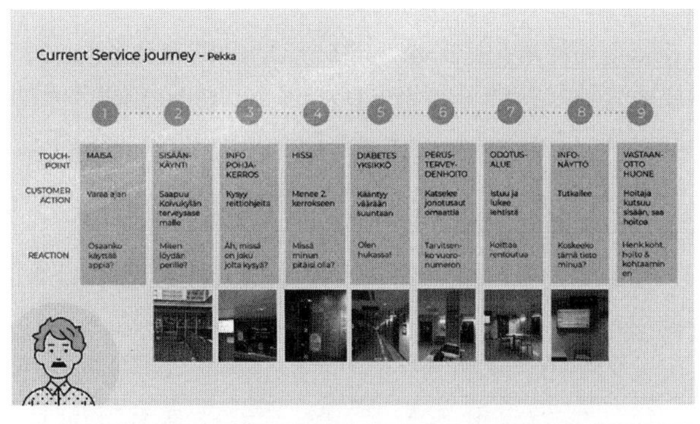

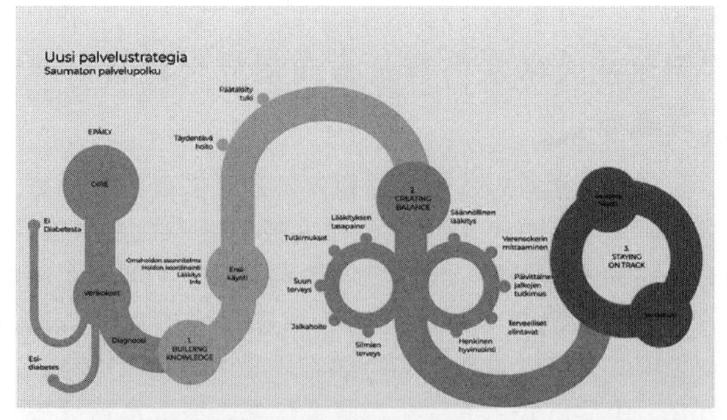

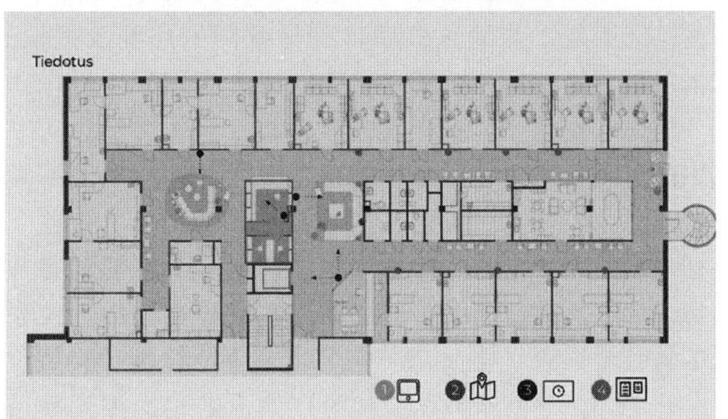

图 2 课程学生作业
（郭元蓉 提供）

3 两校专题教学特点对比分析

综上所述，两校的适应性再利用专题教学均体现出跨学科、批判性、艺术与技术相结合的特点，但具体表现各有不同。

首先，跨学科教学方法的运用上，罗德岛设计学院的授课教师具有背景的差异性，包括实践建筑师、理论研究者、艺术家等，他们将各自领域先进的工作方法融入专题教学，丰富学生的切入视角。同时，作为教学核心的设计工作室正在尝试放弃“空间调研-概念设计-方案深化”的传统方法，积极探索跨学科设计工具。阿尔托大学更注重跨学科的实用性，在适应性再利用教学中引入单一方法，通过多年教学实践，不断完善，并让学生在项目中运用并掌握。

其次，批判性思维培养上，罗德岛设计学院培养学生以作为为导向的思辨能力，将既有建筑适应性再利用与经济、政治、战争、文化等因素相关联，训练学生对建筑在不同时代和环境下所产生变化的要因的分析能力，建立历史观，逐步形成以自我为导向的观察、经验、反思、推理、产出信息的能力。阿尔托大学推动了学生的理性反思，运用不同工具理解空间的内在运营逻辑，模拟实践，以多种现实因素不断刺激学生在设计过程中对背景、标准、方法、概念的理性反思，使判断更具理性依据，建立对设计的复杂性的理解。

抽象思维培养是艺术性教学的重要内容。罗德岛设计学院部分工作室将文字和图像抽象为空间构成，将历史研究和建筑演变转化为空间叙事，指导适应性再利用的概念形式；阿尔托大学运用跨学科的方法，将人的行为调研数据抽象至空间分析中，丰富前期调研。

技术教学与设计教学相结合。罗德岛设计学院在技术类课程中除了适应性再利用的结构、机电、暖通等知识的讲解外，学生练习中要求将相关技术运用于局部设计，巩固知识性学习的成果。阿尔托大学将技术教学融入设计课程中，每门设计课除主持老师外还配有结构与建筑系统的老师，在学生概念设计完成后，以方案为例，教授建筑改造的技术性知识，讨论解决手段。

4 结语

罗德岛设计学院室内建筑系和阿尔托大学室内建筑方向在既有建筑适应性再利用的专题教学上具有一定的实践经验和特点。如今，我国城镇化发展已经进入后半程，城市建设从增量开发逐步转向存量改造，借鉴西方院校既有建筑的适应性再利用教学的系统经验，对我国室内建筑学科建设和相关专门人才培养具有现实意义。

［本文受中央高校基本科研业务费专项资金项目“室内设计及其理论教学研究”（编号 20KYZY025）资助。］

参考文献

［1］ Wong L. Adaptive Reuse：Extending the Lives of Building ［M］. Berlin：Birkhäuser，2016.

［2］ 罗德岛设计学院. 室内建筑硕士培养方案 ［EB/OL］. 罗德岛设计学院室内建筑系官网 https：//www. risd. edu/academics/interior－architecture/masters－programs.

［3］ 阿尔托大学. 室内建筑硕士培养方案 ［EB/OL］. 阿尔托大学建筑、景观与室内建筑学院官网 https：//into. aalto. fi/display/enarkma/Interior＋Architecture＋2021—2023.

“元宇宙+游艺学”视阈下大学校园高压绿廊景观创新设计探索

■ 王珺茜[1] 王 玮[2]
■ 1 西南交通大学设计艺术学院 2 西南交通大学设计艺术学院

摘要 伴随着城市的快速发展产生了一批高压线下的闲置空地，影响到城市的景观形象，高压走廊绿地作为公共绿地的一种，为提高其利用效率，有必要对高压走廊景观绿地进行创新设计。本文以西南交通大学高压走廊绿地景观为例，分析游艺学理念与高压走廊景观设计的关系，在游艺学的理念指导下，探讨大学校园高压走廊绿地的景观设计，通过分析其空间形式以及功能，提出高压走廊绿地的设计原则及设计策略，以元宇宙为延伸和未来展望，总结归纳结合未来的廊下空间艺术设计语言及方法，提高此类用地的利用率，为人们提供更多可亲近的绿地资源。

关键词 元宇宙 游艺学 高压走廊绿地 景观设计

引言

随着我国知识经济时代的来临，高等教育得到快速发展从而加快了中国高校的建设进程。伴随着许多高校挪移至新城区，校园周边也出现了大量城市建设遗留的高压输电廊道带和相对鸡肋的闲置用地，正是因为高压廊道对周围建筑植被等自然要素的影响，使其成为了土地利用的盲区，人们忽视了合理开发利用校园高压廊道绿地空间的潜在意义[1]。此次，以西南交通大学高压走廊绿地景观为例展开探讨。结合周边环境和人群的使用需求合理开发，挖掘其价值以丰富校园的绿地系统，改善校园生态环境。

1 项目背景及项目概况

1.1 高压走廊景观设计相关研究

1.1.1 国内研究综述

国内知网上以“高压绿廊景观”为关键词进行检索，共得到24篇的相关文献。其中75%的文章通过实践项目案例进行相关的理论与方法研究，以上海浦东新区高压走廊绿地为例，通过景观美学与环境营造，打造绿地公园，起到弱化高压走廊和美化城市的作用，提供给人们一个休闲娱乐的场所。7%的文章探究高压廊道绿地的空间优化策略，8%的文章研究高压廊道绿地的植物造景策略。目前，此方面的期刊文献较少，缺乏讲述校园高压走廊下绿地景观设计方法的学术论文。

1.1.2 国外研究综述

国外学者在对后工业景观实践的认识基础上，将景观作为高压走廊设计中的重要考量因素。国外高压走廊设计引入了新的建筑设计、景观设计理论，而目前信息技术的兴起促进了新方法、新材料、新理论的产生，地方特色和历史文化等因素的介入，以及设计思路和手段的多样化等都对高压输电廊道景观设计产生了深远的影响。

1.2 本案项目研究概况

1.2.1 片区特色

项目位于四川省成都市西南交通大学犀浦校区西门高压走廊绿地，成都首条有轨电车对面，南北长度约为1km。距离城中心约为14km，各个区之间公交出行均在1小时内。受制于城市规划和安全技术问题等，高压线桩无法地埋，裸露的高压线和带状的高压走廊分割了校园景观，形成校园中的“失落空间”，校园绿地由此也失去了整体性和连续性。

1.2.2 现状分析

该高压走廊绿地为狭长带状地块，部分绿地位于高压线下方，将校园内外割离，南北两侧绿地均分布高压线桩。根据《电力设施保护条例实施细则》，高压廊道内，划分垂直间距限定区（4m）、风偏间距限定区（3.5m），现场受高压廊道影响最大。场地交通组织混乱，道路狭窄，车辆随处摆放。道路植物种类单一，缺少根据季节而变化的植物群落。因此更需要合理搭配植物以塑造特定环境的景观效果。

1.2.3 设计目标

此项目以元宇宙为背景，以“游艺学”理念为指导，打造出基于元宇宙和游艺学相结合的校园景观场景。通过高压走廊景观带，丰富校园的景观功能并将绿色引向周边地区，带动整个校园环境的改善。梳理出“景观游憩、艺术创作、研学教育”三大主题，打造两条景观轴线，使之成为互动创新的综合一体式景观绿化带，构筑校园文化景观线。

2 “游艺学”理念与校园高压走廊景观设计

2.1 “游艺学”理念介入

为避免土地资源的浪费，保持良好的校园生态环境，有必要在科学性、功能性理念的指导下，开展高压走廊绿地建设，让校园“失落空间”重拾活力，降低高压走廊在规划、建设过程中对校园周边环境的干扰，实现校园空间环境、生态环境的和谐共生[2]。王玮研究团队在此提出“游艺学”理念（图1），这是一种有效的设计介入方法，既能注重自然资源的利用与景观的布局，同时将教育研学与景观游憩相结合，寓教于乐。

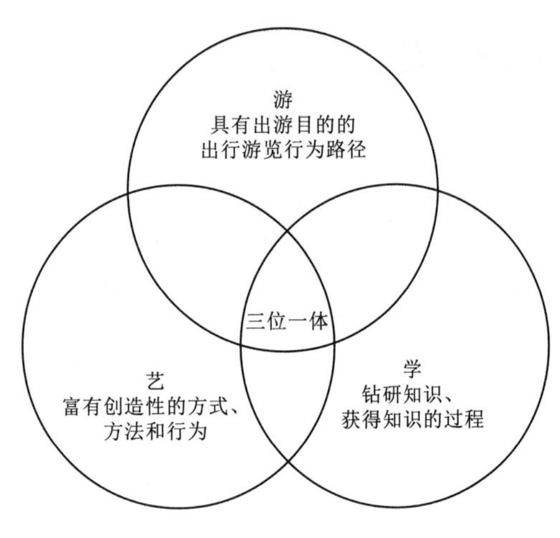

图1 “游艺学”理念
（作者自绘）

“游”指具有出游目的的出行游览行为路径，需要实现从出行起点到明确目的点位置，或偶然吸引点位置的去行径路再返回（返回径路与去行径路不一定一致）起始出行点或驻留目的点并继续工作、学习及个人或集体事务性活动，这其中各明确目的点或偶然吸引点游历都会有自组织或它组织性及临时性的“游”体验活动过程。

“艺”指才能、技能、艺术，是一种富有创造性的方式、方法和行为。“艺”从供给侧来看，无论是“旅”与“游”，无论是交通出行还是在地游览，传统的供给方式和展示形式及交互模式都面临创新、协同、优化和升级，特别是在“大旅游”+“大交通”+“大设计”新时代语境下，“旅”与“游”中的物感设计与场景营造须要呈现生态文明下美丽中国的时代召唤，服务于农商文旅体多业态消费全域旅游高质量发展的时代要求。

“学”指钻研知识、获得知识的过程。这里的“学”意指“游艺”具有教育潜移默化作用。游艺学通过一体化设计，形成三位一体全过程体验，使得游者能通过“旅”与“游”中物感设计与场景营造的“美”，通过“游艺”的艺术化展示、呈现与交互、体验的“审美”，来满足游者人与生态环境、人与历史文化、人与科技经济、人与城境业、人与乡土情和谐共生、可持续发展以及人全面发展的“美的实践”诉求。

2.2 “游艺学”理念在校园高压走廊景观设计的可行性

高等学校是作为信息储存与知识传递的场所而存在，随着时间流逝，人们对环境的需求产生变化，校园空间的设计手法和设计策略也在不断改变。校园景观逐渐成为形成校园面貌和特色的重要空间，承载了各种户外空间活动。采用“游艺学”的理念激活校园高压走廊景观带的活力，提供一个校园人群之间相互交往的公共空间。

游憩的过程是一种能量产生的过程，通过建立舒适合理的游憩体系，使校园人群有更充沛的能量、更丰富的知识、更强壮的身体展开创造性活动，感受校园、社会的文化价值[3]。同时也在校园中提供了一个心灵休息的安静场所，丰富了高压走廊绿地的功能性。

校园高压走廊景观本身被赋予了一定的历史、文化价值，通过艺术创造等手法展现其内涵。随着网络技术、虚拟现实、数字孪生、人工智能等技术的快速发展，人类逐渐进入元宇宙的新时代。开启了新一轮的数字艺术革命，人们的艺术创造活动也更加注重交互性，从人机工程到人因工程，结合了虚拟现实技术的沉浸式景观，更好地解决高压走廊与人之间的关系，让人们的生活变得更加高效、便捷。

日常的游憩活动也存在基于当地的历史人文、社会文化中，基于校园文化的设计，不仅使游憩内容更加多元，更增加了游憩的人文价值与精神内核[4]。充分利用校园高压走廊绿地的自然资源，融合统一历史文脉、生态文明，打造一个景观游憩、艺术创作、研学教育的多元校园景观带，使学生的学习能力、实践能力、创新能力得到全方位的发展。

3 “元宇宙”背景下高压走廊绿地景观设计

近些年来，元宇宙这个词渐渐地被人们所熟知，它是由美国著名科幻作家尼尔·斯蒂芬森在作品《雪崩》中最早提出的，他展示出了一种崭新的网络环境，并将它定名为“元界”[5]。简单来讲，元宇宙是一种基于互联网技术、信息技术、虚拟技术等构成的一种互联网要素融合形态[6]。传统的实体空间实体景观将不再满足人们的需要，搭建虚拟社区，建立健康、生活、社交需要的线上线下对应空间成为未来的发展趋势。元宇宙连接了虚拟与现实，真实的交互过程丰富人的感知，多元的行为活动激发人的兴趣，带来更多的创造性和可能性。

元宇宙背景下的景观设计通过智能科技赋能产业发展，倡导人们更加自由地选择自己的生活方式。通过数字孪生科技丰富了真实场景，并通过区块链信息技术构造了社会经济体系，使虚幻世界和真实世界在国民经济体系、社会体系、身份体系上紧密相融。引入元宇宙的概念，将校园景观链接起虚拟与现实，丰富游憩行为，人们可以通过最新的VR、AR、3D等前沿技术，打造各种线下沉浸式的体验以及线上的互动游戏/活动，最大化地实现人与人的社交方式，带给人身临其境、跨越物理距离的沉浸式体验。沉浸式社交游戏，参观位置遥远的博物馆、名胜景观等空间。与各个地方的人一起参与到校园活动中，满足更多人的需要，创造更加舒适、便捷的校园环境。

4 “元宇宙+游艺学”视阈下高压绿廊概念设计

4.1 设计策略

设计以“游艺学”理念为指导，将元宇宙的概念应用到实体的校园景观设计中，结合TOD模式，以校园景观带为导向，最大化地利用周边土地及公共资源，以

"科幻+交通+生态+文化"为主题，以"景观游憩、艺术创作、研学教育"为核心，打造区域景观、区域功能、区域休闲娱乐、区域文化为一体的综合校园景观体。连接有轨电车、地铁站和多个商业区，提供一个虚拟与现实相结合的人类活动空间。

4.2 设计原则

4.2.1 安全原则

严格禁止直接或间接的触电，以确保旅客生命安全；尽可能地降低人群暴露场强的程度，减少社会安全风险；加大社会教育力度，减少心理恐慌的影响[7]。

4.2.2 生态原则

充分发挥已有的土地资源，把自然环境摆在最主要地位，保留自然资源。选用与本地生长条件、土壤条件相符的植物，可以提高植被品种的丰富度，从而有效提高生态循环，达到保护水土，恢复自然环境的效果[8]。

4.2.3 美学原则

丰富高压走廊绿地的功能，通过艺术的手法，展现高压走廊绿地设计的美学价值，带来独特的视觉观感，形成具有特色的校园绿地景观。

4.3 设计实践

4.3.1 游——景观游憩

以校园景观带为导向，整合周边资源，展开游憩路径设计。设计整体规划为一带——校园生态景观带；两轴——车道景观轴与慢行游憩景观轴；三核心——"游艺学"（图2）。道路大体上分为三个级别，提供车行、人行和骑行道。设计过程中始终保持高压铁塔的高度到路面的距离，确保场地的安全性。将节点和校园服务功能通过多个层面相互融合、协调发展，通过优化节点和统筹规划道路系统。以纽带的方式，将校园内外资源整合起来。校园景观带贯穿在其中，利用地形和场地功能特点，形成多层次的交通系统，包括车行道、步行道、自行车道、人行天桥等，链接起校园商业区、住宅区、有轨电车、地铁站、停车场等。进一步发挥交通效用，提供多种游憩路径选择，形成旅游融合出行线路+节点的链路网络。

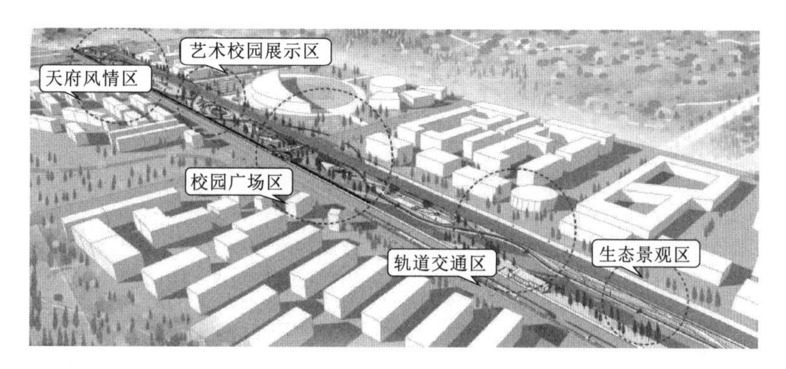

图2　景观结构
（作者自绘）

入口处的校园广场作为整个景观序列的高潮，根据周边生态环境及业态发展不同设置多个景观节点：临水而建的锦绣步道、串联起校园与地铁站的人行天桥、体育场外延的趣味活动空间以及展现交大轨道交通特色的校园"车站"，加入了磁悬浮无人驾驶小型列车及轨道，采用自动驾驶技术为游客提供科技感和未来感十足的游览体验。利用了AR、VR技术，在游览过程中产生虚拟成像，投射校园历史文化，提升人们在游览过程的体验感。同时基于元宇宙技术，交通立体化，轻易便捷即可到达周边地铁站，空中步道连接起校内外商业街，生态建筑位于其中，打造大学创新生态圈，吸引科技人才，力求最大限度地满足人群在游览过程中的趣味性。

4.3.2 艺——艺术创造

校园高压走廊绿地景观既要发挥安全隔离的功能，减少游客的紧张心理，也要表现其艺术感。遵循艺术美的原则，学原理，将不同的景观元素结合在一起。在传统景观营造的基础上做出设计创新，加入数字艺术技术创新。通过虚拟现实、增强现实等技术，将线上和线下的世界逐步转变为全面连通。

进入校园，智能AI机器人将化身智能导视，根据你的身份及需求为你提供帮助和服务。在校园商业街用餐时，各种富有艺术感的场景出现在周围（图3）。这种沉浸体验方式将从网络游戏、社区等泛娱乐体验中逐渐扩展，最大化满足用户对娱乐体验升级的要求。利用虚拟技术宣传校园高压走廊的知识，甚至延伸到校园文化中，引导人的心理，从而降低高压走廊的压迫感，展示学校高压走廊的文化气息。同时通过数据追踪、实时监控，打造智慧校园管理平台：智慧交通服务、智慧停车服务、智慧物流服务等。

图3　校园入口
（作者自绘）

4.3.3　学——研学教育

在游艺学三位一体的全过程中，通过“游艺”的展示，从而得到“学”的结果。研学教育也蕴含了三个方面：第一，物质文化方面，即相关的物质性游憩景观，如校园中所设立的相应景观节点以及景观设施；第二，精神文化方面，主要指游憩思想、意识，设计所传达出的场所精神；第三，行为文化方面，主要指游憩行为和活动[9]。人们在游憩的过程中感受到场景营造的美，潜移默化的得到学习。

校园广场的设计综合利用地上、地下空间，广场下沉提供室外阅读交流场所，广场中央水景围合形成一个中央活动空间，作为社交场所。嵌入增强现实 AR 等技术，观看室外投影，开展虚拟游戏。挖掘站点周边的一体化交通体系，从而最大化的利用土地资源，营造良好的校园学习氛围。校园“车站”景观节点则是展现校园轨道交通的发展脉络，结合物感设计、虚拟现实技术进行相关知识科普，从校园车站望向校园外，是有轨电车的艺术化缩影，也是未来科技城市的展望；从校园外望向校园，是生态绿道、文化交通新形象。打破传统视角，实现人境交融。

5　结语

在“元宇宙＋游艺学”的视阈下，通过对校园内高压景观环境特征及主要功能的分析，由景观游憩、艺术创造、研学教育三方面对其进行设计与改造，并通过各种前沿技术来探究高压走廊景观设计与元宇宙的结合，通过一体化设计，形成游、艺、学三位一体全过程体验。满足了人与环境和谐共生、可持续发展的诉求，同时也对未来科技丰富人们的感知与体验做出了展望。

［本文为为基金项目成果：①四川现代设计文化研究中心项目 MD20E008；②四川景观与游憩研究中心 JGYQ2020038；③西南交通大学 2021—2022 年度研究生教材（专著）建设项目 SWJTU－JC2022－008；④西南交通大学 2021 年本科教育教学研究与改革项目；⑤西南交通大学 2021 年一流本科课程建设项目。］

参考文献

［1］韩周林，胡庭兴，孙大江．高压走廊的景观设计与思考［J］．四川建筑，2007（3）：10－11，14.
［2］黄海红．试析高压走廊绿地空间重塑——以清涧林社区休闲公园为例［J］．现代园艺，2020，43（14）：149－151.
［3］吴承照．从风景园林到游憩规划设计［J］．中国园林，1998（5）：10－13.
［4］姬长友，徐刚．基于自然旅游景观下的研学旅行基地建设的思考［J］．环境工程，2021，39（10）：247.
［5］黄欣荣，曹贤平．元宇宙的技术本质与哲学意义［J］．新疆师范大学学报（哲学社会科学版）：2022（3）：1－8.
［6］胡泳，刘纯懿．“元宇宙社会”：话语之外的内在潜能与变革影响［J］．南京社会科学，2022（1）：106－116.
［7］李云超，吴岩，王忠杰，等．城市高压输电走廊线下空间作为游憩绿地利用的安全性研究［J］．中国园林，2020，36（6）：78－82.
［8］赵敏婷．旅游风景区的高压输电廊道景观设计研究［D］．武汉：湖北美术学院，2020.
［9］吴承照．从风景园林到游憩规划设计［J］．中国园林，1998（5）：10－13.

基于亚安全区的深埋复杂地铁车站疏散组织策略研究

■ 杨向婷　张海滨
■ 重庆大学建筑城规学院

摘要　随着地下空间的开发利用呈现出规模化、深层化、综合化发展趋势，越来越多的深埋复杂地铁车站出现导致人员安全疏散所面临的安全问题加剧。然而现行相关法规存在滞后性，无法完全适用于现在地铁车站的深层复杂化的发展趋势，因此有学者提出采用一种新的疏散策略——分阶段疏散组织策略，利用“亚安全区”这类避难空间，将人员的安全疏散分成不同的疏散阶段，并且相应疏散至不同的亚安全区，最终再疏散至室外地面绝对安全区。本文主要在现有深层地下空间研究基础上分析深埋复杂地铁车站空间及灾害特征、疏散人员特征、垂直疏散设施等与亚安全区疏散组织策略的关系，并探讨了亚安全区在深埋复杂地铁车站的运用特征及其设计要点，为相关规范标准的完善提供参考，为今后工程建设实践提供理论指导和技术支撑。

关键词　亚安全区　深埋地铁　疏散组织策略　分阶段疏散

引言

随着城市地下空间发展呈现出深层化、规模化和复杂化发展趋势，地铁车站埋深不断从地下浅层站向地下多层站、地下多层向深埋车站发展。俄罗斯、瑞典已在地下 50m 建设了多个的地铁站，而在国内多个地铁线路的地下车站深度均值普遍超过 30m，重庆 9 号线红岩村站甚至超过 100m。而位于深层地下空间的深埋地铁站台层常以复杂换乘站的形式出现。有学者[1]通过调研重庆地铁车站得知，超过一半的复杂多层换乘站集中于地下次深层、深层空间的地铁车站中，人员疏散情况复杂。地铁车站的深层化及复杂化发展使得疏散难度加大，一旦发生灾害、公共卫生事件、社会安全事件等突发事故，人员的安全疏散将面临着非常大的挑战，因此采用有效疏散策略合理地组织人员提高整体的疏散效率，缩短必要安全疏散时间，是最大限度地减少人员伤亡和降低灾害影响的关键所在。

而现有相关规范采取的整体式疏散组织策略存在滞后性，无法满足地铁车站的深层化、复杂化发展趋势，因此闫鹏、肖春花、王大川等[2-5]多名学者在地下空间、轨道交通建筑设计中提出采用分阶段疏散策略，利用“亚安全区”这类避难空间来解决深埋地铁的长距离上行疏散及复杂多站台层地铁站所面临的安全疏散问题，有效保障人员安全。因此，本文主要对象为深埋复杂地铁车站，通过对现有深层地下空间疏散组织策略及亚安全区的研究，分析其空间及灾害特征、疏散人员特征、垂直疏散设施等与亚安全区疏散组织策略的关系，并探讨了亚安全区在深埋复杂地铁车站的运用特征及其设计要点，为相关规范标准的完善提供参考，为今后工程建设实践提供理论指导和技术支撑。

1　深埋复杂地铁车站安全疏散研究现状

本文所提到的深埋复杂地铁车站，指位于地下次深层、深层地下空间（地下 30m 以下）且采用复杂换乘站的地铁车站，其主要面临的疏散问题包括：①长距离上行疏散过程中疏散人员疲劳、恐慌等导致疏散效率降低使得危险加剧；②复杂多站台层换乘站的出现，使得地铁车站所面临的人员疏散难度增大，且部分车站能否在安全疏散时间内疏散至站厅层存在质疑；③考虑到烟气等的蔓延方向与深层地下空间所采用的长距离上行疏散方向一致等导致疏散难度加剧；④将导致其人员密度、火灾荷载等增大导致易发生拥堵及加大站台层及站厅层灾害发生概率。

国内地铁现有规范如《地铁设计防火规范》（GB 51298—2018）参考国外大部分标准如美国 NFPA130 认为站厅层为安全区即疏散终点，通过规定站台层到站厅层的安全疏散时间 6min 来保障人员安全，缺乏对于站厅层至地面这一阶段的安全保障（图 1），仅仅日本《铁道技术标准》中考虑了这一阶段，规定从站台层到地面的疏散时间应小于 10min。然而随着深埋地下车站的出现，站厅层常位于地下几十米甚至上百米的深处，距离地面绝对安全区域较远，因此长距离的上行疏散人员所产生的疲劳、恐慌等特征都导致疏散效率下降，人员从站厅层疏散至地面这一阶段必然会产生或加剧事故发生的风险。且复杂多站台层换乘站的因其疏散预设情况复杂、疏散难度较大、疏散距离过长、参与疏散总人数较多等原因，安全疏散时间是否能够满足其所规定的 6min 也存疑，王叶涵等通过仿真模拟得知部分双层站台层无法在 6min 内将人员从站台层疏散至站厅层。因此，针对现有法规存在的滞后性问题，有学者提出利用“亚安全区”

这类避难空间来提高地下车站的疏散效率，段炳好等提到可每隔一定高度距离的楼扶梯处设置临时安全区来提高地下车站疏散效率缓解疲劳效应。由此得知目前深埋复杂地铁车站存在的安全疏散问题在现有规范无法解决的基础下，采用分阶段疏散组织策略设置亚安全区能有效提高地铁车站的疏散效率，保障人员疏散安全。

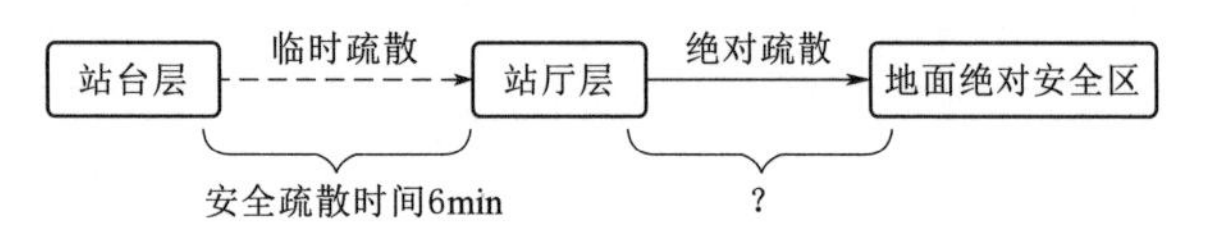

图1 地铁车站安全疏散时间
（图片来源：作者自绘）

2 深层地下空间疏散组织策略与亚安全区研究现状

2.1 疏散组织策略研究现状

疏散过程的主要目的是撤离建筑物，并确保建筑物内人员的安全不受紧急事件的影响；然而，根据时间和路径规划的不同，可以使用不同的策略进行疏散。当前疏散组织策略的研究主要是在高层和大体量建筑中进行，有国外学者根据疏散过程的困难程度，将疏散组织策略分为四种主要模式[6]，而在国内研究中运用的比较多的概念是则是“整体疏散”和“分阶段疏散”两种疏散组织策略（表1），“整体疏散”与国外学者提出的“同时疏散（Simultaneous evacuation)”类似，就是指灾害发生时，将疏散人员从建筑内部直接疏散至室外绝对安全区域。国内规范主要采用这种疏散组织策略运用于地上、地下建筑的安全疏散。而“分阶段疏散”则是指发生灾害时，首先通过把人员组织到亚安全区，该区域能够使得整体安全疏散时间相应分为多个阶段，在不同阶段满足安全疏散时间保障人员安全，以便最终疏散到室外绝对安全区域。国内规范如主要采用整体疏散组织策略适用于地上及地下空间，而国外的一些规范，如美国NF-PA101《生命安全规范》、加拿大《国家建筑规范》均提出“阶段疏散”的概念。相对于建立整体疏散能力，分阶段疏散将人员疏散过程分为多个阶段，相应的整体安全疏散时间也分化为多个时间，所采用的亚安全区提供了一个临时安全区延长了疏散时间，只要满足在本阶段的安全疏散时间则能够保障人员安全，是建设运营成本和可行性均更合理的可选方案。

表1 国内外疏散组织策略

疏散方式	疏 散 特 征
同时疏散 (Simultaneous evacuation)	要求所有的居住者立即使用最近的出口离开
部分疏散 (Partial evacuation)	是基于首先疏散处于火灾直接危险的楼层的理念
分阶段疏散 (phased evacuation)	建筑物被划分为多个区域，所有区域都按照有组织的顺序进行疏散。部分疏散与分阶段疏散的主要区别在于，部分疏散只疏散建筑的一部分，建筑的其他部分一直被占用，直到有进一步的指示，然而，在分阶段疏散中，整个建筑是按照预先定义的阶段顺序进行疏散的
就地避难 (defend - in - place evacuation)	撤离人员被送往建筑物内的安全位置，直到紧急情况结束。在医院、监狱和无法及时疏散的地方更广泛使用的另一种战略
整体疏散	将疏散人员从建筑直接疏散至室外绝对安全区域
分阶段疏散	是指发生灾害时，首先通过把人员组织到亚安全区，该区域能够使得整体安全疏散时间相应分为多个阶段，在不同阶段满足安全疏散时间保障人员安全，以便最终疏散到室外绝对安全区域

2.2 深层地下空间分阶段疏散组织及亚安全区

亚安全区是疏散阶段中的一个临时过渡区域，目前对于分阶段疏散组织策略及亚安全区的研究多集中于地上高大空间和地下浅层商业等空间中，对于深层地下空间亚安全区的研究较少从整体上探讨深层地下空间的系统疏散组织策略，其中师龙、王大川等从疏散方式、疏散路径、疏散阶段、亚安全区分类及设计要点等方向探讨了深层地下空间的分阶段疏散组织策略及亚安全区的运用，总结了分阶段疏散的三种疏散方式：垂直疏散、水平疏散、混合疏散，提出了三个疏散阶段并相对应将亚安全区分为三类。不同的疏散阶段因其建筑环境特征、员疏散特性、疏散方式等均有所不同，因此在不同的阶段设置不同类型的亚安全区，将人员疏散到此区域，再考虑疏散至下一阶段或地面绝对安全区域。

3 分阶段疏散组织策略在深埋复杂地铁车站的应用

3.1 深埋复杂地铁车站的疏散特征及疏散方式

在深埋复杂地铁车站中，发生类似火灾这类灾害时，烟雾的存在对其疏散方式有着重要影响，烟雾所产生的危害性气体及能见度的降低都将影响人员疏散效率，特别是由于地下车站的封闭性，人员的上行疏散方向与烟气的运动方向一致，这样将导致危害加剧，因此当深埋复杂地铁采取分阶段疏散组织策略时，有人提出采用垂直向下疏散的方式，先将从火灾发生点向下疏散至亚安全，在考虑通过垂直疏散设施向上疏散到下一阶段，这样能够有效避免烟气对人员疏散效率的影响。因此，在目前在深埋复杂地铁车站的安全疏散中的疏散方式包括：垂直向上疏散、垂直向下疏散、水平疏散和混合疏散(表2)。在深埋复杂地铁车站中，不同的疏散阶段采用不同的疏散方式，对应不同类型的亚安全，因其与灾害发生的疏散距离、空间位置、疏散设施、疏散难度等均不同，因此不同亚安全区所对应的设计要点也有所差异。

表2　深埋复杂地铁车站疏散方式

疏散方式	疏散特征
垂直向上疏散	人员长距离上行疏散会增加疏散人员的疲劳度，从而造成拥堵
垂直向下疏散	与烟雾运动方向相反，利于人员安全疏散，但其方向不符合归巢心理，其疏散效率受疏散人员行为选择影响
水平疏散	人员长距离的水平疏散会增加疏散距离和疏散时间，对疏散人员体力进行是一个考验
混合疏散	兼具各种疏散方式的特征

3.2　深埋复杂地铁车站疏散阶段及亚安全区分类

综上所述，深埋复杂地铁车站采用分阶段疏散组织策略时，共分为四个阶段（图2），分别是站台层到站厅层（第一类亚安全区）第一阶段，站厅层（第一类亚安全区）到垂直疏散设施附近第二阶段，垂直疏散设施到浅层地下空间第三阶段，浅层地下空间到地面绝对安全区域第四阶段，每个阶段与之相对应的分为四类亚安全区，其设计方法均有所不同。

1. 疏散第一阶段

第一阶段，对应第一类亚安全区，主要是将人员从灾害易发生的站台层快速撤离，疏散至第一类亚安全区，远离灾害的威胁。由于第一阶段灾害及地铁车站空间特点，将存在三种疏散方式：垂直向上疏散、垂直向下疏散、水平疏散，需考虑其与垂直疏散设施的结合方式。具体可运用避难走道、避难间、站厅层等作为第一类亚安全区，其中站厅层因其平时还作为车站其他功能使用，且是人员平时通行出入的必经空间，符合人员疏散的归巢疏散特点，是主要第一类亚安全区。

2. 疏散第二阶段

第二阶段，对应第二类亚安全区，主要是将已经疏散至第一类亚安全的疏散人员快速疏散至主要的垂直疏散设施附近，作为一个疏散缓冲空间，能够暂时保障此空间内密集的人员安全，以便有效组织人员进行下一阶段疏散。目前，国内各类规范中规定地铁车站主要采用的疏散设施包括楼梯和自动扶梯两种，但是现有研究及工程实例表明，疏散电梯已成为深层轨道交通车站疏散撤离的重要补充手段，甚至部分深埋地铁已将其作为最主要的人员交通策略。因此在设计第二类亚安全区中，除了考虑其与楼扶梯结合设计外，还需考虑疏散电梯作为疏散方式的时候亚安全区与其候梯厅结合设置的情况。

3. 疏散第三阶段

第三阶段，对应第三类亚安全区，侧重如何高效利用楼梯、扶梯等垂直疏散设施将人员有效的撤离风险较大的深层地下空间，通过在第二阶段安全将人员协调在垂直疏散设施附近，分批高效的撤离人员，第三阶段主要是在垂直疏散设施的长距离上行疏散中，为了缓解长距离上行疏散过程中人员的疲劳、恐慌、速度下降造成拥堵等问题，参考高层建筑的避难层设计，在垂直疏散设施的中在不同高度设置第三类亚安全区，给疏散人员提供临时休息的空间。

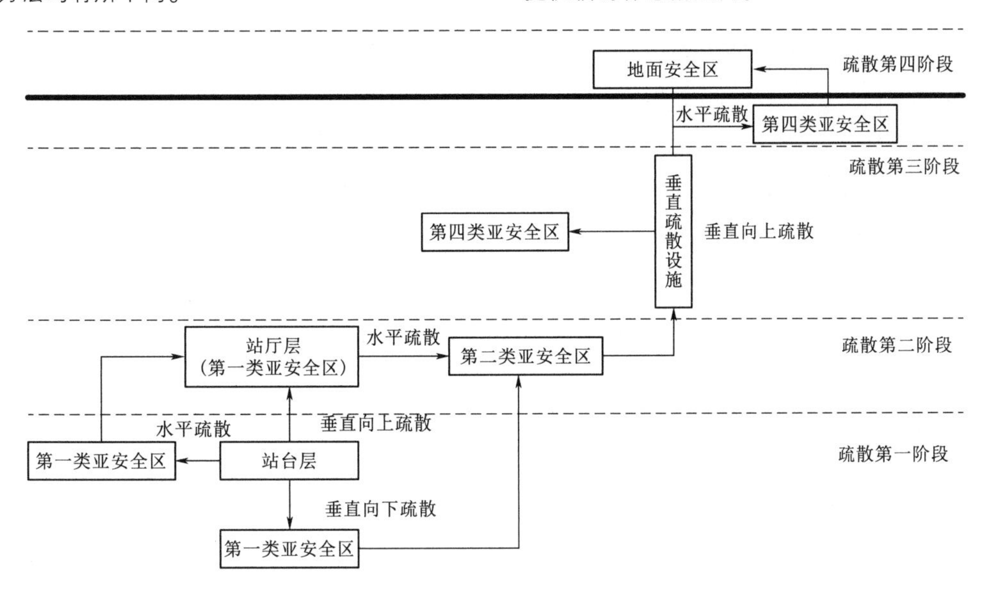

图2　深埋复杂地铁车站疏散阶段
（图片来源：作者自绘）

4. 疏散第四阶段

第四阶段，对应第四类亚安全区，主要是当人员通过垂直疏散设施从深层地下空间疏散至浅层时，可以与浅层的地下公共建筑的亚安全区对深层地铁车站疏散上来的人员进行分流，能有效缓解疏散压力，主要运用下沉广场作为第四类亚安全区，由于浅层空间距离地面较近，且下沉广场具有二次疏散能力，对展开消防救援行动更为有利。

4 深埋复杂地铁车站亚安全的特征及设计要点

深埋复杂地铁车站的亚安全区共分为四类，不同类型亚安全区因其所处空间位置、所处疏散阶段、疏散人员的行为特征等均不同，因此具有不同的特征及设计要点。

4.1 第一类亚安全区

第一类亚安全区（图3），主要用于解决站厅层发生灾害时的人员安全疏散，由于复杂多站台层的出现使得部分地铁车站的站台层到站厅层的疏散时间无法满足规范的6min，人员安全受到威胁，因此采用分阶段疏散先将人员疏散至第一类亚安全区中，快速撤离危险发生地。结合深埋复杂地铁车站的站台层空间特征，具体可以采用站厅层、避难走道、避难间作为第一类亚安全区。站厅层应该作为第一疏散阶段主要第一亚安全区，现有规范中，站厅层也是被认定为临时安全区域，因此需要重点考虑其作为亚安全的保障措施设计，同时因其平时作为重要功能区使用，日常管理与应急疏散管理对于其是否能够作为分阶段疏散的安全过渡空间也是至关重要。但是多站台的出现导致部分站台疏散无法满足在6min内从站厅层疏散到站厅层，因此需要额外设置亚安全区，可在其水平方向上设置避难走道的方式将其疏散至避难走道再利用走道疏散至附近垂直疏散设置，其需要与疏散设置结合布置，同时由于走道属于低矮狭长空间不利于防排烟，应重点考虑其疏散长度及防排烟设计。此外还可利用垂直向下疏散至与站台层平行的避难间中，它能够避免烟气的危害且快速撤离危险区，适用位于多层站台深埋地铁车站的最底层距离站厅层及地面都比较远的站台层附近，重点需要考虑其与短距离垂直疏散设施结合且需要采用防火卷帘等防护措施将其与灾害点相隔离。

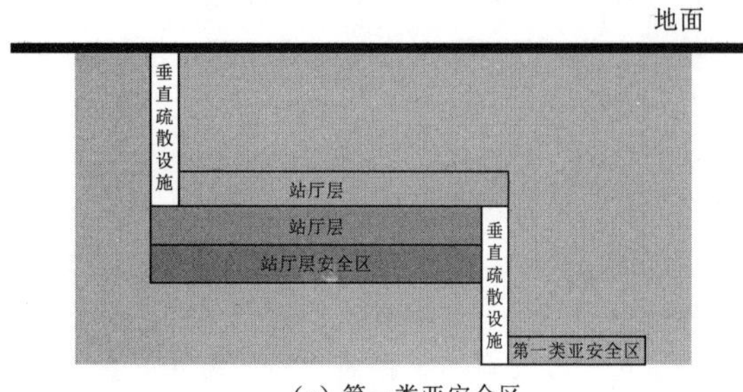

(a) 第一类亚安全区

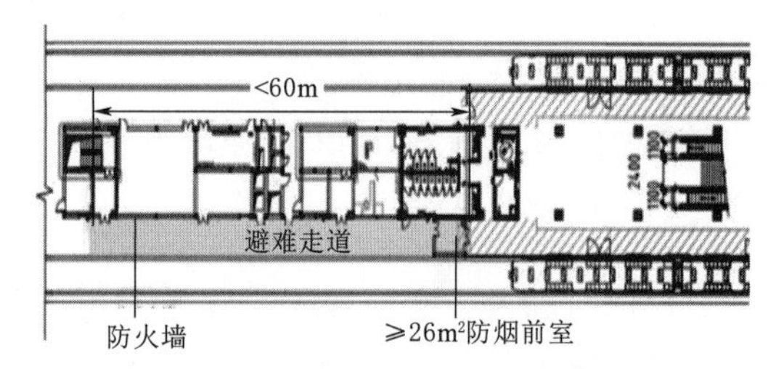

(b) 避难走道作为第一类亚安全区

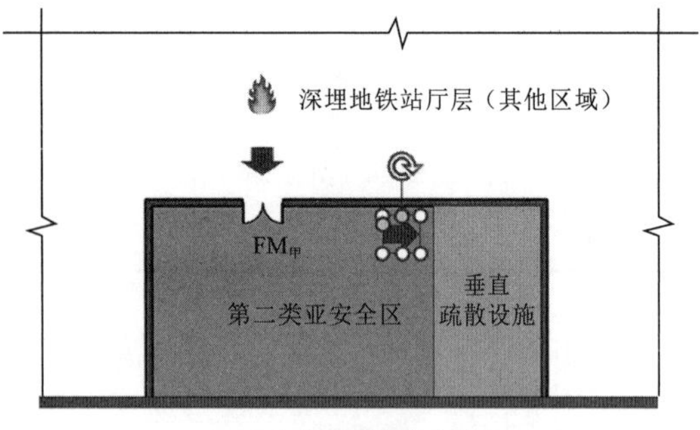

(c) 第二类亚安全区

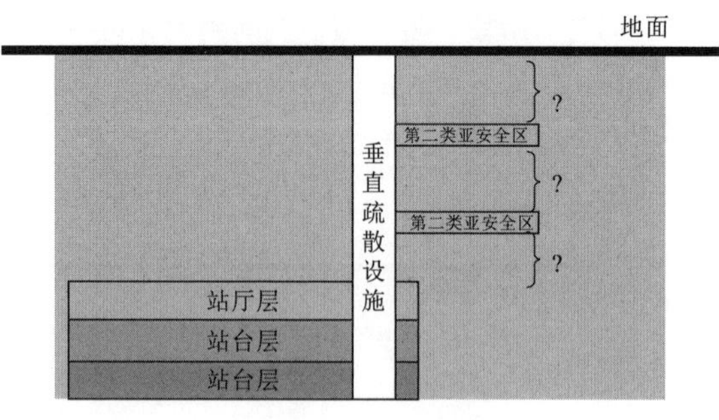

(d) 第三类亚安全区

图3 深埋复杂地铁车站亚安全区
（图片来源：作者自绘）

4.2 第二类亚安全区

第二类亚安全区（图3）主要设置在站厅层的疏散设施附近，结合疏散设施设置。主要针对当人员从站台层疏散至站厅层或其他第一类亚安全区时，需要继续向上疏散，各方疏散人员大量聚集于垂直疏散设施附近，导致人员拥堵疏散效率降低，增大所需疏散时间，人员危险加剧，在疏散设施附近设置一个集中扩大空间，能够容纳人员短暂停留并在一定时间内保障人员安全，以便有效组织继续向下一阶段疏散。因为有大量人员集中于此，人员密集，第二类亚安全区以集中厅式空间为主，设计时重点可考虑其净面积及边长，参考我国相关规范避难间，净面积应满足0.2m^2/人，其短边应大于4m，面积不小于25m^2。地铁车站的主要垂直疏散设施为楼梯和扶梯结合的方式，第二类亚安全区主要以疏散集散区的方式与疏散设施结合布置，此外，随着地铁逐步向深层地下空间发展，疏散电梯开始运用于地铁空间的安全疏散，第二类亚安全区还可以与候梯厅结合布置。

4.3 第三类亚安全区

第三类亚安全区（图3）则是指通过垂直疏散设施长距离上行疏散过程中，每隔一定垂直距离设置临时避难休息区域，其主要结合垂直疏散设施的休息平台布置。这类亚安全区设计应着重考虑垂直间距、人员容量、休息设施等因素。其设计类似高层建筑的避难层，间隔一定距离设计多个亚安全区，但其垂直间距由人员上行疏散行为决定，有研究表明20～30m垂直方向的上行运动将引起人员的首次显著速度衰减，因此对于更深层次的地下空间，合理的休息区设置可能并非固定垂直间隔[2]。

4.4 第四类亚安全区

第四类亚安全区则是当深埋复杂地铁车站在浅层与其他公共建筑结合设计时，可借用该建筑的浅层亚安全区进行疏散分流，缓解疏散压力。亚安全区以下沉广场的形式为主，由于下沉广场距离地面较近，且其位于室外空间，具有更好的自然光，因此能够符合趋光性的疏散人员行为[7]，有效解决人员恐慌等心理，提高疏散效率。重点应考虑其面积、疏散楼梯宽度、与深埋复杂地铁的主要垂直疏散设施的结合布置。

5 结论

随着地铁车站向深层地下空间、复杂多站台层方向发展，面临的疏散问题也相应加剧，人员安全无法得到有效保障，本文在对现有深层地下空间疏散组织策略及亚安全区研究基础上，对深埋复杂地铁的分阶段疏散组织策略及亚安全区进行了研究，提出了四个疏散阶段及相对应的四类亚安全区，并总结了各类亚安全区的疏散特征及设计要点，对深埋复杂地铁的疏散安全设计具有一定借鉴意义，有利于深层地下空间的安全疏散，保障人员生命财产安全。

参考文献

[1] 段炳好. 轨道交通地下车站安全疏散验收评价研究［D］. 重庆：重庆大学，2021.

[2] 王大川，周铁军，张海滨，等. 基于亚安全区的深层地下空间疏散组织策略［J］. 新建筑，2021（1）：47－52.

[3] 师龙. 基于应急疏散的地下空间亚安全区防火安全设计研究［D］. 重庆：重庆大学，2020.

[4] 肖春花，姚斌，刘跃红，等. 城市综合交通枢纽内消防“准安全区”设置原则和评估流程研究［J］. 火灾科学，2010，19（4）：198－204.

[5] 闫鹏，王泓，王颖华. 地下建筑避难空间设计探讨［J］. 地下空间与工程学报，2008（1）：12－15.

[6] FARID M，MCCABE B. Evacusafe：Building Evacuation Strategy Selection Using Route Risk Index［J］. Journal of Computing in Civil Engineering，2020，34（2）.

[7] 相华江，鄢银连，解志勇，等. 基于避难走道与下沉广场的地下商业街安全疏散［J］. 消防科学与技术，2019，38（8）：1094－1096.

更健康、更治愈的医疗空间

■ 乔媛媛　秦高阳
■ 同圆设计集团医养事业部室内设计研究所

摘要　近些年国家对医疗基础建设越发重视，医疗康养环境设计发展迅速，在功能方面，越来越多的医院具备科学合理地就医流程和较为完备的医疗设施。但因医疗类空间自身独特的属性，室内设计需要以空间为载体，向患者和医护人员传递更为积极健康的信息，通过对使用群体给予更多关注和思考，使其感受到温暖和治愈。
关键词　医疗环境设计　室内设计　健康治愈

1　医疗空间设计与健康设计理念

随着社会和经济的发展，人们越来越意识到环境对健康状况的重要性，单一关注医疗设施的观念在逐渐改变。在符合科学合理的医疗功能的前提下，室内设计融入健康设计理念是大势所趋，构建友好健康的疗愈空间，对患者和医护人员具有积极作用，对医院的可持续发展同样有重要意义，这对设计师提出了更高的要求。更健康的疗愈空间聚焦于人整体的体验感，包括室内外环境对心理、生理和社会维度的综合影响，因此，在室内设计中，应从物理和心理环境方面作为切入点，为患者打造舒适健康、积极轻松的就医环境（图 1）。

图 1　深圳宝安空海救援医院大厅效果图
（图片来源：同圆设计）

2　构建医疗空间的健康性因素

2.1　安全化

安全化是室内设计硬装方面首要考虑的因素，包含物理环境和心理环境的安全。医疗空间内的行为活动类型较为复杂，包括疾病的预防治疗和康复保健等，空间的使用人群较为广泛，因此，在较为复杂的环境中，保证安全化同时避免冰冷感则显得尤为重要。

2.2　合理化

高效合理、清晰明确的就医环境是构建健康疗愈空间的首要因素。医疗建筑作为功能较为复杂的大型公建项目，各功能区之间流线的合理清晰化对空间的有机组织起着重要影响。

2.3　人性化

通过对硬装和一、二、三级流程的调整规划，以较为客观理性的设计手法在保证医疗空间使用的安全性和科学性外，同时融入更多人性化的元素。通过适度感性的方式以美学和行为心理学为基础，增强就医环境的温馨舒适，注重软装家具对氛围营造方面的影响，从而缓解患者就医的焦虑情绪（图 2）。

图 2　莱芜中心医院候诊区
（图片来源：同圆设计）

3　营造更加健康的医疗环境

3.1　优化安全科学的空间布局

室内设计在一、二级流程的基础上，对三级流程进行优化，旨在保证安全和洁净要求，避免交叉感染。注重院感控制，防止二次污染，将患者动线、医护动线和公共动线进行科学区分，同时注重细节设计，更多关注患者的隐私与平等，同时增强对其社会属性的关注。

3.2　营造亲和温暖的环境氛围

通过适度感性的设计方式对家具、照明和艺术摆件等软装元素进行设计，旨在营造医疗流程的科学化和人性化的平衡。

在家具方面，医疗空间的座椅保证易清洁的前提下，可选择舒适度较高的样式，缓解患者及家属的焦虑情绪，色彩根据空间整体色调搭配冷暖。例如，儿科和妇产科或这两类人群的专科医院，家具样式则可以灵活选型，色彩优选暖色调，营造温馨的环境氛围。莱芜中心医院儿科候诊区的家具选择弧形和圆形座椅，造型样式更为灵动，颜色为黄绿搭配（图3）。妇产医院等候区的家具以暖灰色为主，搭配皮粉色和灰橙色，造型以高靠背带扶手的座椅为主，便于产妇起身（图4）。

图3　莱芜中心医院儿科候诊区
（图片来源：同圆设计）

图4　山东健康集团红房子妇产医院采血中心
（图片来源：同圆设计）

在灯具的选择上，为保证院感和洁净要求，尽可能避免使用造型感较强的灯具。在患者长时间活动的区域，通过漫反射照明、间接光源或局部光源营造室内光照氛围，例如设置圆形或矩形的发光灯膜等。同时运用灯光和自然元素相结合的方式，使室内外环境相统一。例如大厅等公共区域的顶面，选择圆角三角形的发光灯膜和绿植花池结合，配合浅木纹墙板，增强等候区的亲和感，对患者和家属保持心态平和具有积极作用（图5）。

图5　日照公卫住院大厅
（图片来源：同圆设计）

在艺术摆件置入方面，医疗空间近几年也在逐渐尝试探索。门厅、医疗街和等候区等其他公区，融入主题性的艺术装置或摆件，改变原有空间的单调感和冰冷感，可选择与科室、地域文化或生命自然等主题相关的艺术品，增强空间属地性的同时，为经过的人们带来心灵上短暂的放松和安抚。例如，门诊大厅中心区域设计了鲸鱼尾的艺术造型，入水的鲸鱼造型充满生命力，使空间更具灵动性（图6）。

图6　日照公卫发热门诊大厅
（图片来源：同圆设计）

3.3　搭建和谐温馨的色彩体系

白色、医疗蓝和绿色是以往医疗空间常用的颜色，属于冷色系，给人以冰冷和距离感，如今多数医院开始在室内设计中引入更多色彩，提高亲和力，但色彩体系还有待完善。和谐统一的色彩体系尤为重要，同时将亮色融入在其中，达到清爽温馨的室内就医环境。

考虑到医疗空间属性的特殊性，科学严谨和沉着冷静是医疗行业的底色，因此室内色彩体系以简洁明快、温馨亲和为主，颜色种类不宜过多。在色彩比例方面，医疗白占主要比例，低纯度、高明度的冷色调占次要比例，而暖色系的家具作为亮色点缀其中。针对一些特殊人群的空间，例如儿科等候区，色彩体系以暖色调为主，缓解儿童内心对医院的恐惧感，结合童趣图案，例如，莱芜中心医院的儿科候诊区，关注儿童心理情绪，将抽象化的大象转印图案和墙板相结合，增强空间的趣味性，黄绿色系和浅木纹相结合，空间环境明亮温馨。色彩具备装饰美观作用以外，还具有指引功能，通过色彩对室内功能空间进行区分，使空间结构更加明确，就医体验更加清晰。

3.4 注重绿色环保室内材料的融入

更加健康疗愈的医院室内环境需要绿色环保材料的融入，选材上保证满足各类空间不同的防火等级和洁净要求。

随着科技的发展，绿色健康的环保型室内材料更新换代较快，制作工艺与品质性能皆在不断提升，许多产品已经达到国际标准，为医疗空间的内装设计提供更多选择，拓宽了设计师的思路，也使设计想法更好落地，给予技术层面的支撑。为营造温馨亲切的室内环境，通过环保型墙板与色彩结合，或定制图案的方式，使室内空间更加灵动。例如，墙板可选择酚醛树脂板或玻璃纤维树脂板，与设计主题相近的抽象图案相结合，打破原来传统的空间色调，增强室内氛围的轻松感，给患者更多的心理安全感，增强治愈疾病的信心。此外，大厅这类空间，顶面局部材料可选择不锈钢波纹板，增强室内装饰效果，波纹灵动的材质性能也起到去医院化的效果，缓解内心的紧张情绪。例如，月子中心等非正式医疗类的空间在设计上可以更多注重人们体验，室内用材可较为灵活，打造轻松愉悦的疗愈空间（图 7）。

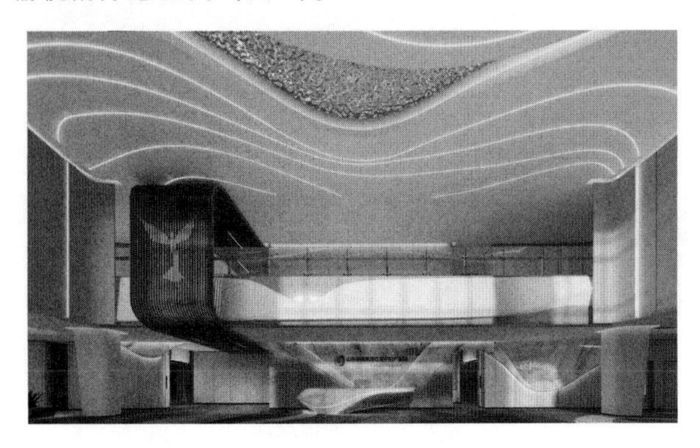

图 7 山东健康集团红房子妇产医院大厅
（图片来源：同圆设计）

3.5 注重人性化的细节设计

医疗建筑的室内空间包含的功能区较为复杂，囊括就诊的整个流程，因此如何保证科学高效就医的同时，提供有利于患者身心健康的友好疗愈空间，是医疗室内设计应着重关注的问题。

近些年，室内外空间相互融合是环境设计关注的话题之一，在医疗空间设计中庭，将绿植和阳光等健康自然的元素引入室内，形成局部通透空间，缓解压抑紧张的情绪。例如，将中庭与医疗街等人流量较大的公共区域相结合，形成微气候改善室内环境的同时，给予患者更多的心理安慰。更多地关注人的感受，例如，各科室候诊区注重功能与配套设施更齐全，从使用人群出发，增强人性化的功能区，设置生活辅助设施等细节。在细节方面，注重患者和医护人员的关照，通过设计切实有利于他们的身心健康，不断优化空间布局和细节处理，提供更舒心健康的医疗空间（图 8～图 10）。

图 8 济南第八人民医院大厅
（图片来源：同圆设计）

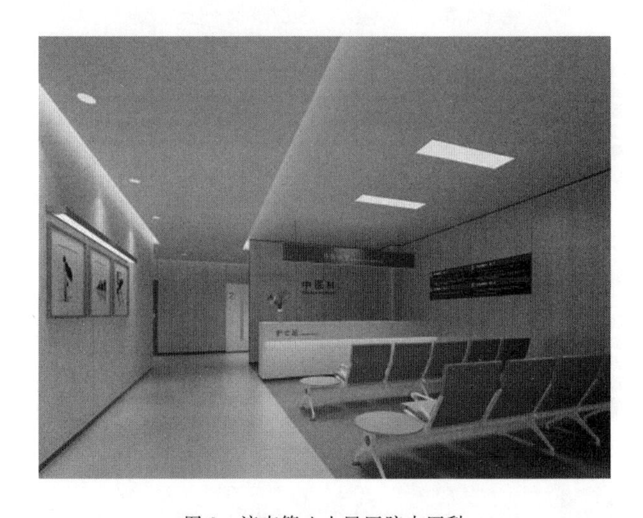

图 9 济南第八人民医院中医科
（图片来源：同圆设计）

图 10 济南第八人民医院走廊
（图片来源：同圆设计）

4 小结

更健康、更暖心的医疗环境需要设计师将空间从多维度进行阐述，这是我们在未来不断追求和精进的目标（图 11 和图 12）。医疗室内设计除满足基本的功能和流线外，更应注重使用者的感受，需要通过对空间布局、色彩体系、环境氛围、医疗材料和细节设计等方面的不断创新和尝试，从而实现高效、健康、温馨的疗愈环境，使医护人员的工作更舒心，患者更安心（图 13～图 15）。

图 11 莱芜中心医院大厅（一）
（图片来源：同圆设计）

图 12 莱芜中心医院大厅（二）
（图片来源：同圆设计）

图 13 山东健康集团红房子妇产医院休息区
（图片来源：同圆设计）

图 14 深圳空海救援医院儿科
（图片来源：同圆设计）

图 15 深圳空海救援医院大厅
（图片来源：同圆设计）

可持续理念下工业遗产再生设计方法与策略

■ 严佳丽　胡林辉
■ 广东工业大学　艺术与设计学院

摘要　现代工业的迅速发展产生了大量的工业建筑，随着产业改革和城市更新，旧工厂失去原有功能，大批废旧工厂面临拆除或者改造再利用。文章在可持续发展的理念下，通过实地调研和文献研究对工业遗产再生项目进行探讨，结合广州龙洞汽配城旧改项目，为工业遗产再生设计提供更多方法，增加更多再生的可能性，希望对其他工业遗产再生项目有一定意义。

关键词　**可持续理念　工业遗产　再生设计　城市更新**

近二十年来，随着国家“退城入园”和“退二进三”政策稳步推进，工业园区的建设速度明显提升。截至2015年年底，全国重点化工工业园区、电子工业园超过五百家，在城区的、在郊区的、在乡镇的、各式各样的工业园更是不计其数[1]。在化工厂迁往外市比例的前十名中，一线城市“北广深”占据三席。伴随城市更新和城市产业升级的不断推进，大量的工厂开始外迁，原有工厂被迫闲置，造成了资源的大量浪费。《推动老工业城市工业遗产保护利用实施方案》提出推动城市高质量发展、城市文化保护、城市文化传承、工业遗产再利用，延续城市历史文脉，共创文化知识创意休闲一体的生活秀带[2]。基于此，本研究从可持续设计理念出发，通过广州龙洞汽配城项目的再生实践，探索工业遗产建筑再生过程的一些思路或方法。

1　可持续背景下工业遗产再生

可持续（Sustainable）于20世纪70年代中期由芭芭拉·沃德（Babara Ward）与国际环境与发展学会（简称IIED）提出[3]。目前的可持续发展理念一般是指“布伦特兰定义[4]”——既满足当代人的需求，而又不损害后代人满足其需求的能力的发展[5]。《为真实的世界而设计》将设计与生态联系在一起，呼吁设计师承担社会责任；周浩明在《可持续室内环境设计理论》中论述了可持续环境设计原理[6]。钱艳等从社会、经济、环境三个维度建立工业遗产的评价框架，完善了工厂的价值评价以及绩效评估系统[7]。可持续发展理论在设计领域有着很高的认可度，同时对工业遗产再生设计也有着深刻的影响。“工业遗产”再生主要包括城镇、乡村以及工业园里的工业遗产，包括严重影响城市面貌的临时建筑等的再生[8]。我国近年来有此起彼伏的再生项目打着绿色生态可持续的噱头，空有热情，对可持续目标、方法、路径等核心要素认识的表面化使得巨大的行动努力收效甚微[9]。并且随着再生项目数量的增加，人们不断追求利益最大化，追求更高的创新性，往往忽略了工业遗产的文化、历史及可持续发展。从而出现了再生活动与城市环境不匹配、粗制滥造质量不佳、无法满足使用需求、同质化严重丢失城市文脉、表面化严重造成资源浪费等问题[10]。工业遗产再生设计需要真正实现可持续发展。

2　工业遗产再生遇到的问题

2.1　历史记忆与城市文脉的延续

哲学家刘易斯·芒福德曾经说过，城市是靠记忆存在的。工业遗产上的历史文化价值是不可再生的资源，通过适当的利用和挖掘，可以提升整个地区的人文环境[11]。所谓再生既是翻新也是修补，但城市文脉是城市的基因，需要得到传承，但是部分再生项目中还是会存在展现历史文化上的不足[12]。目前，国内对有一定历史价值的旧建筑保护修复理念并不统一，要么套用古建筑的保护修复方法，要么简单利用当代技术进行表面化再生，由此产生了“破坏式保护”，完善旧建筑改造更新的理念及策略极为迫切[13]。

2.2　与新的城市环境融合与功能的再利用

随着经济发展，城市进入现代化，工业遗产周围环境也产生了很大变化，再生后的建筑需要与新的城市环境相融合。如何让再生后的工业遗产在新时代，新环境中有更合适的立足点，延长其生命周期，实现建筑节能性和舒适度的良好再生，是建筑再生中亟待解决的问题[14]。结合现有的建筑功能，进行研究分析，选择匹配功能进行再生，不仅是材料的再利用，功能的再利用也应该得到满足。

2.3　以创意园为再生目标过于单一

近三十年来国内的工业遗产再生项目层出不穷，多数工业遗产再生项目以创意园为再生目标，形式上逐步趋于雷同，功能也逐步单一化。目前，国外的旧工业建筑再生类型广泛并且功能多样化，国内的旧工业建筑再生类型多以商业、办公、创意产业为主，较少涉及居住、观演等功能[15]。部分工业遗产再生完成的创意产业园与原建筑的适配性并不高，在功能类型、再生手法、环境特色等方面表现出一定的趋同倾向。顺应城市发展，精准捕捉到周边需求，根据不同的地域、人文环境等因素来进行再生，减少工业遗产再生的同质化现象。

2.4 再生手法传统以及资源浪费

目前，全国对旧工业建筑再生设计的实践和研究主要集中在建筑层面，建筑空间的利用、空间形式的把握、建筑材料的运用等，再生手法片面化，对低能耗再生的研究尚显不足[15]。目前我国的工业遗产再生过程中，再生设计人员大多都是着重于建筑物的外观和对内部空间的简单再生，再生手法相对单一、大同小异[16]。现在人们的可持续发展意识逐渐觉醒，减少粗制滥造和资源浪费成为当下设计行业的潜在标准。

3 实证案例——汽配城项目分析

广州龙洞村有 1300 多年历史，坊间称之为“广州第一村”[17]。汽配城位于广州天河区，南有华南植物园，北邻龙洞商业广场，交通便利，周边学校及住宅区众多，人流量大（图 1）。原汽配城主要经营国产大、中型汽车配件，近几年遭到闲置，总用地面积为 24245.57m²。作为广州市城市更新规划的第二圈层，在激发老城市新活力，推动广州城市新出彩中占有极为重要的地位。城市是文明的重要载体，城市文化的继承和发扬关乎着城市竞争力的提升[18]。为了顺应城市更新，减少土地资源的浪费，龙洞汽配城将进行可持续性再生。

3.1 再生优势

通过实地调研可以发现项目所处位置交通便捷、周边业态丰富，建筑内部结构明确，再设计空间自由度高。汽配城旧建筑本体的结构牢固，墙体无需大规模拆除，仅需要部分拆除即可进行再设计。汽配城各层空间高度有利于后期再生，现有竖向交通可以满足使用。工业遗产再生的方向常见的有博物馆、旅游度假区、景观公园、商业区、创意产业园、住宅区等[19]。龙洞汽配城周边接壤商业广场和商业步行街，人流量大，适宜改成商业区，再生成功有利于区域经济的发展，有利于加快城市现代化发展。

3.2 再生难点

本文所研究的再生是指在建筑的全生命周期内，通过新的设计思想，使用新材料和新技术，对旧建筑进行改造，最终实现旧建筑再生的行为[20]。再生前的汽配城有消防安全隐患突出、绿化率低、建筑环境破败、空间尺度大、采光通风较差等问题（图 2）。汽配城建筑外表面依旧刻板规矩且破旧，与周边环境建筑不协调，空间边界薄弱，功能分区混乱。汽配城内部梁柱结构抗压强度低，混凝土局部剥落，空间隔音差。若在原有建筑上进行再设计，则需要很多的时间和人力进行测量，还需要在局限下进行方案设计，需要更多的时间去判断新方案与原有建筑的契合度，设计和施工的难度将会增加。汽配城再生的核心是“空间激活、文化再生、功能再造、环境协调”，那么在再生时对于文化的发掘和保留以及展现成为一大难点。

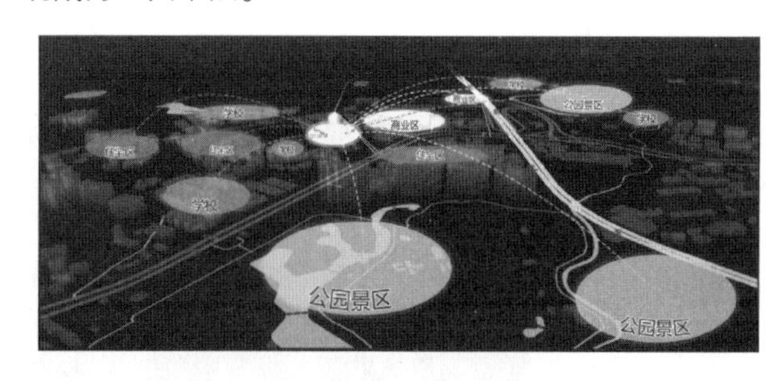

图 1 龙洞汽配城位置图
（图片来源：作者自绘）

图 2 龙洞汽配城再生前建筑内部
（图片来源：作者自绘）

4 龙洞汽配城的再生方法

4.1 文化再生

今天的历史城市、建筑文物是昨天的城市文化的积累沉淀[21]。以文化为导向的再生仍然是当今旧建筑再生的重要策略[22]。2021 年，广州市社会科学院发布的课题部分聚焦于历史文化领域，并对其进行了梳理、分析和评估[23]。并且指出未来的城市会出现“用文明比高低、用精神定成败、用文化论输赢”的新场面。旧工业建筑自身凝集着特定的文化，在特定的人群心底有着特殊的归属感，它既是城市发展进程的记忆载体，也是城市文明的重要组成部分。广州城的形成和发展有其自身的历史文化积淀，还有特定的社区文化与景观风貌，无论是街区小巷、路边小摊、密集的招牌、热闹的街道，还是熙熙攘攘的人群、市井的气息都是广州的特有文化（图3）。

再设计使用了相同或类似的建筑材料、建筑色彩、细部构件，设计出与汽配城原貌相同或类似的形式，延续汽配城既有的文化内涵。再生后的商业区继承着龙洞的文化气息，融合现代的科技气息，展现文化的同时营造商业氛围。

4.2 环境更新

可持续再生设计原则包括对原有人、工、物或再生后的人、工、物的再次使用，包括旧空间、旧人文、旧场地、旧建筑、旧家具、旧材料等[24]。20世纪60—70年代的建筑大多具有整齐规律、简洁大方的造型特点，展现着机器美学的建筑特征。汽配城工厂主要采用12m×18m柱网结构，层高较高，单层净高达4.5m，部分高度达9m，整体空间高大且灵活。项目保留部分外墙以及内部主体结构，按照商业空间的需求将内部空间进行空间划分。建筑周边场地进行重新规划，设置主次入口、休闲广场以及艺术连廊，提升周边环境，为人们提供休闲娱乐的场地，吸引人群流量。建筑内部保留60—70年代原有的钢筋混凝土厚实墙体；建筑与建筑之间的界面，在原基础上增加艺术灰空间，增加建筑之间的联系；在外部形成休闲平台，增加连廊以及休闲景观（图4）；建筑东西南侧设置休闲广场，方便举办各类活动，同时与周边环境积极相融；在建筑中留存的钢架、钢材、砖材均可再利用，设计时尽可能就地取材，减少运输成本以及时间成本。

4.3 功能再生

可持续设计需要经济、社会和环境等多维因素的相互融合[25]。工厂建筑为了节约成本一般只会满足最基本的功能需求，所以工厂建筑一般没有多余的装饰，坚持实用功能主义。在龙洞再生项目中，我们将现场的废旧材料进行回收，再将材料进行分类整理，同时大量使用当地易得的材料，将工厂激活再生。可持续研究不能建立在单个层次上，而且要建立在动态变化的系统层次上[26]。建筑功能在再生之后会有新的功能作用，在经过实地调研之后，汽配城将会再生成为商业区，为居民生活提供便利，解决周边居民的日常休闲与精神生活的需求，同时激活区域活力，推动地区经济发展。再生后的商业区的建筑外立面将会采用现代的玻璃幕墙加上电子屏幕进行包裹，原有建筑墙壁大部分保持不变（图5）。

4.4 空间内循环系统的提升

建筑内外环境再利用能够提升空间质量同时满足现代化需求[27]。广州全年最高温度超过30℃的天数能达到100天，防热成为广州建筑必备的功能。汽配城再生项目设置了双层表皮（图5），既能减少原有建筑的表皮拆除，也能满足防热功能，还可以满足现代商业的审美要求。例如菲格美术馆，大卫·奇普菲尔德设计了内部幕墙，内外表皮一起起到双层表皮的作用。汽配城的双层幕墙就类似一个特伦布墙，在其内部设有蓄热吸收器，建筑外表皮间的空气经过太阳的辐射受热上升，加热后的空气可以根据需求用来通风或者加热建筑。再生后的双层表皮系统设置有吸收器和蓄热材料，平行的放置在表皮开口后面，带有通风口的空气层夹在其间，间层成为一个隔热层。夏季热量从外界传入室内，需要通过隔

图3　龙洞汽配城商业街道图

（图片来源：作者自绘）

图4　龙洞汽配城建筑外部

（图片来源：作者自绘）

图5 龙洞汽配城再生后建筑外部

（图片来源：作者自绘）

热层和墙壁的阻挡将热量衰减，同时延长热量到达室内的时间，达到夏季防热的效果。

5 研究结论

对于工业遗产再生设计来说，最好的可持续设计就是最大限度的去挖掘工业建筑经济上、审美上、使用上、文化上的潜能，将建筑内外空间环境进行再生，实现空间与时代的转换，实现工业遗产的再生。可持续发展下的工业遗产再生不仅是自身质量的提升，还是城市文脉的延续。本文通过对国内已有的改造项目进行分析研究，发现工业遗产再生出现了一些问题。然后通过龙洞汽配城再生的实践项目，对再生问题进行了合理的解决。最后针对工业遗产再生时出现的问题提出了一些解决方法。希望工业遗产再生项目有更好的发展。

［本文为广州市哲学社会科学发展“十四五”规划2021年度共建课题“岭南传统装饰元素在东南亚的发展与影响力研究”（项目批准号：2021GZGJ283）成果之一。］

参考文献

[1] 化纤头条. 园区外全面关停、园区内又“提门槛”：环保巨震下，无处安放的印染、化工厂 [N]. 福建：化纤头条，2018.
[2] 刘宇，王炤淋. 城市滨水区工业遗产更新设计方法研究：以上海杨浦滨江公共空间改造项目为例 [J]. 设计，2021，34（23）：48-51.
[3] 乔纳森·波利特. 可持续发展报告 [R]. 未来论坛，2005.
[4] 格罗·哈莱姆·布伦特兰. 布伦特兰报告 [R]. 世界环境与发展委员会（World Commission on Environment and Develop），1978.
[5] 邓冬梅. 生态园林建设与城市的可持续发展探析 [J]. 现代农业科技，2012（11）：180，182.
[6] 周浩明. 可持续室内环境设计理论 [M]. 北京：中国建筑工业出版社，2011.
[7] 钱艳，任宏，唐建立. 基于利益相关者分析的工业遗址保护与再利用的可持续性评价框架研究：以重庆“二厂文创园”为例 [J]. 城市发展研究，2019，26（1）：72-81.
[8] 卢丹梅. 规划：走向存量改造与旧区更新：“三旧”改造规划思路探索 [J]. 城市发展研究，2013，20（6）：43-48，71.
[9] 大卫·伯格曼. 可持续设计 [M]. 南京：江苏凤凰科学技术出版社，2019.
[10] 胡林辉，周浩明. 基于可持续理论的旧建筑环境再生设计方法与策略研究：以广东工业大学旧厂房建筑改造为例 [J]. 生态经济，2017，33（8）：233-236.
[11] 李森. 可持续发展下旧工业建筑改造再利用 [D]. 青岛：青岛理工大学，2011.
[12] 郑时龄. 上海的城市更新与历史建筑保护 [J]. 中国科学院院刊，2017，32（7）：690-695.
[13] 徐宗武，杨昌鸣，王锦辉. “有机更新”与“动态保护”：近代历史建筑保护与修复理念研究 [J]. 建筑学报，2015（S1）：242-244.
[14] 胡伟，贾宁. 更新旧建筑 创造新环境：以国家重点实验室建筑改造设计为例 [C] //2010年建筑环境科学与技术国际学术会议论文集，2010：743-746.
[15] 王烨，程宏. 改造、整合与共生：浅析上海旧工业建筑更新再利用的设计手法 [J]. 艺术与设计（理论），2008（5）：98-100.
[16] 何雷. 城市旧工业建筑工厂改造的现实分析 [J]. 美与时代（城市版），2018（11）：52-53.
[17] 范建红，莫悠. 基于田园综合体的广州龙洞村景观保护规划 [J]. 工业建筑，2019，49（1）：189-193，99.
[18] 冯云华，刘原平. 中小型城市历史片区的保护与更新探索 [J]. 华中建筑，2021（1）：91-94.
[19] 羊烨，李振宇. 工业遗产改造中共享策略对城市可持续更新影响的研究 [J]. 工业建筑，2021，51（3）：8-14.
[20] 王大为. 基于灰色关联理想解的旧工业建筑改造模式比选研究 [D]. 西安：西安建筑科技大学，2014.
[21] 吴良镛. 广义建筑学 [M]. 北京：清华大学出版社，1989.
[22] 于立，张康生. 以文化为导向的英国城市复兴策略 [J]. 国际城市规划，2007（4）：17-20.
[23] 周甫琦. 助力提升城市文化综合实力建设社会主义文化强国的城市范例 [N]. 南方日报，2022-01-07（AA4）.
[24] 华亦雄，周浩明. 生态美学视域下“洋家乐”的可持续设计解读 [J]. 生态经济，2016，32（2）：221-224.
[25] 于东玖，王梓. 可持续设计理论发展40年：从生态创新到系统创新 [J]. 生态经济，2021，37（8）：221-229.
[26] 盛馥来，诸大建. 绿色经济：联合国视野中的理论、方法与案例 [M]. 北京：中国财政经济出版社，2015.
[27] 刘珊杉. 城市既有基础设施复合利用与激活再生设计研究 [D]. 大连：大连理工大学，2021.

谈如何避免室内装饰设计的平庸化

■ 陈 宏
■ 丽贝亚建设集团有限公司

摘要 社会在发展，时代在进步，人们对建筑装饰设计也有了更高的要求；但如何求新、求变？是每个设计工作者在每个设计项目开始前都绞尽脑汁、寻求突破的一个难题；笔者在自身长期设计实践工作中发现一些优秀的设计项目其设计手法还是很巧妙的，并有章可循；本文借这些巧妙的设计手法来阐述建筑装饰项目设计中如何“破局求新、思考进化、摆脱平庸”，引导年轻设计师们在设计工作中敢于冲破习惯思维的束缚，用多向思维从不同的方向对设计项目进行思考，追求卓越，涵养匠心，创作出有一定特色的、有一定价值的优秀设计作品；避免“只顾低头拉车，没有抬头看路”的经验主义或蛮干模式带来的设计平庸化。

关键词 **破局求新　摆脱平庸　思考进化**

鸟贵有翼，人贵有格，设计自然也不例外；设计师要在装饰设计领域有所成就，一味跟跑是行不通的；作者倡导的是设计师在继承的基础上应发挥主观能动性，开拓新思路、标新立异、推陈出新；尤其在设计的时候一定要因地制宜，选择适合自己的而不是一味地模仿。

室内装饰设计的生命力在于创新，创造性思维可以有效地帮助设计师从意想不到的方面找到设计切入点展开思考，设计出不同凡响的作品，给人耳目一新的感觉；也就是人们常说的“作品有亮点”“平凡但不平庸”。换言之，即可以有效地帮助设计师摆脱经验主义的束缚，突破瓶颈；面对具体项目设计时能有所突破，有神来之笔实现装饰设计的“撑竿跳”；每个项目设计都如同“用一把窑火，造就不一般的美器”。

1 因“出色”而出众，从巧用“色彩配置”入手

大街上的红绿灯就是通过不同颜色的变换来与人交流沟通的，可见颜色知觉对人的心理影响最为直观；那么，在室内装饰设计中如何把握住颜色的搭配？如何妙用“色彩”呢？自然也是室内环境设计中设计师首先要重点考虑的问题，因为这将是能否设计出一个好的作品的一个好的切入点与突破口。

装饰色彩在室内装饰设计创作中应当与装饰的空间性质相符合，这个原则通常设计师都能知晓。但现代室内装修色彩已经不再局限于过去的灰与白，如何在合理适用的基础上更胜一筹？如何通过色彩来帮助设计提升层次感与生动性？

没有难看的颜色，只有难看的搭配。对装饰色彩的把握至关重要，色彩在室内装饰设计中运用得当，会给人极深印象并感受愉悦。设计师在创作中如何进行提炼、概括、夸张等，是有一定方法的；要从新角度去思考，调整思路，不只是从习惯性思维去考虑其合理性和适用性，更要从如何创新角度去发散思维，思考如何通过色彩在更高层面的运用让这个设计变得更有个性与特色，要有“色”不惊人死不休的良苦用心；因“出色”而出众，化平庸为神奇。

如 RTKL 建筑事务所与上海 M Moser Associates 穆氏建筑设计公司联合设计的“联想总部（北京）园区二期室内公共空间”就对色彩做了妙用，颇有特点；由于联想项目的楼层面积超大，仅电梯厅就 21 处，且每处空间感及出入功能都颇为相似；如果采用传统的设计手法，每个电梯厅以及出入口都存在单调、乏味的现象，而且沉闷、枯燥，极易让人迷路。

针对这种情况，笔者作为这个设计联合体成员之一，亲身经历并目睹了设计联合体用了创造性的思维对其做了很好的解决——巧用色彩构筑聚合空间，高度连通的同时也相互有区别；具体做法是对 21 处电梯厅空间作出整体的梳理和把控，以三个为一组，共划分为七组，均衡使用了红、橙、黄、绿、青、蓝、紫等七种颜色装饰区分；灵活而又有秩序，还兼具指引作用；与企业的包容、多元、融合文化也高度一致。

设计师们把装饰色彩的“愉悦性”引入该项目情感色彩的表现之中，每处电梯厅都不再只是一个出入口，明显有强烈的装饰性效果，块、面体积感强。在色彩运用上给人以视觉的愉悦，并以不同色彩的变幻来增强作品的空间层次感，每个电梯厅空间都让人有耳目一新的视觉冲击感，如图 1 所示，大面积深色墙面在不同的空间分别由七种颜色装饰区分。

可见，创造个性化设计对作品的成败至关重要；巧用“色彩”，能有效帮助设计师创造性地化解现实中存在的诸多难题；现在整个设计行业都往创新、个性化发展，因为你会希望你是独特的，有自己的个性，跟别人不一样。

图1　电梯厅之一设计模式

2　因“形美”而悦目，从巧用“几何造型元素”入手

唐诗宋词都追求形美，室内设计更应以美的造型唤起人们心中深刻的共鸣；室内设计中的形式美，是说设计师们可以通过很多方式或措施来营造出有美感的空间氛围，使空间形式更具人情味，或浪漫典雅、或威严庄重、或自由亲和等。

“神寓于形”有很多方法来实现，其中，巧用“几何造型元素”，以形抒情，是设计师想要呈现美好创意的重要核心点。利用几何形状在室内空间设计中运用，往往能形成一种独有的设计语言，这种设计语言作为一种秩序能引领整个空间，唤起人情绪上的共鸣。能帮助设计师塑造一个他需要的、有一定美感的空间，有事半功倍的效果；能有效避免设计作品的单一冷漠，并能提升设计品质。

如贝聿铭就将三角形、多边形等几何符号在他的设计作品中做了大量而又巧妙的运用；以他设计的苏州博物馆为例，将几何符号错落有致的交叉运用，运用的是现代材料和现代设计手法，与园林风格的建筑和环境却并不违和；其鲜明的特点就是“神似而非形似，素而有华，简而高贵”，这正是几何符号的魅力所在。

再如，笔者曾参与了由我司与西南院联合设计的赤几国际会议中心项目，这个项目在室内公共空间设计中就将几何元素与主题空间环境做了的紧密贴合设计，较好的用当代几何建筑语言的方式诠释了一个国际会议中心室内空间艺术意境；从而准确表达了“和而不同，周而不比”的设计主题（图2）。其巧妙的匠心，思维的延伸主要体现在三个方面：

（1）主要会议门厅、出入口空间的天、地、墙都大胆采用三角形符号穿插装饰，是对室外三角形结构符号的延续应用，同时也利用三角切面拓展了会议门厅的视觉空间。

（2）主会议大厅的天花中心是一个圆形的“非洲鼓”造型，有团结、和谐、美满的美好意象；天、地、墙及座椅都围绕着这个“圆鼓”几何造型展开呈弧形排布，由于弧形本身自带一种优雅美，所以，整体空间很柔和，并有一定的包容感。

（3）分会议厅的天花以方形、三角形的穿插错位组合构图，利用三角形组合多面的特点来拉近人与人之间的距离感；墙面则用了密集的线形元素错位穿插装饰，从功能上有效地解决了吸音问题，也有利于弧形结构墙面的安装，从精神层面上则延续了主会议大厅的包容感；整体空间对几何元素的应用是方圆结合、有效提升了空间的立体感和层次感。

可见，带有数学美的几何符号，经设计师精心思考，用现代构成的原理进行重构，能有效提升整个空间的呈现效果，能帮助设计师凸显空间的设计意向，能帮助设计师形成自己的设计风格，也更具现代感和时代气息。

图2　赤几国际会议中心

3　因“质美”而瑰奇，从巧用“材料的质感”入手

古人在《考工记》中就提出“材有美，工有巧”的观点，其中的“材有美”作为设计师不能仅仅理解为“材料自身具有美感与质感”，应从“工巧材美”的高度来解读，设计师应发挥主观能动性，利用材料的自身美感与质感来帮助自己提升创意空间效果，并能大放异彩，是装饰设计效果实现“撑竿跳”的另一个重要途径。

室内设计的本质就是通过材料组合来表达的，设计创作过程中，设计师要积极寻求材料本身的肌理美与自己要表达的设计美高度吻合，只有两者巧妙而完美的结合，才能催生出一定高度、一定境界的设计作品；这就需要设计师平时花工夫学习材料的一些相关知识，探析材料遵循艺术审美规律加工后可达到“形式即为内容”的效果。

如笔者的一个朋友就向我展示过她的一个中式会所项目设计实践，做了立足于材料自身特点的设计尝试并获得了成功，她从石材选材、工厂加工排版、现场安装等全程参与跟踪指导，选用的石材有点“抽象水墨自然晕染纹理”特点，并在室内地面和墙面上都作了大面积的反复运用；这种材料经过精心配置融汇空间后，其材料质感就也升华为整个室内装修的质感上，有令人耳目一新的艺术美感；其淡雅悠然之境，给人视觉上的“静”与“净”，散发出亦古亦今之美。兼具东方的静谧空灵和当代的简约利落，竟意外地创造出与“新中式”风格融合共生的氛围（图3）。

可见，自然“物性”融合设计师的匠心独运，使得室内装修散发出浓厚的“天作人合”气息；室内无需添加过多装饰，就能形成特有的审美趣味。正可谓“平淡无奇的是匠人，异于寻常的是大师”。

另外，用高档材料去掩盖设计缺陷，这也是目前装饰设计中一个普遍性的现象，设计师在创作过程中要尽力避免这种平庸的做法，要尽可能尝试有一点自己的发明与创造，要最大限度调用自己的美学知识来搭配材料，要锻炼自己有“化腐朽为神奇”的设计表现能力，最平常的材料经设计搭配之后也能“流光溢彩”。

如“联想总部（北京）园区一期室内公共空间”就对平常的材料做了创新组合巧用，展现出的却是不同寻常的科技感装饰风格（图4）。以卫生间墙面贴砖为例，打破了通常的单调的铺砖既定规则，墙砖采用类似马赛克类的小方砖来代替平时用的大块釉面砖，并以黑白两种颜色以“互嵌渐变”的构成形式做了对比铺贴运用，具有较强的感染力。

图3　自然“物性”融合设计师的匠心独运

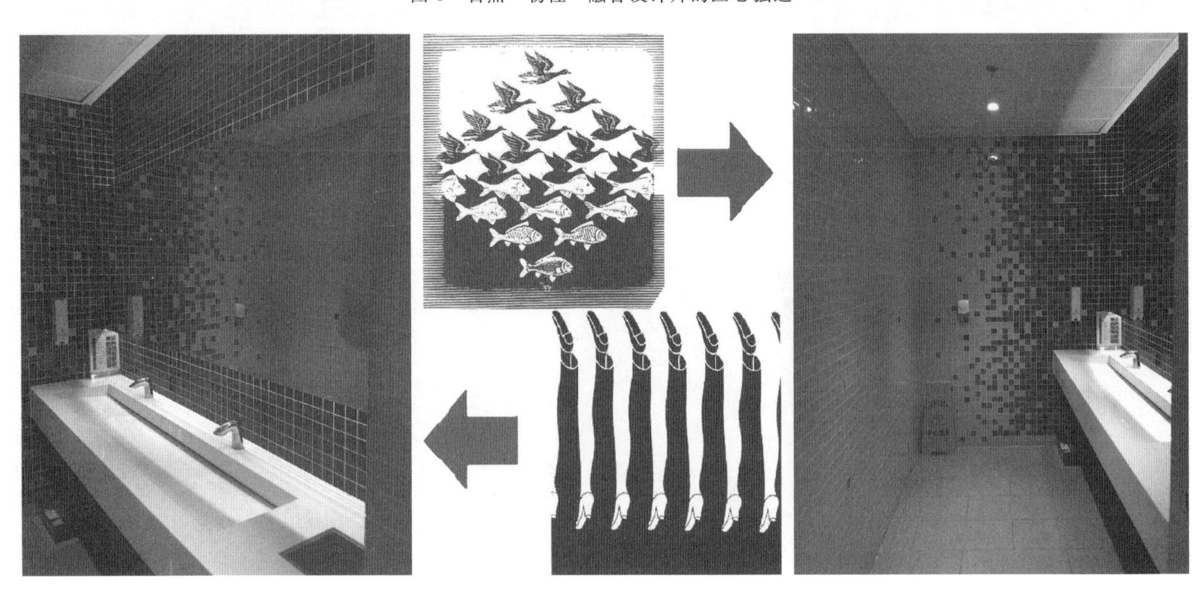

图4　打破常规的墙砖铺贴

4　因“意美”而赏心，从巧用“传统文化元素”入手

室内设计追求“意境美”，实际就是“由物境上升到意境的过程”，通俗地说设计师就是对于“形”和“意”的运用过程。即形式美向意境美的递进，通过艺术处理，达到情景交融的境界；在建筑装饰设计领域，很多设计师都会使用这种方法来搞创作，设计师们在很多实际项目中借用古今中外的一些传统文化元素为造型基础来表达自己的设计意向，力求其设计有本民族文化内涵；“寓

情于景”也的确是创造好的装饰设计作品的一个好的突破思路。

但实际应用中，很多设计项目只看到传统文化的“形”体，却不具有其“神”韵，自然也就达不到使用者想要的那种意境要求；归根结底还是设计师专业知识的欠缺导致设计表现不到位，这就需要设计师平常刻苦学习，逐次提升自己的专业素养；因为对传统元素的应用，不只是杂凑一屋子元素造型，必定是设计师专业学识统摄之下的集聚和提取；是经设计师理解、领悟过后的取以致用，融会贯通，“形似”的同时也“神似”，并富有时代特色，有强烈的艺术感染力，才能完成形式美到意境美的升华。形象很美其作品必然传神，生搬硬造又岂能形神兼备。

如笔者曾参与过塞班岛天宁酒店的室内设计，这个项目设计联合体就将欧洲的城堡文化做了成功运用，在“形”和“意”的沿用上做了深层的探寻，取其魂而不是就其形，两者之间融会贯通，而不是生搬硬套，摆脱了美学传统的物化表相，获得了较好的美学效果（图5）。

图5 塞班岛天宁酒店客房设计

5 因“独特”而新奇，从巧用“地区特有资源”入手

何镜堂就主张“要走一条具有中国文化和地域特色的建筑创作道路，风格要结合当地的环境条件来做，要符合地域、文化和时代特征”；这个实际是给我们这些当代设计师创作指明了一个方向，设计师要善加利用这些地域文化资源，将是实现装饰设计创新的一个有效的切入点和突破口。

我国的东西南北由于地理及气候都有明显的差异，导致各地的文化差异也极大，这就是各地有很多“别拘一格”风采的地域文化形成的原因；这些地域文化具有不可替代的地域氛围，应用到装饰设计中往往会有无法比拟的特殊效果，这些地域文化也是祖先们留下的文化精髓，供我们挖掘和利用[1]，并取之不尽，用之不竭，这就是常说的“古为今用”，当今设计师没有理由将其拒之门外。

一方水土养一方人，设计作品也要根植于本土文化元素才有生命力。设计师要充分结合项目当地的环境条件来构思，设计要“依形造物，因地制宜”，要符合地域、文化和时代特征，能有助于设计师创作出“别具一格”风采的装饰设计作品；如三亚海棠湾阳光壹酒店设计，在设计上采用了各种原生及再生材料，以当地富饶天然资源为基础，充分展现海南岛的自然环境及生态的多样性；致力为旅客呈献一处贴近自然的舒适空间，让旅客体验那种“回归自然、简约原始”的设计风格带给人的闲适与清心感（图6）。

这就是典型的“民族形式，地域表达”设计手法，从巧用“地区特有资源”入手，因地域“独特”从而作品新奇；当今设计很重要的一个方面在于设计的人文关怀，实际也就是设计地域性的体现。

图6 三亚海棠湾阳光壹酒店室内装修

6 结论

事实证明，无数的发明创造都是从突破思维定势开始的，本文讲述的若干优秀案例，都是从一个切入点处入手，融入自己的思考，“环肥燕瘦”各有千秋，做出了别具一格的室内设计；变不利因素为有利因素，变平凡为神奇，从而避免了平庸化设计现象的发生。

诚然，室内装饰设计平庸化的存在有很多现实原因，但本文的主题思想旨在培养设计师思维的变通性；换言之就是“要在不确定性中做确定的事情。”所谓不确定性，就是时代和审美还在不断变化，要配合时代和审美的改变，在随机应变中挖掘自我潜能来进行创意新颖的设计，尽可能体现设计师的个性和创造意识；所谓做确定的事情，就是尽可能永远做有价值的设计、帮助别人、帮助社会进步的设计，即“修炼自己，造福他人”。

眼睛因发现美而闪亮！一个优秀的设计师一定要迎风起舞，而不是随风起舞的；每个项目设计都是一场绝美的旅行，如果你一开始便在起点撒下了种子，相信你的项目设计之旅将一路花香。

参考文献

[1] 有雯雯，刘征．艺术教育中冲突与融合问题初探 [J]．艺术时尚：理论版，2014.

从建筑的展览到展览的建筑
——展览事件与建筑设计的互动性

■ 冯亚星[1]　安　勇[2]
■ 1　中央美术学院建筑学院　2　湖南三一工业职业技术学院

摘要　从建筑与展览事件的关系出发，探讨当今建筑设计内涵和外延在展览事件发生过程中的属性变换。结合建筑与艺术展览的案例阐述当今建筑在展览活动触媒下的实践，以及相对应的建筑设计实践作品作为展示内容的艺术展览，揭示出当代建筑艺术展览与设计实践的互动性关系，为当今乃至未来的中国城市建设理论与建筑实践提供新的思路。
关键词　展览　建筑实践　展场　触媒　互动性

引言

在国际知名的建筑艺术展览中，较为大型的如威尼斯艺术（建筑）双年展、芝加哥建筑双年展、米兰三年展等，他们作为席卷全球的一股艺术热潮，也影响国内一系列发生在北京、上海、深圳、成都等地的建筑艺术展览事件，城市在展览触媒下的城市空间更新逐渐增多，也生产出将建筑实践作为展览内容的新建筑，甚至对于建筑的展览化趋势延展至其他艺术展览活动中。无论是展览活动的展场空间，还是作为展览内容的建筑实践作品都成为艺术展览活动的组成部分，也不同程度地促成了建筑师与艺术展览的联袂互动，商业资本、策展人和建筑师都在通过建筑空间设计与营造达到自身的意义表达。

1　建筑的展览化：建筑创作作为艺术展览

1.1　先锋与实验性

建筑展览是建筑文化传播的重要途径，先锋建筑师渴望建筑作品在展览事件的发生中让其吸引眼球，以此在业内崭露头角，甚至希望这种展览的事件性力量影响未来城市和建筑发展。1927 年的“魏森霍夫建筑展”（图 1）成为奠定现代主义的里程碑，代表了当时欧洲最新的、最前卫的设计思想。之后纽约 MoMA 博物馆先后举办了“国际式建筑展”“后现代主义建筑展”和“解构主义建筑展”，这些在当时看起来极具前卫色彩的建筑展览过后都迎来了国际建筑设计发展的新阶段。

图 1　魏森霍夫建筑展区规划及参展建筑师
（图片来源：《世界现代建筑史》1999 年王受之）

当下以建筑创作为展览的事件越发频繁，伦敦蛇形画廊临时展厅成为面向大众的先锋建筑创作实验场所。二十多年来，这片场地每年都迎来风格迥异的临时性现代建筑，它们成为世界建筑界的风向标，其中的创作这包括了扎哈・哈迪德、伊东丰雄、彼得・卒姆托、雷姆・库哈斯、奥斯卡・尼迈耶以及赫尔佐格与德梅隆等国际著名建筑师，通过临时性展厅的空间性展览拉近了建筑设计与公众间的距离。

蛇形画廊临时展厅从设计理念、材料、结构、技术等方面进行建筑师创作的实验性呈现。在设计理念的表达方面，例如 2011 建筑师瑞士建筑师彼得・卒姆托通过将建筑围合出一个中心花园，这理念源自于他对阿尔卑斯围合菜园的喜爱，试图为使用者提供一个沉思的空间，也是一座园中之园，建筑反而变成了背景，也是一个可以休息、漫步和朝内观看的室内空间。2012年设计者由赫尔佐格、德梅隆等共同设计出一座半地下式的开敞空间，他们采用一种考古学的设计理念和方式，建筑整体下沉5英尺（1524毫米），而上方式由12根柱子支撑的扁平水池[1]。2001年李伯斯金和Arup公司的设计从材料的实验性出发，使用了全金属版的动态排序，形成了折纸般的形态和棱角分明的金属外墙。2007年木材覆盖的自旋式顶部、2009年的镜面金属铝板的波浪形连廊、2013年藤本壮介的20毫米白色钢管桁架，这些都反映出建筑师在材料探索上的实验，试图从材料出发营造建筑效果。此外，我们通过蛇形画廊的临时展厅建筑的展览，还可以看到建筑师从结构、技术的实验来体现其设计的先锋意识，希望通过这个即时性展览与大众进行交流，让大众认识建筑师自己，也让建筑师的设计影响未来。

1.2 实践与商业性

建筑实践展是从20世纪德国的德意志工作同盟发端，充分表现了当时具有左翼知识分子色彩的设计师对于推动社会文明进程、变革大众思想的期盼。1927年由密斯策划的魏森霍夫住宅建筑展是一个对现代主义建筑发展具有里程碑意义的展览，也是现代主义住宅第一次集体亮相。

21世纪以来，由商业资本推动下的建筑实践展在国内出现，2002年“长城脚下的公社”作为第一个受邀参加威尼斯建筑双年展的中国境内建筑群便获得了“建筑艺术推动大奖”。由12位亚洲建筑师设计的私人住宅性质的当代建筑以“集群式”营造的方式呈现，由建筑师严迅奇整体规划，包含了11栋别墅建筑和1座俱乐部。这12座建筑单从材料上讲可谓各显特色，隈研吾的竹屋、张永和的夯土墙、承孝相的耐候钢+混凝土、安东的红水泥砖、坂茂的竹制合板等，12座建筑的外观造型和内部空间都带有极大的差异性，建筑师的自主性得到充分体现，试图通过这种自由度较大的实践实践来展示自我以及影响业界。

同样，2004年由矶崎新、刘家琨担任策展人，主题为“重建平衡”的南京·中国国际建筑艺术实践展，可谓是一个具有完整策展机制的实践性展览，这次展览邀请了24位国内外建筑师在风景优美的山地湖泊之间营造出24座建筑。展览策划者在商业资本的驱动下赋予了城市文化产业发展的展览化模式，以建筑实践展彰显城市空间的文化意义，同时也为提升了建筑的商业价值[2]。

建筑创作作为展览的商业性正如投资人张欣所言，“商业是建筑艺术最有效的推动手段”。“公社”作为国内集群建筑设计的开端以实践推动商业价值，实现了其初衷：服务于公司具体的商业目标，建筑实践创作本身并非展览的最终目的，真正目的在于其事件性“噱头”所带来的商业效应收益。但是，从其影响力来讲又不能否认其具有博物馆展示性质的建筑实践作品展览。

1.3 社会与学术性

建筑艺术展览对建筑师的思想表达和传播意义重大，策展人试图站在展览的社会声誉与建筑师的学术成果的视角进行思考，对未来城市和空间塑造起到不可忽视的作用，深刻影响当代城市建筑的发展走向。建筑艺术展览使得建筑创作超出专业范畴，其学术性质体现为知识生产、传播、孵化，策展人将展览活动作为支点，以及将建筑介入到当下社会问题和区域协调发展建设，对社会性发展产生积极效能。

国际上，20世纪70年代的威尼斯国际建筑双年展经过几十年发展使其成为了世界建筑发展的风向标。从2006年开始，中国开始以国家馆的身份参与威尼斯国际建筑双年展，国家馆的主题从2006年的“瓦园”到2021年的“院儿”，期间经历了八届展览，尽管每次都有不同的主题，但离不开通过建筑来探讨城市问题、生态危机、地域文化、传统与现代、都市扩张、非常与日常等等社会性议题，从中可以清晰地梳理出中国建筑师在国际化与中国都市化的社会语境下的学术性思考，每次展览过后都会激起设计界一定程度的反响。

在国内，从1999年由王明贤策划的“中国青年建筑师实验性作品展”即为一种建筑学术性面向公众展示的开端[3]。之后，建筑类学术展览在国内大城市不断增多，展览体量也不断增大，具有标志性的就是后来的上海西岸建筑与当代艺术双年展、深港城市\建筑双城双年展。在建筑师个展方面也有如冯纪忠\王大闳建筑文献展、张永和的“唯物主义”等，他们都试图通过建筑模型、建筑图像、装置艺术等形式的展览来展示自己在特定时期内的设计理念、学术思想和实践成果[4]。与中国的建筑先驱们不同，当代建筑师在展览中关于建筑的思考突破了传统建筑学范畴，他们的兴趣在于对传统观念的学术性抵抗，他们想表达的角色是一个社会服务者，而非维护自身既得利益的设计师。

2 展览的建筑：艺术展览触媒空间再生

2.1 展览与建筑更新

展场空间是艺术展览的必要条件，也是展览活动中各方调动与参与下的结果。近些年，国内城市文化大发展的环境下我们也开始效仿欧美，深港城市\建筑双年展从城市工业遗产空间到城中村；上海将2013年的“西岸建筑与当代艺术双年展”演变成了具有更加广阔展场范围的“上海城市空间艺术季”，经过展览事件成就了包括上海水泥厂在内的徐汇滨江老工业区、民生码头的筒仓建筑、杨浦滨江上海船厂旧址建筑等；北京尤伦斯艺术中心更是在2017年在原有空间展览属性不变的基础上迎来了又一次翻新。

承办艺术展览的空间原型大多为工业遗址空间，建筑师通过微更新的方式进行空间的功能置换，将原本的生产属性转换为展览属性，通过各种艺术展览物体和空间与观众对话。大舍建筑事务所改造的2017年上海空间艺术季的主展场民生码头8万吨筒仓（图2）由于建筑高达48米，设计师通过建筑的顶层和底层空间进行整合来满足展览功能，外挂一组100多米长的巨型自动扶梯，将三层的人流直接引至展厅，扶梯通过透明的玻璃立面解决了封闭空间与公共开放性之间的矛盾，成为人们乘梯过程中与外部城市空间对话的媒介，加剧了新旧形式之间的对抗，并坚持最大程度保留筒仓的原貌。

艺术展作为文化发展的表象往往与产业调整及转型产生空间上的联系，曾经的工业生产空间收缩让位于当下的文化生产空间的扩张，艺术展成为城市旧工业空间变革的催化剂。建筑师通过极其克制的设计来打破工业空间的特定功能、秩序，营造出所谓的空间开放性、功能的多样性、历史风貌的延续性，发生在这类空间中的艺术展览正是艺术家和建筑师的情感关照与历史责任最好的寄托。

2.2 商业时尚空间氛围

时尚展览作为当代最具影响力的商业展对于展览空间氛围的要求也越发苛刻，如何将一个是重如泰山的庞然大物与另一个轻如蝉翼的薄薄一层材质进行融合，形成一种将建筑与时尚两种容器来激发、挑逗人类感官的媒介。因此，时尚 T 台秀既是作为一种即时性的动态展览同样需要一个完美的空间氛围营造来进行回应，这也使得其展览空间的选择范围更加广阔，展览空间的叙事性设计成为时尚背后的“智囊团”。

Louis Vuitton（路易威登）的时尚展览活动就经常利用建筑大师的作品作为展览空间，2022 年路易威登更是选择路易·康的经典作品圣迪亚哥索克生物研究所中心广场作为他们的秀场地点。库哈斯的 OMA（大都会设计事务所）到后来的 AMO（与 OMA 对应的理论机构）与 PRADA（普拉达）的合作家喻户晓。AMO 利用普拉达总部封闭的混凝土工业建筑空间，始终能营造出带有时尚叙事色彩的展览空间，空间叙事性为观众提供了沉浸式时尚感受，成为探索商业、时尚、建筑空间三者关系的新模式（图 3）。

（a）改造后建筑效果

（b）改造后建筑内部效果

图 2 上海民生码头 8 万吨筒仓建筑改造设计

图 3 2010—2021 年 OMA/AMO 为 PRADA 设计的经典秀场

（图片来源：PRADA、OMA、AMO）

近些年，库哈斯的 AMO 为普拉达营造出了如“无限宫殿”（2015 年）、“钟乳石阵”（2016）、“结构分层”(2017)、“超现实主义仓库”（2018）等主题的时尚展览空间。2021 秋冬女装秀主题为“感官可能”，本次时尚展览 AMO 团队精心构选取大理石、树脂、石膏和人造皮草四种材料且进行大面积应用，利用四种质感差异极大的材质纹理特意对人的视觉和触觉神经造成反差，也更好衬托出本次时尚作品的对于不同材质的拼接效果[5]。有着影像媒专业背景的库哈斯，总是能够站在观展人群的角度去思考展览的意义。Prada 的展览空间设计经验也传播到了它的商业店面设计中，早期的纽约旗舰店到最近的东京旗舰店都彰显了时尚和建筑的紧密关系。

艺术展览对城市文化及空间在再造产生着触媒效应，展览策动下的旧工业建筑更新成为拉动片区文化发展的孵化器，尤其是在国内一线城市，艺术展览成为了刺激城市文化生态自身的培育机制之一，也是城市设计向前发展的一种空间策略与自觉。

3　展览与建筑的二元论

当下各艺术展览活动的展场遍布城市的各类空间，包括了公园、火车站、旧厂房、历史街区等都成了艺术作品的展场，展览空间甚至成为展览的内容体现。在国内仅从艺术展览活动对建筑空间实践成果来讲，如市南发电厂改造的上海当代艺术博物馆、798 工厂厂房改造的尤伦斯艺术中心、储油罐改造的油罐艺术中心，以及为北京设计周展览活动而更新的大栅栏片区胡同建筑、白塔寺片区胡同四合院空间等。在国外，更是有像威尼斯军械库、伦敦泰特美术馆以及米兰 Prada 基金会美术馆等。商业资本运作下的建筑实践展览也逐渐增多，产生出金华建筑艺术公园、贺兰山房等集群式建筑艺术作品。

在商业资本与城市文化发展双重作用下，以实践作品为展示内容的建筑展览不再偶然，由艺术展览活动触发的建筑设计与改造也成为活动的必然，建筑空间设计不断成为当代艺术展览的本体性价值和其事件性效应的结晶。尽管，展览活动很大程度上都受制于资本而社会性批判力不足，但艺术展览事件下的建筑创作在学术性维度上的影响是持久的，经常成为建筑设计教学的范本和学术讨论的话题，也成为其他设计师的设计实践参照。最终，艺术展览与建筑创作的结合成为建筑师面向社会性实践检验的先锋探索。

如果说城市是人类身体与自然空间二元双向互动的结果，那么笔者认为当代艺术展览与建筑设计同样具有一种互动性二元关系，它们的结果是城市内部空间的再生与创新。当代艺术展览不再是归囿于官方的“艺术圣殿”，而走向了更加宽泛、自由的展览空间，无论是城市公共空间还是私人创作空间都在设计和再造中发生本质的变化，这离不开艺术展览中建筑空间的展示属性和艺术家、建筑师、赞助商、策展人的集体需求。建筑空间的更新与设计也被纳入当代艺术的展览范畴，这使得两者的二元关系在互动中纠缠与发展。

参考文献

[1] 张楚浛．作为“展览”的建筑：蛇形画廊展馆研究［D］．南京：南京艺术学院，2016.

[2] 佚名．中国国际建筑艺术实践展暨南京佛手湖建筑师酒店［J］．城市建筑，2010（5）：82－95.

[3] 江浩．当代中国实验建筑的先锋性［J］．新建筑，2006（2）：93－95.

[4] 李翔宁，莫万莉，张子岳．建筑策展：一种建筑批评的实践［J］．建筑学报，2020（11）：19－23.

[5] 建道 ArchiDogs．库哈斯 x PRADA 十大经典秀场全面解析［EB/OL］．https：//www．sohu．com/a/ 447781357＿200550.

东北地区木屋建筑的类型与结构

■ 李瑞君
■ 北京服装学院艺术设计学院

摘要 木屋是以木材为主材建造而成的建筑，不同地区木构建筑的建造者和使用者们具有巨大的文化差异，不同的生活方式和文化习俗带来了不同木屋建筑。东北地区木屋建筑基本上可以归纳为三种类型，即井干式、框架式和混合式。木屋建筑中最具有代表性的就是井干式结构。但无论形式和功能上有多大差异，就其结构建构而言，基本上可以概括成为两种类型：一种是通过水平向放置木头来传递荷载的井干式结构（或称砌块式结构）；另一种是通过竖向放置的圆木来传递荷载的框架式结构。

关键词 东北地区 木屋建筑 类型 结构

东北地区木屋建筑院落中包含北方“合院”的特征，每一个院落相对独立，院落周围搭建围栏和院门。作为主屋的木屋建筑是独立的，是院落内部的主体，东北地区建造的木屋的平面多方正平整。此外，还有用来储存粮食的苞米楼子、仓房等附属建筑和设施，都饱含北方地区房屋朴实、简洁的特点。院落中的木屋基本要满足两种功能的需求：一种是用来为人们提供日常生活起居的生活用房；另一种是用来存储生活劳作物件的储藏空间。

木屋建筑是以木材作为主要材料建造而成的，不同的国家和地区有不同的自然环境和气候条件，人们对木屋有不同的功能需求，采用不同的构造技术和辅助材料，因此世界各地的木屋在材料选用、建造方法、体量大小、空间高矮等方面存在着一定的差异。

1 东北地区木屋建筑的类型

东北地区木屋建筑基本上可以归纳为三种类型，即井干式、框架式和混合式。木屋建筑中最具有代表性的就是井干式结构，但是不论是哪种类型，基本上都会以满足功能需求为前提。

1.1 井干式木屋

井干式木屋在我国也被称作“木刻楞”，是一种较古老的、在气候寒冷、森林茂盛和亚技术的世界范围中普遍的民居形式。其内外壁体大都用去皮圆木或方木层层垛起，木楞接触面做成探槽叠紧、墙角处互相交叉咬合，屋顶覆以木片或茅草，因状似井口，故被人们称为“井干”。

在我国境内的木刻楞有两种：一种是本土的，本土木刻楞的形式和功能相对简洁和单一（图 1）；另一种直接脱胎于传统俄罗斯民居，是没有经过大的改变一直延续下来的纯俄罗斯圆木屋，其形式和功能较为丰富和复杂（图 2）。

图 1 黑龙江雪乡风景区内的木刻楞
（图片来源：作者自摄）

图 2 俄罗斯风情的木刻楞
（图片来源：作者自摄）

木刻楞房屋一般不用铁钉，选用直径为 20～30 厘米、比较顺直的落叶松木。有些圆木的长度要符合整个房子的建造长度，有的能达到 10 米左右。木刻楞的工艺主要在房子四个外墙的垒叠上。在房子四个外墙长宽的结合处即墙角，两根交叉垒叠的圆木要用斧子、锯子等工具砍凿出可以互相咬住的牙卯。通常还用木楔镶在咬合处，增加其牢固性和稳定性。墙身圆木的咬合则要通过卯榫来完成。上层圆木朝下的一侧要凿出通长的凹槽，凹槽可以使上下层圆木之间紧密贴合而没有缝隙。凿凹槽时，先要用专业的画线工具画线，然后沿线凿出凹槽。盖这种木刻楞房子还有一个重要的工序就是在上下两根圆木中间夹“茅蒿”补缝，“茅蒿”其实就是当地人就地取材而采集的苔藓，晒干后垫在两根叠砌的圆木中间。这样在寒冷的冬天，木刻楞的墙体的密封性就非常好，不会透风，增加房屋的保暖性。在墙壁木楞的垒摞过程中，可根据自家的功能需要和平面布局事先留出门、窗的位置。一般来说，木刻楞垒摞上 15～18 层圆木就能达到一个既能满足功能需要又比较经济的房屋高度，而后就可以上梁架了。

1.2 框架式木屋

东北地区的框架式木屋也被称为“戳杆”，采用的是框架结构。由于组成墙体的竖向原木不起承重作用，因此这种木屋对墙体所使用的圆木的材质和粗细没有严格的要求，可以大大降低建房的成本。不同于木刻楞，除了使用水平垒叠圆木砌筑墙体（图 3），“戳杆”还多了一种用垂直排列圆木搭建墙壁的方式（图 4）。

图 3 圆木垒砌墙体的框架式木屋
（图片来源：作者自摄）

图 4 垂直排列的圆木墙的框架式木屋
（图片来源：作者自摄）

首先要用 12 根优质（粗细和长短一致）圆木支起一个框架，上下两面也是采用结合处开槽咬合，四个作为竖向承重的立柱的两端都凿出木楔，以便插入结合处的钻孔中。上下两面的 8 根圆木事先要分别钉好两条平行的长木方作为戳立墙体的木槽。墙体可选用较细的杨木、桦木等材质稍差一些、粗细要求不那么严格的木杆竖直并插入房框上的槽中，一根挨一根紧密排列，像栅栏一样。同样，在墙壁的制作过程中，要预留好门、窗的位置。这种框架式木屋由于墙体竖向的木杆可以粗细不一，不需要进行细致加工，因此会造成木杆之间的缝隙比较大和凹凸不平，所以必须要糊抹上草泥，才能堵住缝隙并保护墙体免受风雨的侵蚀，同时使墙体增厚起到防寒的作用。

木屋的房架搭建完成后，接下来是要上梁架，上梁架需要选择一个良辰吉日。根据自家房子的大小准备几根材质好的圆木作为梁，梁与梁之间的距离一般 1 米，至多 1.2 米，梁数都为奇数，5 根、7 根或 9 根。然后以每根梁为底边作成三角形屋架，内蒙古人称之为“牤牛架子”，大概是想取“结实”之意。在“牤牛架子”的原木连接处中间都用金属构件（俗称扒锯子）连接加固，是为了加固防止房架不塌腰走型。有的地区是先制作好三角形房架，直接把屋架搭在横向固定在立柱顶端的横梁上（图 5），这种做法相对于抬梁式做法来说节省木料并易于施工，吉林省的锦江木屋村现在仍采用一直以来都使用的抬梁式做法（图 6）。房顶铺上宽约 10 厘米、厚不到 1 厘米的名为“灯笼板”的木条板（俄语发音为“得尔尼约”），即劈木板，生活在东北的俄罗斯族人也称它“雨淋板”。这种劈木板最初的制作方法是用特制的劈刀，选择优质的落叶松按照木纹的方向劈制而成。它不仅防雨性能好，且耐腐蚀，一般情况下的使用寿命可达 40～50 年。

图 5 三角形的房架
（图片来源：作者自摄）

1.3 混合式木屋

东北地区的另外一种井干式木屋也被称为“蝈蝈笼子”。这是当地人对这一种木屋的形象称呼，实际上就是

图 6　抬梁式的房架
（图片来源：作者自摄）

井干式木屋与泥土墙的结合（图 7）。“蝈蝈笼子”在圆木墙的垒叠上同狭义上的木刻楞是完全相同的，只不过是要在墙外涂抹上黄草泥。当“蝈蝈笼子”的框架搭好后，在墙外斜着钉上拇指粗的柳条或是窄木条，都留有空隙。大概钉好木条后的房子看起来就像是编织巧妙的“蝈蝈笼子”，有空隙但却不大，所以当地人起了这个形象的名字。钉木条的目的是使泥能挂住，外墙面上的泥一般要抹三遍。先将黄泥与铡成段的草搅拌成草泥，一般是一层土，然后撒一层草，均匀和好。加入草段是起到加固并防止草泥干燥后开裂的作用。第一遍，把泥草泥甩到钉好木条的墙上，要甩满，一般有 4～5 厘米厚，然后晾干 7～8 天。第二遍还是用草泥，但要用专门的工具抹刀，将草泥细致的抹到墙上，而且要抹平，一般 2 厘米厚，要晾干 3～4 天。第三遍是将黄泥与木锯末以 3∶1 的比例和好，再用抹刀均匀细致的抹到墙上。加锯末的作用有二：一是为了防裂，二是为了墙面光滑平整，看起来比掺了草段的墙面更美观。这种“蝈蝈笼子”实际上是汉族地区的泥抹技术与木刻楞的结合，对砌筑墙体的圆木质量要求也没那么高。

图 7　混合式木屋——蝈蝈笼子
（图片来源：作者自摄）

2　东北地区木屋建筑的结构

不同地区木构建筑的建造者和使用者们具有巨大的文化差异，不同的生活方式和文化习俗带来了不同木屋建筑。但无论形式和功能上有多大差异，就其建构结构而言，基本上可以概括成为两种类型：一种是通过水平向放置木头来传递荷载的“井干式结构”（或称“砌块式结构”）；另一种是通过竖向放置的圆木来传递荷载的“框架式结构”。木屋的维护结构在不同的地域会有不同的处理方式，多种多样。

2.1　井干式结构

“井干式”住宅即以圆木层层垒叠，直角相交叠搭组成四周墙壁的房屋。因其搭接的形式类似古代的木制水井栏杆，于是被人们称为井干式（图 8）。

图 8　井干式结构的木屋
（图片来源：作者自摄）

井干式是围护承重合二为一的方式，层叠的木头既起到承重作用也是围护结构，木屋结构的稳固是通过平面上直角相交连接成框而达到的，虽然也是木结构，但井干式与抬梁式和穿斗式的做法在结构概念上属于不同的体系。

井干式民居的建造方式为“壁体用木材层层相压，直角十字相交……壁体上立瓜柱，承载檩子”。刘敦桢《中国住宅概说》中对井干式做了描述：用来垒墙体的木材有圆木，或用稍事加工成矩形、六角形截面的条木。在有的地方井干式房屋也不用瓜柱，而是用长度逐渐缩短的木材直接垒成三角形屋架承载檩条和屋面（图 9），整个面均是由一顺的木条组成。

图 9　木材直接垒成三角形屋架
（图片来源：作者自摄）

井干式住宅是一种较古老的民居形式，是人类在原始社会时期就已经采用的建造方式和建筑形式。云南石寨山出土的贮贝器的纹样中就有井干式房屋的图样，这种建筑房屋的方式由来已久。随着时间的推移，建造技术不断进步，汉武帝时曾以这种构造方式建造过高楼，称之为“井干楼”。

井干式技术是一种古老的建造工艺，古人用这种技术还可以制作与建筑无关的物品，因为它要求的技术难度、加工程度和精度最低，树木伐倒之去皮后稍作修整即可一棵棵地叠砌起来，所以，这项技术运用得很早，早于抬梁式和穿斗式木结构的做法。据考古证实，商朝后期陵墓内就已经使用井干技术制作木棺，这种技术在建筑上得以传承至今，就是因为其简单易行。但是因为对木材的大小和质量要求较高的同时在制作的过程中费料，所以大部分地区因为木材渐渐匮乏的原因而发展起其他更为经济、高水平的结构和营建体系，仅在一些边远的木材储量充盈的森林地区还保留着用井干技术建房的传统。木工技术在一些边远的地区还有一些更为粗放的做法，这也许是早期技术停滞化的表现，如还有捆绑式、钉钉式等。

中国传统木技术中最为独特的技术是木构件之间连接的做法，即采用榫卯结构来做直杆拼接和转角连接。这种木构连接技术做法多样，加工精细，对工匠的技术水平有较高的要求，不用金属配件，是用纯木材的技术。由于精巧的技术，这种连接非常结实耐久，同时还具有一定的变形余地。因此，榫卯结构的特殊性能也使得中国的木结构建筑在抵抗地震和一些变形工艺技术中具有独特的不可替代的优势。

在井干式结构中，粗细匀称的树干被水平向地层层叠加堆叠起来成为墙体。这种结构在建造时要同时搭建两个相邻的墙体，并使墙体交接处的木头的末端相互咬合起来，来使两面墙体牢固稳定地连接在一起。用来砌筑墙体的圆木（也称为木楞）所使用的是一整根木头（去除树皮）成为芯木，芯木是圆木中具有木材结构刚性的硬化中心部分。作为墙体的结构支撑，初步加工完毕的木楞必须在至少一个圆木宽度的位置处相互嵌接，以保证木楞连接处的强度。

井干式木屋墙体的构造方式是以圆木（也称木楞）砍成半圆形、扁圆形、半月形、六角形、方形、楔形等断面形式，直角交搭，层层相压，在角部挖榫扣压，构成墙壁。井干式结构中木楞之间连接处的木接头有三种做法：第一种是“支架形接头”，这是最为基本的接头形式，它将位于上方或下方的木头切出半圆形的切口，来使一根木头架在另一根木头之上；第二种是“安全槽口接头”，这种接头逐渐代替了支架形接口，安全槽口接头有着多角而表面平滑的槽口，可以在木头荷载下制造出一种更紧密、稳固的节点；第三种较为常见的方式是“半鸠尾榫”，它可以制造出一种紧密相扣的节点，使木楞的接头在结构搭接完成后被进一步拉结在一起，这是技术难度较高和最为稳固结实的接口。

井干式民居是国内唯一以木墙承重的民居形式，具有就地取材，加工简单、迅速，若准备工作做得充分得当，工序合理，一日即可建成一幢房屋。因各地地理环境、气候条件和选取木材的不同，再加上历史文化和民族民宿方面的原因，各地井干式房屋在外观形式和内部布局上存在着一定的区别。黑龙江大兴安岭地区的井干房（图 10）体型雄大粗犷，用粗大的圆木堆砌成墙壁，外观不加修饰。而吉林地区的井干房（图 11）形体与黑龙江省的相比尺度稍小，用小垫木或用灰泥抹缝，外立面糊抹草泥。云南地区的井干房（图 12）构造精细，木楞经过修饰，多呈六角状，材径相对较小，而且有楼房建筑。井干式房屋的平面以两开间横列者居多，无疑这是一种原始居住布局形态的残余，也是稳定井干结构所必需的。井干房为保证结构的稳定性，开设门窗较少。东北地区多在每间开设一门或一窗，而云南地区仅开一门，兼顾出入及采光的功用，因此室内昏暗，其上阁楼层亦全为暗室。在开门窗处需另外加设垂直框料与木墙相接。

图 10　黑龙江的井干房
（图片来源：作者自摄）

图 11　吉林的井干房
（图片来源：作者自摄）

图 12　云南的井干房
（图片来源：作者自摄）

2.2　框架式结构

框架式结构不像砌块式或任何一种砖石建筑形式，它不依赖于材料本身的重量来达到结构的稳定性。虽然框架结构的构件之间的连接现在已经广泛为金属接头所取代，但在传统做法中，构件是通过木接头的榫卯结构互相连接在一起的。

框架式结构木建筑在世界范围内以多种方式被建造起来，但是它们所使用的接头类型都是几种基本接头类型的衍生。常用的接头方式有三种：第一种为“叠接接头”，做法简单，只需将两块削薄的木构件简单重叠，然后再用木销钉（一种形式的钉子）来加固结合处；第二种为“榫卯接头”，这是一种更为复杂的接头技术，需要在木构件上切割或钻上一个孔（榫眼），来放置被称为“榫头”的较薄的木构件；第三种为“斜接接头”，随着木材被大量的使用，高大的木材越来越少，所以能满足建筑长度的单根树干也越来越罕见。由于多数的树干通常达不到建筑物所需的长度，于是出现了木材拼接技术，各种类型的“斜接接头”被用来拼接两根木材。在世界上，组装木结构框架最复杂的技术和方式是在以中国为代表的远东地区被设计并制作出来的。

中国传统民居中多数采用木结构，根据木结构的建造技术，可以分为两大类：抬梁式和穿斗式。抬梁式与穿斗式都属于框架式结构，二者结构构造的最大差别在于抬梁式结构中的木柱不直接到顶，而是在柱头上架梁，梁上加瓜柱和脊瓜柱垫高形成屋顶坡度，纵向上由枋和檩条联系。穿斗式为柱直接到顶承住屋面檩，一柱一檩，柱间穿木枋起定位作用，屋面檩条起纵向的联系作用同时传递屋面的重量，抬梁式结构要比穿斗式结构复杂得多，也费料，穿斗式更简化一些，节约材料，但因为柱子较密而无法获取大空间。所以，在一些地方采取两者结合的办法，即中部用抬梁式做法而两端用穿斗式做法，或者用所谓的减柱的做法，即隔一檩立一柱，以获得最佳的空间效果。

东北地区有一种被称为“戳杆”的框架式木屋（图13），采用的就是框架结构。木构体系起到支撑房屋的作用，是骨架系统，围护的墙体可不承重，墙体的稳固是靠与木结构体系的牢固连接来实现，屋顶的重量由木柱支撑，不通过墙体。

图 13　被称为“戳杆”的框架式木屋
（图片来源：作者自摄）

由于组成墙体的横向叠砌的或竖向排列的圆木不起承重作用，因此这种木屋对墙体所使用的圆木的材质和粗细没有严格的要求，可以大大降低建房的成本。

3　结语

西方传统民居的木构技术与我国不同，民居木结构按建造技术分两类：桁架式木条房、木板房。桁架建筑的木结构构件之间通过榫接技术连接，通过斜向支撑构件加固，使桁架成为一个稳定的整体，木桁架的构建之间用砖或土砌筑成墙体，所以桁架的木构件在外墙上形成各种形式的构图。与我国传统木结构相比，西方的桁架式结构相类似于抬梁式和穿斗式的结构做法，都是在搭建好主体木结构部分之后再用砖或土砌筑民居建筑的外墙体，它们之间的不同之处在于木构架本身传导荷载力的方式不同。

井干式技术在西方用于木板房和木条房，其做法和我国有相似之处。但是在连接的方式和加工程度上不一样，我国的井干式全木房加工度要低，用料多，而欧洲的木板房是加工过的木材，用料经济。我国的井干式用木料叠垒墙体用的是墙体与墙体交叉固定的做法，不用立柱。欧洲的做法要在四周角上立立柱，把墙板再固定于其上。作直连接和角连接要借助于连接件并用钉子等金属构件加固，在没有钉子之前则是用捆绑法固定。

对于用木材建房，中西均有很长的历史，各自发展出不同的木构体系，但是如果仅从技术上来说还是有很多相同的地方，比如捆绑式连接固定，所有的人都会用，欧洲用过，我国也用过。榫卯技术大家也都有，技术发展的步伐比较一致。

砌块式技术和框架式结构在世界各地共同存在了几百年，无论是硬木还是软木都被用于这两种技术结构的建筑实践中。然而，砌块式结构只在拥有茂密整齐的松柏科森林的国家或地区占据过主导地位。由于硬木类植物的树干在截面上尺寸繁多，所以它们被应用于任何一个结构系统前必须先加工成大小、长短适当的型材。相比较而言，那些较为生长环境稀疏和成长得缓慢的树木有着更大的强度和硬度，材性更优，因而可以被用作于制作框架的构件。

木头作为容易获得、易于加工和性能良好的建筑材料，被人类用于各种各样不同气候条件和地理环境的建造活动中。

［本文为北京市教育委员会长城学者培养计划资助项目“中国传统地域性建筑室内环境艺术设计研究”（项目编号：CIT&TCD20190321）的阶段成果。］

《金瓶梅》中宅院建筑形态研究

■ 余冯琪　李瑞君（通信作者）
■ 北京服装学院　艺术设计学院

摘要　本文对《金瓶梅》中所描写的以西门府邸合院建筑为代表的明代末期宅院相关信息进行了深入剖析，对其空间形态做了复原探析，分别从宅院原型及建筑形制、空间等级秩序、民俗文化三个不同的角度，从宏观到微观对明代后期合院民居建筑展开深入研究。以西门府邸合院建筑为代表的明代末期宅院在空间构成、功能布局和方位位次等方面充分体现了其所属时间和地点的人文思想和居住文化，有助于我们探究和理解那个时期的建筑思想、居住方式、文化习俗和日常生活。

关键词　《金瓶梅》　西门府邸　建筑形制　空间等级秩序　空间观念

《金瓶梅》中的宅院建筑是依附在农耕社会背景下的血缘共同体中，以"聚族而居、纵向分衍"的宗族结构和"累世同堂、同财共居"的生活模式为基础，所形成的一种固定的空间形态。作为一本清晰地凸显出山东民居院落特征的小说，《金瓶梅》在中国民居建筑史上有着独特的地位。小说中作为剧情背景的描述不仅烘托出宅院建筑的空间布局、结构和建造，还体现出我国明代末期山东民居院落的特点和时代的烙印。本文结合《金瓶梅》词话中清平县地区历史背景，将时间限定在明末时期，选择西门府邸作为研究对象。在一定意义上，西门府邸建筑的肌理组织不仅由社会组织结构决定，还受西门庆家族血缘、地缘与业缘等关系的约束。因此，本文将通过还原西门宅院的原型、规模及建筑形制来探讨明代末期传统山东地域宅院体系的特征。

1　西门宅院原型及建筑形制

1.1　西门宅院原型

西门府邸宅院以山东各地传统的民居为原型，院落布局是封闭式的五合院的建筑布局，院落在布局上讲究中轴对称，以增强院落布局的空间秩序感。西门府邸在建筑形态构成上由宅基、柱子、墙体、屋顶、门窗等部分组成。西门府邸宅院的布局是明代晚期较为常见的民居合院形式，院落坐北朝南，由厅堂、正屋、厢房、院墙、影壁、仪门、游廊等组成。

1.2　西门宅院建筑形制

1. 方位与入口

提及建筑的方位，在古代《广雅》解释"背，北也"，《释诂四》有云"背，后也"，这些概念与老子所讲"万物负阴而抱阳"也是一致的。中国古代存在明确的"前（南）""后（背、北）"概念，《金瓶梅》中潘金莲所居的花园位于西门庆住宅的南侧，小说文本中又多次描述这个小院的独立与幽静，例如：

西门庆娶妇人到家，收拾花园内楼下三间与他做房。一个独独小院，角门进去，设放花草盆景。白日间人迹罕到，极是一个幽僻去处。一边是外房，一边是卧房。

——第九回

由此可以断定，《金瓶梅》中潘金莲所居的花园位于西门庆宅院的南侧，大门按"坎宅巽门"之传统应开在东南角。

2. 宅院规模

西门府邸是多进五合院结构布局，其主要特点是在中轴线结构上为渐进的布局形式，纵深过道贯穿整个院落群，将各个宅院连接起来。《金瓶梅》词话中后文通过陈经济的语言量化地描述写出西门庆府邸大致的院落布局与规模：

经济道："他在东大街上，使了一千二百银子，买了所好不大的房子，与响家房子差不多儿，门面七间，到底五层。"

——第三十三回

此处所说的"门面七间"，是在临街面打开铺面从事经营活动的"门面"房。"到底五层"也非当代意义上的建筑层数（高度）概念，而是指建筑空间的层次，亦即院落在进深方向的层次。

进了仪门，就是三间厅。第二层是楼。月娘要上楼去，可是作怪，刚上到楼梯中间，不料梯磴陡趄，只闻月娘哎了一声，滑下一只脚来，早是月娘攀住楼梯两边栏杆。

——第三十三回

上文揭示出几个人来到对门乔大户家的新建住宅时，先是进仪门而后直接就是"三间厅"，再后面的一进院落才是楼，依据这里叙事的层次，比较之下自会凸显西门庆宅院的规模。

3. 外向空间的调适

对于宅院建筑而言，交通流线始终是一个异常重要的线索。研究建筑的交通流线，需首先找到关键节点，以之为突破口深入分析。而对西门庆府邸宅院而言，在外向空间交通流线上最重要的关键节点有影壁、仪门、抄手游廊和仪门夹道及后仪门，用转换空间的巧妙设置改变了空间的整体构成与使用。

（1）影壁。在《金瓶梅》词话中多处映射出院落进门的迎面多设有影壁，又称照壁，它是设在院落的大门里面或大门外面的一堵墙壁，面对大门起到屏障的作用，既是院落的出入口，又是保护民居内部空间的防护体。影壁既有营造空间环境的作用，又丰富了院落的空间和功能划分，使院内增加了一个缓冲地带，也使宅院增加了空间层次感和私密性，营造了一种娴雅幽静的生活气息。

（2）仪门。《金瓶梅》中所提到的“仪门”，分为前后两处：在外的是供西门庆待客的“前仪门”，或称“二道门”，在北京传统四合院中相当于垂花门的位置。而另一个更常被提及的“后仪门”，则是位于西厢房北面、正厅西侧山墙与院墙间，是北边的一个后门，有一个夹道，通向后面女眷住宅（图 1）。前仪门更具有对外的礼仪性质，而后仪门则是个前后、内外功能分区的交通节点。

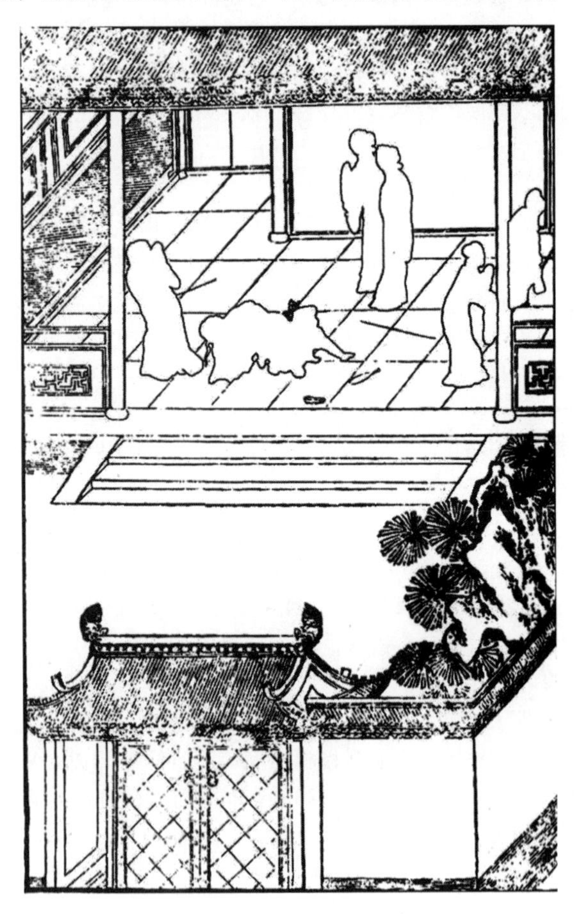

图 1　西门府邸宅院中的仪门
（图片来源：《崇祯版金瓶梅》）

（3）游廊。

说得老婆闭口无言，在房中立了一回，走出来了。走到仪门夹道内，撞见西门庆……

——第二十三回

上文中的“仪门夹道”是大厅侧面山墙与宅院围墙之间的狭窄交通空间。这隐喻出从花园角门出来要经过“仪门夹道”才能到“前边”，花园角门位于后仪门同侧，且开口于“仪门夹道”侧面。仪门夹道“前边”（亦即南边）还是有内容的，即游廊，这个空间是廊空间，其空间形态是一个廊一样狭长的存在，起到空间引示、渗透和较强的分隔作用。

综上所述，西门庆府邸合院结构布局的主要特点是：位于清河县主要干道，为县前街的一所大户宅院，临街大门是能通车马进出的过街屋，大门开在街道的侧面，进门后通过仪门夹道是前往大厅的院子，入门后转弯进入贯穿整个宅院群的过道，院落总共有五进，正房位于中轴线，左右通过抄手游廊、仪门和夹道将妻妾居住的厢房空间串联起来。前后宅院的中轴线重合，平行于其纵深的院落过道，在中轴线结构上为渐进的布局形式，纵深过道贯穿整个院落群，将各个宅院连接起来（图 2）。

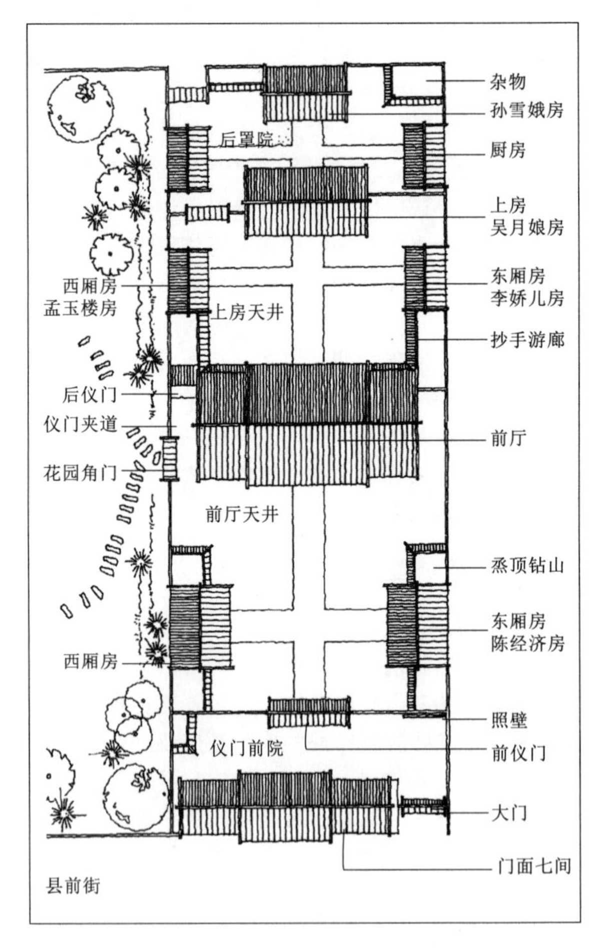

图 2　西门府邸宅院总平面布局图
（图片来源：《金瓶梅词话》）

2　西门宅院的空间等级秩序

在《金瓶梅》古文小说中深刻地揭示出西门府邸宅院所构建出建筑功能空间的等级秩序，即是以“厅”与“堂”为宅院的核心公共空间，居住空间则分布在院落中心与四角边缘，分别由西门庆与妻妾所居住的“正”与

"厢"共同组成，其中西门庆妻妾居住的"厢"由"东厢"与"西厢"组成，同时又因身份等级的不同也分一明两暗空间等级秩序的差异。

2.1 "厅"与"堂"宅院的核心功能

在西门府邸五进合院住宅中，其核心院落由"厅"和"堂"两个公共空间围合而成。"厅"和"堂"是西门府邸中最重要的组成部分，也是西门庆在宅院中的核心活动空间，形成具有中心、公共、礼仪等多重属性的"前厅后堂"或是"前堂后室"的平面格局。

西门庆先让至大厅上拜见迎入，厅正面设十二张桌席，都是帏拴锦带，花插金瓶；桌上摆着簇盘定胜，地下铺着锦裀绣毯。西门庆先把盏让坐次。

——第三十一回

上文反映出西门庆在迎请重要客人时极其注重礼治，在"厅正面设十二张桌席"，这些家具陈设加上相关服务人员，在这个厅上并没有表现出拥挤，可见此建筑规模之大。这也为日后县里官员借西门府用以招待上官作了空间上的铺叙。大厅除了提供正式庄重的大厅功用外，还具有一些特别的使用功能，如与大门前的鼓乐一同发挥礼仪功能甚至引导人流的作用。

正饮酒到热闹处，当时没巧不成话，忽报："管砖厂工部黄老爹来吊孝。"慌的西门庆连忙穿孝衣，灵前伺候，温秀才又早迎接至大门外，让至前厅，换了衣裳，跟从进来。

——第六十五回

在上文第六十五回也看出在西门庆的爱妾李瓶儿死后，这里被布置为一个灵堂，建筑本身的等级赋予这个临时功能以不同寻常的意义，以至于工部主事也会在这里为西门庆的一个小妾上香、祭拜。因此，"厅"与"堂"不仅是接待宾客的礼仪场所，而且更是家庭内部的宴请和休憩之所。同时，由于受宗法制度的影响，"厅"与"堂"依旧为家族中祭祀祖先、祈求神祇与维系家庭内部成员情感和关系的礼仪活动中心。厅堂在功能适用性上非常灵活，不仅是日常生活的起居空间，而且是进行聚会、政务、祭祀、宗教等活动的礼仪空间。

2.2 "正"与"厢"的等级分化

在合院住宅中，坐落于庭院北侧的房屋习惯上被称为"北房"或"正房"，而东西两侧的房屋则被称为"东厢房"或"西厢房"，其两者本可以用方位指代而又被冠以"正""厢"名，足以说明在中国传统文化中同作为居住使用的房屋有其等级上的差别。

从文化属性上讲，建筑所代表的是一种固化的生活方式，家庭结构对住宅形态具有直接的影响，西门庆的家庭是中国古代最典型的"一夫多妻制"，正房作为西门庆正妻吴月娘所居住的建筑，在整个建筑群落的中轴线上占据着非常重要的地位。

吴月娘见雪下在粉壁间太湖石上甚厚。下席来，教小玉拿着茶罐，亲自扫雪，京江南凤团雀舌牙茶与众人吃。

——第二十一回

这描写出吴月娘所居住的正房院落中轻松祥和的日常家居生活，说明正房前面的庭院空间具有接待女眷和日常休憩的公共属性。正房前设前廊，起到过渡的作用，可以将室外空间的活动引入到上房明间之中。

由于"正"与"厢"朝向不同，厢房为了增加采光和采暖不会设置前廊。而吴月娘所居住的正房白天一直都可以接受到阳光照射，在天气炎热的夏季利用前廊来遮阳避雨也是很符合常理的。此外，正房设置前廊可以突出正房的重要地位以及增加空间的层次感。

综上所述，正房与厢房因为所处位置与朝向的不同，再加上自然气候的影响与古代礼制等级的规范作用，其在空间形态与使用功能上都表现出不同程度的等级差异。西门府邸宅院中居住条件最好的就是正妻吴月娘的正房，其充分根据自然气候的变化规律因势利导地进行房间布置，进而取得了良好的居住环境。

2.3 "东厢"与"西厢"一明两暗的空间格局

《道德经》云："道生一、一生二、二生三、三生万物。"如中国木构建筑的"基本型"也有类似的发展过程，那么应该存在一个阴阳逐渐细分的过程，还会再分出阴阳来，继而生出充满着阴阳合和的万事万物。建筑学者侯幼彬先生曾专门对这种空间布局进行了深入细致的研究，并把"一明两暗"当作中国古代木构建筑的"基本型"。同时，"一明两暗"的建筑格局中的"两暗"之间也不是完全平等。

因此，由《金瓶梅》中孙雪娥的住房看出，貌似同样的两个暗间，也分成"一间床房，一间炕房"，可见这两间房的分配也有阴阳之属，分别在热天与冷天使用。这是由于东厢房坐东朝西，屋内无法利用阳光采暖，午后日照角度逐渐降低，太阳辐射越来越弱，因而阳光采暖的利用率不高。而西厢房上午就可以得到日光照射，不仅室内空间明亮，而且还可以利用辐射采暖，而下午虽然没有阳光照射，但室内还储存有一定余热。以这样的角度，不难理解中国古代四合院东西厢房中"一明两暗"的空间等级秩序。

3 空间观念的文化解析

总体上来说，《金瓶梅》词话中涵盖了大量有关明代晚期宅院建筑文化社会系统和支撑系统的内容，且两者在很多方面有所交集。因此，本文基于对西门府邸宅院中空间观念的文化解析，从居住禁忌、风水观念、方位座次三个方面具体展开。

3.1 居住禁忌

《金瓶梅》中映射出人们乡约俗成的诸多禁忌，这些禁忌制约着人们的思想和行为，在词话中对房屋的高度体现出相关居住禁忌。山东不少地区流传着这样一句俗语："北高不算高，南高压断腰。"

问道："是谁家的?"王六儿道："是隔壁乐三家月台。"西门庆吩咐王六儿："你对他说，若不与我，即便拆了”如何教他遮住了这边风水？不然，我教地方吩咐他。

——第四十八回

上文讲到西门庆邻家建的月台遮了自家风水，西门庆要求对方拆除，不然将借助官府力量来解决问题，逼迫对方又盖两间平房。从风水角度，这都能体现出南向建筑居高有居高临下之势，以势压人会破坏了别人的运气和吉利。

3.2 风水观念

1. 厨房

在《金瓶梅》中，西门庆宅院的厨房无疑占据了非常重要的空间位置。从建筑的总体布局上，它位于整个院落的最后一进。这个层次虽然比不上“以中为尊”吴月娘的“上房”，却在“里尊于外”的风水观念中处于建筑群体靠“里”的部位。通过对西门庆宅院中总体建筑布局的研究可以看出，在最后进院落里，孙雪娥居于正屋，而厨房则设在厢房并且是比较重要的东厢房。古代中国习惯于把厨房安排在正屋的东面称为“厨”。如三国曹植《当来日大难》诗中有云：“日苦短，乐有馀，乃置玉樽办东厨”，即描写了这种建筑布局情况。在中国古代庭院空间的建筑组合中，东厢房的位置有不可比拟的重要意义，代表“阳”性，具有比西侧更高的等级(图3)。

图3 西门府邸宅院中的厨房
(图片来源：《崇祯版金瓶梅》)

2. 厕所

《金瓶梅》中所谓的“东净”，便是古代所讲的“东圊”，也就是今天所谓的厕所。尽管中国古代对于厕所有“清净”的需求，但还是把它当作一个“藏垢纳污之地”。从传统风水理论而言，它也并非只在院落某侧，因为厕所产生秽气，便需压在本命卦之凶方，那是东四命者（震、离、坎、巽），当置于西、西南、西北、东北四个方位上，而西四命者（乾、坤、兑、艮），可置于东、南、北、东南四个方位上。由此可见，依风水而言，八个方位皆可成为放置厕所的选择，这就为依据主导风向安排厕所提供了方便。

3.3 方位座次

《金瓶梅》中深刻揭示出明代晚期礼仪秩序对西门宅院建筑的影响，建筑作为日常生活的容器，包容并服务于日常空间中的礼俗活动。方位是古代中国宇宙观念的一项重要内容，孕育着古代文化中的阴阳五行理论并扮演着驱动力的角色，这赋予空间方位以不同的意义与等级。同时，方位座次与建筑空间的关系极为密切。因此，下文着重从西门府邸中的厅堂与上房来解析方位座次的成因。

1. 厅堂

那日薛内相来的早，西门庆请至卷棚内待茶。……西门庆慌整衣冠，出二门迎接。因是知县李达天，并县丞钱成、主簿任廷贵、典史夏恭基。各先投拜帖，然后厅上叙礼。薛内相方出见，众官让薛内相坐首席。席间又有尚举人相接。分宾坐定，普坐递了一巡茶。少顷，阶下鼓乐响动，笙歌拥奏，递酒上坐。

——三十二回

上文表明西门庆升官得子后在厅堂正式宴请并接受众人的庆贺，两位内相（宦官）与众宾客相互谦让后坐了首席。二人席依左、右而分，可见宴席之上是以北边客为尊的设置（图4）。

良久，递酒毕，乔大户坐首席，其次者吴大舅、吴二舅、花大哥、沈姨夫、应伯爵、味布大、孙寡嘴、祝日念、云离守、常时节、白来创、傅自新、贵第传、乔大户，共十四人上用，公张桌儿。西门庆下席主位。

——第三十二回

上文表明在西门庆另一次宴会邀请中，客人是一些亲戚和结拜的友人。十四人上席在厅上，首席皆南向，西门庆下席主位是在东南角，坐南面北（图5）。因此，通过这两次在厅堂设宴活动揭示出所有参与活动人物的身份与社会等级关系，可以明确看出西门宅院厅堂之上的方位体系，即以北边客为尊、首席皆为南向。

2. 上房

当下潘姥姥、李瓶儿上坐，吴月娘和李娇儿主席，孟玉楼和潘金莲打横，孙雪娥回厨下照管，不敢久坐。

——第二十四回

这是在吴月娘上房中的一次女宾客聚会。此时，李瓶儿还没有嫁进西门府，打听到是潘金莲生日便过来庆贺。因此李瓶儿与另两位客人居于上座，为西边的客席，吴月娘与李娇儿为东边的主席，孟玉楼、潘金莲面南背北“打横”（图6）。因此，正如在《礼经释例》卷一中指出的那样：“室中以东向为尊，故拜以西面为敬；房中则统于室，亦以西面为敬。”这同时印证出，在西门府邸宅院中，室内上房是以西边客位为尊，东边为主席来安排座次的礼俗秩序。

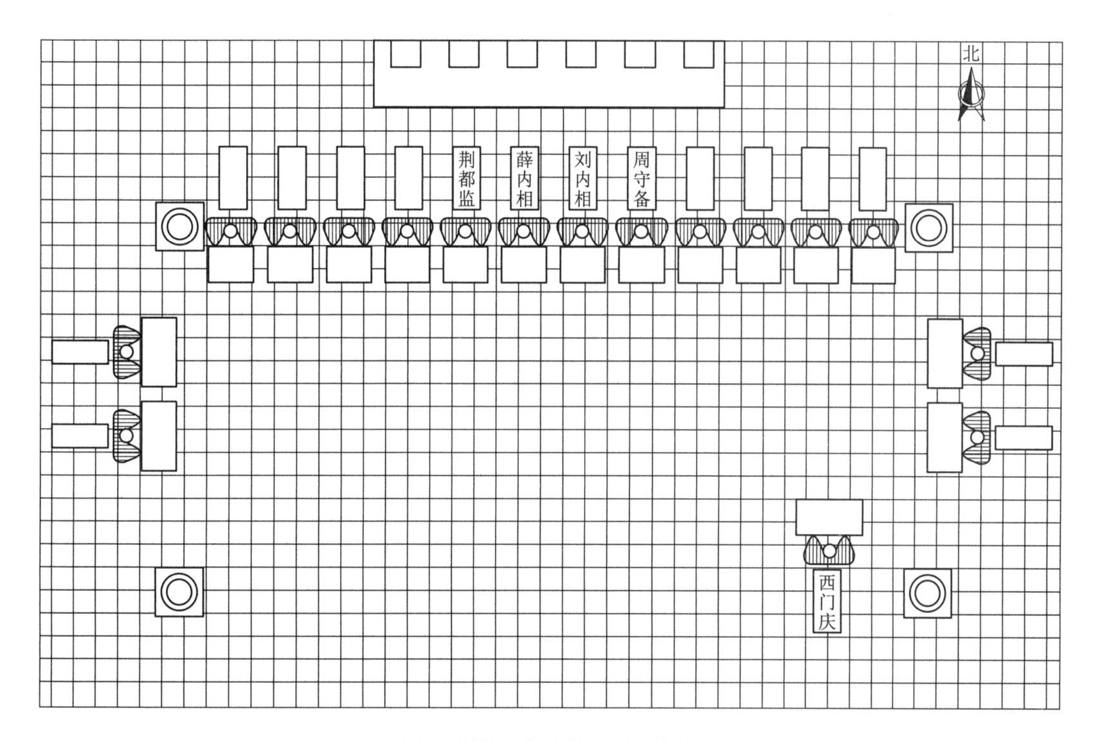

图4　厅堂上的正式宴会座次图一
（图片来源：《崇祯版金瓶梅》）

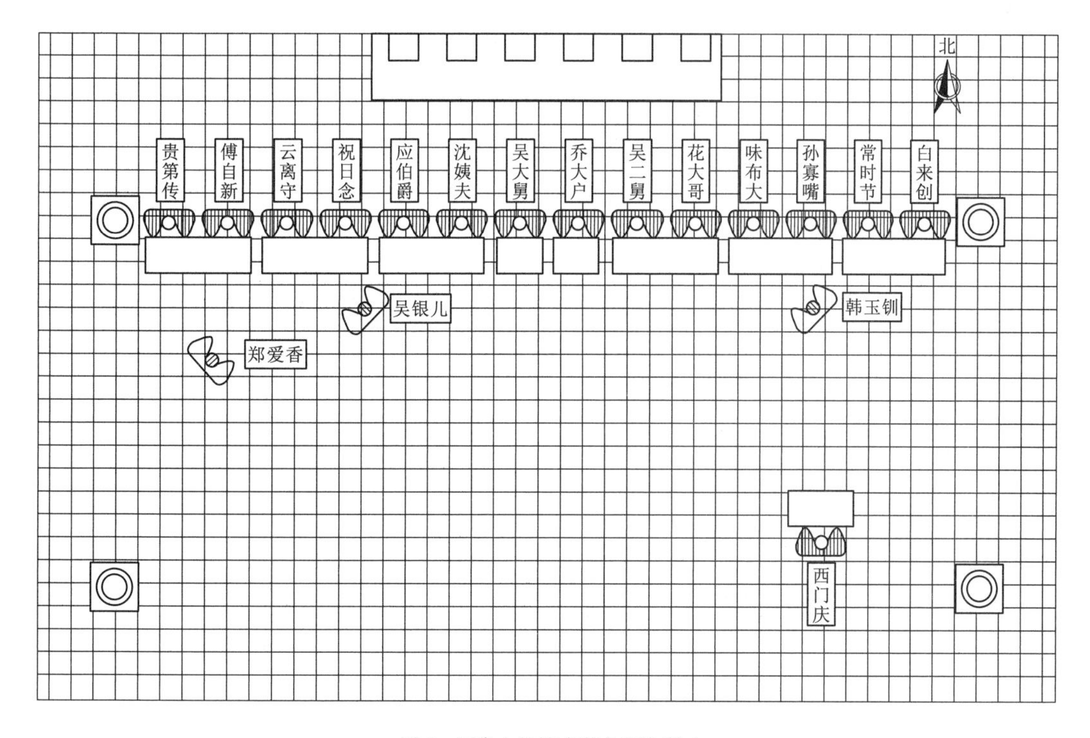

图5　厅堂上的正式宴会座次图二
（图片来源：《崇祯版金瓶梅》）

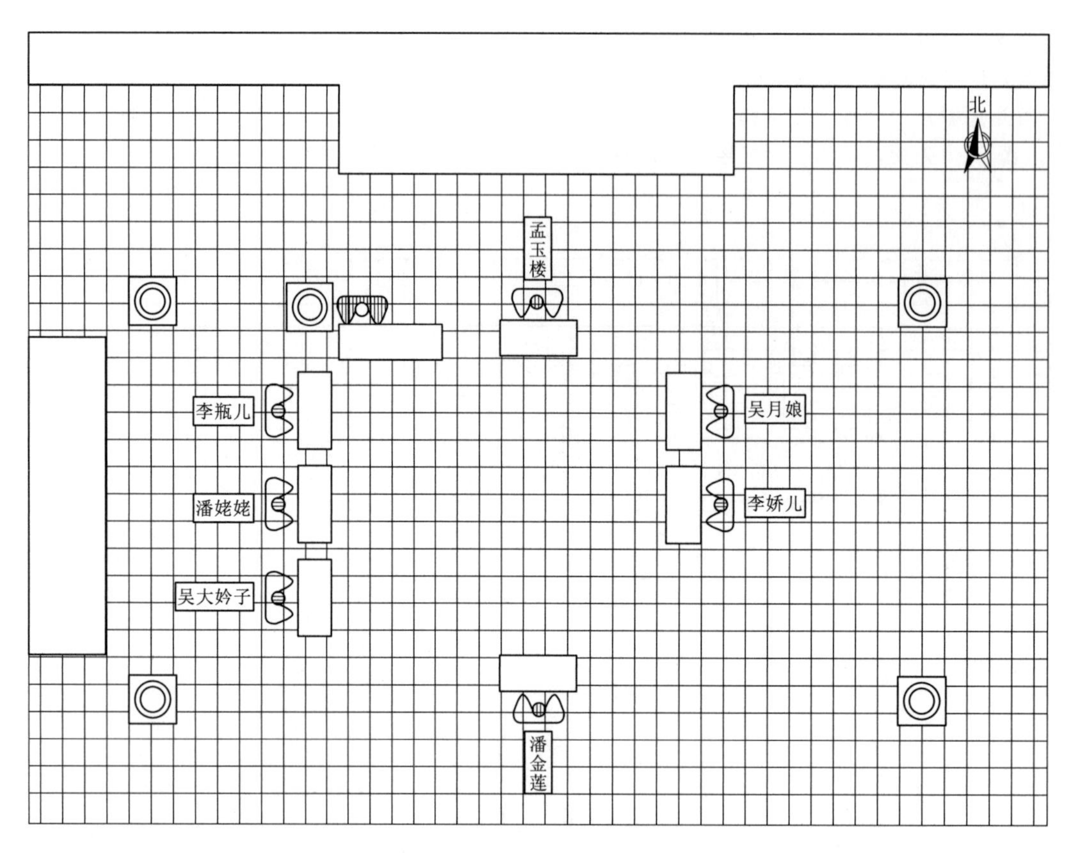

图6　吴月娘上房明间座次

（图片来源：《崇祯版金瓶梅》）

4　结语

通过对反映明代后期市井城市生活的小说《金瓶梅》中描写的西门府邸的研究，有助于我们探究和理解作者生活的那个时期的建筑思想、居住方式、文化习俗和日常生活。首先，西门府邸宅院的布局是明代晚期较为常见的民居合院形式，“厅”与“堂”宅院是居住者的核心活动空间，具有中心、公共、礼仪等多重属性。其次，正房与厢房因所处位置与朝向的不同，再加上自然气候的影响与古代礼制等级的规范作用，供不同身份的人使用。最后，就西门府邸宅院外向空间而言，交通流线上最重要的关键节点中有影壁、仪门、抄手游廊、仪门夹道和后仪门，转换空间的巧妙设置改变了空间的整体构成与层次。总而言之，西门府邸在空间构成、功能布局和方位位次等方面都十分讲究，充分体现了其所属时间和地点的人文思想和居住文化。

从宏观意义上讲，所谓文化，则是指经天纬地之道曰文，而万事万物演绎变化之道曰化。作为物质特色与精神特色兼具的西门府邸，承载了蕴含于其中的居住文化。一个时代的居住文化是指以民宅建筑为载体、以居住环境为依托、以居住传统习尚为核心，所形成的鲜明特色的各阶层居住生活的文化现象。宅院府邸居住文化体系，不仅内涵丰富，而且个性突出，作为载体的合院建筑成为中国传统居住建筑中特色独具的典型代表。

［本文为北京市教育委员会长城学者培养计划资助项目“中国传统地域性建筑室内环境艺术设计研究”（项目编号：CIT＆TCD20190321）的阶段成果。］

参考文献

［1］兰陵笑笑生．金瓶梅词话［M］．戴鸿森，校点．北京：人民文学出版社，1985．
［2］兰陵笑笑生．新刻绣像批评金瓶梅［M］．济南：齐鲁书社，1989．
［3］李渔．李渔全集［M］．杭州：浙江古籍出版社，1991．
［4］杨天宇．周礼译注［M］．上海：上海古籍出版社，2004．
［5］闻人军．考工记译注［M］．上海：上海古籍出版社，1993．
［6］吴王江．墨子校注［M］．孙启治，点校．北京：中华书局，1993．
［7］章诗同．荀子简注［M］．上海：上海人民出版社，1974．

生态理念在民宿景观设计中的应用研究

■ 张卫亮[1,2]　王继宽[3]

■ 1　长春科技学院　2　吉林职业技术学院　3　长春装饰设计行业商会

摘要　随着社会经济的不断发展，越来越多的民宿出现，逐渐成为人们改善生活质量的首选之地。自党的十九大召开以来，生态理念也越来越受到重视，如何在民宿景观设计中应用生态理念也成为民宿景观设计的重要考虑内容。十九大报告中提出的对有利的自然条件加以保护和改造、合理回避不利自然条件的经验和智慧，对于指导我国当今民宿建设和生态保护具有重要的借鉴意义。此篇通过探析民宿的生态理念应用，提出坚持整体规划与生态构成的统一、坚持阶段建设与生态发展的统一、坚持理念应用与实践参与的统一等应用原则，从而表达生态理念在民宿景观设计中的重要性，对于深入推进探析民宿设计理念具有一定的研究价值。

关键词　生态理念　民宿景观设计　乡村旅游　生态与民宿

在当下物质生活日益丰富的同时，生态环境却仍遭受着一定程度的破坏。“生态”一直是环境保护工作的重中之重，可真正能做到不破坏生态的又寥寥无几。在建起一栋栋高楼时，我们无形中也对生态造成了影响，民宿景观设计亦如此，因此，我们更应该将生态问题和民宿景观设计的讨论提上日程，明确生态理念在我们民宿景观设计中有如此深刻的影响。

1　生态理念的相关概念

“生态”❶一词出现后，纷纷引起生态界学者们的探讨，虽然“生态”一词至近代才出现，但在古时候生态观念就已经存在了。例如夏朝时期的“天时”“地宜”的生态观念；春秋战国后的“上因天时，下尽地财，中用人力”的“天地人”生态观。然而今天的生态观念也层出不穷，宏观方面政府大力提倡“在保护中发展，在发展中保护”等生态建设观念，微观方面诸如勤俭节约和绿色低碳等标语都表达出生态理念的具体方向。

2　生态理念在民宿景观设计中的重要性

2.1　自然与艺术相互融合，着重保护园林资源

自然是艺术的源泉，艺术是自然人化的结果。在贯彻生态理念的过程中，要准确把握自然与艺术的关系，对于自然与艺术的关系，应坚持客观性与全面性的统一。在自然中追求艺术感，在艺术中保留自然。说到自然就不得不提起园林资源，这是自然中不可或缺且资源最丰富的绿色植物资源，它对于空气的净化和小气候的调节有重要作用。园林资源在艺术表现上也有极大的空间，比如微型景观绿植完美地将艺术造型和生态植物相互融合，既有生态效益又有艺术效益。此外，园林资源有巨大的涵养水源和保持水土的功能，同时又是防风固沙的屏障，譬如有林地每公顷泥沙失量为 0.05 吨，无林地 2.22 吨，相差 44 倍。由此可见，园林有如此丰富的综合效应，所以更应该大力提倡植树造林，保护园林资源。

2.2　技术与艺术相互融合，塑造和谐空间结构

在西方风格民宿景观设计中，三维设计软件的应用也应与艺术有所搭配，在保证设施齐全的基础上创造艺术性，做到实用与美观相统一。比如欧洲中世纪基督教教堂结构营建，中世纪西欧教堂的拱顶基本都采用了交叉拱顶，在技术与艺术的融合中，在不断丰富其建筑内部的视觉效果前提下，去设计思考和谐空间结构的塑造。由原来的结构肋交叉拱（开间中央隆起，中间不连续），之后逐渐采用无肋交叉拱（开间中央隆起现象得到减轻）、筒形拱（空间连续性稍好，但还是一段一段的，而且显得笨重沉闷）、六分肋骨拱（拱顶有下陷的感觉）、开间为长方形的有肋交叉拱（空间连续性更好了，且拱顶的下陷感得以消除），再到后来的哥特式的尖券（空间连续且轻巧）。从以上可以看出，中世纪西欧的宗教建筑的拱顶一直都没停下前进的脚步，既满足对精神的信仰，也通过成熟的技巧与艺术性的创作达到和谐统一，塑造出不同建筑的新形式和新的空间结构，从而有益于实现建筑艺术和技术的统一，也有益于促进空间结构的和谐，而对于民俗的建筑空间应用起到了很好的理论支撑。

---

❶ “生态”一词最早源于古希腊，意思是指家或者我们的环境。具体概念是在 1865 年德国动物学家海克尔提出的，他认为动物对于无机和有机环境所具有的关系称为生态。后来，生态理念是指人类对于自然环境和包括小城镇在内的社会环境的生态保护和生态发展观念，涉及人类与自然环境、社会环境的相互关系。

2.3　生态与设计相互包容，维持良好生态平衡

在民宿景观设计中，不仅要保护生态，更要在设计中体现出生态的必要性，景观设计不仅要满足客户的住宿需求，也要考虑到对生态的保护性。反观20世纪80—90年代，国家重工业发展盛行之时，虽然只有短短的几十年，但这期间里便引发了极严重的环境问题，因此近年来对设计工作者的设计要求有了一定的标准，比如"适度设计""健康设计""美的设计"等概念纷纷提出，它们给设计行为重新定位，旨在打造在不破坏生态平衡的基础上适宜人类居住的空间，使人类能够安心、健康、艺术地生活。总而言之，良好的生态平衡需要长期且稳定地去维持，对原有生态的保护和在原生态基础上进行改造和适度的设计，这便是对维持良好生态平衡这一主题的最大尊重。

3　生态理念在民宿景观设计作品案例中的应用

3.1　回归人与自然、人与自己最真实自在的状态

慢屋·青麦庄园位于重庆渝北区玉峰山森林公园内。玉峰山被称为"渝北第一峰"，其周围树木众多，环境优美，有很好的人文资源和自然资源，空气清新，受到了很多游客的青睐。慢屋·青麦庄园不仅四周生态资源丰富，而且也尽最大可能地保留了原汁原味的生态空间，其建筑设计与生态完美融合，相辅相成。生态理念也在建筑设计中处处体现。其一，与背景的青山绿水有很好的统一，设计师用连贯的建筑外形与地势作出完美的呼应，以打造出与场地契合的精神空间。其二，基于场所的自然气息，通过山林之间的气质，在室内空间设计上也考虑到这点，展现出静谧、自然、舒适的环境氛围，营造出与城市快节奏生活不同的慢节奏生活风格。其三，通过透明的材质玻璃墙把室外景色和室内空间串联，相互映衬，视觉自由又让人感受到身临其自然境之感。其四，民俗空间的布局舒适自由，通过丰富的设计手段来呼应周围环境的地势山脉，比如楼梯、台阶等，并用当地的植物衬托，通过光环境的营造展现出梦幻波澜的光影质感，来展现室内空间环境的虚实转换，很好地凸显设计意境。其五，在材质上，增加了视觉、触觉、嗅觉等组织方式，通过粗糙的沙砾与细腻的木纹呼应，流露着自然主义理念和生态主义理念的融入。进而通过现代的设计手段，对各种元素重构组合统一融合，在肌理、架构、内涵等方面形成一种空间精神，人们对于生态的消费理念也更加青睐。以上五个方面都将生态理念与建筑设计相融合，坚持和谐共生原则，这才使得客户在慢屋·青麦庄园能够慢下来，享受生活，回归人与自然、人与自己最真实自在的状态。

3.2　"竹"元素的展现

宾临城精品民宿位于湖州市茅坞村，依山而建，竹林环抱，有丰富的自然资源。该民宿是改建一座由三栋楼组成的老宅而成，通过对地域文化的理解和保留原来的地域景观建筑，不去破坏原来的自然景观中的人文内涵。由于疫情等原因，这种凸显地域文化和生态理念的民宿空间受到人们欢迎，就需要设计师考虑这种际遇下的环境空间与自然环境的融合营造，是否形成新设计理念或设计视觉效果来满足人们需要。生态理念在宾临城精品民宿中的应用如下：其一，在植物景观方面，如竹林中的竹笋，通过与老建筑的对比，打造出一种"破土重生"之感，形成一定的场所精神，新与旧的生命力量完美展现。其二，在建筑层面也考虑新旧元素的表现，通过新的植物景观和新的建筑外观，在不影响老建筑和自然环境的情况下，与山后的美丽景致形成融合统一。其三，四君子之一"竹"元素的展现，通过周围环境的设计始终围绕这一主题，突出地域特征的植物元素在建筑空间的应用，这不仅使得内与外的边界被逐渐消隐，也使得当地的传统情怀在场地中蔓延开来。其四，大量运用落地窗的设计，将窗外景色引入室内来，在设计方面也加入更多的巧思，例如镜面的使用让景观在室内进一步延伸、竹模板混凝土浇筑的柱子成为室内的装饰、在客房小园中更多加入"竹"元素等，在民宿的屋顶和竹林的深处，目前都处于"留白"的状态，这也为设计预留出了更多继续生长的空间，也为生态预留了"呼吸"的空间。

3.3　满足顾客的思乡之情

左盼民宿坐落于崇明岛港沿镇的园艺村，原建筑是村民自建房，一栋3层主楼和单层的附楼，西、南面紧靠邻居的民房，东、北面是开阔的黄杨苗木林。在乡村振兴示范村的规划下，村里的民房相继改造成"白墙灰瓦"的风貌。即使周边景观资源较弱，但左盼民宿的半户外空间的设计既做到尊重生态原则也营造出良好的空闲体验和氛围。其一，主入口是用竹钢构筑的门廊空间，竹钢既考虑到设计的元素也考虑到竹钢可以与当地的生态景观相融合，格栅遮挡了外部的视线，通透而不生硬，若隐若现地营造出朦胧感。其二，房间北面的大玻璃窗提供了良好的观景视野，将稳定的自然光引入室内。从早晨到傍晚，落入房间的余光则更是体现一天的光线变化，呈现了生态的时间更替。其三，房间内的开窗设计既不刺眼也做到通风换气，开窗方向也顺应了当地的风向规律，体现了与生态的融合。其四，窗洞的设计使三楼的廊道视野变得开阔，从三楼望去可以远眺半个园艺村的苗圃。其五，庭院空间有开放感，夏天的游泳、戏水、用餐、冬天的壁炉和烧烤都将是这里的活动主题。左盼民宿以较宽敞的平地空间和"接地气"的生态环境更多地带给顾客"归家"的体验感，更好地满足顾客的思乡之情。

3.4　赋予新的价值意义

山也度·塘湾里位于浙江省杭州市富阳区洞桥村，设计上将生态保护的理念贯穿始终，以"低影响"为设

计原则，以维护和保持夯土老屋的建筑基底、顺应山势的高度变化、保留溪流的流淌路径、梳理山坡杂乱植物为基础进行景观方案打造。其生态理念也在设计中展现得淋漓尽致。其一，选用锈板、夯土、当地块石等材料，因地制宜，同时对原有植物进行梳理，在保留地块原始风貌的同时，为人们提供了休憩驻足、体验自然风光的空间。其二，在设计路线的同时，也着重考虑保护沿线周边生态环境，不断推敲入户出行的组织流线，以最便捷和最有效保护生态为准则，在不破坏当地生态风光的前提下，为使用者构建方便的公共空间。其三，山也度早晨的云雾缭绕、雨后天空的阳光如洗、择春品茗、采摘猕猴桃和西瓜的自由、秋后的稻浪翻滚、路边的丛丛竹林、农场里的鹅羊成群、新人甜蜜的婚礼场所、孩童们的自然探索之旅都体现出山也度与生态的紧密联系，自此山也度也被赋予了新的价值意义，一个科技创新、民宿酒店、自然教育、人文艺术、户外运动、休闲农业、康养疗愈等功能集合的未来自然社区。

4 生态理念在民宿景观设计作品中的创新路径

4.1 坚持整体规划与生态构成的统一

对于现代民宿景观设计来说，在做民宿的区位分析和整体规划时要合理安排区位，综合考虑周边的原有生态基础，在此生态基础上将民宿景观和周边生态环境相结合，保护和节约利用生态资源，对不可再生性资源要尽量采用其他可再生性资源进行代替。在前期调查中要具体问题具体分析，在具体位置所种植的植物和绿化方面都要有明确的具体方向，做到与民宿景观相互融合，确保建成后画面与预测画面相统一。

4.2 坚持阶段建设与生态发展的统一

在民宿景观设计中，对生态方面的初步设计和预想要符合自然发展规律，一项民宿景观建筑工程往往都需要较长的建设时间，而植物的一年四季都会有不同的变化，甚至变化十分明显。首先，在毕业设计的初步设计中对生态植物方面的考虑也要顾及时间规律变化，植物生长是一个循序渐进的过程，因此在初步设计过程中要根据植物的生长速度和生长高度去判定用哪些类型的植物；其次，色彩类的植物，比如花卉类等还要考虑到色彩搭配等因素；再者，特殊类型的植物比如含有汞、铅等有毒物质的植物要慎重考虑；最后，在植物配置方面，要根据植物的观赏寓意来表达意境等。总之，植物的阶段配置要与其生态发展的步伐相一致。

4.3 坚持理念应用与实践参与的统一

当前，“双碳”生态理念深入人心。在如此紧迫的生态环境下，民宿景观设计也更应该将生态化作为设计准则去遵守，在初步设计中，要结合区域特征、地理位置、自然资源消耗、生态环境保护及传统文化传承等现状，系统地、正确地评估该民宿区域生态保护现状，提高资源利用率，杜绝乱丢乱弃，建立垃圾回收系统，降低资源消耗。如何提高人们对生态环境的保护意识，是营造民宿空间环境关键考虑点。因此，在对区域进行设计构思前，要做足必要的实地考察和充分的调查报告，在日常生活中，坚持加强生态环境保护意识并鼓舞身边人参与到提高环境保护意识及切实保护环境的行动中。

5 生态理念在民宿景观设计中的未来发展

古往今来，人类世世代代生活在自然中，人与自然和谐发展总是一个永恒的话题。在当代社会迅速发展的背景下，生态理念也在不断完善，然而在民宿景观设计工作中，既可以通过相应的科技手段来改善民宿以及周边地区的居住环境，也可以通过绿化建设来改善民宿以及周边地区的人文绿化环境，无论以何种方式改造自然，总能从中瞥到生态理念的影子。总而言之，生态理念无处不在，在未来的设计道路上，生态理念必不可少，而且生态理念与民宿景观设计的联系会越来越紧密，总有一天，两者的结合能达到合二为一的境界。

同时随着我国旅游事业的不断发展和国家“乡村振兴”的政策不断优化，城乡结合各项措施也为我国建设社会主义新农村提供了更多选择，民宿型乡村景观则是其中表现形式之一，这也为民宿开拓出更广阔的设计空间。相信随着“绿色时代”“低碳时代”“环保时代”的发展，越来越多的积极因素融入民宿景观设计中，使其不仅仅是一种视觉建筑形象，更应该是展现地域文化的标志建筑形象。未来民宿设计将不断创新融合新科技、新材料、新方式，并围绕地域文化、人文特色、风俗习惯等进行差异化营造，民宿也必将呈现群集式发展，客观上民宿景观设计也会呈现螺旋式前进发展趋势以承担更大更多的责任。

6 结论

本文从生态理念的概念讲述到论述生态理念在民宿景观设计中的重要性，表明自然与艺术、技术与艺术、生态与设计相互融合的观点，通过着重保护园林资源、塑造和谐空间环境、维持良好生态平衡三点要求综述了生态理念在民宿景观设计中的重要性。根据本文对生态理念和民宿景观设计的浅析和探讨，民宿景观目前尚没有明确的定义，在 2016 年张旭的《民宿型乡村景观规划与设计研究初探——以望城茶亭水库片区乡村景观规划与设计为例》中提出“民宿景观是指乡村民宿周边的景观，是一种私有景观，主要包括室内空间、建筑、住宅庭院景观以及周边菜地等，是民宿型乡村景观中极其重要的景观类型。”同时也指出“小巧精致、功能齐全、干净整洁是民宿景观规划与设计的目标。”如其所言，暗喻年轻一代的景观设计工作者更应该将生态理念刻在心里，将生态与设计的完美结合作为毕生的设计目标，以保护和完善生态系统为己任，真正做到“虽由人作，宛自天开”“竹篱茅屋趁溪斜，春入山村处处花”。

[本文为以下基金项目成果：吉林省教育厅人文社科科学研究项目资助“吉林省设计类高等教育服务乡村振兴的实践创新模式研究”（编号：JJKH20221326SK）；吉林省教育厅职业教育与成人教育教学改革研究课题一般项目“吉林省高职艺术学科赋能乡村振兴创新路径研究”（编号：2022ZCY121）。]

参考文献

[1] 黄伟强. 浅析生态理念在景观设计中的应用研究 [J]. 居业，2018（7）：30-31.
[2] 陈忠君. 生态理念在园林景观设计中的应用与实践探讨 [J]. 现代园艺，2021（6）：96-97.
[3] 李莉. 生态理念在园林景观设计中的应用与实践探讨 [J]. 南方农业，2020（23）：41-42.
[4] 项文梅. 生态理念在景观设计中的应用 [J]. 现代园艺，2011（20）：43-45.
[5] 姚晶晶. 生态理念在乡村景观设计的应用：以福建省屏南县新田村为例 [D]. 南京：南京师范大学，2021.
[6] 张飘逸. 生态规划理念在园林景观设计中的应用 [J]. 现代园艺，2020（24）：97-98.
[7] 崔闰萌，翟付顺. 生态智慧园林理念在公园植物景观设计中的应用 [J]. 安徽农学通报，2021（8）：85-86.
[8] 鲁璇. 生态规划理念在园林景观设计中的应用 [J]. 屋舍，2020（22）：113-114，16
[9] 张卫亮，战晶，赵惠英. 东北设计类学科职业教育支撑美丽乡村建设创新模式研究 [J]. 设计，2022，35（1）：90-93.
[10] 张卫亮，郭玥，李博文. 基于乡村振兴战略背景下美丽乡村建设创新模式探索与研究 [J]. 农家参谋，2020（18）：2.
[11] 张卫亮，郭松. 探析“尺度工程”在建筑室内空间设计的语境表达 [C] //2021 室内设计论文集，2021：188-190. DOI：10.26914/c. cnkihy. 2021. 047344.

社会可持续视角下的青岛市北区社区网格空间运营设计研究

■ 朱笑宇　胡　彬　罗萍嘉
■ 中国矿业大学建筑与设计学院

摘要 社区网格治理日渐成为社区治理的主导模式，如何通过社区网格空间的运营设计构建社区的社会可持续性，使社区网格治理从“管制”导向“服务”，从政府主控转向多元参与，本文以青岛市市北区平安路社区网格空间运营设计为例，通过对社区原有资源的整合与利用，扩充服务项目，细化管理内容，提升空间形象等方式提升网格社区的独立性、开放性、累积性、防御性，增强其社会凝聚力，从社区社会可持续角度探讨可持续社区的建构方法及途径。

关键词 **社会可持续　社区网格　可持续社区　城市社区**

引言

20 世纪 90 年代初，随着单位制基层社会管理模式的解体，社区制逐渐形成。90 年代后，由于社会快速转型，社区单元多且复杂，社区治理常受到条块分割的困扰，出现多头政策、机构协同困难、责权不匹配等问题[1]。原来的社会治理结构需要调整以保障居民生活质量，适应新的社会格局，网格化管理模式在此情形下应运而生。2004 年北京市东城区首次提出网格化管理并收到了较好的治理成效。2013 年《中共中央关于全面深化改革若干重大问题的决定》对网格化管理定位："以网格化管理、社会化服务为方向，健全基层综合服务管理平台，及时反映和协调人民群众各方面各层次利益诉求[1]。" 迄今，网格治理已有十几年，并不断在实践中总结经验。

社会治理的“网格”，是将城乡社区按照一定的原则和标准划分为小的治理单元，强调多元治理，协同治理，以及问题自下而上的解决（图 1）。自北京 2004 年东城区提出城市社区网格治理以来，历经上海长宁模式及舟山模式的发展，网格治理已进入成熟阶段。然而，在治理过程中，网格治理依然存在着政府“管控”过度，参与主体单一，居民参与度低[2]，社区运作行政化，社会组织功能缺失等局限性。随着中国社会的多元化发展，矛盾纠纷频发，社区作为社会治理的基层单元，是感知民生的末端神经，预防化解社会矛盾的前沿阵地，其治理直接关系着“善治”的实现。社区网格空间是网格治理的物质空间环境，如何通过它的运营设计，提升网格的使用效能，增强社区居民的凝聚力，提升居民共建共治社区的动力，建构可持续社区，是本文研究的重点。

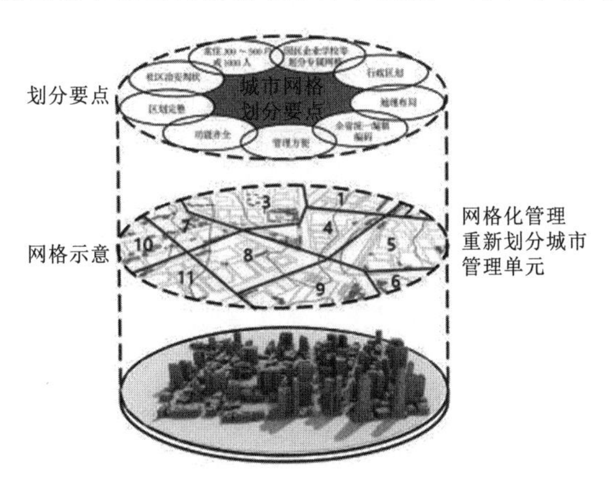

图 1　城市社区网格划分示意图
（图片来源：作者自绘）

1　城市社区社会可持续性营建

丹普西（Dempsey）和勃拉姆利（Bramley）等学者提出，可持续社区应该具有五个基本条件：社区稳定性、社会网格关系、社区参与度、安全感以及场所感[3]。其中稳定性是可持续的前提[4]，来自于居民较为长期的居住，以便进行社会网格关系的建构与维持，而良好社会网格关系的建立也维系着社区安全感和场所感。但随着 20 世纪 90 年代的住房商品化改革，以及社区内共享服务设施的缺失，居民间社会网格关系逐渐淡化，“社区”的价值和存在意义随之弱化，因此“可持续社区”在设计上应更加注重对社区“社会可持续”的关注。

董禹等通过对哈尔滨 8 个社区实证指出居民的“在社区中居住时间越长以及邻里交往越多的居民，具有更高水平的社会可持续性[5]。”围绕社区居民生活与交往来组织空间，为居民的互动创造条件，来构建社区的社会可持续，包含以下几点：

（1）社区内部应具有独立性，提高内部资源共享概率，增加社区居民对内部资源的依赖。建立完善的公共设施并提高设施使用便利性，减少居民机动车出行机会，提高因步行带来的交往机会，增强居民互助概率与归属感。通过创造社区服务机会的多样性，提供居民活动（运动、休闲、交往等）方式的多样性。

（2）社区应保持一定的开放性，合理利用社区周边资源基础与资源特色，建立社区之间可共享的设施与可共同参与的活动，关注社区居住空间、居民构成与各资源间的关系，避免社区居住场所周边资源浪费。

（3）社区应具有累积性，延续社区居民因长期居住所累积的生活、生存习惯以及社会生活特征痕迹的记忆，这些是居民产生归属感与凝聚力的基础。在进行物质空间质量提升的同时，应通过全面考虑社区原本的人文历史、形象特征，并依据其现状与特色，协调优化时间、空间等资源配置以满足不同人群的各自需求，实现社区资源集约配置与高效利用。

（4）建立社区防御性，提升抗风险能力，临时状况可能导致居民跨空间流动的阻碍，破坏居民日常生活物资与信息获取的渠道。可持续社区在满足居民日常生活的同时，需要提供弹性服务功能加强社区在面对紧急情况时的应对能力，例如提供临时物资囤放点、多样的临时服务空间以及信息政策传递沟通方式等，以保证在风险期间居民可以满足基本生活需求，加强社区的稳定性。

2　社会可持续性的治理保障

社区作为最基础的城市管理单元，既需要承担自上而下的政府管理职能，又依赖居民的参与以便进行自下而上的问题反馈，这就需要政府与社区居民之间进行高效合作以保障居民的生活质量。因此，有效的信息连接、有效的社会组织和平衡各方利益诉求是网格对社会可持续性在治理上的有效保障。

基于互联网发展应用的网格化管理，是通过网络技术建立数据链条和信息传输体系，推动数据资源共建共用共享，突破物理隔离[6]。网格化管理带来的政府信息公开与及时的大数据收集，使得政府管理与社区自治中双方连接更加紧密。但网格化管理的定位决定了其内含功能的复杂，除了依靠互联网衍生所带来的技术支撑，物质空间上的治理保障也尤为重要。网格空间的党建职能嵌入使得网格化管理能真正实现党政引领下的社区居民自我管控，政府在网格化管理中的角色将逐渐由建设者转为引导者，在促进人性化、精细化、联动执行的管理服务的同时，实现自下而上与自上而下结合的社区治理，最大化提升社区应对紧急情况的防御能力。

社区中的网格空间作为物质环境，承载网格化管理的实际运营，其建设原则、建筑与功能的规划、形象定位要服务于网格化管理的更好实现。其运营策略和空间功能的组构，应能创造性地对社区资源进行重组，修复或重构社区环境中的社会关系，引导社区社会可持续性的发展。

3　青岛市北区社区网格服务中心空间营建

青岛市近十年来不断提升网格化管理体系，广泛建设以信息化为基础的网格化管理工作。在常住人口约110万人的老城区市北区，至2021年共辖22个街道，建立了137个社区1064个网格[8]。

从社会网格管理功能来说，如何组织其复杂功能、空间与关系流线，延续网格管理的思维，促进人们更高质量生活，构建人文情感充沛、邻里活跃友好的可持续社区，是社区网格服务中心社会运营策划的重点。本次实践围绕促进社区社会可持续性，就市北区兴隆路街道平安路社区第三网格服务中心进行空间运营设计，并总结设计经验教训，为类似社区网格服务中心提供设计参考。

3.1　总体空间运营策划

兴隆路街道平安路社区第三网格空间位于青岛市市北区遵化路7号院内（图2），建筑面积114m²。其功能模块定位是通过对环境区域内各项服务设施及资源通盘考虑后，结合环境内部需求及条件进行的弹性空间设计，即功能空间可以灵活适用于多种情境，并顺应社区发展趋势，以推动社区居民共享为目标，提升网格空间的风险预防能力与资源利用效率。

图2　网格空间位置
（图片来源：作者自绘）

首先，在街区尺度上进行资源盘点（图3）。以网格服务中心为中心点，以500m为服务半径，在此区域中围绕社区居民生活的服务设施进行调研分析，得出以下结论：社区及周边环境基本设施较健全，交通便利，居民中退休老龄人口超过五分之一，社区建筑普遍超过22年房龄，属于成熟度较高的社区环境。

社区中原有的社交特点是松散度高，流动性大，随机性强。社区居民要成为网格空间的直接受益者，网格空间就应成为居民社交生活的一部分，与居民日常生活联系，将社区原有的潜隐式文化活动，如：遛娃、咨询、散步、聊天这类随机性较强的居民活动整合在网格空间周边。

其次，根据现状进行渐进式的运营计划。通过微型

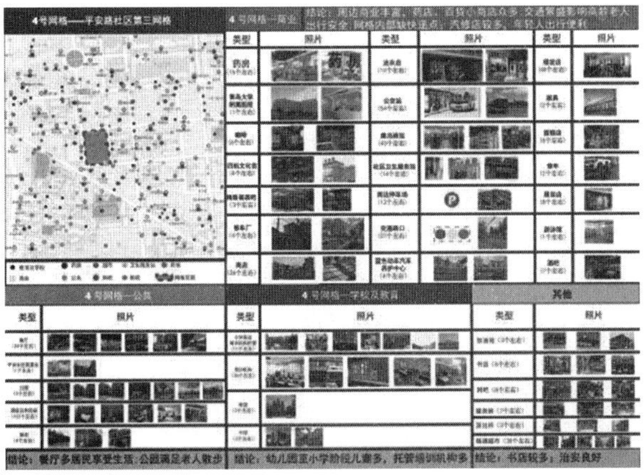

图 3　社区周边生活资源
（图片来源：作者自绘）

商业植入吸引客流量，解决网格空间运营初期的“开门难”和网格管理员的服务空窗期；提供休闲活动空间，提升居民使用网格空间的动力；提供政务空间给居民活动，引导社区居民自管自治，培育社区居民、工作人员的身份认同与主人意识；提供免费咨询服务，为基层组织及时了解、解决民生问题搭建平台。

再次，根据选址空间特征划分功能区。网格空间的功能设定是其能否建立与居民的密切关系的关键，也是其后期能否运营的关键。整合社区居民微诉求，其在社区中的角色应为党建引领下的社区管理、服务、商务融合提供场地支持，为提高网格空间使用频率和办事效率，空间功能划分为户外娱乐区、室内娱乐区、党务学习区、办公区、休息区等（图 4）。

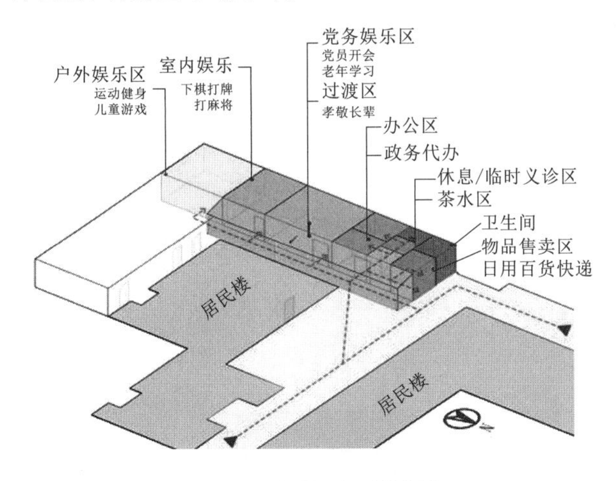

图 4　社区网格空间功能划分
（图片来源：作者自绘）

社区治理是长期而动态的，社区网格的建设也应该是逐步完善的，围绕核心目标社区社会的可持续发展，在日常生活中培养积极主动的公民参与意识，使网格空间成为居民生活必修品，尊重社区社会发展的生命周期，以渐进式、包容性的弹性设计宗旨作为网格空间运营策略。

3.2　服务系统设计

服务系统为社区内部资源自循环提供保证，是增强社区风险防御能力，保障居民生活质量，促进邻里互助友好的基础。

通过盘点社区周边已有资源以及社区居民的访谈了解到，社区辖内老龄化趋势明显，需要介助、介护的人数正逐年增加。居家养老、原居安老作为高龄老人的诉求是社区网格公共服务系统中亟须关注的，也是今后社区服务发展的趋势之一[9]。以社区老龄人的需求为基础，进行设施功能配置与相关空间组织，并将其作为探索未来各类社区日间照料服务的起点。

重视老年人行为特征和空间需求，以怀旧元素及多元化的服务项目来改善老年人的日常生活状态。首先，利用场地原有院落设置儿童墙绘板与锻炼墙，打造具有亲子特征的环境氛围，强调代际间平等互助互爱，彼此尊重的价值共同体的重塑[10]，增强社区的社会包容力与凝聚力（图 5）。其次，设置包括助医、助餐、咨询、配送、文化娱乐、精神慰藉等功能雏形的微空间，提升老龄居民交际活力与接受服务的积极性。再者，针对超龄老年人取收快递困难且对公共服务依赖程度大的特点，设置与微商业服务一体的人工代取送点。微商业服务以便民服务为宗旨，采取低廉、免费的租用方案吸引社区周边商业资源与社会公益资本参与，商家可采取代卖寄卖的方式进行服务，并通过组织社区居民参加社区内力所能及的志愿服务，鼓励身体健康的老年人协助社区自管自治，构筑互助互暖的可持续熟人友好社区。

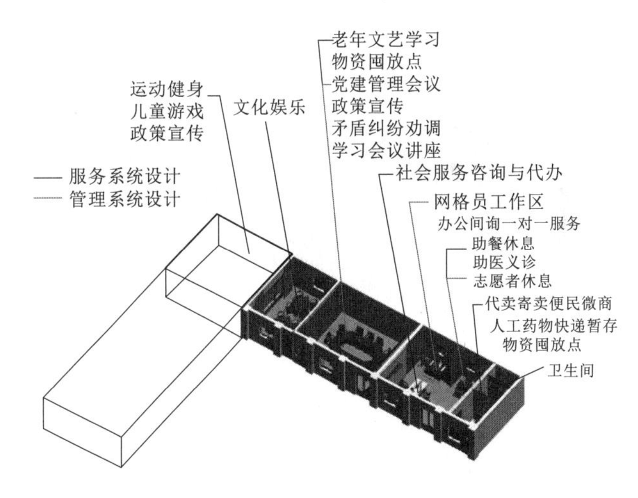

图 5　服务系统与管理系统设计
（图片来源：作者自绘）

整个室内空间始终贯彻弹性布置手法，依据居民各时段的不同活动进行空间预约，多样高效灵活地使用空间，提升空间资源利用效率。如小卖部的储藏空间在日常提供商品买卖，药物快递暂存功能，在疫情等特殊时期可与党务学习区结合作为物资囤放点。文艺学习空间与党建会议空间结合，采用可移动的滑轮桌，一方面可以满足老龄人不同活动时所需空间；另一方面可以通过自由组合会议桌，布置不同形式的会议或公益课堂。

3.3　管理系统设计

社区网格的管理系统设计需兼顾社区网格服务管理员与居民日常使用需求，并以创建共管共治的社区管理模式为目标。按照青岛市社区网格治理相关文件规定，网格工作人员控制在4～5人。根据现有社区基本情况和弹性空间设计策略，网格空间安排有固定的满足4人的工作空间与临时的志愿者休息空间，并将休息空间与社区定期组织的义诊活动区进行结合。

网格服务管理员除了日常民意民情的收集与报送，同时需兼顾纠纷调解处理、特殊人员帮扶、基本社会服务咨询与代办、国家党政宣贯等职能[7]。因此需提供可以应对临时任务的“1变N”复合型功能空间，以便保障社区各种事项良性运行与居民生活质量的持续改进，如在主要办公区内设计固定办公问询区域，提供民意民情的收集记录、特殊人员帮扶的一对一服务；在党务学习区中采用可活动拼接的桌椅，为无法在走访期间解决的矛盾纠纷劝调提供空间；在老年学习活动时间错开的时间里安排法律法规宣传、公民道德宣传等学习会议，并布置有相应的电子设备。

党建作为与行政管理统合的部分，主要体现在党的主张宣传、党的决策贯彻落实与对群众的动员。因此还设计有长期固定政策宣传栏与可换式党建新闻宣传栏，另有室外涂鸦墙可供专题绘画。多种类满足党建宣传的多样式需求，为党的政策执行打下物质基础。

3.4 形象指示系统设计

形象指示系统设计作为网格空间的“使用说明”，是社区网格设立理念、整体空间氛围及党建形象展示的直接反映，一方面应与社区整体空间氛围协调，延续社区的环境记忆；另一方面应兼顾当地人受山海文化影响下的审美偏好，具有乐观豪爽的形象气质。

在整体色彩组构上，提取社区现有的环境色彩，并进行了对比调和（图6）。标志设计上围绕平安社区、老人、宜居的主题展开，采取提炼社区服务中心原建筑的坡屋顶外形，概念化社区营建中关于理想代际关系中呵护、陪伴、交流基本理念，颜色采取原社区环境内的黄红绿色调延续社区历史记忆，同时展现充满活力、愉悦、希望等正向能量的生活氛围（图7）。

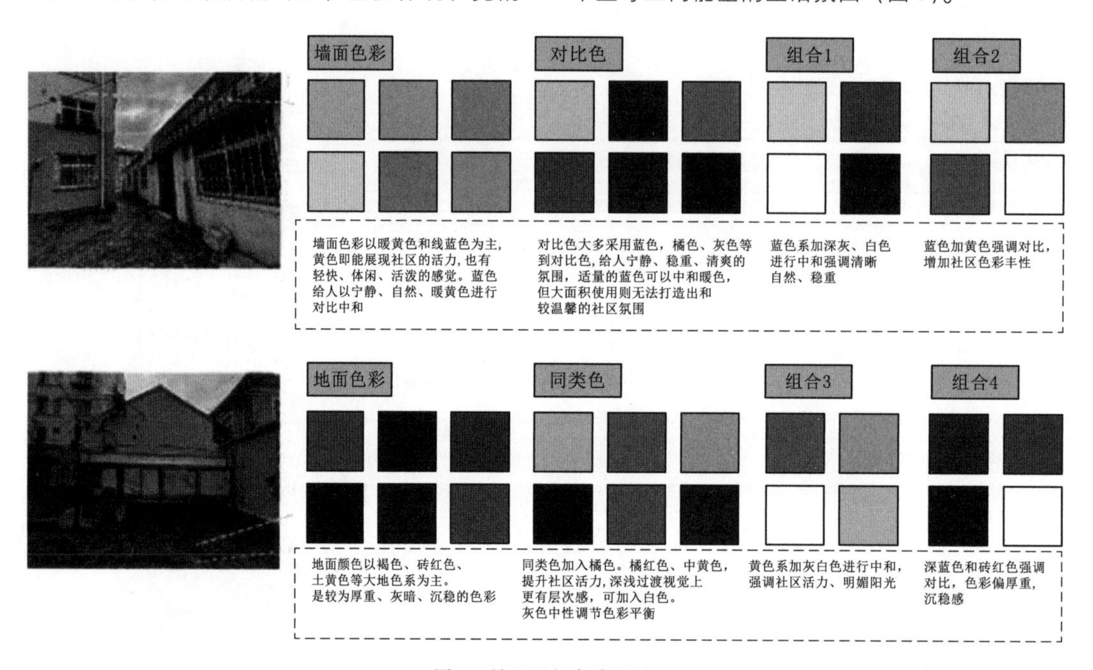

图6 社区记忆色彩延续
（图片来源：作者自绘）

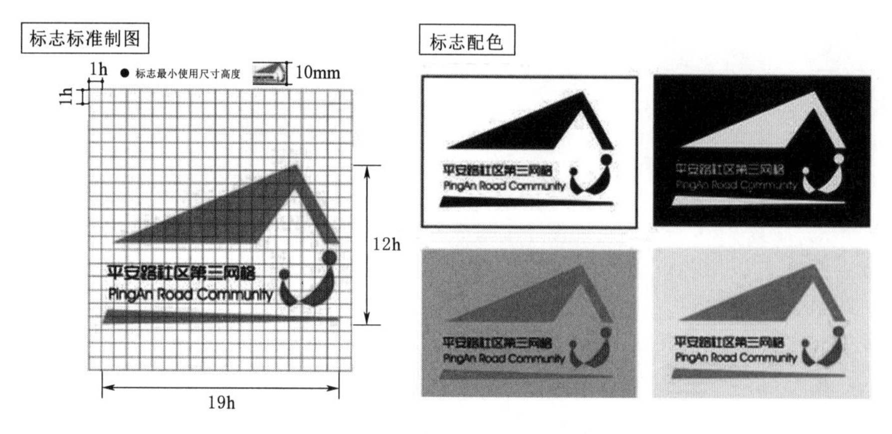

图7 社区网格空间标志
（图片来源：作者自绘）

指示系统设计是对空间进行方向性的指引，引导居民把握空间，因此需要导视牌有较为详细和明确的提示。室外指示牌有网格化服务管理中心标牌、房间标识。室内标识由于多个空间具有多功能设置，标识更换的可能性加大，因此，桌牌标识、功能区标识都采用了易于更换的贴墙标识牌。整体指示系统设计延续简洁明快的风格，在字体、字号与色彩上考虑老龄使用人群视力退化、辨识能力下降等因素，采取提高背景与文字色差，提高字号以及采用简明字体来提升设计的可识别性。

4 结语

可持续社区建设是城市生态化建设中的重要组成部分，而社区社会的可持续又是可持续社区的重要命题，方案尝试通过社区网格空间的运营设计，调和社区居住者不同的利益需求，增强居民的归属感，营建与推广社区文化，引导社区社会合作，为多主体参与的共同治理创造条件，探讨可持续社区的建构方法及途径。

社区网格空间以保证党建服务基础功能和服务社区为基础，通过扩充服务项目，细化管理内容，提升空间形象等方式提升社区的独立性、开放性、累积性、防御性。通过提供便民服务、提供休闲场所以及设置各类功能场地等方式，在充分尊重居民建议的基础上高效利用空间资源，满足不同类别居民获取服务的便捷性，减少社区居民对外部资源的依赖构建独立性；通过微商业入驻、组织互助活动、与周边服务功能互补等方式丰富社区服务系统，提高社区功能的多样性与高效性，展现社区开放性；通过对城市人文历史影响下的居民审美偏好的挖掘以及社区历史形象的提取，为社区居民保留生活习惯及社区独特的记忆，提升社区的累积性；采用弹性空间设计的方式，提供了随时能够应对突发事件临时功能介入的空间，实现防御性。

社区网格空间是网格化治理在社区中真实面向居民的空间展现，是引导多元治理、协同治理的基础，其建设与运营随着社区社会需要而不断生长，并在动态调整中完善。

［本文为2020年度国家自然科学基金项目（批准号：32071830）的中期成果。］

参考文献

[1] 连宏萍．管理还是自治：审视网格在基层治理中的作用［J］．行政管理改革，2021（7）：89－99.

[2] 胡杰成，银温泉．“十四五”时期完善城镇社区治理体制的思路与举措［J］．改革，2020（7）：55－66.

[3] DEMPSEY N，BRAMLEY G，SINÉAD P，et al. The social dimension of sustainable development：Defining urban social sustainability［J］. Sustainable Development，2011，19（5）：289－300.

[4] 赵潇欣，姚鑫，杨迪．从城市到乡村：“乡村振兴”背景下我国建筑师的实践转向与可持续社区模式讨论［J］．现代城市研究，2020（11）：76－82.

[5] 董禹，肖永恒，董慰，等．城市社区社会可持续性影响要素研究：基于哈尔滨8个社区实证［J］．建筑学报，2021（S1）：134－139.

[6] FOSTER I，KESSLMAN C. The Grid：Blue Print for a New Computing Infrastructure［M］. San Francisco：Morgan－Kaufmann，1998.

[7] 邵新哲，计国君．城市网格化管理与智慧社区协同运作机制研究：以四川省S市社区网格化管理为例［J］．软科学，2021，35（2）：137－144.

[8] 民智城乡社区建设研究．好不好，要看群众笑不笑：山东省青岛市市北区“网格党支部”建设侧记［EB/OL］．（2021－07－11）［2022－02－16］.

[9] 王依明，李雪，李斌．基于老年人需求特征的社区日间照料设施功能复合化策略研究［J］．现代城市研究，2021（11）：65－71，105.

[10] 李娜，谢琪，田飞．基于代际互助的适老化共居环境设计研究：以长沙为例［J］．家具与室内装饰，2021（5）：133－137.

"在地性"视角下的乡村营建适宜性策略探析
——以广西都安琴棋村公益食堂为例

■ 翁　季[1]　高　博[1]　高　金[2]
■ 1　重庆大学建筑城规学院　2　麻省理工学院建筑与规划学院

摘要　在当前乡村振兴背景下，农村建设迎来新发展。针对乡村建筑在地实践存在的困境，提出通过适宜性的设计和组织策略提升项目的"在地性"。结合广西都安琴棋村一个公益食堂案例研究，从建设主体适宜性，建筑环境适宜性和建筑技术适宜性三个角度探讨适合乡村建筑在地实践中的策略。为乡村建筑在地建设和可持续发展提供借鉴，促进乡村振兴。

关键词　在地建造　适宜性　乡村营建　建造技术　人居环境

几十年来的城镇化进程促使人口，资本等要素逐渐流入城市，乡村面临人才缺失，产业凋敝，环境恶化等诸多问题，城乡二元化格局逐渐加深。[1]当前，在乡村振兴的战略背景下，乡村的建设迎来新的发展。然而，在农村建筑的普遍建设和使用过程中，有限的建造经费、简陋的施工条件等制约了其建设项目的建设和运营，乡村人居环境建设很难实现高品质发展。近年来乡村建设问题逐步受到专家学者关注，主要集中在于乡村业态改善、民俗文化传承和乡村风貌改造。

韩冬青总结出当前建造过程中"在地性"的缺失和其背后原因，并提出通过广泛的视野，开放的姿态和对本土特征的认知与探索重回建造现场，重塑建筑的"在地性"。[2]张皓翔等以"在地性"为切入点，提出通过分析后分级讨论，提出推荐方案但尊重自主意识的策略分三步提升乡村风貌。[3]刘永强等分别从环境、建筑、技术三个层面阐述建筑"在地性"，创造融入乡村空间肌理、历史文化和整体风貌的建筑。[4]当前的研究多集中在乡村建筑整体风貌的提升和与环境的融入程度，对建筑适宜建造与组织方式和适宜技术的研究却较少。本研究从"在地性"的视角出发，试图构建建筑的主体，环境和技术三者的关系，探索提高建造效率，改善乡村人居生活环境，提升村民生活品质适宜性策略。

1　建筑的"在地性"探讨

所谓"在地性"是指在建筑修建的特定的时间、人群、环境等客观条件下生长起来的，具有地方化和本土化特征的建筑营建理念。强调对于地方文化、环境特征和人群关怀的实际关注。"在地性"主要体现在以下三个方面内容：

一是建筑主体的"在地性"：要明确建筑修建的目的是提升村民的生活质量和人居环境，考虑客观环境因素，尊重其真实需求，充分吸收并考虑村民的意见，反馈在设计中。二是建筑环境的"在地性"：重视地方地形条件条件和气候，尊重地域文化、历史和习俗，将地域文化特征进行一定的筛选和提炼，通过建筑语言进行表达。三是建筑技术的"在地性"：本土化的传统技术往往是当地传统工匠千百年来的技术经验总结，强调技术不应当是高技术、强设备的堆叠，而应当是充分了解地域特征后对于传统技术的挖掘，充分利用本土化的材料和构造，创造性地形成具有地域特征的本土化技术。

建筑主体的"在地性"是强调以人为本的建筑思想，是建筑能够生长的主观能动性所在，也是建筑存在的目的和意义；建筑环境的"在地性"是在宏观层面对于地方气候、人文、历史文化等特征的总体归纳，是建筑背景的归纳与表达，也是对建筑未来的愿景；建筑技术的"在地性"是强调建筑在建筑营建过程中如何创造性地发展地方技术做到对人文的关怀，对环境特征的回应，是建筑真正意义上地融入环境，服务人民的方法。三者相辅相成，密不可分，成为有机的整体，建筑便在这关联与融合中生长。

2　"在地实践"面临的困境

"在地性"原本是建筑的固有属性，在建筑学未成为固有学科之前几乎是自然形成，不可疑惑的。这种"屋屋都相似，屋屋皆不同"的格局是由工匠、屋主和乡规民俗等共同把握的，它来自千年实践的经验积累。而后来由于现代建筑技术的兴起和城市建设的大量开展，建筑的场所属性，即建筑的"在地性"便逐步消失从而引起人们的关注。其中主要原因有工匠主导的一体化建造流程的逐步瓦解，以及人们逐渐消失的文化认同感和文化自信。如今的乡村建筑，或是千篇一律，不顾当地风貌和环境，形成机械性的重复建筑；或是成为建筑师放飞自我，实现建筑"理想"的试验场。而这两者对于新农村建设来讲，都不是合宜之举。乡村建筑实践面临着诸多困难。

2.1 建筑主体参与度低

随着城乡二元化格局加深，越来越多的青壮年进城务工，剩下老人和小孩留守村落，很多自然村逐渐凋敝甚至消失，这也导致一方面很难有乡村劳动力进行自发的自下而上的建设过程；另一方面，对于新建建筑很多村民也很难发声提出自己的意见，其真实需求得不到尊重与满足。

2.2 建筑风貌特征消失

传统建筑的生长源于真实的乡村环境和文化技术特征，而由于大量劳动力外流导致的农村空心化，使得农村传统建筑慢慢失修荒废，或被取代。而由于农村人民长久的地域和文化不自信导致对城市建筑的盲目崇拜，使得新建建筑逐渐与传统建筑偏移，变成了大量机械的城市建筑的模仿品，这使得乡村建筑风貌特征逐渐消失。

2.3 建筑能耗增加

传统建筑是源于对地方气候特征的把握，世代总结的建造经验，而从外地生搬硬造的建筑往往是不符合地方环境气候特征。例如，大量公共建筑盲目使用大面积落地玻璃窗与玻璃幕墙，新建建筑只顾外观造型宏大而忽略体形系数和布局朝向，通风采光条件，合理层高等技术问题，同时围护结构保温、通风隔热等技术并未大量普及。这些都导致能耗的大幅提升。

2.4 建筑建造技术落后

传统乡村建筑技术是在经验中摸索出来的，缺乏系统的理论指导。随着村民生产生活条件的改善，对建筑品质要求的提高，传统的建筑建造技术不能完全满足当前的需求，我们需要引入新技术，但乡村由于资金、人才、设备等条件有限，并不能将技术完完全全引入乡村建造过程中，因此需要将高技术的理念融合到传统建造技术中，用最低成本的技术达成目标。

3 “在地实践”中的适宜性策略

在乡村建设中需要不断地探索并重塑建筑的“在地性”，为了达到这一目的我们强调在营建全过程中的适宜性策略。

3.1 组织的适宜性

乡村营建并不能仅由某个团队独立完成，需要的是社会各方协作、合力而形成的共同。虽然“自下而上、村民参与”是规划师、建筑师在乡村营建中一直提倡的方法与途径，但在实际的操作中很难完全实施。让政府、专家、地方能人与工匠等构成“乡村营建共同体”，形成利益共同体保证了执行力的同时兼顾地方利益。[5]在村民对建设有异议或有利益冲突时，政府需要起到带头作用，协调各方，组织大家协同参与，设计者设计时充分尊重村民意见，地方能人与工匠参与具体建造过程，同时能在专业问题与设计方有效沟通。提议“乡村营建共同体”共同开发的方式，好处在于执行力强，可以依靠当地人进行落地项目的建设、运营与维护。

3.2 环境的适宜性

建筑设计者在初步设计时要以点激活、触媒效应作为目标，通过具体的乡村的调研与实践，找到能融入乡村地域特征的建设方法。建筑要尊重地方气候特征，从环境布局着手，考虑日照通风，围护结构做好保温或隔热，合理运用保温门窗，多用被动式的绿色建筑策略回应气候特征；建筑要尊重当地文化，充分学习当地传统文化并进行特征提取，营造出让乡民具有归属感的建筑。

3.3 技术的适宜性

绿色建筑技术成三个层次，即高技术、轻技术和低技术。低技术绿色建筑技术强调建筑师通过场地分析、气候理解和材料运用，尽可能少使用现代高科技来让建筑绿色生态化。[6]低技术绿色建筑在设计和建造时对环境，对当地风貌破坏很小，因其从当地的真实环境条件出发，应用适宜手段来达到生态建造。在设计施工时尽量选用本土的材料，节约经费的同时强调本土特征，在构造设计时结合调研通过创造性的设计来适宜当地地形地貌和气候特征。

4 案例分析—适宜性策略在“在地实践”中的应用

4.1 项目概况

项目地处龙湾乡琴棋村，隶属广西壮族自治区河池市都安瑶族自治县。都安县夏季高温湿热，暴雨集中；冬季较寒，雨量稀少。全年平均气温为 19.6～21.6℃，其中 1 月气温最低，其平均气温为 12.2℃，7 月天气最热，其平均气温为 28.6℃。实测极端最高气温 39.6℃。由图 1 能看出都安地区在一年中在 1 月、2 月、12 月温度偏低，需要增强外围护结构保温；全年大部分时候温度和相对湿度很高，其中相对湿度几乎都大于 75%，夏季通常处于高温高湿状态，需要增强自然通风和防热。

项目位于琴棋村村委楼旁，是一栋公益性质的食堂建筑兼村民活动中心，建筑有两层，总面积 153m²。一层功能包括餐厅，厨房，卫生间，储物空间；二层是餐厅兼活动室。是一栋多方协作参与营造下的乡村建筑。该项目由慈善基金会牵头，建筑学院的学生进行建筑设计，由专业建筑设计公司绘制施工图。而后当地村政府牵头，找到本地施工团队进行项目的建设过程。

4.2 组织的适宜性——高效化协同组织

4.2.1 政府的带头组织

在本项目中，琴棋村政府在项目全程中起到至关重要的作用。项目在立项时由政府与建筑设计团队合作确定场地，积极组织报建工作。同时政府作为乡民与设计团队沟通的平台，向设计方提出村民的具体诉求，同时也将方案的进度情况整理后及时向村民反馈，减小两者沟通成本。在方案进入建设阶段时，村政府提出建议采用当地本土的施工单位，并主动联系。而后作为设计方与施工方的沟通桥梁，尊重各方意见，在有分歧时积极参与调和。保证项目有条不紊的持续推进。在当前的乡村营建中，政府牵头，协调各方，形成利益共同体，仍是最高效、科学的方法。

4.2.2　公众的协同参与

在本次乡村营建的实践中，所涉及项目主体很多。我们充分发挥了村民在项目全过程中的主观能动性：在项目初期，方案设计团队与村民良性互动，通过上门访谈，开会协商等方式让村民积极发表意见。在项目进行过程中，由于地处偏远，村委会协同全村村民成为项目最大的监理方，在这里，监理便并不是单指一个人或一个单位，而是村里所有关心项目进度的人。而设计团队在建筑设计完成后积极跟进项目进度，通过云端设备远程监督施工情况，也成为监理任务的重要一环。且在施工过程团队两次到达现场，同施工队交流技术细节，充分表达设计理念，保证项目的顺利进行。

4.3　环境的适宜性—低能耗绿色建筑

通过对当地建筑环境的调研以及走访调查，我们总结出都安当地建筑对气候适应的突出问题表现为以下几个方面：

（1）冬季室内温度较低：农村建筑以独立式单体建筑为主，保温措施低效，造成大量农村建筑室内温度低。

（2）都安夏季炎热潮湿，风速较小，建筑室内温度容易过高，并且容易泛潮。

因此该建筑从设计初期便从气候适宜性的角度入手，从布局、构造、材料等技术层面上进行绿色建筑设计。

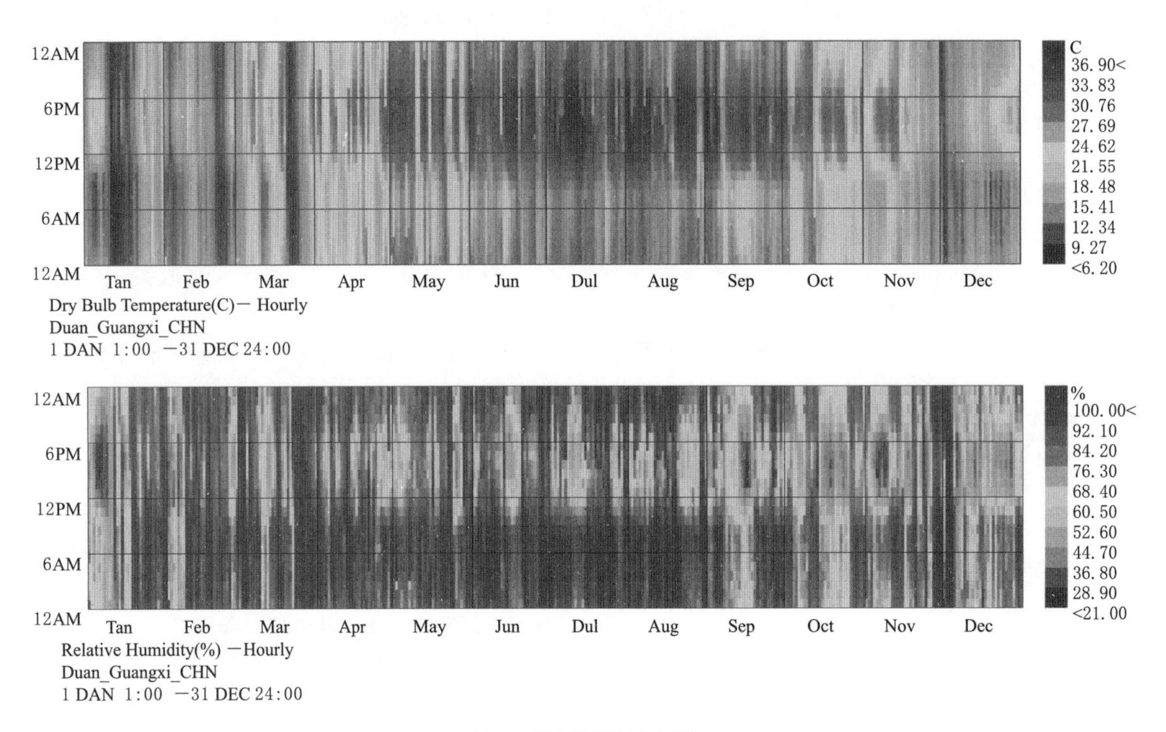

图 1　都安温湿度分布图
（图片来源：作者自绘）

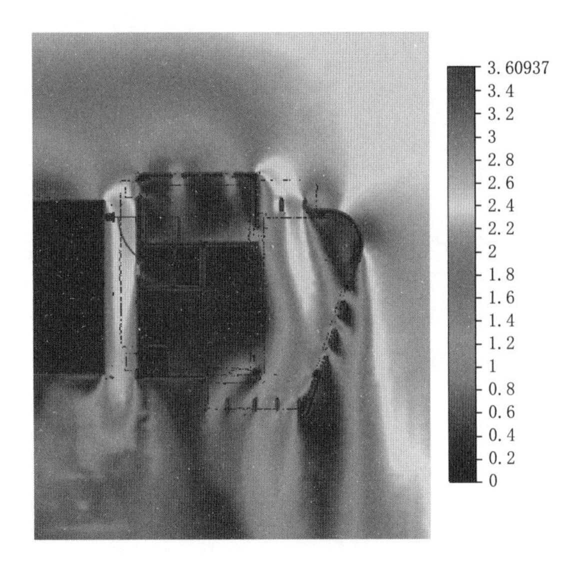

图 2　室内风速模拟图
（图片来源：作者自绘）

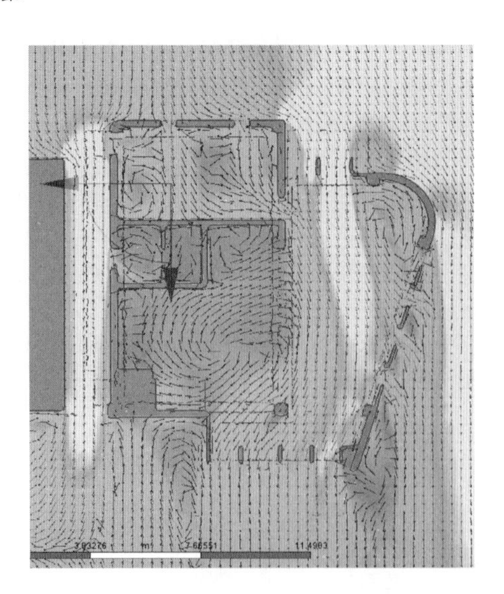

图 3　室内气流方向图（平面）
（图片来源：作者自绘）

图 4　室内气流方向图（剖面）
（图片来源：作者自绘）

4.3.1　建筑布局与自然通风

传统民居在长期的营造过程中自发形成了一系列朴素有效的气候适应性空间与技术，冷巷是其中最典型的空间类型之一。冷巷是指在传统聚落中起遮阳、通风、降温作用的窄巷道，其具有良好的气候优化性能，在夏季炎热地区具有很好的气候适应性。都安当地夏季盛行北风，建筑在选址布局时充分考虑日照和风向，在建筑西侧留出与现有村委办公楼的 1.2m 宽的南北巷道。该条巷道在使用时作为辅助用房（如厨房、厕所）的入口，在清晰合理化室内流线的同时也能根据冷巷效应，在夏天很大程度增大室外通风，带走多余热量。能看出室外冷巷处风速能达到 2.6m/s。为保证室内空气具有良好的空气质量，建筑布局南北通透，拥有大量可开启窗扇面积，南北向开大窗，将穿堂风尽可能引入室内，且一层与二层空间流通，让气流能到达室内各区域，尽可能避免死角。用 Autodesk CFD 软件模拟分析了一楼的室内空气环境，图 2 显示室内通风效果良好，室内风速能达到 1.8～2.8m/s。充分发挥室内通风带来的降温效果，保证室内空气质量，降低室内空气龄，提高换气次数。

4.3.2　自然光利用

为充分利用自然采光，在满足遮阳系数的前提下，采用点窗、条窗和孔洞来满足采光的要求。在南面墙设计时将部分空心砖有规律地横向排列，即形成可透光的孔洞、在空洞内部填塞两侧封闭的亚克力管，并用耐候胶封口，防止雨水蚊虫进入室内。孔洞增加了室内的自然光亮度，也形成了有韵律的立面效果。

4.3.3　建筑遮阳

广西地处亚热带，夏季气温较高，民居常用大挑檐做法，形成檐下空间。一方面通过遮阳减少直接进入室内的阳光；另一方面在檐下形成室内外交界的灰空间，通风良好，可以承接很多活动，如缝纫、编织和休闲等。在考虑通风日照后该建筑采取南北朝向，在南向入口大厅处采取一层建筑向内收进 800mm 的做法形成自遮阳结构，同时东西向都设置挑檐遮阳。这样夏季进入室内的热量不至于过多而导致室内过热。

4.4　技术的适宜性——本土化材料构造

4.4.1　建筑围护结构保温

都安当地冬季较为寒冷，根据焓湿图分析，冬季都安的建筑应以保温为主，在综合考虑技术及成本后采用外墙自保温。而都安本地生盛产混凝土空心砌块，此次设计围护结构几乎全用该空心砌块垒砌完成，其中的空气层可以有效隔绝热量，减小热量散失。屋顶采用混凝土现浇完成，做好屋顶防水和保温。

4.4.2　建筑通风隔热与防潮

由于都安当地夏季温度湿度都在较高水平，温度在 30℃ 以上的月份从 5 月持续到 10 月。因此，建筑做好隔热措施是非常有必要的。建筑屋顶在二层屋顶层与一层屋顶（露台）上分别用空心砖架设水泥平板形成 350mm 高的屋面通风隔热层，水泥平板距离两侧女儿墙留出 300mm 的距离让风进入，一方面通过水泥平板隔热层反射大部分能量回到空气中；另一方面中间留出的空气层可以有效通风，通过对流带走部分热量。建筑接地部分，在最底层用空心砖砌筑一圈，形成底层架空通风防潮层，架空高度 600mm，让建筑底板不直接与地面接触，减小潮气渗透的风险。在模拟显示，加设通风层和不加通风层屋顶能向室内辐射的温度有很大区别。

由图 6 可以看出在没有隔热层时屋顶温度能达到 44～50℃，温度过高，不适宜居住，增加空调能耗。而图 7 可以看出在加设隔热层后屋顶温度能降低至 38～42℃，效果非常显著。

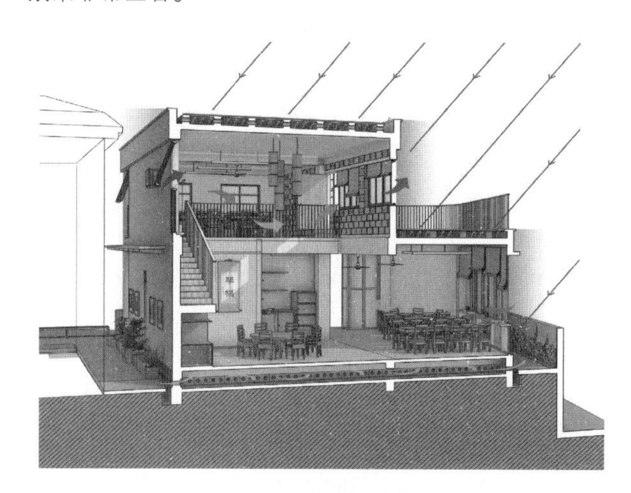

图 5　架空通风层示意图
（图片来源：作者自绘）

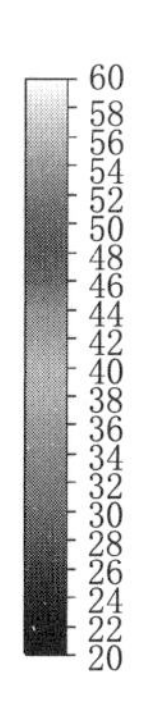

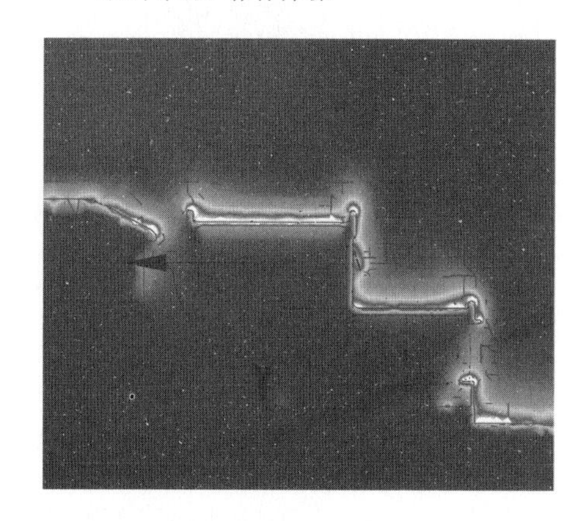

图 6　无通风层温度分布图
（图片来源：作者自绘）

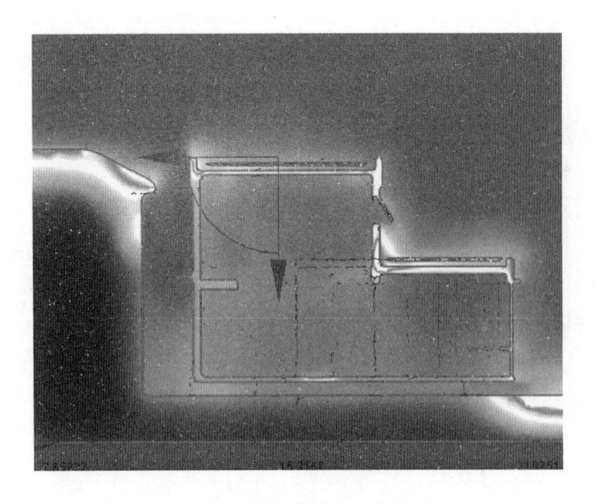

图 7　加设通风层温度分布图
（图片来源：作者自绘）

5　总结——尊重乡村真实需求

乡村的建设不同于城市，它更强调建筑的在地性，建筑是依据乡村自身的自然环境和文化等自下而上地“生长出来”。突出体现“在地性”的方法便是尽可能在建筑的整个营建过程中强调建筑的适宜性。在乡村营建过程中，要强调政府的带头和协调作用。在建筑设计时充分尊重村民意见，尊重本地地方化的设计语言和技术手段，这是对乡村传统和文化的尊重，也是对气候等客观条件的积极回应。结合广西都安琴棋村的食堂项目为案例验证，项目的管理、设计、监理等环节均不是按常规流程进行，却是最适合当时当地情况的方法。这也是在充分考虑现场客观情况后的适应和改良。这一切适宜性的变化来源是对乡村地方文化的敬重，是对村民意愿的尊重，是对乡村人居环境提升的企盼。

参考文献

[1] 陈宏伟，张京祥．解读淘宝村：流空间驱动下的乡村发展转型 [J]．城市规划，2018，42 (9)：97－105.

[2] 韩冬青．在地建造如何成为问题 [J]．新建筑，2014 (1)：34－35.

[3] 张皓翔，奚涵宇，宗袁月．“在地性”视角下乡村建筑风貌提升策略研究：以遂宁市射洪县喻家沟村为例 [C] //活力城乡　美好人居：2019 中国城市规划年会论文集 (18 乡村规划)．2019：2040－2049.

[4] 刘永强，陈姝，胡传阳，等．乡村建筑的在地性设计探索：以世业洲恬园风情街为例 [J]．中外建筑，2019 (5)：190－194.

[5] 王冬．乡村聚落的共同建造与建筑师的融入 [J]．时代建筑，2007 (4)：16－21.

[6] 王力，颜舒婷．浅析低技术绿色生态建筑理论 [J]．城市建筑，2014 (2).

当代展示空间的文化转译设计研究
——以福建非遗寿山石雕技艺展示馆为例

■ 高宇珊　潘吟之　梁　青
■ 福州大学厦门工艺美术学院

摘要　福建非遗寿山石雕技艺有着丰厚的文化内涵，记录着一代代民间雕刻艺人的智慧，他们通过巧夺天工的雕刻技艺塑造着经典的工艺美术作品。本文以福建非遗寿山石雕技艺文化展示馆为例，意图打破传统的非遗展陈空间设计思维，利用当代的设计手法，将其抽象的技艺文化作为空间转译原型，分别从“形”“色”“意”三方面展开，探索虚体的文化在当代展示空间中的转译路径，以此能更好地保护、传承非遗文化，同时也为其他非遗展示空间的设计提供借鉴思路，设计出符合当代审美视觉的展陈空间，推动非遗展示空间创新设计。

关键词　当代展示空间　文化转译　寿山石雕技艺

1　概述

1.1　非物质文化遗产寿山石技艺

非物质文化遗产，“指在特定的社区世代相传的、作为该社区的文化和社会特性的组成部分的智力活动成果。”[1]其主要是一种无形的活态文化遗产，传承者之间依托于口授、心授进行传承。2003年教科文组织在《保护非物质文化遗产公约》中规定：“非物质文化遗产是指各群体、团体，有时个人视为其文化遗产的各种实践、表演、表现形式、知识和技能，及有关工具、实物、工艺品和文化场所。”[2]

寿山石选材于福州北部山区北峰，民间的艺术雕刻家则通过精湛的技艺制作出精美的雕刻作品，赋予了寿山石材更高的艺术文化价值，他们创作出的艺术作品具有浓厚的地域特色，是福建重要的文化名片，是中华瑰宝。寿山石雕作为传统的民间雕刻艺术，在雕刻过程中，主要是借助外在雕刻工具，依托寿山石石材物质实体进行创作，其中凝聚了民间社会群体无穷的智慧；寿山石雕技艺文化在传承和发展的千百年过程中，随着社会的变迁与人的观念转变，而处于一种不断更新变化的活态传承状态中，寿山石雕的技艺从简单到复杂，从单一到多样化，形成了独树一帜的雕刻手法、表现形式与文化内涵，成就辉煌。因此福建寿山石雕技艺已经具备非遗特质，在2006年被列入了第一批国家级非物质文化遗产名录。

然而，作为福建的重要文化名片，近年来寿山石雕刻整个行业陷入了欲振乏力的困境，举步维艰。首先，从寿山石雕本身雕刻行业来说，坚持手工雕刻的艺术家有限，市场上大多数的作品都是机器流水线式的生产，导致寿山石雕失去了自身独特的美感；其次，从行业外部因素来说，福州当地对寿山石雕文化的宣传展示活动时有时无，向其他省份的推广力度不足，社会关注认知度不高，很多人对福建寿山石雕文化一无所知。因此推动寿山石雕技艺文化的传承发展势在必行，而其展示空间是传承非遗文化的重要载体，为大众了解非遗文化直接提供了渠道，能够在保护非遗文化的基础上，更好地传承非物质文化遗产。

1.2　非遗展示空间

展示空间作为信息传播的重要媒介，在传承与保护非物质文化遗产中发挥着责无旁贷的作用。传统的非遗展示空间缺少对展品文化内涵的诠释，设计风格千篇一律，过于理性且功能至上，以图文、实物一类的静态展陈作品为主要方式，难以吸引观者兴趣，达到传播文化的目的。事实上，展示空间的语言形式决定了展示信息的传播效果，主题性明确的展示空间，使观者在展览过程中能够更清晰和直观地获取信息，并且使得展览体验更加丰富、生动，激发观者的展览兴趣，以此达到更好的文化信息的主动记忆。

当代展示空间设计是一种在特定空间环境下，利用空间设计语言传达所要表达的信息内容，以满足人们获取信息的需求，同时赋予展示空间以实质的意义和新的生命力，呈现出一个内涵丰富的展示空间。而当代展示空间又着重强调当地地域性特征，注重文化遗产的保护与传承。[3]因此当代展示空间设计将抽象的非物质文化通过现代语言的转译，变得具象化，成为展示空间中的构成部分，打破非遗传统的静态展陈模式，以更加多元化、趣味性的呈现方式为观者所感知，有助于激发观者展览兴趣，提高文化信息传播的效果。同时当代展示空间与非遗文化的融合转译，使得非遗文化价值也得以提升，更有利于推动非遗文化的传承与保护。

2　空间转译

转译（translation），本是指不同文化间语言模态内的意义转换，后延伸为不同模态之间转译，即跨模态转导，从一种模态转导为其他模态，是两种不同模态之间的意义阐释和再呈现，形式和意义的重新设计是转译的本质。[4]对于空间转译而言，转译丰富了空间的设计语汇，设计者通过归纳总结出典型性的文化信息，再通过当代的设计手法直接或间接转化成为空间形态，设计出功能合理，又能传达出空间信息以此满足人们精神需求的空间环境（图1）。

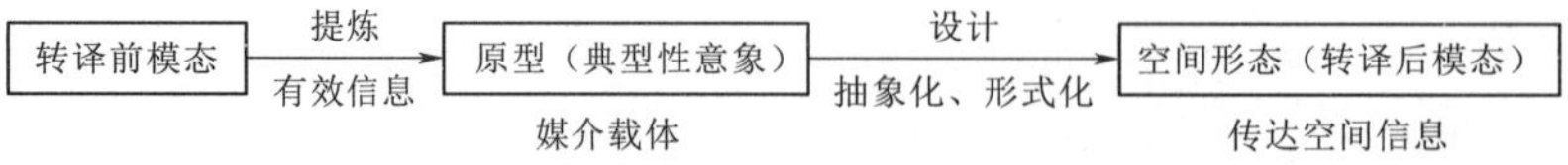

转译前模态 —提炼 / 有效信息→ 原型（典型性意象） 媒介载体 —设计 / 抽象化、形式化→ 空间形态（转译后模态） 传达空间信息

图1 空间转译过程

（图片来源：作者自绘）

非物质文化遗产是抽象的，没有具体的物质形态，观者无法通过知觉直接感受到，或是获取到这些虚体的文化信息，因此本文将空间转译的概念界定为是将非物质性的文化信息通过当代的空间设计策略，转译成为能够被观者直接感知的物质性空间的一部分。旨在通过适当的物质化设计策略在当代展示空间中体现非物质性要素，将其文化内涵更好地传递给观者所感知。

3 寿山石技艺展示空间的转译

3.1 技艺原型

心理学家荣格认为，“原型指的是一种重复出现并具有典型性的意象。原型是经过归纳、概括和抽象化的处理形成的典型性特征的综合，是一种有意义的形式。其主要承担着连接两种不同模态之间的媒介作用，具有高度概况性。”[5]从非遗展示空间设计中来说，即要从非遗文化中归纳提取有效信息，将原型进行抽象化、形式化表达，从而形成有意义的原型载体，以此应用到当代展示空间设计中，构建出独具特色的空间性格，同时达到有效传递空间信息，助力非遗文化保护传承的目的。

寿山石雕技艺文化当代展示空间打破传统非遗展示空间的设计思维，以石为媒，主要通过提炼寿山石雕技艺刀法的特点（图2），形成空间关键词，然后进行艺术语言形式的再创造，以期在后续的平面规划、立体空间上加以设计转译，使其展示空间不再是简单的形式和功能的体现（图3）。寿山石雕技艺文化当代展示空间设计便是将其独特的雕刻艺术语言作为原型载体，进而转译成独一无二的空间形式，在不同展厅区域的设计上多采用与主题内容相适应的空间造型，并且将寿山石雕技艺文化的设计符号元素融入展示空间组织、材质以及色彩等设计之中，力图设计出符合当下时代审美发展潮流的展示空间，同时又能向大众展现出生生不息的寿山石雕技艺非遗文化之美的展示空间。

寿山石雕九大技艺	圆雕 浮雕 薄意雕 印钮雕 篆刻 镂空雕 透雕 链雕 镶嵌雕	原型	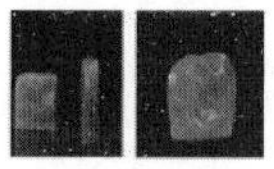	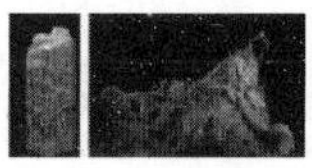				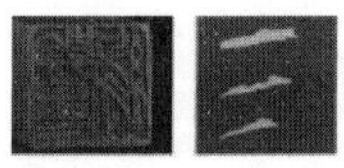
		概述	烟、云等刻画使用不同勾剔刀法，飘逸淡雅	以平口刀的刀角或特质的锥形钝刀凿之，残破出的斑痕的形状、大小、深浅，随用力的大小、下刀角度的不同，而加以变化	刻划是雕刻中最常用的刀法，贯穿在雕刻过程中	人物结构、衣纹雕刻中均以小圆刀刻画，运刀圆滑流畅	刀痕深浅适中，富有流动感	冲刀刀法，多使用在篆刻中，其特点是刀刃在印石上，以冲走运行的方式携刻线条，流畅劲爽
		原型	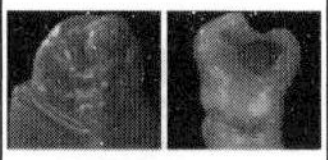	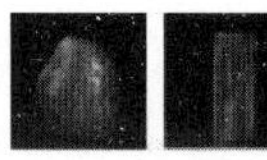	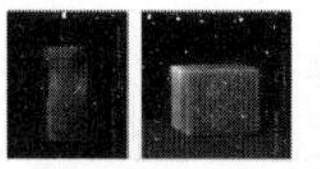	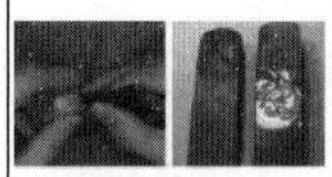		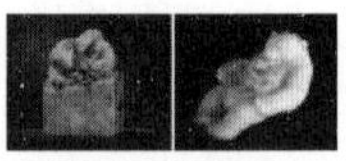
		概述	浑朴刀法，主要用圆刀、半圆刀为主要工具，刀法浑朴朴茂，圆厚不俗	对写意的竹叶、芦苇等，用圆刀、半圆刀法，刀法刚柔相济，更有墨趣味与立体感	叶脉、鬓发、动物眼睛等，用尖刀或半尖刀阴刻、抽丝，线条疏密有致、精细修饰，行刀稳健	打磨抛光	撞击	传统工艺与现代工艺的交融

图2 技艺原型提炼

（图片来源：作者自绘）

3.2 空间组织

寿山石雕技艺文化当代展示空间将其所要展示的内容信息融入空间中，在参观流线上采取循序渐进的叙事方式，将寿山石雕发展的历史时间轴整合成为空间叙事线，把握观展的节奏交替，通过不同的展览方式或是空间装置、空间形态等策略手段，使得观者产生不同的情绪变化，由浅入深地了解寿山石雕技艺文化，此设计手段也有效提升了当代展示空间的连续性，展示信息的传递也更加连贯，强化了观展效果（图4）。

同时其展示空间也不再只是传统的布局形式，而是

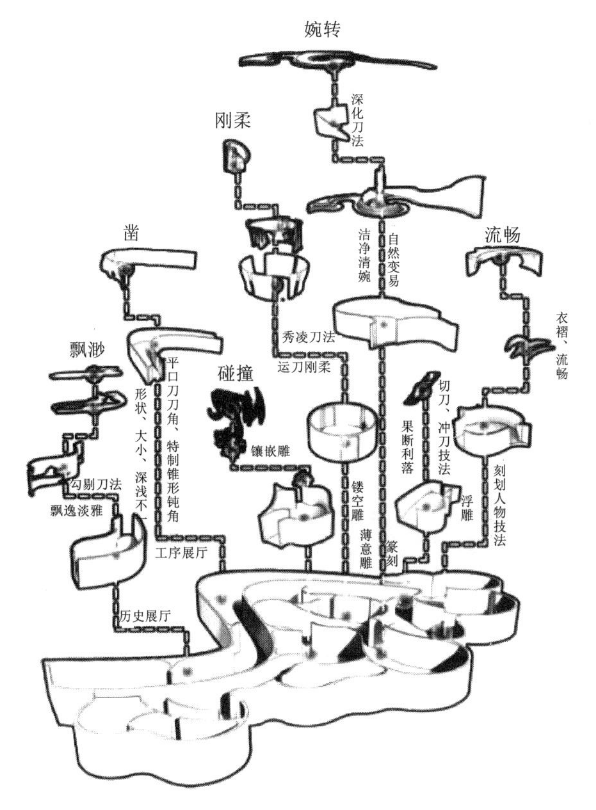

图 3　技艺原型分析

（图片来源：作者自绘）

源于对寿山石雕刀法流行盛茂、自然易变特点的思考，将其转译成二维空间平面，通过流线式的路径将各个主题展厅串联为整体，开合有序地整合在一条流线上，形呈线性空间（图 5）。这种空间布局具有非人工化的随机性及自然属性，有效避免了传统“方盒子”式的呆板，使得当代展示空间更加灵活多样又兼具美感，人在空间内的动线变得更加有趣。寿山石雕技艺文化展示空间根据功能布局、叙事逻辑、观展节奏等设计要素，将其主要分为四大主题区域：石之源、石之序、石之技、石之藏，分别对寿山石雕的历史、工序、技艺等内容进行相关展示，其中一层为主要展览区域，二层为休息区及拍卖厅（图 5）。寿山石技艺文化展示空间设计旨在通过合理的参观动线、明确的功能分区以及动态的空间造型，让观者能够在这种浓厚且有趣的非遗展示空间情境中学习和认知寿山石雕技艺文化的价值。

3.3　空间转译

3.3.1　“形”的转译

“形”的转译其关键是对“形”的把握，将概况提取出的元素、符号等内容，通过现代空间设计手法，创新组合方式，形成当代空间设计语言，赋予功能定位。[6] 寿山石雕技艺文化当代展示空间设计便是以其独有的雕刻艺术语言为依托，概括提炼出寿山石雕技艺刀法的风格特征，转译到空间形态中，用寿山石雕技艺的艺术语言诠释展示空间主题，为观者营造出一个具有寿山石雕文化底蕴的当代展示空间环境。

寿山石雕的技法，主要是通过运刀的刀法来体现的，因寿山石质地、色彩、纹路的不同，所使用的刀法也不相同，在工艺上讲求不独于见刀处现神采，更于朦胧不见刀处生变化，从而达到自然美与艺术美的完美结合。[7] 因此寿山石雕技艺文化展示馆在不同的展示空间中，也应当营造与主题相协调的展示环境，这样才能够准确并有效地传达出我们所要展示的文化内容，从而进一步提升当代展示空间的文化性格特质。在此当代展示空间设

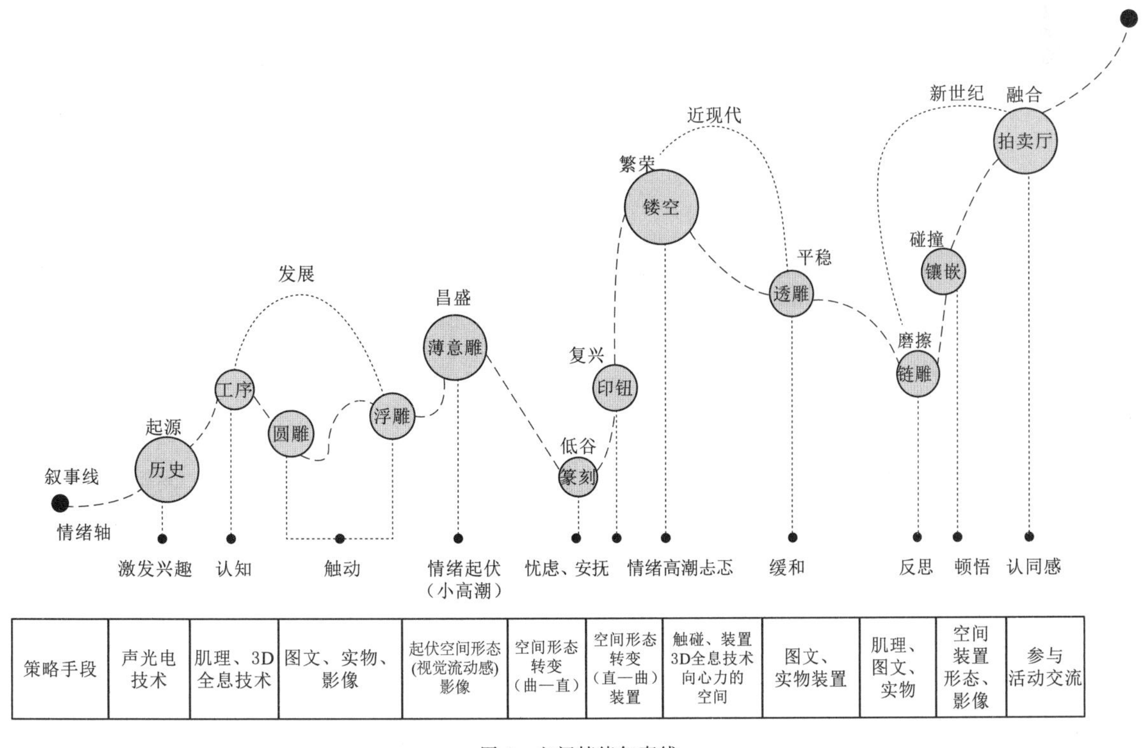

策略手段	声光电技术	肌理、3D全息技术	图文、实物、影像	起伏空间形态（视觉流动感）影像	空间形态转变（曲一直）	空间形态转变（直一曲）装置	触碰、装置3D全息技术向心力的空间	图文、实物装置	肌理、图文、实物	空间装置形态、影像	参与活动交流

图 4　空间情绪叙事线

（图片来源：作者自绘）

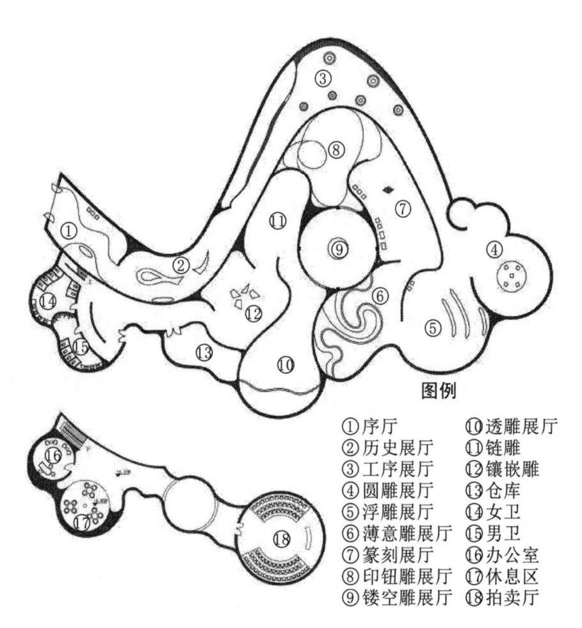

图5 寿山石雕技艺文化展示空间平面布置图
（图片来源：作者自绘）

计中，便将寿山石雕技艺的文化内涵、风格特征进行归纳总结，用其抽象的文化形态提炼出设计符号，接着在二维的基础上进行三维的立体变化，通过夸张使用、简化、延续等设计手法在展示空间中呈现。如寿山石雕技艺文化当代展示空间中将一些设计符号转译成为空间展台的形式，或是转译成连续的空间形态、富有视觉冲击力的艺术装置，此设计方式拓展了展示内容更多的可能性，空间不再仅仅只是传统的图文、实物一类单调的展示方式，空间也成为展览内容的一部分，而展台也可能变身成为艺术装置（图6）。

区域	原型	二维平面	设计符号	空间转译设计	设计方法
浮雕展厅	流畅				延续
薄意雕展厅	婉转		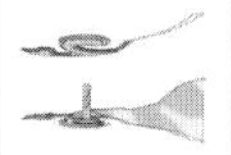		简化
篆刻展厅	冲折				图底
镶嵌雕展厅	碰撞	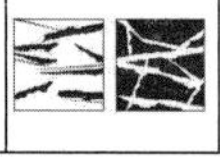			夸张

图6 寿山石雕技艺文化展示空间“形”译
（图片来源：作者自绘）

寿山石雕技艺文化当代展示空间的整体设计都力图在细节之处也体现出文化与空间的对话，以静寓动，勾勒空间，提非遗当代展示升空间的气质，赋予其新的价值，演绎出具有审美价值及文化价值的视觉符号，焕发出其技艺文化独有的风貌。

3.3.2 “色”的转译

色彩在展示空间中扮演着重要的角色，是展示空间中的一个特殊符号，能清晰、简明扼要地传达空间信息，进而加强观者的参观体验和引发情感共鸣。“色”的转译强调在本土文化的基础上进行色彩转译，抽取色彩并整理概括，在此过程中关注色彩的色调构成、对比关系、面积比例、冷暖关系、韵律和秩序美感等方面，明确设计意图的色彩配置，用色彩对其文化特色进行转译，用色彩塑造文化形象。[8]寿山石雕有红、黑、黄、青等数种颜色，其中红色无疑拥有最广大的受众，因为红色，不仅是中国的传统吉祥色，也是寿山石的主色调，而黑色石种虽说并非是寿山石中的主流品相，但其所散发的那种端庄厚重、肃穆沉静的气质，也是寿山石中其他颜色无法代替的。

因此寿山石雕技艺文化当代展示空间将其各种复杂的文化信息进行整合归纳，紧接着提取寿山石雕中的“朱砂红”以及“黑色”构成其展示空间的主色调，对寿山石雕文化特色进行直接的色彩转译，旨在空间能体现出寿山石雕的文化精神，塑造文化形象。此外，寿山石雕技艺文化当代展示空间在色彩面积比例上，通过点线面的构成原则，将“朱砂红”与“黑色”进行配色，诠释非遗文化空间（图7）。红与黑强烈的色彩对比，创造出了多元化的视觉空间，给予观者强烈视觉冲击力的体验感受，同时又给人带来庄重流畅之感，渲染出一个具有寿山石雕技艺文化意蕴的展示环境和展示氛围，在最短的时间内能将观者带入到展示环境中，展示效果最大化。

色彩	原型	设计方法	转译设计
黑色		直接转译	
朱砂红		直接转译	

图7 寿山石雕技艺文化展示空间色彩转译
（图片来源：作者自绘）

3.3.3 “意”的转译

“意”的转译更加注重内涵性，“即主要是将是精神层次以及氛围方面的呈现，注重意境的传达，将虚体的‘意’通过适当的物质化设计具象的表现出来，是形式转译成熟的标志，体现了转译设计更高层面的追求。”[6]寿山石雕的创作追求既雕既琢的艺术效果，提倡返璞归真，利用寿山石雕材质原本的石形石色，巧施技艺，尽可能体现出寿山石的纹理美与质地润，以达到“天工合一”的境界。因此，在材质的选择上，寿山石雕技艺文化当代展示空间主要采用石材材质，同时将寿山石雕中常见的“点状”纹理形态转译到空间材质中，为寿山石雕的材料营造自己表达的窗口，通过材料自身色彩、纹理等属性，凸显寿山石雕技艺的文化内涵（图8）。寿山石雕技艺文化当代展示空间从选材到色彩应用再到空间风格等设计都力图体现出寿山石雕的审美情趣和文化内涵，使其精神文化与当代展示空间达到一种天人合一、环境与自我浑然天成的境界。

此外，在寿山石雕的创作中，对“意境”的运用也尤其重要，民间雕刻艺术家通过一种艺术符号形式表达自己的感受，遵循自然发展的规律，在刀法上尽可能地做到优美，同时注重虚实、形神、意境的把握，提高寿山石雕艺术品的内在韵味，呈现出唯美的视觉意境。因此当代展示空间中将寿山石雕刻艺术家在创作过程中所追求的意境进行转译设计，不仅注重把握在观者在游览意境上体现出美的感受，同时在空间中更是注重创造深邃的意境，留下写意的部分，给人以无限的遐想空间感和生命力，赋予寿山石雕技艺文化当代展示空间更多的文化内涵，激发引起人们的思想共鸣，使得寿山石雕技艺文化的生命力得到充分展现，同时传递源远流长的文化信息。

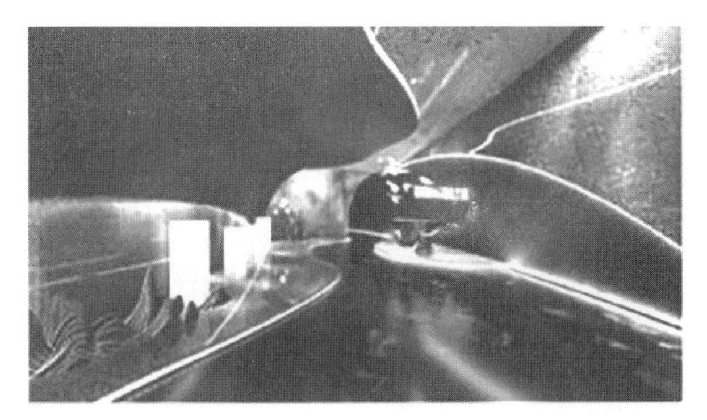

图 8　寿山石雕技艺文化展示空间设计

4　结语

在当今非遗文化保护传承的使命之下，展示空间不能仅限于传统的静态展示模式，而是应该寻求更符合当代审美的空间形式。寿山石雕技艺文化现代展示空间设计旨在保护传承寿山石雕技艺的基础上，通过提炼技艺文化符号，使得寿山石雕技艺文化以新的设计语言与展示空间设计相融合，为当代非遗展示空间设计拓宽了思路，可以将非遗文化的形式语言作为一种设计原型，经过抽象或象征转化成为一种带有语义所指的空间形式，寻找当代展示空间设计的生成逻辑，这种设计手法作为现代展示空间形式生成逻辑的参考，往往会产生独具自身特色的文化空间，使得当代展示空间既满足当代大众审美需求，同时促进了当代展示空间与非遗文化的互相渗透、交融，营造出更具氛围的情境空间，激发观者的情感共鸣。

参考文献

[1] 齐爱民. 非物质文化遗产系列研究（一）非物质文化遗产的概念与构成要件 [J]. 电子知识产权，2007（4）：20-24.

[2] 吕建昌，廖菲. 非物质文化遗产概念的国际认同 [J]. 上海大学学报（社会科学版），2007（2）：103-107.

[3] 李志萍，赵希岗. 剪纸艺术在展示空间设计中的应用研究 [J]. 艺术品鉴，2021（33）.

[4] 刘靖. 模态间性视域下的转译及其对二语学习者转译能力发展的作用 [J]. 青岛科技大学学报（社会科学版），2019（35）.

[5] 张凌浩，符号学产品设计方法 [M]. 北京：中国建筑工业出版社，2011.

[6] 孙光，吕娅妮，刘宇. 传统建筑形式的当代设计转译：以绩溪博物馆为例 [J]. 设计，2021（34）：65-69.

[7] 周鸿. 石无言，艺有声：论寿山石雕的雕刻技艺 [J]. 天工，2017（1）.

[8] 李丹丹，邓源. 广州城市文化的色彩转译 [J]. 湖北美术学院学报，2012（2）.

“文脉修补”视角下历史古镇更新策略初探
——以珠海唐家古镇为例

■ 熊宣智
■ 重庆大学建筑城规学院

摘要 在快速城镇化进程中，古镇所内含的重要自然资源与人文底蕴逐渐显现出被破坏的迹象。作为承载当地居民情感认知和文化认同的主要介质，从文脉入手，探寻历史古镇的内在演变逻辑并采用修补的方式进行更新是保存古镇历史文脉以及保护地方文化精神的可行路径之一。以珠海唐家古镇为例，首先从显性和隐性文脉两个方面对古镇历史文脉要素进行梳理分析；其次，通过对现存建筑、街道空间以及公共空间节点三方面进行调研，总结出当前现状并精准定位问题所在；最后从“文脉修补”角度切入，提出尊重历史的建筑活化、以人为本的街巷节点改造以及延续文化的商业业态置入三项历史古镇更新策略，以期为建构真正符合人民需求的历史古镇更新体系提供一定指引。
关键词 文脉 修补 唐家古镇 更新

1 文脉与古镇

文脉源于英文单词 Context（语境、上下文），从广义上可理解为某一系统中整体与局部以及各组成要素间的相互关联，从狭义上可理解为一个地区的文化脉络[2]。有关学者认为城市的结构肌理和空间形态同当地的文化、风俗以及意识形态有着紧密联系，正如凯文林奇所言“城市文脉的内涵就是城市赖以生存的背景，是与城市的内在本质相关联、相影响的那些背景，是城市文化观念的自然延伸。[3]”在规划学科中，人们主要从自然环境要素和人文要素两方面展开对于文脉的研究，前者包括地形、地貌以及当地气候等要素，后者包括城市历史沿革、空间肌理以及民俗文化等要素。本文当中采取的划分方式为将地形地貌、当地环境以及空间肌理划为显性文脉要素，将民俗文化等划为隐性文脉要素。

古镇作为历史记忆、地方文脉的重要载体，以其独特的自然禀赋、环境肌理以及丰富的历史建筑资源体现着独一无二的文化价值，但近年来各类大拆大建式改造却令这些文化因素逐渐消失，出现了文脉断层现象。早在 2010 年中国台湾华梵大学建筑系的萧百兴教授提出了“以历史地理为内核的建筑学”体系，通过对一个区域内的自然地理要素、人文以及社会要素进行分析处理后得出该区域区别于其他地域的特有属性[4]，即当地各类文脉要素，进而采取针对性修复措施，打造具备地方特色的景观。中央城市工作会议也曾提出通过城市修补加强城市文脉延续性，留住城市特有的地域环境、文化特色、建筑风格[5]。基于此，笔者认为从文脉修补角度出发进行更新是延续文脉、传承文化的重要举措。

2 唐家古镇文脉现状分析

2.1 古镇概况

唐家湾镇位于珠海市北部，北侧紧邻中山市，南侧与澳门隔海相望。历经多次行政划分变革，当下的唐家湾镇包括唐家、淇澳以及金鼎三部分。作为中国近代史历史最为悠久的古镇之一，其拥有珠海市最丰富的历史资源与人文底蕴，被称为与近代文明伴生的南中国海第一镇[6]。2007 年 5 月，国家文物局和建设部将唐家湾镇划为中国历史文化名镇。

2.2 显性文脉要素

2.2.1 整体格局——“五堡”式空间形态

唐家古镇是以宗族关系进行群居而形成的五堡式空间格局（图 1），至今仍相当完整。百年历史中其十分稳固的宗族关系令同一宗族的不断繁衍成为可能，每分一房之时，相应的房屋也会同时修建。伴随着房屋群规模的扩大，祠堂等衍生产物也不断增多，日积月累便形成了具有宗族聚居特点的村镇建筑群，这便是“堡”的由来。唐家古镇共有五堡，各堡之间以街巷作为软分隔，没有硬质界限。

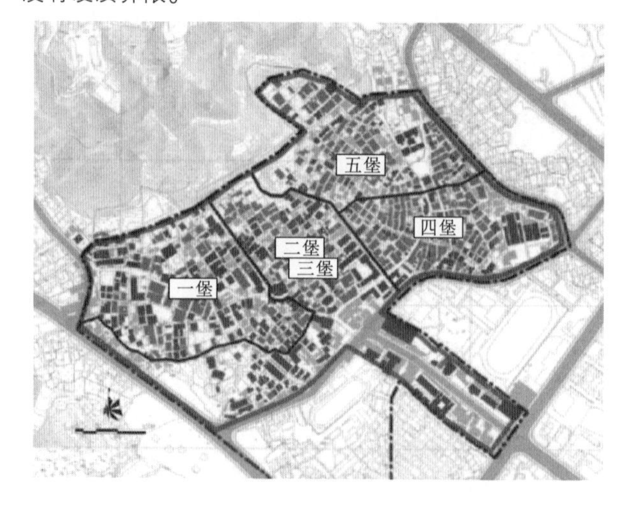

图 1 古镇“五堡”分布
（图片来源：《唐家古镇保护规划》）

2.2.2 街巷空间——“鱼骨”式街道脉络

当下古镇仍保持着原有的路网关系，并无较大变动，整体上呈鱼骨状关系，以山房路和大同路为主体，其余道路向四周发散。依据人流量差异可将整体路网分为一级道路、二级道路和三级道路三类，分别对应山房路和大同路、距离主路最近的支路以及相邻民宅之间的小路（图2）。笔者在三种类型道路中选取最具代表性的节点进行D/H分析，量化表现街区空间现状（图3）。

首先是山房路与玉我唐公祠门口街道，该路属于一级道路，是往来游客、本地居民的必经之路。其D/H>1，给人以宽阔的感觉，人们可以明确感知街道两侧建筑物的全貌，较大的空间有利于各种功能的展开。其次是玉我唐公祠背后小道，该小道与山房路紧密联系。其D/H<1，给人以接近之感，人们虽无法准确感知周边建筑全貌，但紧密布置的建筑呈围合之势，形成强烈的空间场域感，具有一定之处。最后的小路，历史夯土墙界面下的D/H较接近1，给人以匀质之感，没有太强的封闭性；新墙加建后一定程度上进一步减小了D/H值，加强了私密性。这种空间上的变化恰好正是居民们生活的变化，随着时代的变迁，人们对于个人空间营造的需求正不断加强。

图2 唐家古镇街道网络
（图片来源：作者自绘）

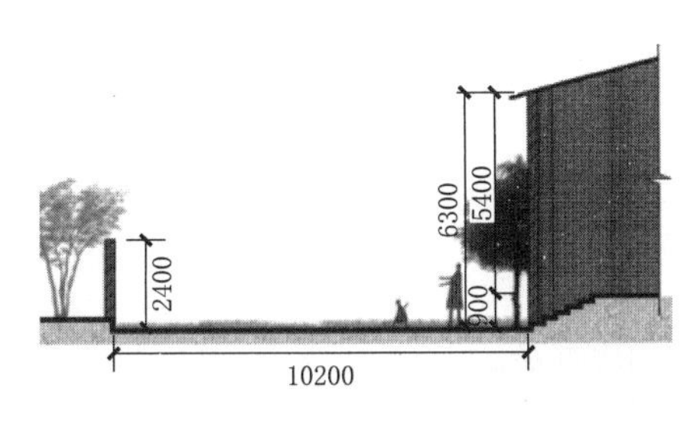

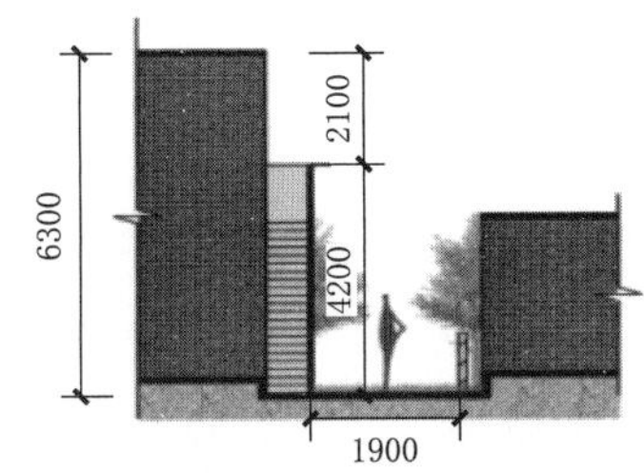

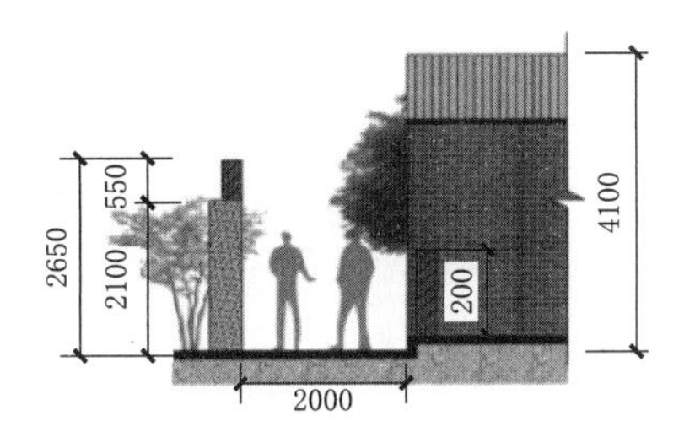

图3 街道D/H分析（左：山房路、中：玉我唐公祠旁支路、右：居民区小道）
（图片来源：作者自绘）

2.2.3 建筑风貌——“传统”式建筑式样

根据建筑属性的不同可分为历史公共建筑和历史民居分别进行分析。历史公共建筑方面，而依照不同的建筑功能分为宗祠以及名人故居。通过实地调研，总结出了当地宗祠建筑在构造上的共同点。大部分建筑均修建于清代，平面布局大多面阔三间，沿中轴对称布置。结构上多为抬梁式混合穿斗式木结构，屋顶为硬山顶式样。建筑细部方面，屋顶为灰瓦面，墙身用青砖砌筑并辅以大量精美的石雕、木雕以及砖雕等装饰（图4）。

图4 唐家三庙（左）、玉我唐公祠（中）、巨川唐公祠（右）
（图片来源：作者自摄）

而名人故居方面因其在建筑单体上与普通历史民居有一定关联，故合二为一进行阐述。建筑层数上，唐家古镇民居大多为单层，少数可达2~3层。多层建筑往往沿街分布，单层建筑分布则相对靠内。具体构造上，传统时期的民居墙面大多采用青砖砌筑，屋顶为传统的硬山顶，辅以局部装饰。海外思潮传入后在屋顶了更多变化（图5）。因传统坡屋顶难以适应不断加大的房屋进深且伴随着西方混凝土技术以及屋面有组织排水等技术的传入，平屋顶以及平坡结合式屋顶开始出现，一定程度上扩大建筑使用空间的同时也丰富了镇上建筑的“第五立面”。

2.2.4 历史节点——“多样”化节点空间

历史环境要素包括残存的部分城墙、大量社公场、水井以及大量古树下空间（图6）。它们满足了居民日常

图 5 丰富的屋顶形式
（图片来源：作者自摄）

活动的需要，陪伴一代又一代居民由幼至耄耋。随着居民日常生活在时间与空间双重维度上的发展，它们不仅成为日常生活必经之处，同时也是人群聚集和活动最密集的地方，最具当地人情。

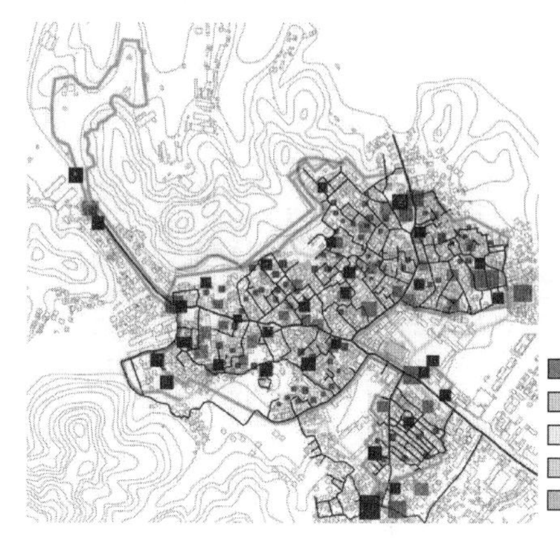

图 6 现存历史节点分布图
（图片来源：作者自绘）

2.3 隐性文脉要素

文化是历史的沉淀，是一座城市的内涵所在，是城市的灵魂。历经百年，古镇的文化经过不断演变与发展，形成了当地独有的人文底蕴，构成了唐家古镇核心与灵魂。

古镇有着灿烂的饮食文化与丰富的节日习俗。饮食方面，茶果堪称当地饮食名片，共分为糯米类、黏米类、小吃类三大类别，合计50多个品种，根据节令、用途的不同进行制作。起初只在节日和祭祀时用到，如今已经融入百姓的日常生活中。节日习俗方面，因宗族文化而催生出的大量宗祠建筑每逢每月初一和十五是当地人祭拜先人的重要场所，宗祠祭拜活动当下仍是当地重要的活动之一。另一节日习俗是金花诞，即每逢农历四月初七在唐家三庙门前广场舞狮，举行祭拜活动，十分热闹。

2.4 现存问题分析

2.4.1 建筑品质风貌不佳

通过对建筑进行实地走访调研，可以发现当地在对待历史建筑的态度上仅仅采取了消极的保护态度，所谓消极即单一的、针对外观的保护，在功能上鲜有加以利用置入新功能以产生新时代的价值。现有功能上，历史建筑按照原有功能不同可分为祠堂以及名人故居，在转换方向上少数祠堂建筑大多置入了展示功能、文化体验以及教育功能；名人故居类建筑则在上述三类的基础上额外置入了商业的功能。总体而言利用率不佳，大多数历史建筑处于封闭状态，公众难以进入，无法体验到当地特有的历史文化。此外，更有一些历史民居建筑没有做到基本的保护，处于完全荒废的状态（图 7），杂草丛生，人迹罕至。

图 7 荒废的民居建筑
（图片来源：作者自摄）

至于建筑风貌的层面，以唐家三面广场周边建筑群为例（图 8），在视觉上给人的第一印象是混乱。各种各样风格的建筑随意放置，总体上仍为砖石砌筑的硬山顶传统民居，但少数几个采用砖混结构平屋顶的现代样式建筑以巨大的体量打破了原有的秩序感，极其不协调。历史建筑以其独一无二的立面展示着深厚的历史底蕴，一砖一瓦都是历史的痕迹，但新建筑大面积白色外墙犹如补丁一般嵌入其中，属于历史街区的美感不复存在。

图 8 唐家三面广场前方建筑群
（图片来源：作者自摄）

2.4.2　街道空间混乱失活

古镇鱼骨状街道网络看似有着较高的可达性，但实际体验不佳。根据实地调研后笔者画出如下认知地图(图9)，粗线表示的一级道路是游客频繁选择的路径，即山房路和大同路，原因在于其两侧汇集了大多数景点以及较好的步行环境，其较宽的路面和较大的人流量能给人以良好的指引。然而余下的二三级位于居民区的道路则呈现复杂的感觉，图中圆圈标注的是位于二三级道路系统中的景点，这些景点除了本地居民熟悉前往的路径外，外人很难到达，这源于道路缺乏引导性，而步行恰好是镇上的主要交通方式，引导标志的缺乏降低步行可达性，大大降低了游览体验。

图9　复杂的街道网络
(图片来源：作者自绘)

上述的混乱问题还衍生出了失活问题。可达性低导致的人流减少（图 10)，或是现有活动空间中缺乏对于使用需求的考虑导致的人流减少等等问题令空间使用频率下降。大量街道空间无人问津，逐渐失活。对于一级道路而言，因为通行机动车，大量属于人群的空间被剥夺，休息交谈类活动空间以及相关休息类设施的缺乏使得人群只能草草游览一番，无法驻足停留。对于二级道路而言，狭窄悠长的街道给人以较强的匀质性，空间缺乏特色且太过幽密，缺乏吸引。

图10　部分街道空间街道现状
(图片来源：作者自摄)

2.4.3　公共节点日渐荒废

公共节点是当地居民活动的重要承载介质，可以满足不同人群的各种公共活动需求。但随着古镇的不断发展，大部分节点已被闲置甚至消失（图 11)。譬如水井及其周边空间，唐家湾古镇现存有古时汲水的水井，部分已经荒废，当年居民围在井旁交谈的场景早已不再。其次是树下空间，古镇内的大量树下空间曾经是人们集会的场所，有着历史发展的痕迹，然而大部分树下空间当下已成为道路的一部分，虽人流众多，但缺乏可以供人们慢下来交谈的空间，体现不出曾作为重要活动节点的特质。再者是社公及其周边空间，仅仅作为单一交通空间存在，其文化价值被忽略，作为休憩和交谈空间的特性也被抹去。节点空间变化后人群流失问题紧接着出现。

图11　日渐消失的公共节点
(图片来源：作者自摄)

3　基于文脉修补的更新策略

3.1　尊重历史的建筑更新活化

唐家古镇的历史文物建筑经过时间的沉淀，静静诉说着本地的历史故事。蒂耶斯德尔在《城市历史街区的复兴》中谈到了历史建筑的价值，其中最为重要的是美学价值与经济价值。针对唐家古镇历史建筑的修复也应当从这两方面入手。

首先是美学价值，即风貌修复，包括历史类建筑和新建的现代建筑。历经百年的风吹雨打，历史建筑外观在一定程度上均有损坏，除开必要的加固、保护措施，在具体修复上需要有深层次考虑。针对已经划定为历史文物的建筑，应按照《中华人民共和国文物保护法》，遵循“修旧如旧”的理念。历史建筑的平面格局不应改变；立面形式上确保与原有风格一致，有新加建的部分应当拆除，有破损的地方采用原有建构方式和材料进行修缮。对于尚未划定为历史文物的建筑，如民居一类，若破损严重也应原貌修复。平面格局可以根据当下新要求微调，立面形式仍应与周边保持一致。针对当下新建的现代建筑，其立面形式过于突兀，应采取诸如仿古砖或是仿夯土类表皮材料修饰立面，与现有文脉要素一致。

其次是经济价值，即新功能的置入。历史建筑需要有适应新时期的使用价值才能得到长久保护。当下一些建筑已有关于功能活化的尝试，譬如基于民居打造的小型个人文创工作室等，但开发密度不足和功能种类偏单一。可结合当地名人资源设置历史展览馆以及名人故居展示等尽最大可能利用原有建筑创造更大的价值，进而使得历史建筑保护走上良性循环。

3.2 以人为本的街巷节点改造

针对街巷改造的要点之一是增强街道的引导性。在主要节点位置设置引导设施如路牌、导览图等。合理规划游览路线，提升观览体验。还应重点考虑人群活动空间的营造，山房路以及大同路首先应当对人车分流，将空间归还行人并合理设置供人们打卡、休息的区域，如设置历史文化长廊，通行之余也能了解当地文化。主路两侧的小巷则应当在适当位置，如房屋与房屋间的较宽间隙处，设置休息区域，提供适合不同年龄段的健身娱乐设施，供街坊邻居、儿童闲暇之余交谈和玩耍。

针对节点的改造其意义同样在于重新引入人群活动。水井一类利用其周边空间打造休闲娱乐空间，如品茶坊、情景展示等。树下空间则依据所处位置不同进行分别处理，主要道路上的树下空间设置座椅供人群休息，引入适当的商业吸引人群停留，修建特有景观装置吸引人群打卡等等。次要道路上的树下空间则更多考虑居民的使用，除去必要的休闲设施以外还应设置一定量的服务街坊的公共设施，如室外社区活动广场等等。城墙一类节点则可在墙边设置步道，利用城墙这一天然展板布置室外文化展墙，向外界展示唐家独一无二的文化。

3.3 延续文化的商业业态置入

唐家古镇当下虽有商业化趋势，但业态单一零碎，未成体系。为加快当地商业的有序发展，可从以下几方面进行考虑：首先是保留已有私人文创产业并大力推广，如文化体验馆、书法艺术馆等，作为引力点激活各个区域。其次是特色餐饮产业的打造，唐家古镇特色饮食众多，但游客却很难方便地品尝到每一种类，可紧邻主要街道设置小吃街等区域，将已有的餐饮店铺迁入，同时设置一系列的特色小食店，打造富有唐家特色的美食文化街。最后也是最重要的是文化展览类产业的打造，可结合大量闲置的祠堂、民居等历史文物建筑设置主题多样的展厅，如名人历史展览、唐家古镇发展史展览、唐家文化展览等。上述种种商业业态的置入不但能增加更多游览空间，为当地创收，更是树立本地居民文化自信、弘扬本地特色文化的绝佳措施。

4 总结

历史古镇作为当地物质和精神文化的重要载体，如何在更新过程中保留既有肌理、延续地方文脉是古镇关键问题所在。本文尝试以珠海唐家古镇为例，从文脉切入，采取修补方式提出对应更新策略，这种修补不仅仅注重物质空间层面，还注重非物质文化遗产的引领与激活作用，两者相辅相成。从文脉入手，基于全局考虑，构建多元融合的古镇更新发展体系，以期早日重现古镇的繁华与热闹景象。

参考文献

[1] 邹天祎．历史古镇的保护与微更新模式探索［D］．北京：北京交通大学，2017.
[2] 王晓安．“文脉修补”视角下古镇空间形态保护研究［D］．郑州：郑州大学，2018.
[3] 凯文·林奇．城市意象［M］．方益萍，何晓军，译．北京：华夏出版社，2001：65.
[4] 萧百兴．催生“历史地理建筑学”：呼唤地域研究及其实践的文化总体性——以泰顺、石碇等地的考察、实践经验为例［J］．温州大学学报（社会科学版），2010，23（5）：10－23.
[5] 肖礼军．探析滨水地区城市设计控制［J］．建设科技，2016（17）：62－65.
[6] 袁昊．珠海市唐家湾镇历史建筑风貌研究［D］．广州：华南理工大学，2012.

基于蝴蝶光鳞片仿生技术的生态建筑幕墙设计研究

■ 赵聪聪　刘　杨

■ 浙江理工大学艺术与设计学院

摘要　仿生技术是实现建筑幕墙生态功能的有效途径。以仿生学为视角，通过对蝴蝶光鳞片的色彩、形态、结构的研究与分析，将其仿生应用于建筑幕墙设计，构建了生态建筑幕墙的蝴蝶鳞片仿生设计方法；解决并优化了建筑幕墙光污染、清洁幕墙表面、恒定室内温度等问题，实现了幕墙表皮的生态功能与价值。蝴蝶光鳞片丰富的色彩肌理也拓展了幕墙表皮的美学意义和空间内涵。

关键词　**蝴蝶鳞片　仿生技术　建筑幕墙　生态　审美**

引言

幕墙是现代建筑经常使用的一种立面形式，主要由金属、玻璃等材料构成。作为建筑内部与外在环境的交流系统，幕墙具有防风、防雨、节能等功能，同时又承载着建筑发展的审美属性[1]。当代城市化进程下，大都市高层建筑密集，玻璃和金属幕墙的轻质性及与环境的融合关系减少了高楼林立带来的压迫感。然而幕墙在发展过程中也体现出局限性。例如，建筑表皮的玻璃幕墙和金属幕墙经常会产生反射眩光现象带来光污染，由此影响了城市的交通安全，人们的生理、心理健康等[2]。同时，由于幕墙结构的密闭隔离特征，使建筑外体经常受自然环境的影响，产生水滞等，很难清洁，大大降低了建筑物的寿命[3]。另外，由于材料和造价的限制，幕墙所展现的艺术效果也千篇一律。因此，当代建筑中急需一种能够散光、减轻光污染，通风透气，自动清洁，艺术效果好、造价低廉的幕墙。

1　仿生生态建筑幕墙的提出

幕墙是伴随着工业社会现代建筑的产生而发展起来的一种建筑外体的围护结构。20 世纪钢制框架和混凝土框架结构在建筑中的应用，使墙体不仅作为建筑物的支撑结构，还发展为更为开放、自由的形式，幕墙由此产生。幕墙一方面是现代建筑技术更新的结果；另一方面也受到了现代主义建筑思潮的影响，它是对机器文明及工业化审美方式的表达。从现代主义早期的“水晶宫”、法格斯鞋楦厂到当代的玻璃摩天楼都是幕墙建筑的典型代表。信息社会数字技术又为建筑幕墙的形式提供了更多可能，表达了幕墙丰富的建筑语汇。通过大面积玻璃幕墙的使用，让·努维尔的卡地亚基金会（图 1）实现了建筑体量的消隐，与环境掩映融为一体，表达了虚幻的时空；里尔美术馆扩建馆（图 2）玻璃幕墙的应用表达了古典与现代的对话，瞬间与永久在建筑中成为永恒；维也纳煤气罐大楼（图 3）的玻璃幕墙则传递了异次元的时空；拉斐特百货公司（图 4）的玻璃幕墙将人们带入了一种非时序的共时性体验；妹岛和世在克里斯汀·迪奥表参道店中通过轻质玻璃幕墙的形式来表达日本传统建筑朦胧含蓄、神秘寂静的美学思想。

图 1　卡地亚基金会
（图片来源：莫文南. 让·努维尔作品的材料表现特征研究 [D]. 上海：上海交通大学，2009.）

图 2　里尔美术馆扩建馆
（图片来源：莫文南. 让·努维尔作品的材料表现特征研究 [D]. 上海：上海交通大学，2009.）

图 3　维也纳煤气罐大楼
（图片来源：大师系列丛书编辑部．让・努维尔的作品与思想［M］．北京：中国电力出版社，2006.）

图 4　拉斐特百货公司
（图片来源：大师系列丛书编辑部．让・努维尔的作品与思想［M］．北京：中国电力出版社，2006.）

随着城市蔓延与扩张带来的生态和环境问题的凸显，生态化、节能型的设计需求逐步进入建筑领域，建筑幕墙从形式与功能上开始向生态化转变，出现了智能幕墙、呼吸幕墙、光电幕墙等形式。让・努维尔的盖・布朗利博物馆（图 5）和阿拉伯世界文化中心（图 6）分别通过垂直绿化、计算机自动控制幕墙光线变化等设计手法实现了建筑调节室温、降低噪声、调节光线等生态功能。可以说，建筑幕墙的发展与时代特征、技术手段紧密相关。信息社会向生命时代过渡的过程中，能够与自然生态自组织更新的生态建筑是未来建筑的发展方向[4]，生态建筑通过仿生物体的形态、结构、功能，利用仿生自然通风、采光、太阳能、水汽凝结等技术实现其生态功能[5]，为仿生生态建筑幕墙的发展指明了方向。

本文通过仿生学的研究方法，构建建筑幕墙的蝴蝶

图 5　盖・布朗利博物馆
（图片来源：莫文南．让・努维尔作品的材料表现特征研究［D］．上海：上海交通大学，2009.）

图 6　阿拉伯世界文化中心
（图片来源：大师系列丛书编辑部．让・努维尔的作品与思想［M］．北京：中国电力出版社，2006.）

鳞片仿生技术，通过蝴蝶光鳞片的形态、结构和功能的仿生，实现建筑幕墙降低光污染等的生态功能，为仿生生态幕墙的未来发展提供了有效的设计方法和可操作的途径。关于蝴蝶仿生的研究，1897 年，A. G. Mayer 等发现蝴蝶鳞片的结构色[6]。1925 年，E. Merritt 等证明了蝴蝶翅膀颜色产生源于蝴蝶翅膀鳞片微纳结构的薄膜干涉[7]。这种结构对入射光产生干涉、衍射和色散等光学效应[8]。蝴蝶鳞片的仿生技术已经应用于卫星及建筑物的控温系统中，通过传感器和信号合成驱动电路的控制实现对室内温度的调节[9]。蝴蝶鳞片形态及其与光学性能的关系已经得到广泛的证实，但运用其光学性能实现建筑幕墙生态功能方面的研究还比较稀缺。

2　仿生技术的生态建筑幕墙构造逻辑

仿生技术是通过研究生物系统的结构、性状、功能、原理、行为，为工程技术提供新的设计思想、工作原理和系统构成的技术科学[10]。当前仿生技术已经成功应用于各个领域，并成为解决各领域工程技术难题的有效途径，蝴蝶光鳞片仿生技术也已经成功应用于光学和航天等领域。基于蝴蝶光鳞片仿生技术的生态建筑幕墙设计就是要通过仿生蝴蝶鳞片的形态和结构实现幕墙对光线

的散射，解决幕墙光污染，实现幕墙审美属性和生态属性的融合。

2.1 解决光污染

建筑幕墙光污染，也称为噪光，是指由于高层建筑的幕墙材料上采用了涂膜或镀膜技术，当直射日光和天空光照射到幕墙表面上时，形成的镜面反射而产生的反射眩光[11]。这种反射光导致的眩光会干扰人们的视线，带给人们光辐射。已有研究表明，光污染可导致失明、视力疲劳与下降，长期生活在不协调的光辐射下会引发头晕、失眠、情绪低落等症状[12]。尤其是道路两旁的多栋高层建筑都采用像玻璃这样具有强反射功能的幕墙表皮时，玻璃的多次镜面反射对行人和车辆造成光的干扰，在带来交通安全隐患的同时也不利于道路两旁植被的生长。

然而蝴蝶鳞片平行排列的脊脉结构（图7），使鳞片形成了微小而不均匀的凹凸表面，当光照射到鳞片表面时，就会使部分光波偏离原有的传播方向，而形成光的散射。这种光的散射原理应用于建筑幕墙的设计就能够克服建筑幕墙的光污染现象。其构成逻辑就是在幕墙表面增设仿生蝴蝶鳞片的构造。在构造上设置规则排列的散光脊，将照射到幕墙表面的光由反射转为散射，进而降低光污染。

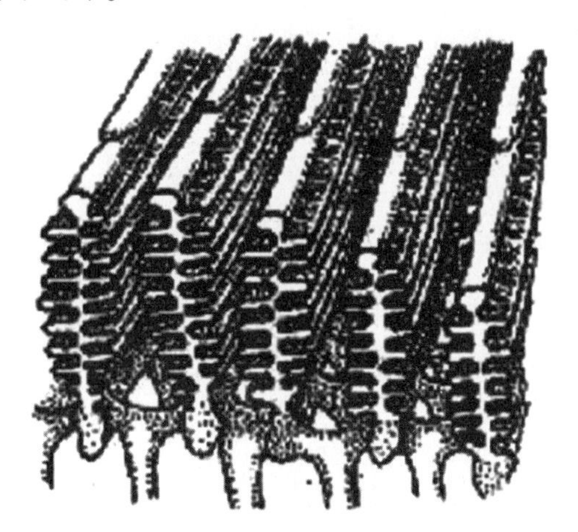

图7　蝴蝶鳞片的脊脉结构

（图片来源：邱兆美．蝴蝶鳞片微观耦合结构及其光学性能与仿生研究［D］．长春：吉林大学，2008.）

2.2 审美属性与生态属性的融合

自然界中的每一种生物都是一个自组织更新的多样性的系统。都具有适应周围自然环境的能力，最终保持与自然环境间动态的生态平衡[13]。生物的这种适应性为仿生设计提供了天然的依据。蝴蝶鳞片的形态与结构一方面可以有规律的吸收、散射、漫射不同频率的光波形成蝴蝶鳞翅绚丽缤纷的色彩[13]，展现了强烈的美学价值；另一方面，蝴蝶鳞片上脊脉结构形成的凹槽，可以自动清洗蝴蝶鳞片上的灰尘，并使雨水能够自动滑落。同时，蝴蝶鳞翅体表一层层细小的鳞片（图8）可以根据气温和太阳照射的角度的变化而自动张开与闭合，并以此控制身体的温度；这一自组织调节适应环境的功能应用于仿生设计充分体现了其生态适应性。

图8　蝴蝶鳞片的基本结构

（图片来源：邱兆美．蝴蝶鳞片微观耦合结构及其光学性能与仿生研究［D］．长春：吉林大学，2008.）

生态建筑幕墙在结构设计上通过仿生蝴蝶鳞片的形态与成色原理，可以拓展幕墙现有材料的色彩肌理与表现空间，同时也可以解决幕墙表皮不易清洁的难题。更为重要的是通过仿生蝴蝶鳞片调节自体体温的功能，可以实现幕墙对建筑内部温度的自动控制与调节，进而降低建筑自身的能耗。此时，幕墙表皮就是一个多功能的能够与外界环境和气候进行能量交换的有机体。通过仿生蝴蝶鳞片的幕墙表皮设计实现建筑幕墙生态技术和审美属性的充分融合。

3 蝴蝶鳞片仿生幕墙的构造

根据蝴蝶鳞片的基本形态、结构（脊脉、凹坑）及其具有的相应功能（散射光线、清洁表面、恒定温度），以及蝴蝶鳞片表层鳞片和基层鳞片组成的中间介质（空气）等多因素的耦合，仿生设计幕墙的基本构造与形态。如图9所示，仿生蝴蝶鳞片幕墙的主体结构包括光鳞片、散光脊和增色膜三个部分，其主要板材材料包括玻璃、金属板、塑料板等透明或半透明材料。

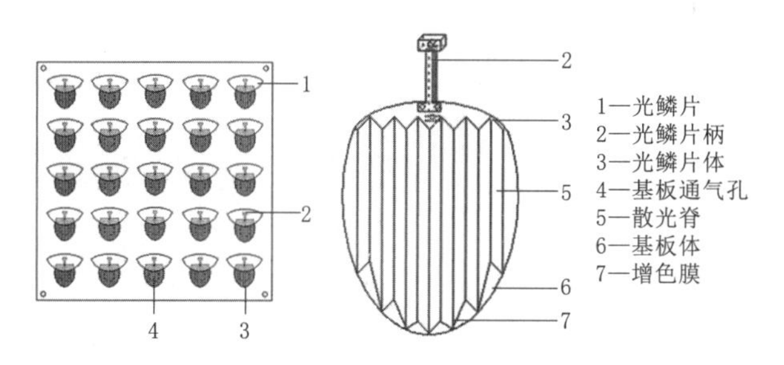

图9　蝴蝶鳞片仿生幕墙基本结构

（图片来源：作者自绘）

3.1 光鳞片

光鳞片是仿生蝴蝶鳞片形态的基本结构。通过光鳞片柄与光鳞片体连接附着在幕墙的表皮上。根据蝴蝶具有的表层鳞片结构和基层鳞片结构，光鳞片柄也同样设置了上下两层不同材质的上压板和下压板体结构，其中间构成了中间介质的空间，当外界温度发生变化时，这一中间介质空间就会发生热胀冷缩，从而带动光鳞片的开合。通过在光鳞片体基板对应光鳞片的位置上设置通气孔，在光鳞片柄推拉光鳞片的同时起到幕墙内部透气通风和恒定温度的作用。

3.2 散光脊

散光脊是仿生蝴蝶鳞片脊脉结构的基本构造。散光脊形成的纵向凹槽结构，一方面，可以通过使雨水下流实现利用雨水清洁幕墙表面的目的；另一方面，散光脊的脊脉形态，可以减弱光线直接折射的强度，脊脉形成的凹坑可以分散光线形成光线的散射，进而达到减少光污染的目的。

3.3 增色膜

增色膜是基于蝴蝶鳞片仿生的薄膜干涉的理论[13]而设计的。当光线入射的物体表面是透明或半透明的情况，就会发生光的干涉，也称为薄膜干涉。一些生物的五彩缤纷的颜色就是源于生物皮肤或羽毛的薄膜上发生的光干涉现象，雨后路面上产生的色彩也是薄膜干涉的原理。幕墙增色膜的设计就是根据这一原理，通过在基板体的下表面增设不同颜色、不同厚度的塑料膜，光线通过散光脊，形成了光线的一部分散射，降低了光污染。另一部分入射光，通过基板体下面的增色膜，通过光线的吸收、反射以及叠加形成光的干涉效果，进而产生像蝴蝶翅膀一样绚丽的色彩，不同的光鳞片可以根据设计需要通过调整增色膜的色彩、厚度与透明度形成不同程度的薄膜干涉，产生不同的颜色，形成幕墙不同的色彩效果及美感。

4 蝴蝶鳞片仿生建筑幕墙的表现力

蝴蝶鳞片上丰富的色彩变换形成了蝴蝶翅面上五彩缤纷的色彩和肌理图案，蝴蝶光鳞片的光学性能原理在建筑幕墙上的仿生应用为幕墙色彩斑斓的艺术效果表现带来了可能，同时也带来了幕墙多维度空间层次的绵延和时空的变换。

4.1 色彩肌理

由于幕墙光鳞片下方增色膜的作用，以及散光脊对入射光线的散射，使得幕墙可以表现出蝴蝶光鳞片变色的视觉效果和色彩肌理（图 10）。这些色彩肌理可以根据外界温度、湿度等自然环境的变化而发生改变，体现了仿生技术的生态适应性。同时，也为建筑幕墙自然及物质环境增添了美的视觉感受，为幕墙的视觉表现提供了可拓展的空间。在幕墙的色彩肌理处理过程中，可以通过对增色膜的厚度的调整、色彩的控制，散光脊尺度的设计，以及光鳞片开合角度的控制实现幕墙不同的色彩肌理及色彩空间效果。

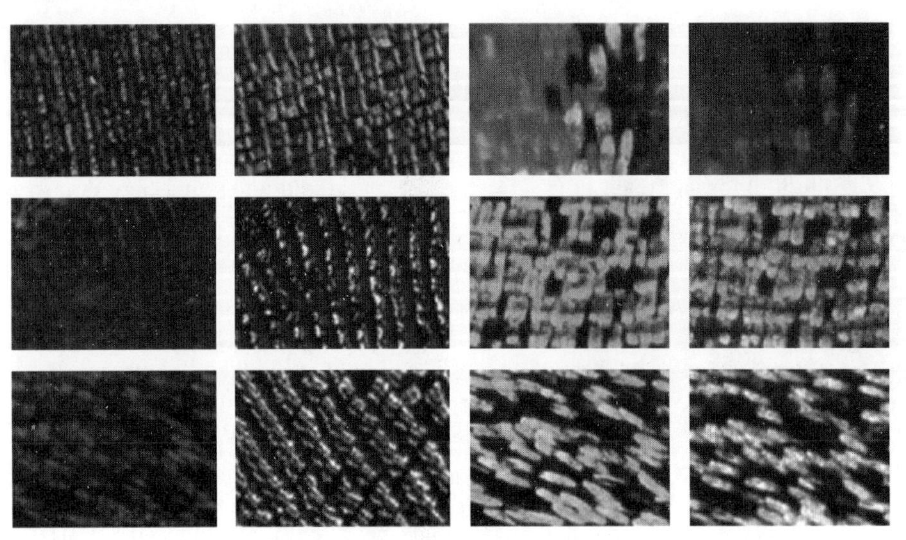

图 10 蝴蝶光鳞片变色图
（图片来源：邱兆美．蝴蝶鳞片微观耦合结构及其光学性能与仿生研究［D］．长春：吉林大学，2008.）

4.2 空间绵延

仿生蝴蝶鳞片生态建筑幕墙表皮的透明及半透明的特征，在光线的作用下，使幕墙表现出丰富的空间层次以及多维度的时空变换，延伸了建筑表皮时空层次与维度的表达。幕墙的光鳞片结构随着室外的温度变化，不断改变光线入射的角度，加上其下方散光脊对光线的散射作用，使入射光线更为稳定与柔和，这有利于幕墙表皮对周围环境映射影像的呈现，同时也加强了影像的视觉舒适度，增强了建筑物与场所的融合。散光脊下方的增色膜可以根据场所和空间营造的需要，变换色彩与图案，并与场所映射的影像相融合。这都为建筑师通过幕墙表皮表达建筑、影像与时空的关系[14]，在手法上提供了诸多可能。此时，幕墙表皮就如同“晶体”一般，将过去、现在、未来的影像与人的思维记忆叠加，衍生出建筑不同时区、时层共时呈现、无限绵延的空间形式。

5 结论

仿生技术在建筑领域的应用是生命时代对生态建筑的发展需要。自然界中的生物都具有与自然界进行能量自组织交换与更新的能力，通过研究与分析自然界中生物的形态及结构特性，结合仿生技术应用于建筑领域，在解决现存建筑问题的同时也为生态建筑的自组织更新和自适应性的实现提供了有效的设计方法。蝴蝶鳞片艳丽的色彩、结构具有的光学性能和调节体温的功能，及其与自然环境之间的自适应特性，为生态建筑幕墙的设计提供了仿生学的视角，也为解决和优化当前建筑幕墙光污染、自动清洁、调节室温等问题提供了可操作的途径。仿生蝴蝶鳞片的生态建筑幕墙的技术视角和设计方法实现了建筑幕墙表皮与环境之间的动态更新与共生，其仿生蝴蝶鳞片丰富的视觉肌理延伸了幕墙表皮的审美价值。这一设计方法是对符合生命原理高技术、低成本生态建筑幕墙表皮在设计思想和操作方法上的一次尝试，是对建筑幕墙表皮生态价值和美学意义的一次探讨。

[本文是浙江省自然科学基金公益项目“基于仿生技术的生态建筑幕墙构建方法研究”的阶段性研究成果，项目号：18082087－D。]

参考文献

[1] 薛云，李华明．玻璃建筑盛行的缘由［J］．山西建筑，2009（8）：24.
[2] 刘昭丽，江霜英．玻璃幕墙光污染环境影响评价案例分析［J］．四川环境，2009（10）：85.
[3] 李保峰，张卫宁．美丽的代价：中国当代建筑创作中玻璃应用问题的调查与思考［J］．建筑学报，2005（8）：83.
[4] 刘杨，林建群．德勒兹哲学生成论视阈下的生态建筑设计策略［J］．哈尔滨工业大学学报（社会科学版），2011（5）：48.
[5] YUAN Y P，YU X P，YANG X J，et al. Bionic building energy efficiency and bionic green architecture：A review［J］．Renewable and Sustainable Energy Reviews，2017，74：771－787.
[6] MAYER A G. On the colour and colour pattern of moths and butterflies［J］．Bull Mus Comp Zool Harv，1897，30：169－259.
[7] MERRITT E A spectrophotometric study of certain cases of structural color［J］．J Opt Soc Am Rev Sci，1925，11：93－98.
[8] VUKUSIC P，SANBLES J R，LAWRENCE C R，Structural colour：Colour mixing in wing scales of a butterfly［J］．Nature，2000，404：457.
[9] 任露泉，邱兆美，韩志武，等．绿带翠凤蝶翅面结构光变色机理的试验研究［J］．中国科学，2007，37（7）：952－957.
[10] LU Y X. Significance and progress of bionics［J］．Journal of Bionics Engineering，2004，1（1）：1－3.
[11] 徐宇龙，谢浩．玻璃幕墙的“光污染”问题及对策［J］．低温建筑技术，2002（4）：51－53.
[12] 罗涛．玻璃幕墙建筑的室内外天然光环境研究［D］．北京：清华大学，2005.
[13] 邱兆美．蝴蝶鳞片微观耦合结构及其光学性能与仿生研究［D］．长春：吉林大学，2008.
[14] 刘杨．德勒兹时延电影理论视阈下的“影像”建筑创作思想阐释［J］．建筑学报，2013（12）：113－115.

高校校园公共空间微更新策略研究
——以重庆大学 B 校区为例

■ 白馨怡[1]　周铁军[1,2]
■ 1　重庆大学建筑城规学院　2　山地城镇建设与新技术教育部重点实验室

摘要　公共空间是大学校园中学生进行主动行为交往的空间，在很大程度上对学生的综合发展和个性培养都有一定的影响，良好的公共空间能提高人们交往的频率，增加学生和老师的活动范围和时间，激发校园整体活力。我国大多数高校老校区建设年限较早，历史氛围和学习氛围浓厚，但校园公共空间的品质随着时间的增长到现在已经难以满足学生们的需求，因此选取重庆大学 B 区作为研究对象，通过行为观察和调查问卷进行深入分析，发现公共空间现存的问题，同时提出针对性的更新策略。
关键词　**高校校园　交往空间　微更新**

在当今城市从增量更新到存量更新，大学校园在建设新校区的同时也对老校区进行微更新。重庆大学 B 区就是原来建立于 1952 年的“土建”（重庆土木建筑学院），即后来的重庆建筑大学，曾经是建设部直属的全国重点大学，现仍然作为重庆大学建筑学部的主教学区。2022 年，重庆大学对原本的建筑城规学院进行了装修，整体修建年代已久，但是附属设施基本完善，从修建至今也进行了建筑立面以及内部空间的改造，但是对于外部空间的打造是有缺失的，所以研究通过对外部空间的活力评价分析得出空间的品质，进而提出对校园的公共空间的微更新策略。

1　研究计划

1.1　研究目标

高校老校区相比新校区承载着更多的校园记忆，传承着校园的历史文脉，激发老校区公共空间的活力。[1]根据校园使用人群对交往空间的需求，提高公共空间品质，激发交往活力以及创新性。在对空间品质的提升上，从各个维度进行分析研究，选择评价指标，进行分析调研，最后提出微更新策略。

1.2　研究对象

重庆大学 B 区主要通过沙正街的正门、中门和北侧校门以及沙杨路的西南门与外部连接[2]。校园内附属设施相对完善，为老师提供了较好的校园空间环境。整体公共空间布局较为分散，使得各个区域的同学都能享受到良好的室外空间环境，通过不同高差、宽窄对比、大小对比营造出多个空间节点，给人丰富的视觉感受，但是大多空间使用度较低，无法发挥公共空间的作用。

重庆大学 B 区主要的公共空间分为三种类型：公共建筑外部空间，校园广场，绿地景观。[3]公共建筑外部空间主要有建筑城规学院边上的景观水池及周边，校园广场主要为 B 区入口广场以及宿舍前各类球场，绿地景观主要为体育场一侧的绿地（图 1)。

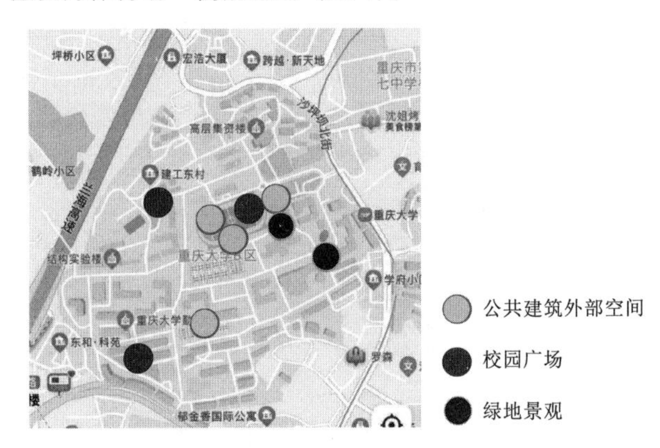

图 1　重庆大学 B 区校园公共空间分布
（图片来源：作者自绘）

2　实地调研部分

通过大量文献阅读了解我国大学校园公共空间微更新的相关研究，针对性地从活力分析评价来看，找到相关的研究，与其对比。通过文献查阅提出自己研究的可行性和创新性，得出对于校园活力评价分析可以通过两个方面进行：一方面为公共空间属性，对设施设置以及材料选取、遮阴遮阳设施以及日常停驻人数等进行实地调研；另一方面为实地调研问卷的发放，主要针对教职工以及学生对公共空间日常使用过程中的各项指标以及整体的满意度进行调查，结合实地调研的结果以及调研问卷的统计结果对几处公共空间进行综合活力评判，为后续校园更新提出策略。

2.1　公共建筑外部空间

建筑城规学院外部空间主要以景观水池为主（图 2)，周边辅以景观布置和座椅安置，景观布置较为单一，座椅以石质材料为主，冬季较为冰冷，夏季休息时无遮阴，难以停留。虽有水景，但整体管理较弱，水质较差，无其他相关水景设计。整体平面带状空间狭长、潮湿，紧邻校园主要道路，视线遮挡弱，步道规划生硬，导致该空间私密性低、舒适度低，无法满足学生社交、学习的需要。虽然建筑学院内部中庭设计良好，但室外公共空间与建筑功能关联性不强，只关注室内参观活动，外部的空间缺乏相应的设施，室内外空间交流不明显。

图2　建筑城规学院外部空间
（图片来源：作者自摄）

二综教学楼外部空间较为分散，根据地形特点分为两个部分：上部分主要以小路径伴以座椅设置，树木较为高大，有良好的遮阴效果，停驻人员较多（图3）；下部分因没有座椅设施，已被车辆停放，占领较大位置（图4），且另一侧的休闲区域因光照原因，背阴采光差，虽设有休息设施，但根据实地调研，石质休闲座椅部分已有青苔附着，几乎无人在此驻留。以上两处公共建筑外部空间夜间照明设置较差，安全度较低，停驻人数极少。

图3　二综教学楼外部空间上部
（图片来源：作者自摄）

图4　二综教学楼外部空间下部
（图片来源：作者自摄）

2.2　校园广场

公共空间的绿化景观往往是吸引人们进入的重要因素。入口广场以毛主席像为主要标志物，两侧为绿地，整体绿化做得较好，遮阳效果显著，但景观层次较差，四季景观变化差异较小。旁边为校车停驻点，日常有同学排队等校车，休息座椅设施较少（图5），但有一定的庇荫效果，同时可以观看到体育场的活动，停留人数较多。因地势原因，整体以毛主席像为视觉焦点（图6），上部广场以景观花坛设置为主，无休息设施，有展架设置，可展示学校成果，无展示作用时，根据实地调研发现，此处无人驻留。

图5　入口广场休闲座椅
（图片来源：作者自摄）

图6　入口广场毛主席像
（图片来源：作者自摄）

羽毛球场地及其周边的休息场地中做球类运动较多（图7），白天因采光较好，也兼做晒被子之用。周边绿化景观层次较好，小路径以及休闲座椅设施布置较为良好，可作为球类运动后的休息场地，同为石质座椅，因采光良好且较为干净，所以使用度较高，而且根据实地调研，此处停留人数也较多。夜间照明较为明亮，同时因重庆气候原因，夏季白天温度较高，所以夜间活动人数较多。

2.3　绿地景观

篮球场一侧的休闲绿地景观层次较好，四季景观变化不大，能够满足观赏需求，同时设置了景观小品作为标志物（图8），有较强的导示性。座位设施为铁质且数量较少，无任何遮阴、遮雨设置（图9）。夜间灯光较为明亮，但因空间较小，难以进行较多社会活动，因此停驻人数较少。

图 7　体育广场
（图片来源：作者自摄）

图 8　绿地景观小品
（图片来源：作者自摄）

图 9　景观座椅
（图片来源：作者自摄）

3　问卷调研部分

针对 B 区公共空间的绿化覆盖率景观多样性、可达性、使用度、文化氛围、空间私密性、社会性行为、整体满意度以及对 B 区校园公共交往空间有何建议等编写调查问卷，在学校中随机选取 20 名教职工和 150 名学生填写调查问卷，要求随机抽取的性别比例不大于 1∶1.25。通过对调查问卷的整理分析得出校园 6 处公共空间的景观多样性、可达性、使用度、文化氛围、空间私密性、社会性行为、整体满意度等各项特性的空间主体使用评价。

调查问卷显示，本次调查中有男性 81 位，为调查对象的 51.7%；女性 75 位，为调查对象的 48.3%，男女比例大致符合调研要求，男性数量略高于女性。其次从学历分布上来看，本科生人数为 93 名，为学生调查对象的 62%，为主要面向人群，是校园交往活动进行较多。设置满意度为 －2～2 分，分别代表非常不满意、不满意、无感以及满意、非常满意五个等级。

同时针对几个主要公共空间的特征对比以及调查问卷的结果显示：教职工以及学生对 B 区绿化覆盖率满意度为 7%，非常满意度为 79%。绿化景观整体满意度较高［图 10（a）］，但对景观多样性和层次性满意度较低［图 10（b）］，因此在后续公共空间打造中，不仅要注重景观的布置，还要注重乔木、灌木、草坪的层次性。可达性的满意度较低［图 10（c）］，考虑到这部分主要是由于历史与地形的原因，导致 B 区可以发展的空间不是很多，所以只是对前期规划参考性比较大。使用度的满意度一般，不满意以及满意的人数占比相当，其中对广场公共空间以及建筑外部公共空间满意度较高，对绿地景观实用度满意度较低，经过详细采访，大多数人认为校园的座椅附属设施较少，无法满足大家的社交需求，因此使用度较低。

整体对三类建筑公共空间文化氛围满意度都非常低，有 21% 的人认为非常不满意，仅有 9% 的人认为非常满意［图 11（a）］，可以看出校园公共空间的文化氛围是比较重要的，重庆大学 B 区在文化氛围方面空间打造应该更加注重，后续针对这个问题也提出了相应的策略。

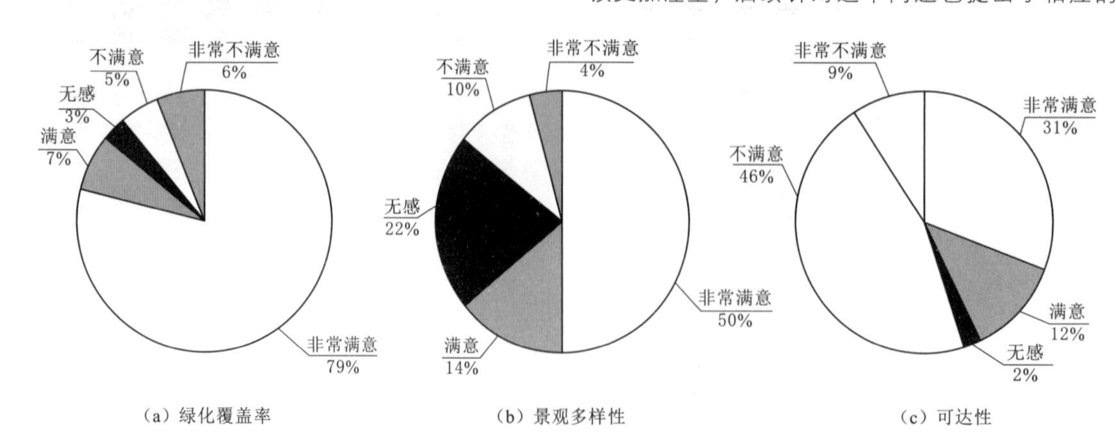

（a）绿化覆盖率　（b）景观多样性　（c）可达性

图 10　调查问卷各项指标满意度三维饼图
（图片来源：作者自绘）

在对空间私密度满意度方面也很低，有56%的人认为不满意，仅有34%的人认为满意［图11（b）］，经过详细采访并结合现状，主要是因为几处公共空间都设置了临车行道路，噪声大且来回人流较多，因此私密度较低。另外，可以看到教职工在社会性行为满意度上较低，使用度也较低，而学生的满意度则较高，尤其是男生的满意度高达83%，女生则满意度较低，认为校园广场以及绿地休闲景观空间较小，难以进行其他活动，但是因为景观满意度较高，女生则可进行拍照等交往活动。最终调研结果表明，学生以及教职工对校园公共空间的满意度一般［图11（c）］，因此还需要不断增强空间品质。

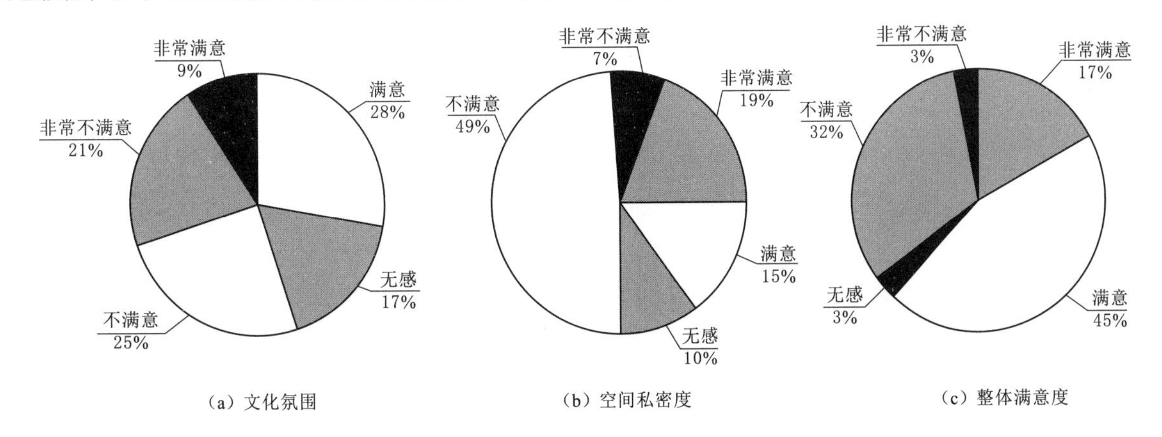

（a）文化氛围　（b）空间私密度　（c）整体满意度

图11　调查问卷各项指标满意度三维饼图
（图片来源：作者自绘）

4　改造设计策略

人群的行为方式以及公共空间的承载力增强公共建筑室内外的交流教学楼以及公共建筑室外公共空间可以很好地利用起来作为学生日常的交流空间。增强公共空间文化属性由于历史与地形的原因，B区可以发展的空间不是很多，所以在对已有的公共空间打造时应注重对文化的打造，以此吸引人群的驻留。例如展览与活动的策划，对于空间文化再造就会产生作用。

同时顺应地形，增强附属设施布置，打造富有层次的公共空间，例如加强夜晚灯光光照，提高安全性以及在人流密度高的场所增设座椅，进一步满足休息需求。多学科交叉与景观园林对灌木乔木的使用综合考虑增加空间层次性。避免交通干扰，将空间植物设计种类定为小型灌木、草本地被及宿根花卉，使场地植物群落更为稳定，从而发挥最大的生态效益。激发空间活力，合理扩展停车用地，满足校园内的使用需要，将公共空间还原给使用人群。B区的机动车停车问题没能得到较好的解决，因此造成了广场空间和街道空间被大量占据。如果想要使B区空间活力达到较为理想的营造效果，可以采取立体停车的措施。

5　总结

通过对现有大学校园的公共空间的背景调研以及实地调研，进而提出微更新的策略，地势现状情况虽然难以改变，但是策略从附属设施、景观配置以及空间氛围营造上还是有很大的可操作性。希望在后续发展过程中能够进行实际改造，提升教职工以及学生的公共空间使用感受，同时在对后续合理打造高校校园公共空间的设计提供设计策略以及设计依据，激活公共空间活力，激发教职工以及学生更多的室外活动以及交往交流。

参考文献

［1］何镜堂，王扬，窦建奇．当代大学校园人文环境塑造研究［J］．南方建筑，2008（3）：4－6．

［2］欧诗，陈建．高校校园公共空间探析［J］．规划师，2003（9）：90－91．

［3］赵伟韬，李迪．高校校园公共交往空间调查与分析［J］．北方园艺，2008（6）：141－143．

［4］陈功，蔡燕歆，陈彬彬．基于因子分析法的大学校园广场空间活力研究：以西南交通大学犀浦校区为例［J］．城市建筑，2021，18（35）：117－119．

［5］郑丽君，武小钢，杨秀云．大学校园公共空间活力评价指标的定量化研究［J］．山西农业大学学报（自然科学版），2016，36（11）：821－826．

城市公园的景区定位属性与生活需求属性的矛盾与优化策略
——以重庆市碧津公园的人群活动调研情况为例

■ 周铁军　王　杰　徐茂杰
■ 重庆大学建筑城规学院

摘要　城市公园在现代城市建设中产生了新的生态发展理念，并对周边人群产生着极大的影响。为了本着以人为本的理念，更好地进行城市公园的建设，选择对公园中人群的活动情况进行调查分析。在对重庆市碧津公园进行实地调研的过程中，发现碧津公园自上而下的景区定位属性与日常使用中的生活需求属性产生了偏差，对此进行分析讨论以及建议，并提出城市公园优化策略。

关键词　城市公园　景点式场所　生活式场所　景区定位　生活需求

1　绪论

1.1　背景

公园城市是自然生态环境融入城市生活空间，是一种"生产生活生态空间相宜，自然经济社会人文相融"的综合体系，是人与城市、环境有机融合的城市发展方式[1]。十九大报告中强调"永远把人民对美好生活的向往作为奋斗目标"，美好生活有丰富的内涵，不仅包含美好的物质生活需求，也包括更好的教育，更丰富的文化生活，更优美的生活环境等精神需求。城市公园的优美自然环境与公共的社会属性既可以满足人们美好的物质需求，也可以满足人们的精神需求，是一种把人民对美好生活向往的目标践行的城市公共空间。

基于以人为本的理念，使城市公园更好地满足市民的使用需求，选择对城市公园的实际人群活动情况进行调研。根据调查得知，碧津公园是以景区属性定位的。但在调查过程中发现，只有极少的人群使用公园的游乐设施和旅游景点，更多的市民则是在非公园预设的景点进行日常活动。基于这个现状情况，本文通过分析城市公园的景区定位属性和生活需求属性之间的矛盾，从而提出城市公园的社会优化策略。

1.2　公园调研信息

1.2.1　碧津公园背景

碧津公园位于重庆市渝北两路镇城中心东南部，公园规划总面积为 23.1hm²，与江北国际机场毗邻[2]。它是集休闲、娱乐、健身为一体的综合城市自然公园，里面有碧津湖、碧津塔、观音庙、大量的自然景观等特色景点空间。

1.2.2　调研目的

场地选择碧津公园，调研对象为在公园里活动的人群。调查选择了上午、下午、夜晚三个时段对园中的人群进行了问卷调查。另外，选择了公园中的多个节点空间，包括公园规划中景点式的树林广场空间、公园碧津塔、公园游船、地下灰空间等多个规划中的人群驻留点和现状的人群驻留点。

以问卷和驻点分析（选取了晴天工作日、晴天周末、雨天工作日、雨天周末四天及每天的上午、下午、晚上三个时间段）的方法对使用人群的构成、满意度以及景点式场所和生活式场所的使用程度来验证作为城市公园的碧津公园在景区定位上和生活需求上是否存在偏差，若存在偏差，则偏差程度如何，并且如何进行优化。

2　碧津公园人群活动状况调查

2.1　公园人群组成与活动方式

碧津公园是重庆主城渝北区 3A 级综合性文化休闲的城市公园，是"渝北明珠"[2]，规划为偏向景点式公园，所以公园规划预设中有较多提供给外来游客的景点式场所。在对碧津公园有了一个基本的了解之后，便对公园进行了调查，并通过问卷访谈法对公园的人群进行了组成分析。

对问卷中的被调查者到公园的交通方式和路程时间进行了分析，在访谈中了解到车行人群基本可以算作外来游客，步行人群可以算作附近居民。公园里外来游客人群占比 30%，附近居民占比 70%（图 1）。由此可见，碧津公园实际的使用人群，大多数还是公园附近的居民。

通过分析公园内的使用人群的年龄，公园里的中老年群体占比最大，青少年人群占少数（图 2）。通过现场观察，公园还有部分儿童群体，基本是父母带着孩子出来游玩。总体来说，公园的使用人群多是中老年以及老年群体。通过年龄和人群类别对比分析，公园使用人群中偏向老年的群体大多是附近居民，并占大多数，偏向青少年群体大多是外来游客（图 3）。

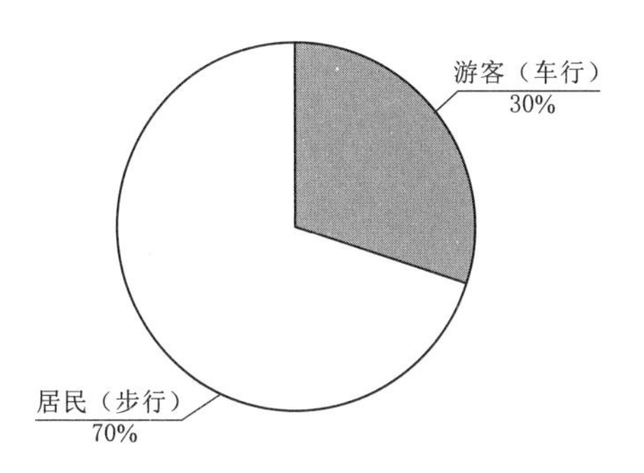

图 1　人群类别构成
（图片来源：作者自绘）

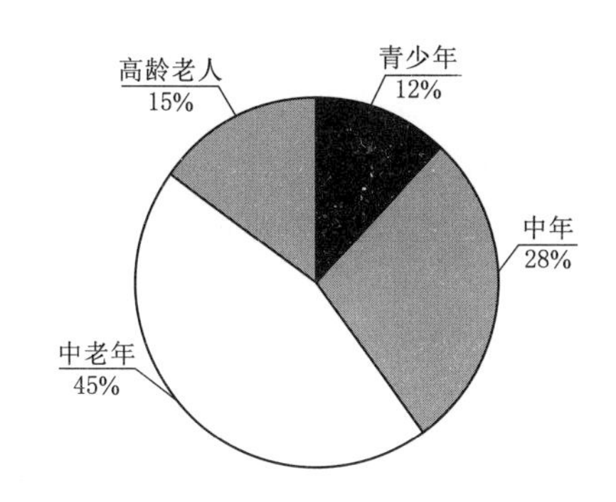

图 2　人群年龄构成
（图片来源：作者自绘）

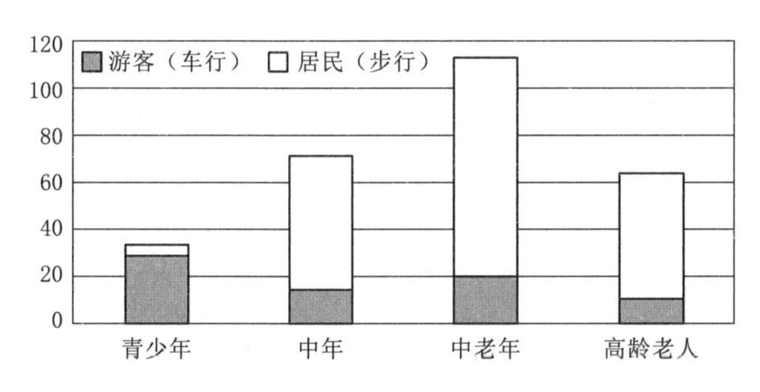

图 3　人群类别与年龄的关系
（图片来源：作者自绘）

通过现场观察，发现公园中人群的主要活动方式为观赏、休闲（散步）、健身（跑步、太极等）、社交（棋牌、社交）、游乐。总体来说，休闲和社交是附近居民的主要活动方式，占大多数，游客的观赏和游乐活动占少数（图 4）。

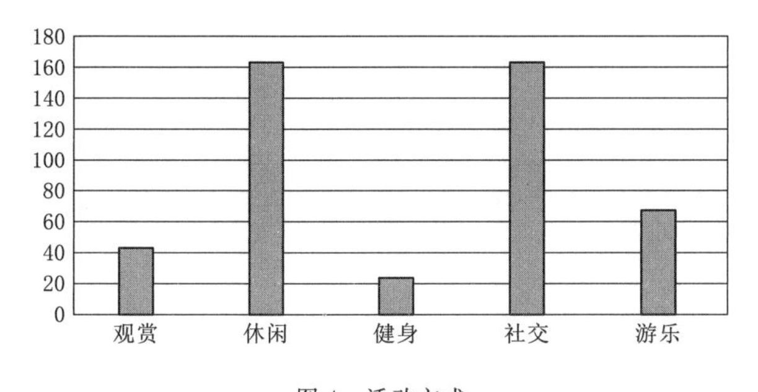

图 4　活动方式
（图片来源：作者自绘）

同时，社交中的棋牌和闲聊是上下午居民活动的主要方式，社交中的广场舞是早晚居民的主要活动方式，同时公园也对广场舞的可活动时间进行了规范。对于游客，公园中有景点式的场所和自然景观进行观赏，游船和游乐场的场所进行游乐活动。

2.2　前往公园的频率与游览时长

通过对比居民和游客前往公园的频率，可以看出附近居民使用公园频率较高，绝大多数每天都要去公园（每周 3～4 次以上）；游客则是较长时间才会去公园 1 次（图 5）。

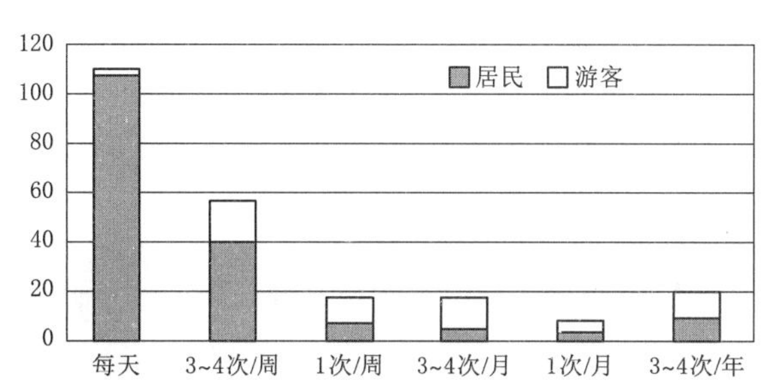

图 5　前往公园频率
（图片来源：作者自绘）

从图 6 可以看出，游客的游览时间基本为几个小时到半天，附近居民的游览时间则在各个时间段均有分布，通过访谈得知，游园的附近居民中较多为清闲的中老年群体，天气较好时便会选择在公园长时间游玩，同时结伴玩乐，寻求热闹。

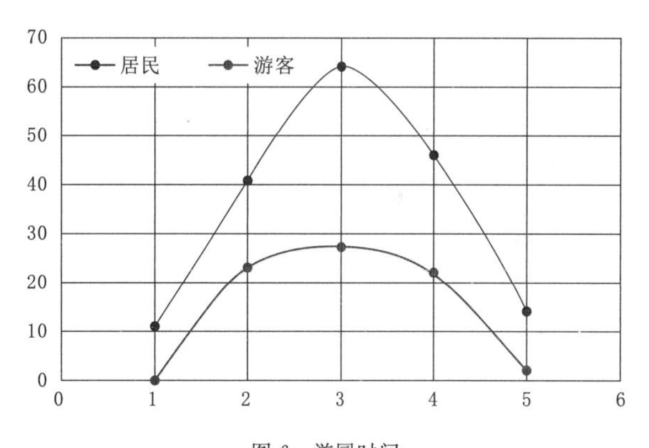

图 6　游园时间
（图片来源：作者自绘）

3　人群活动与场所空间的关系

3.1　游客与居民对公园的满意度

图 7 与图 8 对碧津公园的整体与交通、景观和设施三个方面进行了分析，无论是游客还是居民，大多数人对碧津公园都是感到满意的。其中，从整体满意度的比例上看，居民比游客的满意度高，原因可能是碧津公园的居民众多。反观交通满意度的比例，游客明显比居民更加不满意碧津公园的交通情况，这可能是碧津公园游客少于使用居民的原因。设施满意度的比例也是同样的情况，也可能是导致游客拒绝碧津公园的原因。从景观满意度的比例上来看，游客与居民都是满意为主导，这也是碧津公园的景区规划的优势，可以看出，优美的环境是游客和居民选择碧津公园的主要原因。

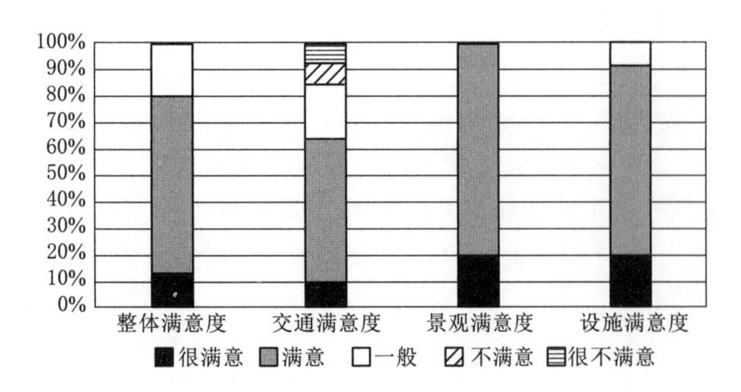

图 7 游客整体满意度
（图片来源：作者自绘）

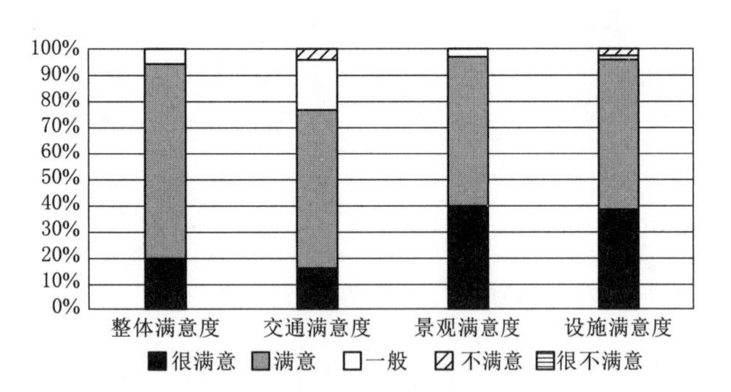

图 8 居民整体满意度
（图片来源：作者自绘）

3.2 公园景点式场所与生活式场所的人群活动情况的关系

3.2.1 公园景点式场所的人群活动情况

本文选取碧津公园内四个景点式场所（图 9）进行人群活动情况调查。从图 10 可以看出，总体来说，景点式场所的使用人群都是较少的，使用人数最多的是碧津游乐园，其次是碧津塔和观音庙等文化建筑，最少的是划船项目，几乎很少有人使用这个设施，可能是因为游客的人群主要以青少年为主，青少年更加喜欢景点式场所，如游乐园，而非碧津塔和观音庙这类文化建筑。

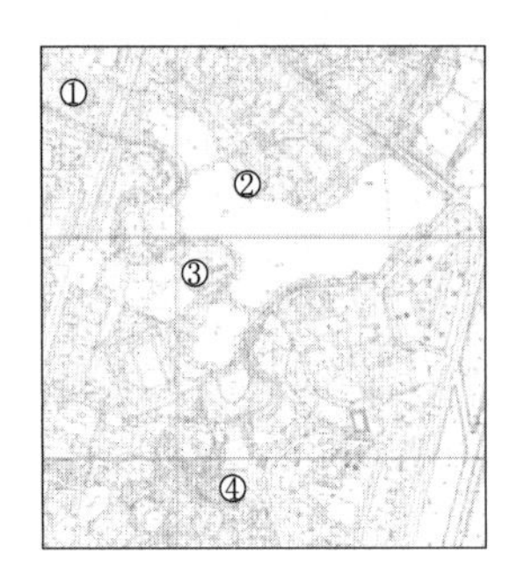

图 9 景点式场所位置
（图片来源：作者自绘）

1. 碧津游乐园

从图 11 和表 1 可以看出，碧津游乐园这个景点式场所，周末的游客人数多于平时的人数，说明游客更加偏好于周末来游玩。而从时间上来看，上午的人数要少于下午的人数，说明游客更加偏好于下午来游玩，其中 16—18 时的人数是最多的，说明游客更加偏好 16—18 时游玩碧津游乐园。

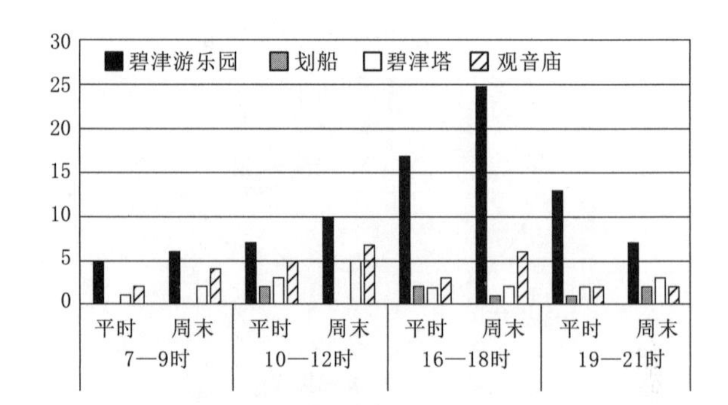

图 10 景点式场所整体人流量
（图片来源：作者自绘）

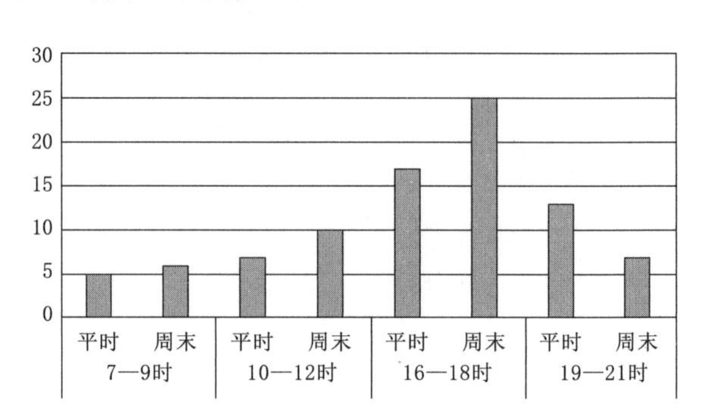

图 11 碧津游乐园人流量
（图片来源：作者自绘）

2. 划船区

从表 1 和图 12 可以看出，划船这个设施，总体来说不是很受游客的喜欢，无论是周末还是平时，或是早中晚，使用的游客人数都是极少的。可见划船项目对于游客缺乏吸引力。

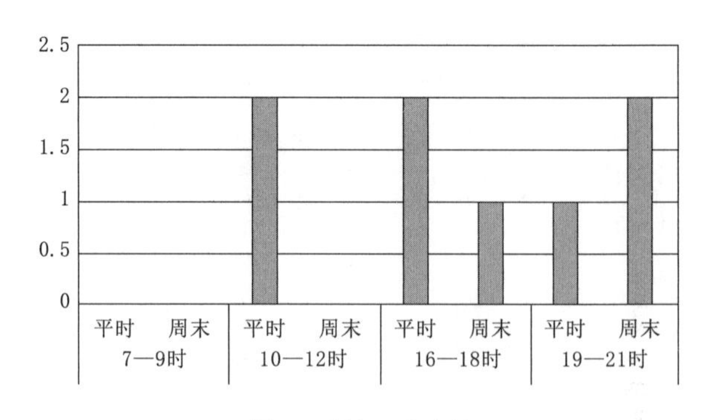

图 12 划船区人流量

3. 碧津塔

从表 1 和图 13 可以看出，碧津塔这个景点式场所，总体来说游客人数是比较少的，但依旧可以看出，周末的游客人数多于平时的游客人数。而从时间上来看，早上的游客人数要多于下午，其中 10—12 时人数是最多的，说明游客更加偏好于上午来游玩碧津塔。

表 1　四个景点式场所人群活动驻点

场地	社会需求	现状照片	平均后每天上午、下午、晚上（从左到右）的人流量情况
碧津游乐园	位于碧津公园西北角。内部有各种游乐设施供居民和游客游玩		
划船	配备齐全，可租一只小船在碧津湖上畅游		
碧津塔	碧津公园标志性建筑，登高将渝北景色尽收眼底		
观音庙	位于碧津公园东南角的观音庙，是公园的文化建筑		

注　图片来源：作者自绘、自摄。

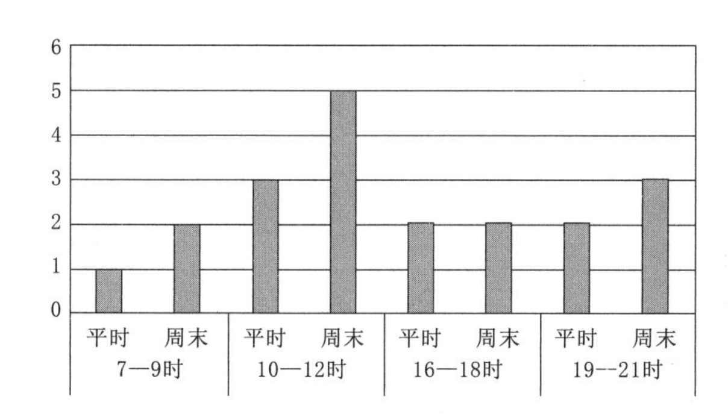

图 13　碧津塔人流量

4. 观音庙

从表 1 和图 14 可以看出，观音庙这个景点式场所，总体来说游客人数都是比较少的，但依旧可以看出，周末的游客人数都多于平时的人数，说明游客更加偏好于周末来游玩。而从时间上来看，上午的人数要多于下午的人数，说明游客更加偏好于上午来游玩。其中 10—12 时的人数是最多的，说明游客更加偏好 10—12 时游玩碧津游乐园。

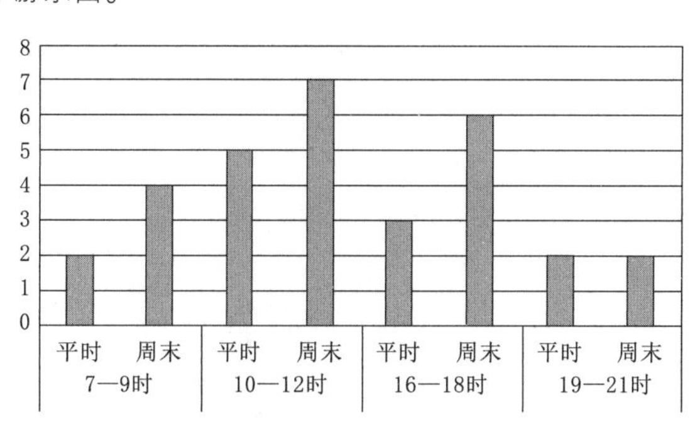

图 14　观音庙人流量

3.2.2　公园生活式场所的人群活动情况

此部分选取了碧津公园内四个自发的由生活需求产

生的生活式场所（图 15）进行人群活动情况调查。生活式场所的使用人群大多数为附近居民，少数为外来游客。从图 16 中可以看出，生活式场所在下午和晚上的使用频率较高，且周末比平时略高。我们选择了四个生活式场所进行分析，其中地下灰空间场所和公园入口广场使用人数较多。

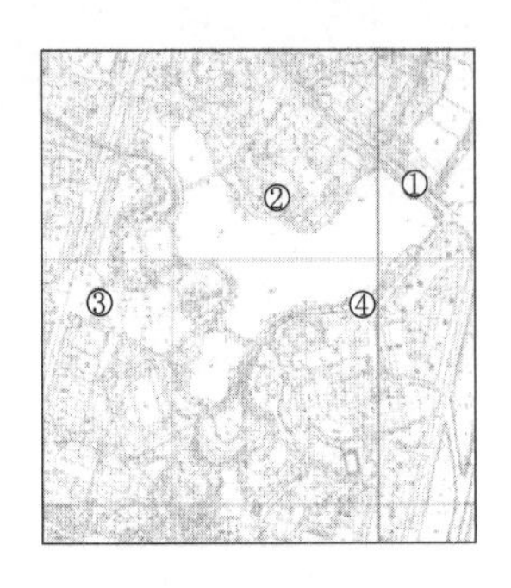

图 15　生活式场所位置
（图片来源：作者自绘）

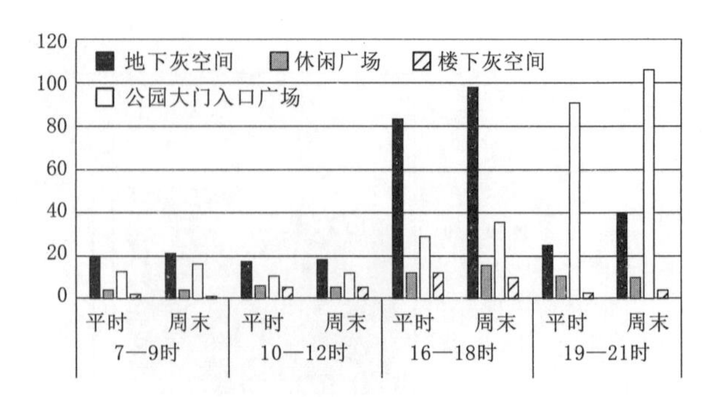

图 16　生活式场所整体人流量

1. 地下灰空间

从图 17 可以看出，下午是一天中使用人数最多的，且周末比平时略高。该生活式场所场地面积较大，同时有休息设施的桌椅和集体活动的舞台，所以在此处的活动人群较多。根据现场观察，在此处的活动大多为社交活动，包括棋牌、唱歌、闲聊、广场舞，还有健身活动，包括羽毛球和太极。该场所使用频率较高，使用人数较

表 2　四个生活式场所人群活动驻点

场地	社会需求	现状照片	平均后每天上午、下午、晚上（从左到右）的人流量情况
地下灰空间	有着小舞台和排排放置的座椅以及沿湖的桌椅。社区活动、唱歌比赛都在这里进行		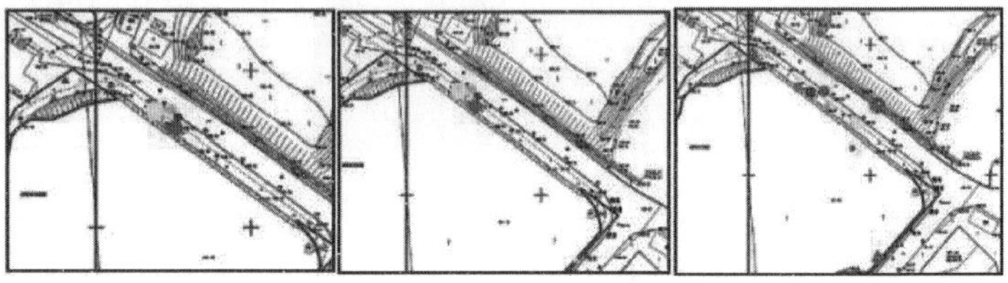
休闲广场	有 10 多个健身器材，以及休息座椅和直饮水，在此处健身休息的附近居民较多，也有少数游客		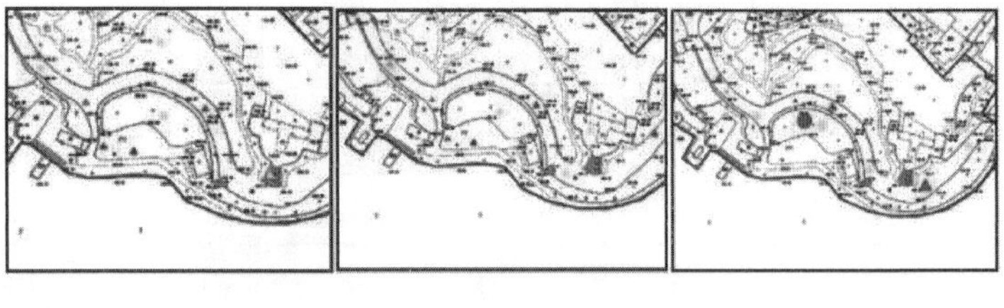
大门入口广场	公园正门入口内外广场都较大，同时交通比较便捷，在此处跳广场舞和游玩的人群较多		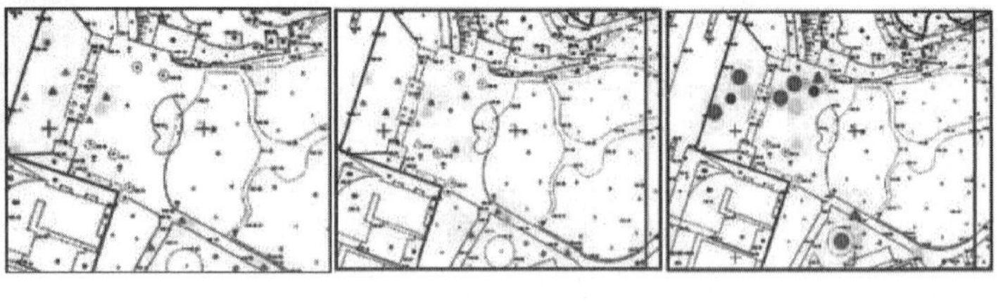
楼下灰空间	在犀牛宾馆旁边的入口附近，空间容量较小，但下午通常会有附近居民聚集在此进行棋牌活动		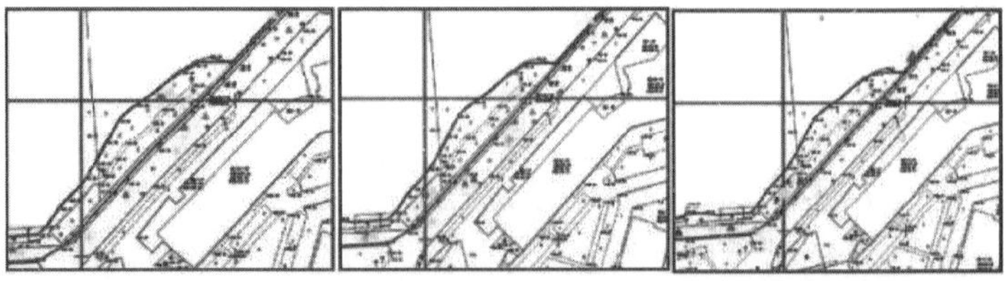

注　图片来源：作者自绘、自摄。

多，活动较丰富，但从空间本身看，吊顶和设施简陋，在公园的规划中该属于消极场所。

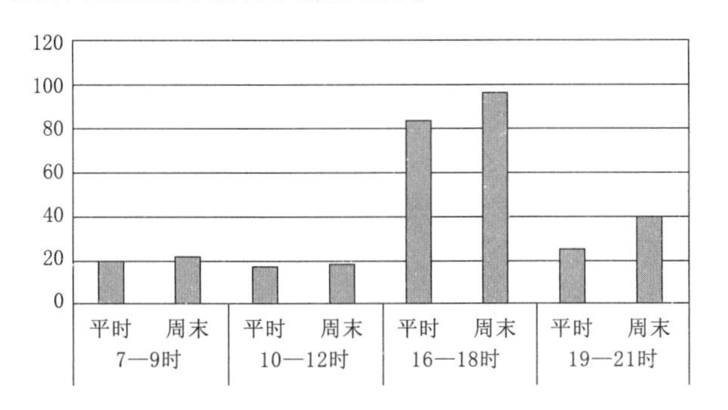

图 17　地下灰空间人流量

（图片来源：问卷自绘）

2. 休闲广场

从图 18 和表 2 可以看出，休闲广场在下午和晚上的使用人群相对较多，且周末比平时略高。该场地占地面积较大，健身设施和休闲设施较为完善，活动人群较多，主要为附近居民，但在周末，来此的游客会增多，通常是带小孩来游乐。该场所使用频率较高，使用人群较多，活动通常为休闲健身，空间环境较好，设施完善程度较高，在公园规划中属于积极场所。

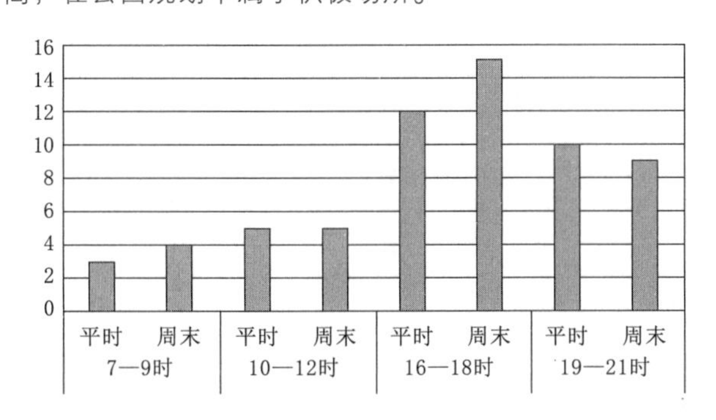

图 18　休闲广场人流量

3. 公园大门入口广场

从图 19 和表 2 可以看出，公园大门入口广场的使用人群在晚上较多，白天活动多是进出公园人群，入口本身无休闲娱乐设施，所以此处驻留人群较少。晚上则是因为广场舞活动人群较多，所以驻留人群较多。总体来说，该场所使用频率较高，但白天多为过路人群，晚上则是广场舞人群，此处为公园正门，在公园规划中属于较为积极的空间环境。

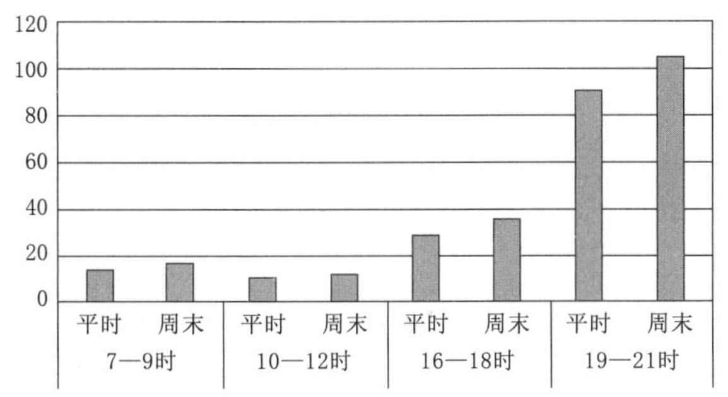

图 19　公园入口广场人流量

4. 楼下灰空间

从图 20 和表 2 可以看出，楼下灰空间下午使用人群较多，其余时间段较少，场地设施仅有木椅木桌，场地面积较小，活动基本为附近居民的棋牌活动和闲聊。总体来说，该场所使用频率一般，设施简单，在公园规划中属于消极场所，但景观环境较好，故使用人群较多。

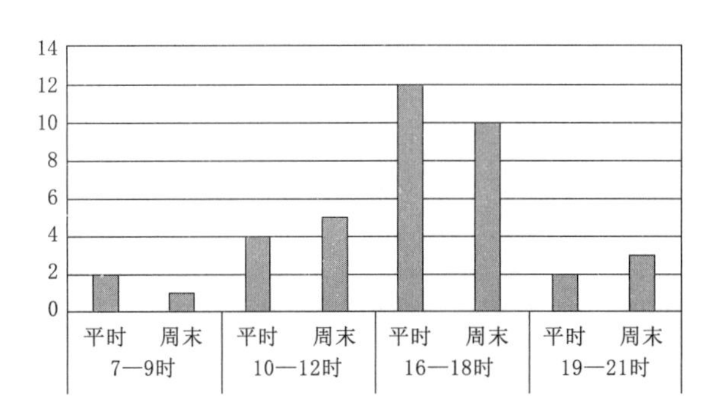

图 20　楼下灰空间人流量

3.2.3　两种场所的人群活动情况的关系和结论

从图 21 可以看出，碧津公园任何时候的使用生活式场所的人群数都多于景点式场所的使用人群数，而且公园内的主要使用人群依旧是以本地居民为主。无论是平时还是周末，景点式场所使用人群更加集中在 10—12 时和 16—18 时，而生活式场所使用人群更加集中于 16—18 时和 19—21 时。这是因为游客与居民的使用时间不同而导致的。

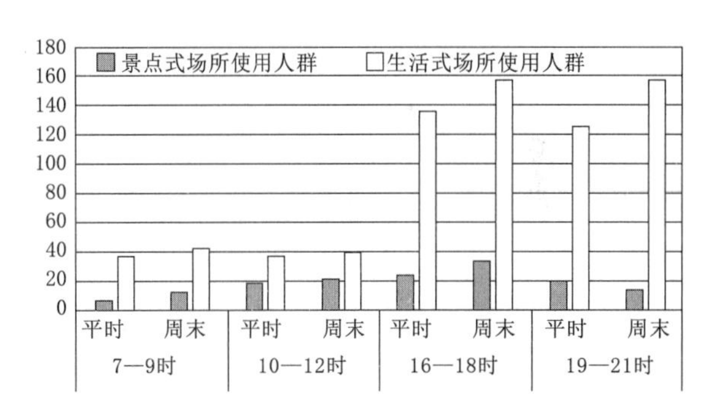

图 21　景点式场所和生活式场所人流量对比

（图片来源：问卷自绘）

总体来说，通过分析碧津公园外来游客和附近居民满意度以及景点式和生活式场所市民使用程度，发现公园内景点式场所的使用频率远低于生活式场所的使用频率，这与公园原本景区式规划相矛盾，也就是其现状的景区定位与城市公园实际使用人群的生活需求不完全匹配。同时这种不匹配的程度较大，景点式场所使用人群较少，原本规划中无意识形成的生活式场所使用人群反而较多。景点式场所利用率极低，其中标志性的碧津塔外参观人数较多，但进塔人数极少；观音庙和划船项目基本无人问津；游乐园相对使用率略高，但生活式场所的使用率则明显较高。然而公园对于景点式的投入成本却远高于生活式场所。

4 建议与优化

首先是景点式场所，城市公园本身是具有城市属性的，是需要进行高品质的景区定位规划的。在公园规划中，常常与历史文化资源协同出现，不仅避免历史和文化资源被破坏，还提供了良好教育科普场所，共同促进游憩系统的发展[3]。碧津公园的景区定点也是与其原本的一些历史资源（观音庙、碧津塔）和一些景观资源（碧津湖）共同出现，可以给市民提供较好的文化引导和自然环境体验。但还需要提高景点式场所的文化品质。高品质不是以货币价值高低来衡量的，而是强调文化特色和文化品位，这个高品质空间可以影响人的行为，并创造人的良性行为，传播社会优良的文化[4]。在这些文化空间中，可以提升其文化建设，例如文创、展览，从而强化景点式场所的活力。在自然资源空间中，例如碧津湖，则需要改善船只形象、提升湖水品质，打造泛舟游湖的美好意象，从而让自上而下的景区定位属性发挥作用，提升景点式场所的活力。

其次是生活式场所，公园环境是城市公共空间重要的一部分，市民到公园中进行各种日常活动已经成为市民的一种生活模式[5]。公园环境面向全体市民，既有塑造城市形象所需要的自上而下的规划，同时也应该作为城市社会空间满足市民使用的生活需求。一个充满生命力的城市公园空间，既能够成为城市人创造新生活方式的动力，又能够在改变社会关系的同时，“形塑”城市市民的生活方式[6]。在碧津公园中，景区定位的活动与大部分使用人群的生活方式并不契合，优化时需要以市民生活方式为参考，提升城市公园的生活需求属性。例如，生活式场所的地下灰空间，虽然有一定程度的装饰和设施，但是内部空间的品质较低，原本只是通道功能，但却成了市民自发形成的日常活动最常使用空间，也是人最多的空间。这就需要对这种生活式场所的设施、空间品质等方面进行优化，以满足市民生活方式，甚至是带动市民创造新的生活方式。公共空间是文化载体，应允许公共空间展现多元文化[7]。市民多元的生活方式自发形成，也是一种社会文化，通过良性引导，提升公园空间文化的广度。

总的来说，城市公园自上而下的景区定位属性和市民自发地自下而上的生活需求属性两者之间常常存在较大的矛盾。景点式场所的实际使用人群较少，生活式场所实际使用人群较多，甚至远道而来的游客也倾向于在生活式场所活动。作为塑造城市形象和文化高品质引导的城市公园，景区点位属性是不可或缺的，这需要在去提升城市公园的景点式场所的品质的同时也考虑到市民化空间的“形塑”。作为全体市民的共有财产，城市公园在资源上需要更好地去匹配其生活需求，从而打造一个兼具景区定位属性和生活需求属性的城市公共空间。

参考文献

[1] 赵建军. 公园城市：城市建设的一场革命［J］. 决策，2019（7）：24－26.

[2] 李德虹. 渝北明珠：碧津公园［J］. 中国园林，2001（2）：42－43.

[3] 陶巍，郭楷，刘路. 基于不同功能定位的城市公园布局评价方法研究［J］. 城市勘测，2021（2）：56－60.

[4] 张鸿雁. 城市空间的社会与“城市文化资本”论：城市公共空间市民属性研究［J］. 城市问题，2005（5）：2－8.

[5] 金云峰，卢喆，吴钰宾. 休闲游憩导向下社区公共开放空间营造策略研究［J］. 广东园林，2019，41（2）：59－63.

[6] 凯文·林奇. 城市形态［M］. 林庆怡，等，译. 北京：华夏出版社，2001：27.

[7] 闵希莹，胡天新，杜澍，等. 公园城市与城市生活品质研究［J］. 城乡规划，2019（1）：55－64.

改造项目中可研报告的应用与分析
——以 X 项目办公楼改造设计为例

■ 姜静静
■ 北京清水爱派建筑设计股份有限公司

摘要 随着我国城市化进程的逐步推进，“城市更新”已经成为当下城市建设的热点词汇。然而，老旧建筑装修的更新改造带来很多现实问题，如结构的安全性、设备的老化、规范的更新迭代等都为项目带来诸多困难，在这种情况下，前期的可行性研究报告（以下简称可研报告）就变得尤为重要。本文以 X 公司办公楼的改造装修设计项目为切入点，研究了在改造设计项目中可研报告的应用与分析，总结了改造设计项目中可研报告的应用效果，通过实践，说明在改造设计项目中可研报告对项目各个阶段的指导及高效的控制意义，以期待为类似的设计项目整体全过程的管理提供参考意义。

关键词 **可研报告　改造设计　应用　分析**

随着城市的不断更新发展，城市建设也日趋理性，无论是基于政策还是现实情况，城市中心盘活老旧存量物业的项目明显增多，包括大量的老旧厂房、陈旧的办公建筑、经营不善的酒店及商场等。国内大规模新建办公楼的时期已经过去，尤其是在一、二线城市，在办公设计领域，旧办公楼改造的项目在逐渐增加，在传统的装修改造项目全过程中，由于对项目的整体需求分析不足，从装修设计的整体方向内容到项目整体的时间周期及造价控制，都会有很多的不确定因素。

在比较大型和复杂的改造装修项目中，项目的整体控制是十分重要且困难的。如何能更好地控制改造项目的整体质量、安全、进度、造价等各方面的因素，可研报告作为项目前期的一种调查、研究、分析并得出初步结论的控制性文件，在改造设计项目的全过程中都有着重要的指导意义。

本文以 X 公司办公楼改造设计为案例，阐述了可研报告在改造设计项目的概念设计阶段、方案设计阶段、施工图设计阶段、工程概算编制阶段及项目实施阶段的实际应用，说明可研报告为实现总体目标提供了支持，从流程、质量、成本到进度控制都达到了可研报告预期设定的目标。希望可以为类似的改造设计项目整体控制提供一些具有实际经验的参考。

1　可研报告的含义

可研报告广义的定义是从事一种经济活动（投资）之前，双方要从经济、技术、生产、供销直到社会各种环境、法律等各种因素进行具体调查、研究、分析，确定有利和不利的因素、项目是否可行，估计成功率大小、经济效益和社会效果程度，为决策者和主管机关审批的上报文件。

针对各种老旧建筑及室内功能改造的项目，可研指的是在明确项目的基础条件的前提下，对项目的装修设计功能需求、项目的周期控制、项目的总造价控制、项目的安全合法性等方面做出一个综合性的调查、研究、分析及结论，作为项目全过程的一个重要的依据，可以最大限度地保证一个改造装修设计项目在可控的范围内高效有序的完成。

2　可研报告的内容

以改造装修设计项目为前提，可研报告一般包括以下内容。

2.1　项目概述

主要内容包括项目的名称及建设单位、项目的使用单位及报告编制单位、文本的编制依据及指导思想、项目的建设地点及建设规模、项目的主要技术指标及总体目标。

2.2　使用现状分析

现状分析包括两个大的方面，一是项目目前现状基本条件的分析，二是针对现状及需求分析项目改造的必要性。

2.3　建设指导原则

改造装修项目内容主要涵盖装修专业、给排水专业、暖通专业、电专业、消防专业及结构专业，针对每一个专业都会根据现状及需求提出具有指导意义的建设指导原则。

装修专业的指导原则包括设计原则、总的指导思想、根据现状及需求提出明确及细致的功能规划、空间材料的使用控制及改造内容、示意的空间效果图等。

水暖电结构专业则会根据现状及国家的现行规范，对每个专业提出明确的设计要求。

建设指导原则对项目的建筑周期会有一个详细的指

导，以X公司改造项目为例，建设周期的进度计划见表1。

表1 X项目装修改造建设进度计划

序号	工作阶段	历经时间	备注
1	可行性研究报告编制及报批	2017年8月至2018年3月	上报主管单位审批
2	设计单位、监理单位招标	2018年3—4月	
3	方案设计、初步设计	2018年4—6月	
4	施工图设计	2018年6—7月	
5	项目报批	2018年7—8月	同步落实政府职能部门审批相关手续
6	施工招标	2018年9—12月	
7	装修改造施工	2018年12月至2019年7月	
8	竣工验收及试运行	2019年7—10月	试运行3个月
9	交付使用	2019年10月	历时26个月

2.4 投资估算及经济评价

投资估算包括建安费、项目启动费用、项目建设管理费、工程设计费、施工图审查费、工程监理费、全过程跟踪审计费、结算审计费；范围涵盖精装修工程、设备更新改造工程、结构加固工程。综合考虑各专业建设标准和建设规模，拟定本项目总投资估算。

建设标准充分考虑投资估算，对装修材料的类型、环保性能、防火等级、品牌等级等设定范围；对设备选型的功率、负荷等技术参数，品牌等级等设定范围，同时充分考虑后期维护和运营期间对环境的影响，是整个项目造价严格控制的重要文件。

2.5 风险识别与控制

从审批程序、技术经济、生态环境影响、项目管理、经济社会影响、安全卫生和媒体舆情七个大类50个风险因素进行分析，并就风险因素提出相应的防范及降低风险的措施。

3 在改造项目中可研报告的应用与分析

改造办公设计不同于新建建筑的设计，从某种程度上来说，甚至难度更大。老旧物业的更新改造会带来很多现实问题，比如有结构的安全性、设备的老化、规范的更新迭代等复杂甚至在设计前期遇到许多难以预料的问题，都会增加项目的整体控制难度。可研报告在改造项目中的应用，则是为设计的全过程提供了一个新的保障和理性的依据。

以X公司办公改造设计项目为例，X公司是一家大型国有企业，现状办公楼使用年限已经超过20年，办公楼的墙体已经出现了局部小范围的裂纹，办公楼的消防水电及暖通专业的基础条件已经不能满足现行规范的要求及使用需求，办公楼目前的使用功能也已经不能满足企业的使用需求，这是一个涵盖精装修、结构、水、暖、电及消防全专业的改造项目。针对这样一个复杂的基础条件，X公司对现状办公楼需要做一个整体的改造装修。

3.1 概念设计阶段

3.1.1 项目条件分析

在开始做设计之前，即使可研报告中有对现状的详细分析以及原始建筑图，也需要去现场进行核实，因为原始图纸难免会有和现状不相符的地方，我们需要了解清楚现状，以此作为后续设计工作的基础条件。经现场核实，X项目中可研的分析与实地勘察基本一致（图1）。

图1 现状图
（图片来源：作者自摄）

安全性是所有设计的基础，在X项目中可研报告对现状的安全隐患提出了具体问题（局部墙面出现裂纹以及新的功能中还需要结构加固的地方）。根据这些信息，我们到了现场，非常重视结构的基础问题。由结构专业工程师牵头，不仅观察表面，还将梁和柱裸露打磨，进一步深入了解结构的条件，将所有的信息了解全面后，再邀请专业的结构鉴定机构做结构的鉴定，作为结构加固的依据。

水、暖、电、消防等其他专业也是根据可研报告中的条件及要求，通过现场核实后进行汇总、修正及深化设计条件。

3.1.2 顾客需求识别

针对可研报告罗列的顾客需求进行系统分类，分清主次，将其转换为设计要素。

3.1.3 项目改造建议

依据顾客需求，识别转换的设计要素，参照可研报告对内部装修、设备改造、主题加固等提出更具体的改造建议。

3.1.4 设计任务书修正

总结并汇报论证后的设计条件，修正可研报告中的设计任务书，作为下一步设计的重要依据。

总体来说，在概念阶段，可研报告中相关的内容对前期的设计工作有着非常重要的指导意义，可以帮助设计师及项目涉及的相关方面较快地全面了解项目的信息，并且在此基础上做进一步的深入工作。

3.2 方案设计阶段

3.2.1 方案优选

设计师的任务并不仅仅是设计出具有一定功能及美观的空间，还要按照业主的需求，根据改造建筑的实际情况，结合专业的知识，打造出业主满意且最适合的空间。在X项目可研报告中，用户对于设计方案的平面功能、总的设计方向，甚至主要空间使用的材料都有明确的需求。最后落地的方案是基于可研报告的设计方向指导，通过多方案评审，选择功能、效果和最具经济性价比的设计方案。

3.2.2 设计评审

评审是方案论证的重要流程，评审应基于可研报告和概念设计阶段设计任务书修正的内容，进行全面的审查评估。

3.2.3 经济分析

选定设计方案后应进行进一步的经济分析，修正可研报告的投资估算并进行逐项比对。

3.3 施工图设计阶段

在施工图阶段，施工图绘制的条件来源于项目现状条件、方案条件以及可研报告中对需要项目改造的全面需求。

3.4 工程概算编制阶段

3.4.1 工程概算编制

编制基于全专业施工图设计成果和可研报告的投资估算，以确保施工图没有超额设计。

3.4.2 工程概算评审

多方面、多轮次的概算评审，以确保其准确性，是项目成本控制的重要流程。

3.4.3 工程概算批复

概算批复是基于可研报告投资估算的进一步动作，是项目执行的重要依据和边界。

3.5 项目实施阶段

可研报告对项目有整体的目标和风险把控，涉及全专业、全员和全方面，所以在实施阶段的设计服务，要有全局观和整体性。

4 结论

本文以可研报告在项目中的实际应用为案例，通过可研报告在设计及实施过程中的应用，形成了良好的互动关系，从概念方案设计阶段、方案设计阶段、施工图设计阶段及实施阶段全过程形成与可研报告的互动和论证关系。以可研报告为指导，在设计过程中及时发现问题、分析问题、解决问题，充分考虑项目系统性和复杂性特点，持续改进并有条不紊地推进项目，可研报告的实际应用为实现总体目标提供了支持，从流程、质量、成本到进度控制都达到了可研报告预期设定的目标。

但是由于项目本身的复杂性，涉及多专业、多单位的配合，工期紧张且节奏紧凑，对可研报告在项目实际的应用的研究深度还不够，需要在今后的项目实践中不断地优化和改善。

参考文献

[1] 黎志伟，林学明．办公空间设计与应用［M］．北京：中国水利水电出版社，2010：21－31．

[2] 陈亮．室内装修设计中的荷载问题［C］//中国建筑学会室内设计分会．2019室内设计论文集．北京：中国水利水电出版社，2019：75－78．

[3] 王军，李晓萍，李洪凤．既有公共建筑综合改造的政策机制、标准规范、典型案例和发展趋势［J］．建设科技，2017（11）：12－45．

[4] 鲍静．论维修改造工程的全过程成本控制［J］．山西建筑，2011：30－37．

基于环境行为学的传统风貌区公共空间更新
——以磁器口横街为例

■ 李　伟
■ 重庆大学建筑城规学院

摘要 随着城市更新发展，传统风貌区功能发生转变，居住空间变为商业街区，原有的公共空间已不能承载居民和游客的社会活动。但目前风貌区的更新过度商业化，只保留了街巷的物质元素，忽略了当地居民的生活需求，并不利于传统风貌区的可持续更新。

本文以磁器口横街作为研究对象，运用环境行为学的方法调研分析了横街三种类型的公共空间，从实体环境要素、人群行为活动、使用需求与满意度三个方面，整理了传统风貌街巷的空间尺度、组织方式、风貌特色等，客观全面地了解游客和居民对公共空间的满意度和使用需求，后续更新应该限制街区商业比例，推动商业周边化发展；丰富公共空间尺度，营造舒适宜人的街巷空间。

关键词 **环境行为学　传统风貌区　街巷空间　公共空间**

引言

传统风貌区指历史建筑或具有城市传统风貌的建筑群落集中成片，形成一定规模，且具有历史原真性，能够体现一些重要历史事件、表达一定历史时期城市文化特色、蕴含当地人文情怀的区域。随着城市更新发展，目前传统风貌区普遍面临着使用需求与设施、空间不匹配，商业化氛围过重，街区的宜居性和文化价值下降等问题。

作为城市文化的重要组成，在更新设计中传统风貌区应该以优化空间形态与延续文化记忆为目标，关注公共空间的更新设计，更好地实现城市更新中传统风貌区的新旧功能转化。

1　传统风貌区

1.1　公共空间分类

从形态上看，传统风貌区公共空间可以分为“点”“线”“面”三种类型，其中“点状空间”主要是院坝、中庭、交叉路口等小规模空间或形成的主要景点和节点空间。“线性空间”主要是常见的街道、巷道等道路空间。“面状空间”以大尺度空间为主，如开阔的活动广场、游船码头等。

从功能上看，传统风貌区公共空间可以分为“交通空间”“休憩空间”“休闲空间”等类型。交通类空间主要以通行为目的，可以分为内部交通和穿越交通。休憩空间一般是附属在其他公共空间之上，是整个空间中环境品质较好的地方，如屋檐灰空间、大树下方等。休闲空间主要是人们可以停留并举行活动的区域，如公园、广场等，拥有较好的景观绿化和完备设施，为整个街道、社区服务。

1.2　构成要素与组织方式

传统风貌区公共空间作为服务整个城市基础功能的公共区域，其本身就属于城市公共空间的范畴，但相对于其他公共区域，拥有更加突出的景观风貌和历史文化。不同的使用功能和空间尺度等也使得其公共化程度和参与使用的方式存在一定差异性。

1.2.1　实体物质要素

物质要素构成了公共空间的整体环境，限定了空间形态、围合的边界或者划分出多个空间。在传统风貌区中，公共空间可以分为空间界面、街巷尺度、节点空间和历史传统风貌要素等几个方面。其中空间形态影响着公共空间的交通组织和空间尺度，包括街巷、院坝、广场的平面关系，而围合界面包括了建筑物、堡坎、绿化等，单侧或双侧限定了空间的边界。其他方面也不同程度地影响着人们的心理和使用，从而共同决定了传统风貌区公共空间的品质。

1.2.2　活动行为要素

公共空间不仅仅是由物质构成的空间场地，还包括了使用者的公共活动行为要素，根据活动类型不同可以分为交通、商业、生活、休闲等。交通指以通行为主的空间，车行道会带来空间割裂而人行道会形成人气聚集；商业指店铺空间或者临时摊位，可参与性会为场地带来一定活力；生活和休闲指居民的日常行为所停留的区域，最具生活气息和在地性，一般为私密性或者环境较好的空间。因此传统风貌区公共空间所承载的活动也是研究分析和评价片区空间场地品质的必要条件。

1.2.3　空间组织方式

将传统风貌区公共空间构成要素进行组合整理，可以将其空间组织模式归纳为台地模式、开敞模式、节点模式、转折模式、洞口模式五种类型（表 1）。在步行过程中，由于空间高差形成的台阶、堡坎对视线造成一定程度的阻挡，同时也增加景观层次和景深，极大提高了游览的趣味性。

表 1　传统风貌区空间组织方式

模式类型	平面示意	空间特征	剖面简图
台地模式	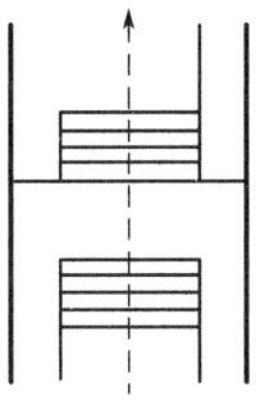	具有纵向延伸感的空间模式，常见于地形高差较大的踏步空间	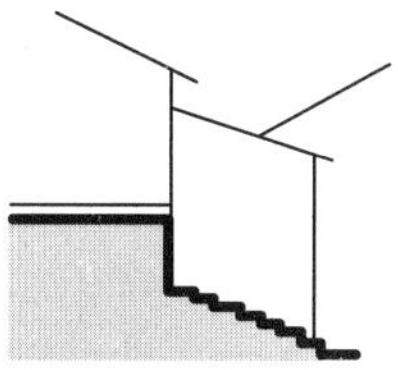
开敞模式	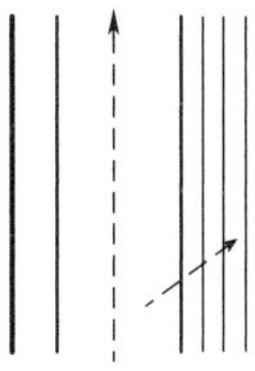	具有视线通透性的空间模式，多为空间违和感较弱区域，单侧商业或堡坎	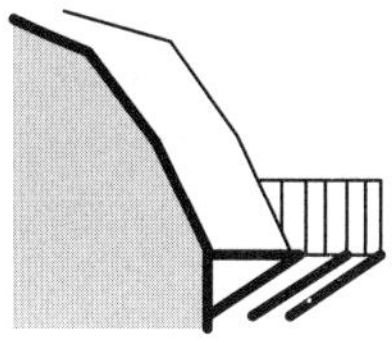
节点模式	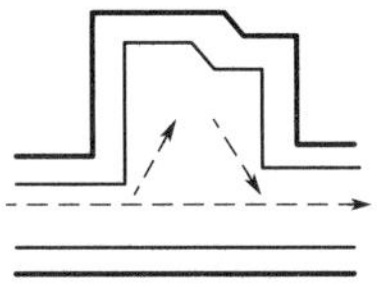	在线性空间中，形成拓宽的节点，但是封闭感和私密性较强	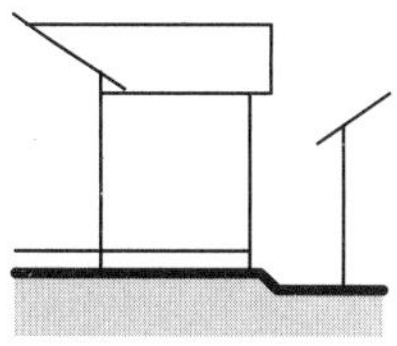
转折模式	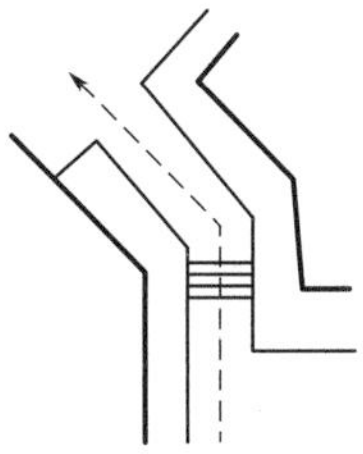	具有提示作用的空间模式，营造街巷空间变化，丰富游览体验	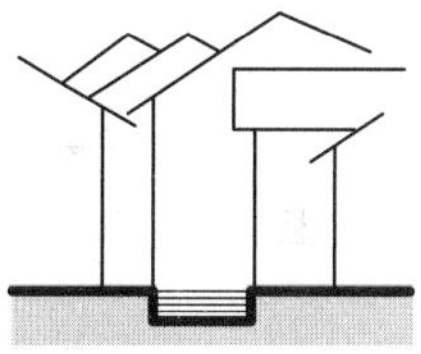
洞口模式	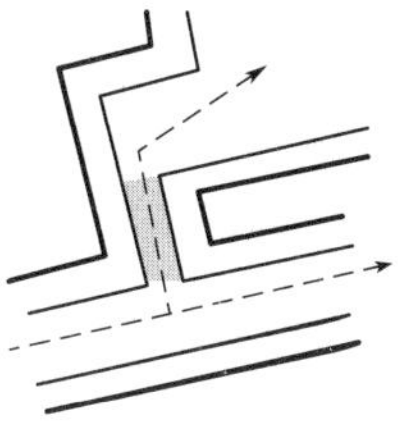	宽街窄巷的空间结构，通过巷道、洞口引导到宽敞的院坝	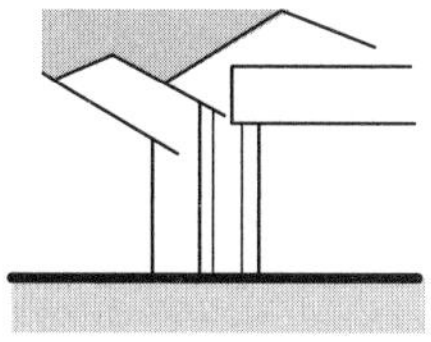

2　环境行为学

环境行为学从空间感知入手，同时结合人群对环境的使用和感受，将设计中的主观感受进行了定性、定量的分析，为空间更新设计提供了参考。因此环境行为学的调研内容也涵盖了实体环境要素、行为活动和使用需求、满意度三个方面。

首先通过观察调研可以了解到公共空间的界面、铺装、设施和景观等；然后采用通过式活动和停留式活动来对空间中的活动进行分类，观察记录该空间的使用情况，着重记录空间的停留式活动，扬·盖尔曾指出"静态活动是公共空间品质的最佳指示器"；最后借鉴步行环境需求理论和需求层级理论，运用问卷和访谈了解公共空间的基本使用状况和问题，为后续的优化提供依据。

3　磁器口横街

3.1　实体环境要素

磁器口古镇坐落于嘉陵江畔，传统民居类型丰富，展现了重庆的山地城市形态与空间特色。街区以一条主街横贯上下为总体布局中心，并以此生长出次级的横街和巷道，根据等高线自然错落布局，结构层次清晰，本次研究对象为磁器口横街（图 1）。

图1　磁器口横街区位
（图片来源：作者自绘）

横街区域公共空间由传统街巷、沿山阶梯、节点广场和自然绿化构成。横街道路顺应地形生成，整段道路高差较小，两侧为临街商业，横街中穿插着多条垂直等高线的巷道，连接内部居住区域或凤凰溪道路。节点广场多位于临近溪一侧，通过巷道与横街连接，视线可达性较差，整体层次为“横街——巷道——节点”。

横街街巷尺度较为紧凑，临近正街的部分步行通道宽度为3～4m，平均的D/H值为1∶1；中部的步行道宽度逐渐变小，为2～3m，平均的D/H值为1∶2；部分巷道的宽度为1～1.5m，平均的D/H值为1∶3。其中传统街道D/H值为0.3～1，具有较强的向心感，街道空间尺度怡人，是典型山地城市特征街巷尺度（图2）。

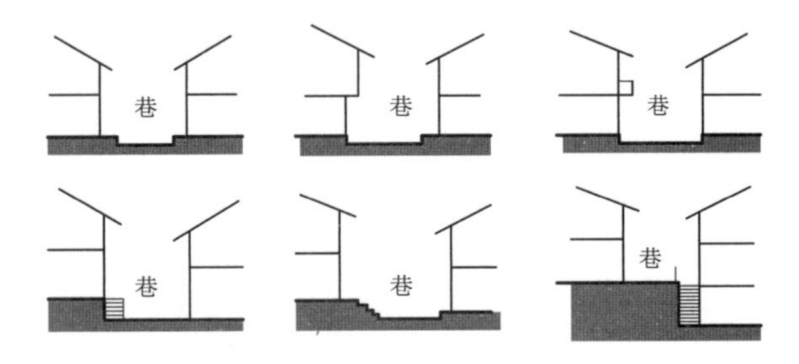

图2　磁器口横街中的几种剖面关系
（图片来源：作者自绘）

横街范围内保留了多种历史或地域元素，营造出传统风貌街区独具特色的公共空间，根据调研结果包括以下三类：①川东特色民居和文化雕塑讲述了历史记忆，丰富了街巷空间也成为游客的参观打卡点；②横街临近凤凰溪一侧的场地高差较大，形成了堡坎和台阶，体现了最原真的山地空间格局以及山地生活；③调研区域自然植被丰富，乔木种类以黄葛树为主，同时零散分布了一些重庆的乡土树种。部分商铺前设置了花坛种植盆景绿植，丰富了街巷空间中的元素。

3.2　重要节点分析

在磁器口横街的起始、交汇、转折、分叉处，存在多处视线变化或街巷尺度变化的空间，但由于整体场地较为紧凑，建筑群落较为集中，所以形成的相对宽敞的节点空间并不多。

正街交叉口与宝轮寺入口位于横街入口处，人流量较大，因此空间上除更夫雕像外不设置过多构筑物，业态上也减少餐饮增加文创，减少了人群聚集避免拥堵。哪吒雕像和巷道空地位于街巷中双侧围合的空间，也是人们在行走过程中可以短暂停留休憩的场所，但由于巷道尺度较小，停留空间无法设置坐凳，导致了空间本身活力并不高成为无奈选择停留的节点。而“少妇尿童”雕塑广场和街尾院坝属于临近凤凰溪单侧围合的休闲空间，景观视线较好，同时场地内设置了坐凳、雕塑等服务设施，空间活力较好（图3）。

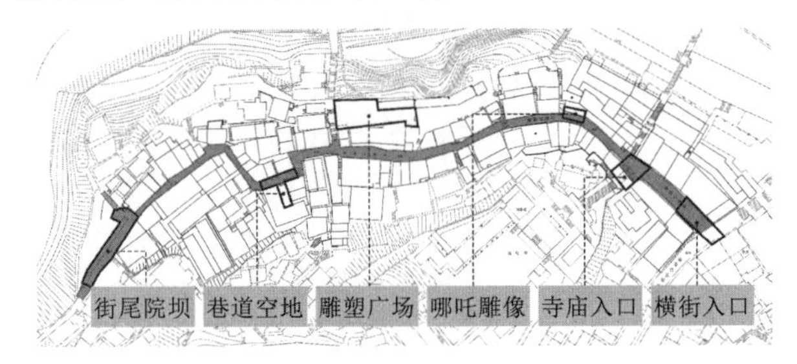

图3　重要节点分布
（图片来源：作者自绘）

总体来看，在磁器口横街的调研范围中街巷空间以传统民居风貌为主，穿插着院坝节点，在后期优化中应该着重关注这些建筑及其周边的附属公共空间；片区建筑整体质量相对较差，一方面对于有价值的部分的保护工作提出较高要求，另一方面也为后期的部分区域拆除重建的工作提供便捷；区域内已经自然形成了一些休闲空间和观景点，可以合理利用这些建筑设置新的观光点和游憩点，延续场地的生活记忆同时赋予新的活力；对于景观价值较高的建筑，应该积极修缮周边公共空间，打造点状的精品观览点、片状的主题观览区，整体形成统一风格的街区景观风貌。

3.3　行为注记分析

为了进一步分析场地中的空间质量和人群活动，本次调研选择了三个不同特点的节点空间进行观察环境要素、记录人群的活动和问卷访谈，并使用行为注记法对街区内公共空间活动进行统计，早上、下午各一次。

从表2可以发现，巷道空地区域空间较为拥挤，转角空间给人心理上带来的不确定性使得人行速度变慢，半围合的小空地归属感过强，并没有形成公共区域，利用率低。可以观察到有游客蹲在路边休息，许多商家在街道上吆喝，这说明该区域公共设施缺乏，视线引导较差。雕塑广场区域空间开阔，通过台阶与横街相联系，广场一侧为自然景观一侧通过建筑与横街分隔，停留的人不会被街道上通行的人群所干扰，整体氛围良好。我们发现左侧的台阶人流量更大。这是因为左侧提供了休闲类的商业，吸引人流进入，同时台阶串联了广场和滨水步道，视线开阔更有安全感；右侧入口过窄，界面封闭缺乏引导，人们不愿进入。广场绿植、坐凳都布置在左侧，因此人群也聚集在左侧场地。街尾院坝区域位于狭窄道路尽头，给人以豁然开朗的感受，单侧步道与自然景观使得停留、拍照的人增多，但是停留时间不长且几乎无人购物，因此商业与空间需求不匹配。

表 2　节点空间的行为注记

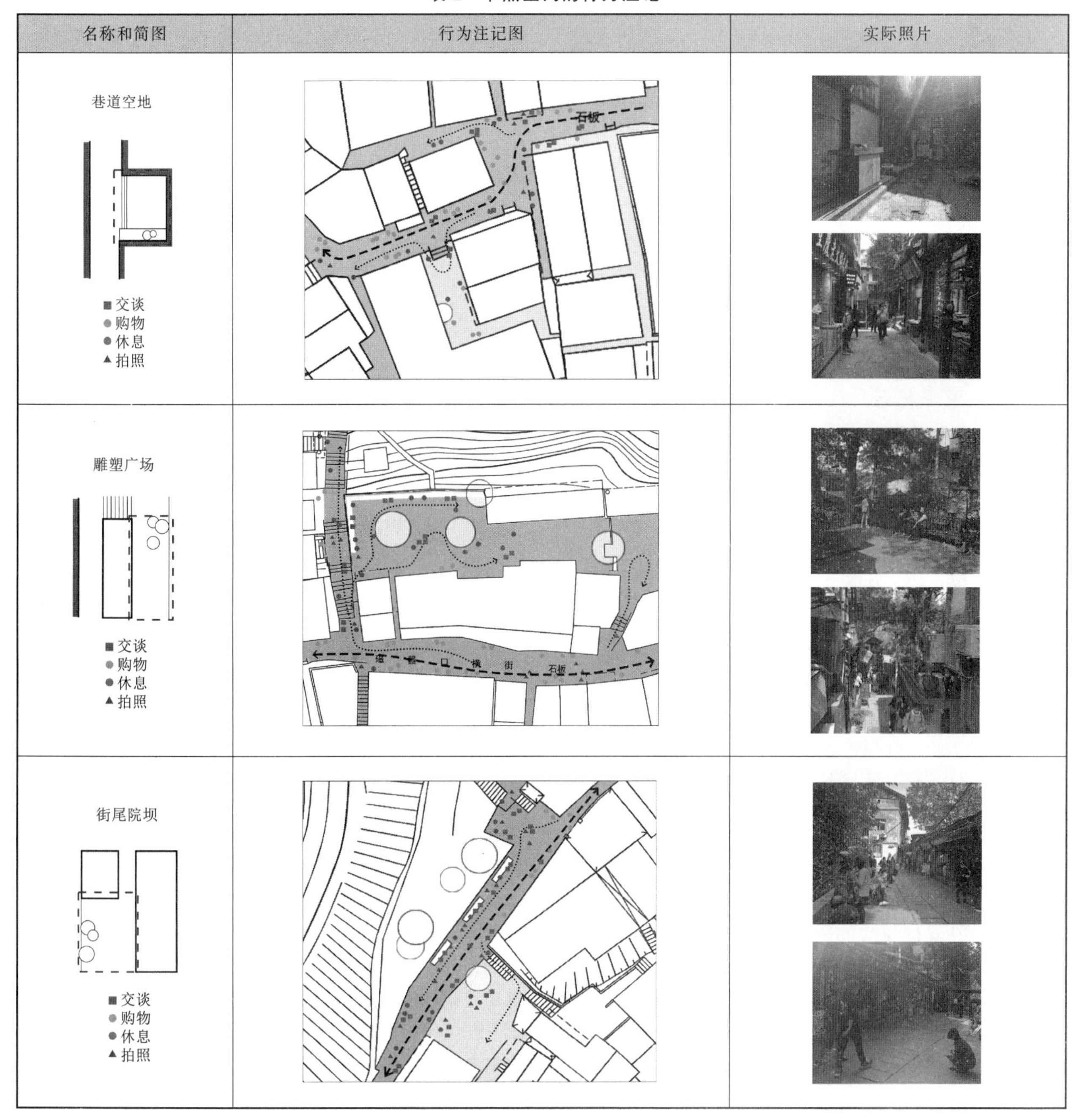

3.4　满意度及需求分析

通过问卷调查和访谈的形式进行知觉认知分析，对场地的使用需求、满意度和优化期望进行调查，目的是通过对满意度和需求的分析得出客观的人群心理感知，以便于找出现存空间的不足，提出相应的处理手段进行优化。共发出问卷 50 份，其中有效问卷 42 份。

在使用需求上，主要从道路行走、步行可达、空间安全、品质舒适和心理愉悦五个层级进行访谈。发现街巷空间的使用情况良好，但是缺乏点状空间和内部空间引导利用，使得舒适度、愉悦度相对较低。在满意度上，通过问卷询问店主和游客了解到古街的基础设施较满足要求，较不满意的地方为休息节点、建筑界面，与观察调研的结果一致，应当从节点、业态、界面等方面重点改善街巷空间。此外，大家还提出了一些优化期望的方向，如增加公共空间、调整业态和提高周边区域服务质量等，丰富空间网络，疏导人流。

4　调研结果

4.1　使用者行为分析

4.1.1　聚众围观

聚众围观通常现象发生在商业空间和广场空间，属于社会性行为。在调研过程中会发现磁器口横街的街巷空间比较窄，聚集的行为会被通行需求所影响；一些空间稍大的院坝节点又因为缺乏吸引力或者观赏性而没办法让人群聚集停留。因此节点空间需要做好区域划分，给围观者提供停留空间，更有利于社会性行为的发生。

4.1.2 安全可达

由于街巷空间尺度较小，地形高差和房屋的错落关系使得行走时很难确定前方的可达性或者安全性，对于不熟悉场地的游客只聚集在商业活力较好的区域，这也使得端头区域的活力越来越低。因此对于公共空间的设计应该减少消极区域，增强空间之间的引导性和连续性。

4.1.3 依靠性、视线互通

人们停留时大都选择背靠树木或者建筑墙壁，同时也选择与街道、公共空间的人群有视线互通的区域，狭窄的巷道、视线完全被遮挡的空间几乎没有人停留。因此应该在部分空间边界设计供人依靠或坐憩的设施，使节点或广场与街道人群的联系更密切，并用灌木等较矮的隔断形成视线互通。

4.2 空间优势

4.2.1 街巷尺度宜人

通过对磁器口横街片段的调研，体会到重庆传统民居的空间尺度，主要道路宽度为3～4m，街道两侧建筑大部分为两层，少部分建筑为一层、三层，街巷的宽高比为1∶1、1∶2，是体验最佳的步行街道尺度。

4.2.2 山城空间体验

街巷有转折也有主街次巷，“移步换景”的空间体验感强烈。在转折或通过窄巷后出现了小型的开放空间，结合在平面和竖向上的曲折变化，形成收放有序的空间感受。在临近凤凰溪一侧有院坝空间，视线较为开阔。从双侧都是房屋、界面较为封闭的街巷空间过渡了到开阔的休闲空间，增加了空间丰富度，提升了整个街巷空间的品质。

4.2.3 存留部分生活气息

磁器口的商业氛围从主街向周围扩散，不同于主街的人满为患，横街的商业比例有所下降，除临街售卖外还有一些文化类的空间，整体氛围良好。内侧的房屋和院坝还有一些居民休憩闲谈的公共空间，当地居民的行为活动为街区带来了真实感和场地本身的记忆。

4.3 存在问题

4.3.1 日趋饱和的商业化现象

由于磁器口的人流量大，导致横街商业氛围也逐渐加重，目前的街区已经无法再满足当地居民的正常居住需求，也降低了游客对于传统风貌区的空间体验。传统空间氛围与宜居性的丧失，不仅使居民外迁也造成了街区历史文化的破坏。因此，必须对横街商业进行控制引导，避免街区商业与居住失衡。

4.3.2 缺乏停留空间

根据调研情况，磁器口以线性空间为主，街道中的节点空间也被各类商贩占满，缺乏停留休憩的空间，点状空间的缺失也使街巷空间显得匀质，传统风貌街区的空间特色被削弱变得乏味，对人的吸引力降低。

4.4 优化措施

4.4.1 限制商业比例和空间分布

针对目前磁器口的商业情况，首先应该缩减商业占比，调整功能业态。限制横街商业比例和空间分布，以实现传统风貌街区的功能复合使用。将特色商业和文化展示用地布置于磁器口主街，在内部居民区域布置散点公服配套和民宿服务性商业，形成良好的功能分区，避免喧嚣的商业氛围影响当地居民的正常生活。

4.4.2 商业的周边化发展

联动周边区域整体发展，以减小磁器口主街、横街的商业密度，也可以使周边区域得到充分开发利用，提高游客的游览体验。磁器口目前的人流量已经超出了其主街、横街的承载量，街巷空间拥堵严重，行人空间体验感较差。周边化发展使得人流分散，磁器口古巷空间品质提高，高密度的餐饮零售转变为参观与特色商业，为游客提供了一个氛围良好尺度宜人的传统风貌街巷。

4.4.3 丰富空间尺度

空间尺度很大程度上影响到了人在公共空间中心理感受，过于宽敞的大尺度空间和过于狭窄的小尺度空间都不能带给人舒适的心理感受。所以在进行片区创造性重建的过程中，应该合理疏通原本狭窄的街巷关系，在某些地方利用整合空间的措施，创造出适合人休息和活动的公共区域。在后续磁器口公共空间优化工作中，应该在整体上保留这种传统街巷空间的结构和形态，修缮提升整体建筑和街巷风貌表现，只在必要时梳理改造或重建整合部分小场地。此外，磁器口临近嘉陵江、凤凰溪，有丰富的水景资源，充分利用自然景观特色，形成观景平台或者滨水休闲区域等。

参考文献

[1] 李道增. 环境行为学概论 [M]. 北京：清华大学出版社，1999.

[2] 陈晓娟. 断裂与连续：磁器口空间情节研究 [D]. 重庆：四川外国语大学，2019.

[3] 扈万泰，魏英. 传统风貌街道解析：以重庆为例 [J]. 规划师，2008，5：66-71.

[4] 何善思. 历史街区公共交往空间综合评价体系研究 [D]. 广州：华南理工大学. 2015：12-23.

[5] 高亦兰. 当前我国城市历史保护区环境整治研究 [J]. 规划师，2001，5：97-100.

[6] 周茜，刘贵文，马昱，等. 基于认知评价的历史文化街区商业适宜度研究：以重庆磁器口为例 [J]. 城市发展研究，2018，25 (6)：175-180.

[7] 邱强. 磁器口历史文化街区保护与利用路径选择 [J]. 规划师，2017，33 (S2)：70-73.

[8] 向莎莎. 基于环境行为学的历史文化街区公共空间营造 [D]. 苏州：苏州科技大学，2017.

互联网背景下“体验式”零售空间设计研究

■ 江　聪[1]　王先桐[2]　李　艳[2]
■ 1　北京交通大学建筑与艺术学院　2　东北师范大学美术学院

摘要　随着互联网的发展、数字经济的进步，零售空间成为城市服务于消费重要的一环。民众也更愿意走进一个个性化定制的消费场所，同时对消费空间提出更多的需求，人们希望在这个空间中去感受沉浸观感、互动娱乐、信息互换、场景浏览这些艺术表达的熏陶。在经历了互联时代的积淀后，人们希望从中寻找自己所需要的知识与触动。零售活动和区域体验能够引发人们的深入思考。因此，零售空间的“体验”给大众带来的不仅是空间布局的形式和售卖的展示，也是对当下美育和时代内涵的启迪。
关键词　网络时代　体验式　零售空间　空间设计　设计方法

近年来，零售空间为适应社会市场的多变性而形成自我更新的“特性”。在城市化进程中，零售空间本身形成了两大趋势，一种是大规模、大面积、大空间建筑空间的存在，主要功能是最大数量的放置商品以满足消费者对购置的需求，使消费群体连续体验到使用空间的快感；另一种是后疫情时代致使电商产业对零售行业的垄断。人们的足不出户以及零售产业本身存在的问题，使其不能适应时代“潮”趋势而被迫“下线”。由此引发的问题值得我们关注与思考。

2017年3月，李克强总理在“两会”中提出鼓励发展线上线下互动的方针，《政府工作报告》号召“运用新零售全渠道互通的创新方式推动零售行业转型升级，加快实体商业创新转型。”针对目前的零售困境，我国商业经济延伸了“新零售”概念，为实体企业提供线上线下相结合的营销推广策略，企图重塑业态结构与生态商圈，为实体商家营造全方位的流量营销阵地。由此可见，零售店面和电商重叠出现的多元化售卖局面正在转型成为线上线下一体化相融的零售空间形态。转型途中独具特色的零售空间诞生与出现可以说是“必然事件”。开放互动的空间体验、陈列展示的布局环境以及数字智能化的沉浸观感都以对话的形式将空间语言进行解读，从而形成零售空间特定的设计符号。其传达给人们的是最直观的心灵感受，并转化为理性的力量，在耳熏目染中提升民众对美、对空间的尊重与理解，形成每个人独特的审美价值观。零售行业作为能满足人们日常生活供给与需求便捷且全面的渠道，是间接提升一个民族、一个国家知识与素养的“中转站”，零售产业空间的设定和售卖的产品本身对公民艺术鉴赏力有潜移默化的熏陶作用，对培养公民的艺术兴趣起到举足轻重的意义。

1　多样化的零售空间态势

由于商业一体化的发展需求，零售空间中空间艺术的表达形式会随着时间的推移而更具有“人情味”。在零售空间内采用互动形式空间设计手法，表现形式上展现相对自由开放的互动模式。商品品质提升的同时营造互动感，沉浸式享受空间和与空间“对话”。

所谓“开放性”，在我们的一般认知里，这是一种对立于封闭性的哲学理念。在设计学上，开放性也被理解为对空间性质的一种判定。《建筑模型语言》的“城镇结构”章节中，作者亚历山大认为“开放性空间”是一个能让人感到心神愉悦、并以大自然为依附，人们在其中能看到更加开阔空间的地方，具体的形式包括自然界中的湖泊、丘陵以及城市中的绿地、公园等。零售空间条件下的开放式布局要求零售空间打破传统零售相对封闭独立的公共空间体系，将空间之外的元素相互结合，建立与内部环境之间的动态平衡，增强零售空间开放式布局与城市环境的互动关系。另外，要求打破传统零售的空间界定和以售卖为单一形式的功能布局，引入多元的功能形态，为消费者提供一个休闲、教育、人际交往、娱乐、打卡拍照等多元化的空间场所。这种布局特性能够增强零售空间的公共属性，加强为城市服务的特点，展现零售体验店丰厚的文化属性及零售空间社会职能的价值，从而使实体零售在城市元素中扮演好“文化枢纽”和“城市广场”的角色。

在零售空间中，用户对于环境的体验感是直观且大胆的。消费者在空间功能属性、美学特点、精神领域、地域性与历史文化性和精神情怀方面会产生新的情感与共勉。就其在零售空间的用户体验影响因子来说，满足空间属性功能是最重要的设计原则。功能属性决定了消费者在零售空间中行为体验度的高低，它来自人们身处某一空间环境对四肢的反馈，是客观印象的直接表现。美学特点、精神共鸣和地域性文化则是一场抽象的体验、无形的感受。这些感官体验会是未来提升零售空间对环境体验感不可或缺的重要因素。

“沉浸感”“沉浸式”的相关理论主要用来描述人们全身心投入到某一特定的情境当中，去领悟其带来的新体验。在零售空间中，重点运用多元化的展示方式，塑造多感官的沉浸购物感。大多数“子沉浸空间”会根据售卖的商品来进行设计，强调情境化的重要性。环境的整体沉浸感涵盖科学技术的内涵和人文价值观的展现，强调人们内心世界的本性特征和精神世界深处“共鸣”的重要性，也是目前人文、科技相融最相宜的一次业态探索。

2 推动新零售兼容并蓄的设计策略

2.1 借助声光电装置营造沉浸式体验

伯德·施密特博士在《体验式营销》指出，通过感官的体验建立起消费者在感官、情感、思考、行动、关联五个方面对消费营销方式进行重新定义和设计思考的策略，让消费者调动自己的感性和理性因素投入产品所处于的场景或服务中，为消费者营造深刻难忘的消费体验，来增加消费者的购买动机。在新零售空间中强调视觉、触觉、听觉甚至是味觉和嗅觉的空间感受让消费者对空间进行互动和触碰，由单纯的视觉吸引转变为触感参与，为消费群体打造专属“第三沉浸空间”来体验产品的功能和用途，使消费者短时间内快速体验产品在场景氛围下的“效用”。运用互动数字装置、灯光装置、投影映射装置以及 VR、AR、人工智能新媒体技术手段，将声音、光线、影像等元素组合在一起形成 360°光影覆盖和环绕变换式的新媒体场景手段，呈现出一个用技术与艺术组合的游离于真实世界边缘的“第三空间”，实现人们真正虚拟梦境和现实情景深度融合且由现实世界走向虚拟边界的体验式理想空间。沉浸式的体验空间设计主要在零售体验空间中运用虚拟技术、互动体感技术、设施装置等手段，代入有层次、有质感、有细节、有节奏的故事情境或者场景化中，营造舒适、趣味和引人遐想的零售空间。以这种独特的沉浸式体验空间来吸引顾客的注意力，使其完全沉浸在零售空间中，更好地为消费者提供愉悦的空间感受，强化零售空间的吸引力与感染力。

2.2 满足大众娱乐的基础性互动空间

现代体验消费的模式下，零售空间注重强化消费者在空间的“娱乐性”和“互动性”，追求治愈系和幸福感的购物体验。新零售的消费群体主要是顺应互联网大趋势下的新潮人群“90 后”“00 后”甚至“10 后”，游戏模式与大众的诉求相同，也符合以人为本的人本理念。使用人工智能、屏幕触摸、虚拟现实技术以及各种体感技术来实现消费者的各类感官体验，运用互动游戏式的体验形式有助于提高消费者在空间中的互动参与体验感，游戏互动在零售空间中主要采用简单趣味性的游戏类型，让体验者以不同的思维角度和探索模式进入到零售空间中。空间设计游戏化的重点不是游戏的难易程度和攻克关卡的级别高低，而在于大众在零售空间中体验到丰沛的娱乐性情感体验。游戏模式的设定同时增强了人与人之间的情感共鸣和协作共赢精神。

2.3 反映社会现象与故事的场景模式

随着大众消费理念和消费行为的转变，新零售体验式空间追求能深刻反映社会本质现象与故事情节的串联式场景化空间模式，大众对生活空间高质量的需求要求场景具备主题鲜明、观点犀利、内涵深刻的特点，同时借用现代最新型高科技技术设备来展现。体验设计理论中的审美评判认为主题场景能通过特定的场景氛围来营造满足消费者体验的情感需求。因此，对于“体验式”零售空间运用主题性空间设计手法也能更好迎合体验者的“体验需求”。具备情境化的主题零售空间同时也具备别具一格的空间吸引力，使得消费者主动去了解“空间文化”和“空间历史”。一般故事空间中以故事情节为引线，通过展示文化、历史、社会热点、时政、感动社会故事为元素打造情境化的场景空间，形成充满故事文化与情感性的“动感”空间，引起消费者的共鸣。地域性特色情境化场景有利于吸引顾客的目光，更容易激发起消费者更真实的情感体验。还有一些极具个性化和主题刺激性空间能使消费者快速融入空间当中，有助于消费者释放自身情感，提高其与空间的接触度，加强参与感体验。

2.4 增强人文与科技知识的科普场所

古罗马批评家贺拉斯所著《诗艺》中提出“寓教于乐，寓学于趣”的观点，其含义指在娱乐中赋予教育的作用，字面理解就是把教育赋予在乐趣里。这一概念应用在零售空间理念下，体现在需要精神性文化和精神消费的消费者们渴望拥有一个人文地理和科学知识相结合的科普性空间。新零售体验空间中教育的普及成为其不可或缺的一分子，教育体验除了满足消费者的体验需求，也提升了空间的文化质感和内涵。在“体验式”零售空间中设置互动性科普体验，借用新媒体技术手段，构建多元化的自娱教育方式，实现人们在“玩中学、学中玩”的理想状态。空间的布局与模度绝不只是简单老旧的观赏某一屏幕来显示场景，而是利用看似错乱实则规律的屏幕、新型技术手段来实现最终效果。新媒体技术运用声音、光晕、电磁等视觉手段，设置像数字影视、沉浸交互的体验性场地，吸引消费者在游戏、互动、观赏中接受教育性质的零售空间，达到购物和普及知识“相互为用，相互结合”的良好成效，同时满足消费者的消费需求。

3 以线下盲盒体验店为例的零售空间设计实践

盲盒店定为“盲合”。“合”字为一人一口构成，意为每人都想要一个属于自己的盒子。通过调查，12～35 岁的青年对于盲盒这个潮玩的合而不同，都喜欢“和”“合”是志同道合，但同时喜欢的品类、物种、特点类型不一样是不同；加之此次店面的外立面、里面的展柜、装饰、墙体的设定都采用围合的状态，更好地契合“合”的理念。

设计理念分成三个环节，第一环节是解读人与盒子之间的关系（“动态关联”“情景转换”）。围绕青年或人为主体，他们的盒子或者合子，盒和合共同之处是包围、围合。引出青年或人的思考：人为什么对围合的东西感兴趣？因为看不到吗？那么如果少一个面呢？如果这个面只去掉一半面积呢？人们往往在拆盒子时充满惊喜，所以哪个面积是人看到和看不到，惊喜和惊讶之间的转换呢？这个黄金分割点就是盒子的妙处所在。用人物与盒子表达出整个情绪、表情、盒子的形态过程。

第二环节探索人、盲合、空间三者之间的关系。人、盲合、空间之间的关系是多种状态和形式的变换。从盒子入手，反其道而行，用盒子的多重变换使青年对空间形式语言激发更多的想法和猎奇心理。充分运用空间六个面，让其产生更多的变换和惊喜。在实体店内，人和人、盲盒和盲盒、人和盲盒有多少种关系就有多少种互动情况。如果室内的空间也可以同时变换，反之，人好比是这个大盲盒（实体空间）里的小盲盒（抽取的盲盒）的盲盒，那么思考时候门店外的青年又是什么身份？

此时门店外面的青年的状态可能是好奇、逗留、观看、惊讶等，这其实就是对我们拆盲盒时状态的一种解读。正面来看这种精神状态是探索，反面来看可以说是沉迷，沉迷之后可以惊醒人们对待盲盒的看法，就是盲盒不应盲目购买，它只是当下人们消遣行为心理下临时兴起购买的产物罢了。

用体块和小人物来表达人、盲盒和空间的关系摸索，游戏式，互动式，沉浸，体验，娱乐，主题性等，每一种表达它背后的深意。

第三环节是空间本身各个部位功能的“合作”。对盲盒空间中“围和”“或者说是空间本身功能性的合作”就像围和的墙体，屏幕和盲盒的围和、叠加，架子、盲盒、屏幕等的“合作”，表达出各个环节“围和”的状态。

在运用两层空间满足零售店基本功能区需求的前提下，体验空间、制作空间、库房、接待区、收银台兼打包区、展示区、卫生间一应具备。动线区域划分清晰：顾客动线、商品展示区动线、服务员动线。整体平面采用弧线形式，围合状态，企图打造一个活泼、动感十足的平面场景概念。对实体盲盒零售店空间布局的设计，最终塑造了一个潮流、活力四射的科技元素贯穿始终的盲盒旗舰店（图 1～图 5）。

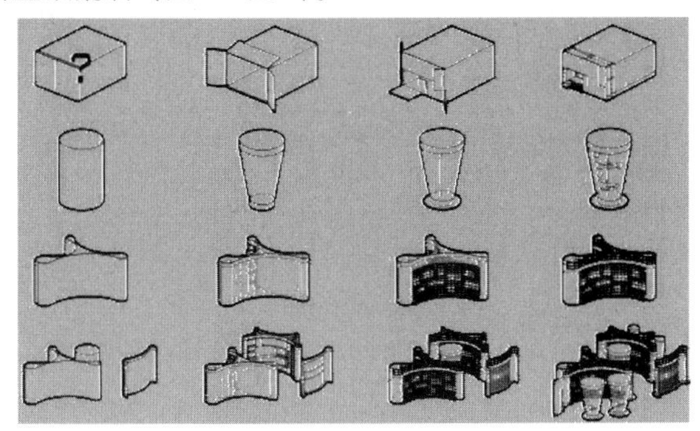

图 1　体块推导图
（图片来源：作者自绘）

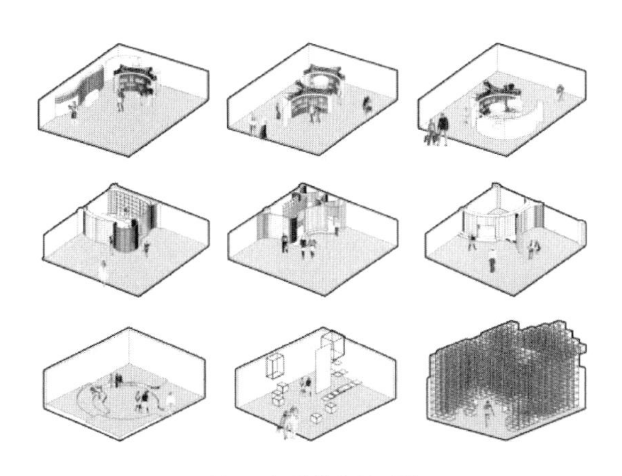

图 2　场景体块展示图
（图片来源：作者自绘）

图 3　体块围合
（图片来源：作者自绘）

图 4　空间效果展示（一）
（图片来源：作者自绘）

图 5　空间效果展示（二）
（图片来源：作者自绘）

4　结语

“体验式”空间状态已成为当前零售空间的基本属性。以“体验式”为代表的空间模式不仅对传统零售的模仿习惯构成挑战，同时也改变了人们对固有零售的印象和认知，以新的方式拓展到更前卫的领域。群众与空间互动的相互关联，艺术与环境的相互融合，都是其展示呈现。伴随着美学的发展演变、感官体验的更新迭代，审美因子介入空间使人们对“美”的理解有了新的感悟。人们通过对空间的打造、布局、设计，去引领、改变人本身。在互动的空间影响人，在交流的环境感导人。

零售空间作为公共空间，其美育的意义不仅在于视觉形式下的基础售卖和体验观感，更重要的是引领民众深刻认识事物的本质内涵，进而提升大众对于美的审美情趣和心灵感受。“体验式”空间环境对观众的心理产生了一定的作用，影响着思维判定和阅历进程，进而使人们获得了审美情趣和启蒙创造。这种背景下也为空间概念新理念、新想法的诞生缔造了更多可能性。零售空间体验性的文化交流空间强调消费者的主动参与与理解，传递着一种自由、个性化的审美方法。

参考文献

[1] 朱文萱. 信息时代下的体验性移动零售空间设计研究 [D]. 南京：南京艺术学院，2021.

[2] 梁颖嫦. 互联网商业背景下“新零售”体验空间设计研究 [D]. 广州：广东工业大学，2021.

[3] 邬艾熠. 新零售空间体验性展示设计研究 [D]. 南京：南京艺术学院，2021.

[4] 曹然. 电商影响下体验式零售空间设计研究 [D]. 青岛：青岛大学，2020.

[5] 林玥希，汪明峰. 中国新零售的空间分布与区位选择 [J]. 经济地理，2020 (12)：109－118.

[6] 加州大学伯克利分校. 建筑模型语言 [M]. 2015.

[7] 伯德·施密特. 体验式营销 [M]. 北京：人民邮电出版社，2017.

[8] 贺拉斯. 诗艺 [M]. 上海：上海译文出版社，2021.

并置与激发
——彼得·卒姆托建筑中材料与空间的表达

■ 陶涵瑜
■ 苏州大学艺术学院

摘要 当代建筑理论和实践中，材料所面临的核心问题不仅是探寻材料的物质性与非物质性之间表达的平衡，更是探讨材料表达与空间的关系。本文试图从建筑师彼得·卒姆托的建筑案例中分析其材料观念在多种材料组合表达、材料与场地要素、材料与空间知觉三向维度上的材料表达，探讨材料与空间表达之间的关系以及对其建筑设计方法的影响。

关键词 彼得·卒姆托 材料 物质性 空间

1 材料与空间的失衡状态

在建筑理论和实践中，不论是建筑材料还是建筑空间都是其最基本的问题，而对此的研究也始终以不同方式贯穿着建筑学的发展史。对建筑材料的问题研究更多侧重于建造技术的构造属性，而缺乏对建筑学问题的综合思考。当人们进入图像时代，人们渐渐依赖于事物图像化表达，建筑也难免逐渐朝着图像化的风格方向发展。这种图像文化将建筑的实在性所忽视，并将建筑简化成视觉上的一种拼贴化的符号表达，导致建筑对于空间的过度关注以及对单纯视觉性的材料过度迷恋，这些问题会使得材料与空间无法形成有机联系。

为了避免材料与空间形成这样的失衡状态，瑞士建筑师彼得·卒姆托以其建筑作品做出回答。卒姆托以材料物质性为材料在建筑中的形式表达，以材料的本真为建筑的思考原点，关注材料自身具有的特质属性，对材料的表达以及使用方式建立在材料的客观物质性的基础之上。他对材料属性的认知也多是从材料物质性而发的感官属性着手[1]，善于将不同物质性的材料以合理的组合方式使用在一起，进而考虑到材料自身表达以及多种材料组合之间所激发的对比等问题。当材料被放置于建筑空间中，他更加注重材料由真实物体所带给人的空间知觉上的体验。因此，在他的建筑中可以发现材料物质性表现与建筑周边环境的真实性、建筑空间的体验、建筑空间氛围的营造等不同方面的思考与表达。

2 多种材料之间的激发与对比

卒姆托曾在《思考建筑》中谈到："当我开始创作时，我对于一个建筑的第一个念头就是和材料一同产生的……建筑不是在纸上，也不是关于形式，而是关于空间和材料[2]。"材料以它自身特有的表达方式诉说着建筑的思考，在卒姆托的建筑设计中得以实践。

2.1 火的升华——激发材料之间的物质性表达

森佩尔曾多次对材料的替换进行阐述[3]，它是以一种材料模拟另一种材料的建造方法，经过这种方法可以保留和延续建筑建造的内在本质和精神。森佩尔在尊重其材料自身特性的前提下，提出材料在建筑中的表达要有更高远的探求和更深刻的思考。而且这种对于建筑与材料关系的思考不应局限在材料的物质性，而应该深入到它的文化延承和建筑的精神体现[4]。

卒姆托的克劳斯兄弟教堂（图 1）建筑作品是以手工制作为建造方式，以燃烧的火为媒介，以此激发了木材与混凝土材料之间的对比，体现材料之间的双重性表达。克劳斯兄弟教堂位于德国瓦肯多夫的曼谢里的田野教堂，特殊的场地环境也使得它与传统的哥特式教堂建筑风格不同。田野教堂是一对夫妇邀请卒姆托设计的，为纪念 15 世纪的圣徒克劳斯曾在促进瑞士联邦和平的过程中做出的杰出贡献，所以克劳斯在瑞士和南德许多人心中被视为精神领袖。因此，这对夫妇希望卒姆托能够让当地居民最大限度地共同参与教堂的建造过程并最终完成田野教堂的建造。所以，卒姆托在建造过程中充分调动了当地居民对于田野教堂的综合感知方式，在某种程度上取消了"建造者"和"观者"的固定界限，并且以一种宗教仪式感的艺术建造方式让当地居民参与其中，让教堂本身的纪念意义得以升华。

在建造过程中，卒姆托先是用当地居民砍伐并修整的 112 根树干搭建出一个柔软的木质帐篷的形态，将围合起来的树干上端的形状以不封口的形式自然留出，围合起来的树干下端便留出了教堂的内部空间（图 2）。木质帐篷搭建完成后，他们在木质帐篷外部使用"冲压混凝土"（当地泥土砂石和白水泥）对建筑墙体进行砌筑，每天砌筑半米的混凝土冲压层，在第 24 天达到设计高度时，当地居民们完成砌筑了 24 层、高 12m 的教堂，最后，用一把火点燃建筑内部起支撑作用的树干，树干在

图 1　克劳斯兄弟教堂外部
（图片来源：Samuel Ludwig，Thomas Mayer）

建筑内部静静地燃烧了 3 周，这才完成整个教堂的建造，整个搭建过程充满了宗教仪式感。这样充满仪式感的建造方式使得建筑内部空间饰面保留下来烘烤过的木材的颜色以及气味，并在内部墙面留下砌筑时用的钢管搭建而留下的孔洞，再次烘托了神秘的宗教气氛。

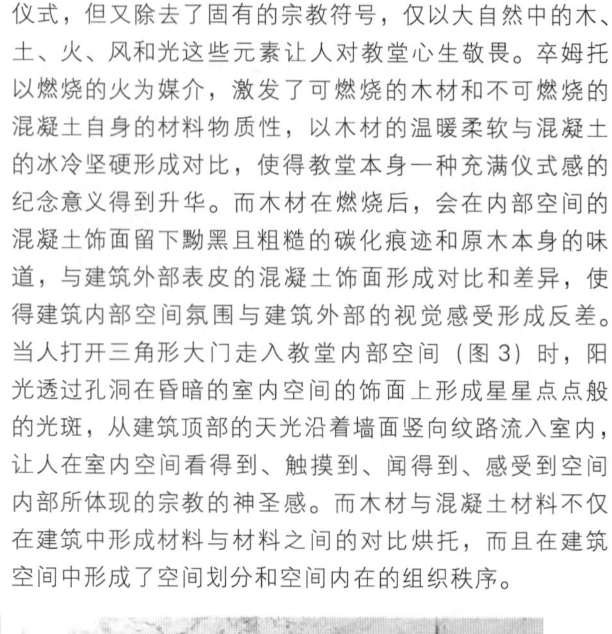

克劳斯兄弟教堂的建造过程仿佛是一种宗教纪念的仪式，但又除去了固有的宗教符号，仅以大自然中的木、土、火、风和光这些元素让人对教堂心生敬畏。卒姆托以燃烧的火为媒介，激发了可燃烧的木材和不可燃烧的混凝土自身的材料物质性，以木材的温暖柔软与混凝土的冰冷坚硬形成对比，使得教堂本身一种充满仪式感的纪念意义得到升华。而木材在燃烧后，会在内部空间的混凝土饰面留下黝黑且粗糙的碳化痕迹和原木本身的味道，与建筑外部表皮的混凝土饰面形成对比和差异，使得建筑内部空间氛围与建筑外部的视觉感受形成反差。当人打开三角形大门走入教堂内部空间（图 3）时，阳光透过孔洞在昏暗的室内空间的饰面上形成星星点点般的光斑，从建筑顶部的天光沿着墙面竖向纹路流入室内，让人在室内空间看得到、触摸到、闻得到、感受到空间内部所体现的宗教的神圣感。而木材与混凝土材料不仅在建筑中形成材料与材料之间的对比烘托，而且在建筑空间中形成了空间划分和空间内在的组织秩序。

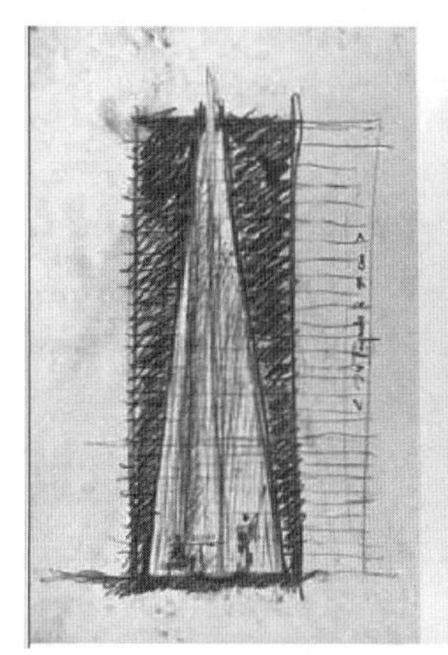

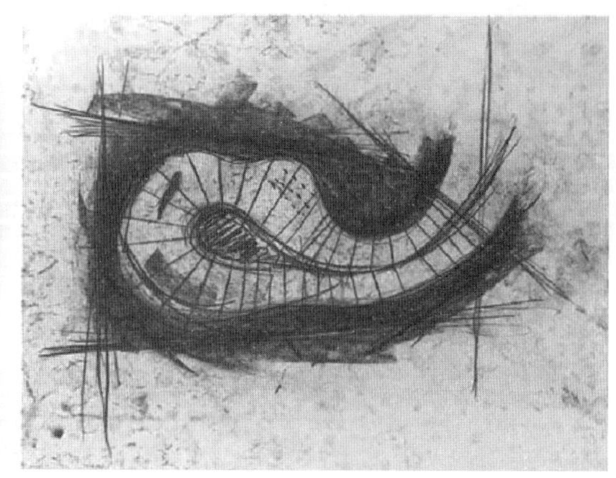

图 2　内部空间设计图
（图片来源：PETER ZUMTHOR 1998—2001）

图 3　内部空间
（图片来源：PETER ZUMTHOR 1998—2001）

2.2　与历史对话——新旧材料的对比与组合

关于多种材料之间的组合与对比，卒姆托认为："如果材料之间相差太大，它们之间就难以相互作用并产生含义；但是如果材料之间过于接近，这也会抹杀了它们各自的独特属性[5]。"正是如此，卒姆托在德国克隆科伦巴艺术博物馆的建筑设计中以新的条砖与旧的石砖对比组合的材料表达方式，对历史建筑遗址进行保护与更新。该博物馆的原本基地是在二战中被摧毁的哥特式的圣柯伦巴教堂建筑遗址，其差异大而且零碎，卒姆托在尊重场地遗址的前提下，使柯伦巴艺术博物馆从原本传统的哥特式晚期风格教堂的废墟之上升起，尊重并保留着该遗址的历史建筑遗迹，在形式上根据原有建筑的形态，将其零碎部分进行整合成新的一座集教堂、遗迹和博物馆于一体的教堂性质的博物馆。

博物馆的南外立面保留了原本的圣科伦巴教堂哥特式的花窗窗棂（图 4），在断墙上部卒姆托使用长约 240mm、宽约 215mm 的米白色条砖材料，并通过平均厚度 2cm 的灰缝来调整新旧墙体材料尺寸之间的差异，使新条砖材料（图 5）直接与遗留的老墙体的石砖材料衔接起来，构成一体的新建筑立面。而在建筑内部空间的遗址区域采用柱子承重和立面镂空的处理方式，不仅减轻了新的墙体对遗址墙体承重的影响，加强了对历史遗址的保护，而且围护墙体上端的镂空让自然光以及城市的声音流入遗址区，形成现实与历史的空间对话。最终，这面墙体以不同历史阶段的石砖材料的质感以及砌筑方式传达出的其建筑独有的历史氛围。这些历史墙体也成为博物馆的基座，又与新建筑产生了跨越历史时空的交流。而新的条砖材料以谦逊的姿态融入到这座原本哥特式的圣柯伦巴教堂遗址中，同时又与旧的石砖材料在历史空间上进行着无声的对话和延续，其所营造出的空间氛围正是对这座历史建筑遗址最好的诠释。

图4　圣科伦巴教堂遗址
（图片来源：PETER ZUMTHOR 1998—2001）

图5　新旧材料的对比
（图片来源：Rasmus Hjortshøj）

3　材料与场地要素之间的真实性表达

在卒姆托的建筑中，材料表达着自身的物质性和真实性："这些材料表现的是其自身在建造的方法组织中形成的建筑整体，并以材料本身的物质性精准地对场地所浮现的问题给予回应。材料所展现出的美只源于自身的建造语言，并不是对他物的模仿之美[6]。"并且他认为建筑本身就是真实的塑造，而建筑的内在美只产生于建筑本身。在尊重场地以及客观要素的真实性前提下，靠近场地要素等事物本身，探求塑造场地中事物的本质，因此他所要表达的情感便自然而然地从建筑中流露。

3.1　片麻岩对场地的真实性表达

埃斯拉·萨赫因在分析卒姆托建筑作品时曾谈到："环境氛围界定了卒姆托作品中材料的含义，同时当环境与材料间的互动关系揭示了材料属性之时，环境氛围中隐含的力量也得以彰显[7]。"在卒姆托设计的瓦尔斯温泉浴场中，他并不是刻意表达或追求建筑的外在形式，而是在观察瓦尔斯村的场地要素、居民的生活习惯、瓦尔斯山谷等方面要素时发现各种地点的矿石，从考察矿石的过程中认识到夹杂着白色石英云母的片麻岩。片麻岩材料来自于场地的山体，也是当地民居屋顶一直采用的建筑材料。卒姆托以片麻岩为建筑材料，不是为了去刻意表达或追求建筑的造型，而是通过对片麻岩材料的特殊处理，将三种不同厚度的片麻岩石材进行材料组合，组合形成厚度总和为 15cm 的结构化的肌理带，用片麻岩和混凝土的均匀符合结构的建造方式，这种材料纹理不仅与远处的冰层结构相呼应，同时与当地石矿开采过程中产生的锯痕相似，而且也将片麻岩温泉浴场融入到周边山体之中，仿佛就像是山体中生长出来的一块巨大岩石。片麻岩作为瓦尔斯温泉浴场设计中重要的材料要素，它既是对这片地域山体的整体感觉的具体表达，也是生活于此地的聚落群体的记忆载体。

3.2　水与片麻岩的互动表达

与片麻岩同样，温泉水是瓦尔斯地域记忆的另一种形式载体，同时也是瓦尔斯温泉浴场的主要要素。在瓦尔斯温泉浴场中有多种形态的水（图6），如弥漫在空间中的水蒸气、流淌在黄铜水槽中的活水、涌出于地下不同温度的温泉水，这些形态的水元素与空间饰面的片麻岩产生互动。温泉水来自于当地丰富的地热资源，以片麻岩材料为组合的墙体饰面与周边的山体浑然一体，仿佛是置身于清晨的被水蒸气似的薄雾环绕的山间。

图6　瓦尔斯温泉浴场内部空间
（图片来源：PETER ZUMTHOR 1998—2001）

对卒姆托而言，瓦尔斯温泉浴场的建筑与已存在了数百万年的温泉水、来自山体的片麻岩等所有要素之间有着密不可分的联系。片麻岩与水对卒姆托而言不仅是材料和现象，同时也是具有悠久的历史思想，激发出温泉浴场空间氛围。片麻岩与温泉的水蒸气、活水的热量以及光线等所有要素共同营造出一种具有古老的沐浴仪式感的空间氛围，帮助人们唤醒关于他们的沐浴仪式的记忆。

4 材料记忆与空间知觉的表达

卒姆托对于建筑空间的思考是关于存在感知的深思，他将自己对场地周边环境的观察、体验、记忆、知觉、思考融入到建筑设计中，并能够通过视觉、嗅觉、触觉与听觉等感官方式来表达空间知觉。卒姆托建筑作品中的空间也不再是单一的视觉空间，其空间知觉以及空间氛围由材料本身的物质性引导，所以能够带给人们一种综合性的空间知觉体验。

4.1 材料记忆对空间知觉的引导

一些材料会随着时间而适当老化，而关于材料的记忆也就成为人们的共同记忆。卒姆托在圣本尼迪克特教堂(图7)设计中所用的木瓦不仅是可以随着时间变化而适当老化的材料，也是当地居民对传统住宅的建筑材料的记忆。教堂建造方式一改石材建造传统，采用了纯木搭建的受力结构，而墙体的立是由木瓦均质地包裹着建筑结构，总体的建筑形态是以伯努利曲线中的一半作为呈现。教堂沿东西向轴线坐落于山坡上，外立面的红棕色木瓦在经过雨雪的浸泡、冲刷过后，在每天长时间的太阳照射下褪色成为深灰色木瓦，最终，建筑向阳面的外立面的木瓦仍保持着鲜艳的红棕色，而背阳面的木瓦呈现出深灰色。卒姆托在设计之初便注意到教堂周边房屋的木材表面随着时间而适当老化，他希望教堂在若干年之后能够与周围建筑的颜色一致，让教堂融入到周边建筑的环境之中，同时也希望教堂能够出现在人们的日常生活之中，而与教堂相关的记忆也能随着木瓦的适度老化被人们所记忆。

图7 圣本尼迪克特教堂
(图片来源：PETER ZUMTHOR 1998—2001)

4.2 材料记忆对空间氛围的塑造

当材料在建筑中的结构属性被隐匿时，空间氛围的塑造主要依托材料物质性与空间知觉的空间表达。卒姆托擅用材料的物质性表达空间知觉，在克劳斯兄弟教堂与圣本尼迪克特教堂的设计实践中，分别采用了燃烧或熏烤木材的方法让建筑拥有独特的嗅觉辨识；在瓦尔斯温泉浴场的设计实践中，以三种不同厚度的片麻岩为组合材料，让建筑饰面拥有熟悉的视觉和触觉体验；在科伦巴艺术博物馆的设计实践中，以米白色的条砖与原本的旧建筑材料衔接起来，使建筑在视觉上产生与历史的对话。当人的感官的知觉感受被充分调动起来时，人在建筑空间中的精神体验与空间中的氛围紧密地融合在一起，空间氛围中关于场所记忆、材料、要素、气味、声音、湿度、温度、光线等抽象感受全部找到了记忆载体。而卒姆托实现了氛围成为物质体现的可能，又让人们通过知觉感受与空间氛围产生互动。

5 结语

对于建筑而言，它没有永远的完成时，而是不断地进行中，它的魅力就在于随着时间的不断变化。人们行为的参与或介入也在不断影响着建筑的发展过程，建筑随着时间沉淀在细微变化中留下的痕迹，这也正是人们对建筑着迷的原因所在。在任何建筑设计中，不管是材料物质性还是空间表达都是其重要的组成部分，应以材料为器，并为空间所用。而将建筑设计作为一种文化符号的拼贴或者片面形式的组合的设计方法，也使得建筑的本质逐渐被这些虚无的形式所淹没。卒姆托的建筑作品没有以华丽的形式或玄妙的理论掩盖建筑本质，而是以材料物质性与空间表达的统一诉说着建筑的美。

参考文献

[1] 左静楠，周琦. 彼得·卒姆托的材料观念及其影响下的建筑设计方法初探 [J]. 建筑师，2012 (1)：91-99.

[2] 彼得·卒姆托. 思考建筑 [M]. 北京：中国建筑工业出版社，2014.

[3] 莫里斯·梅洛-庞帝. 知觉现象学 [M]. 姜志辉，译. 北京：商务印刷馆，2001.

[4] 史永高. 材料呈现：19 和 20 世纪西方建筑中材料的建造空间的双重性研究 [M]. 南京：东南大学出版社，208.

[5] PETER Z. Atmospheres. Architectural Environments. Surounding Objects [M]. Basel：Birkhsuser，206：27.

[6] 李宇. 建筑的材料表现力 [D]. 上海：同济大学，2007.

[7] 埃斯拉·萨赫因. 冷与热，干与湿：彼得·卒姆托作品中“材料的环围属性”[J]. 建筑师，2009 (3)：37.

近代汉口建筑瓦材历史研究与再利用思考

■ 周运龙
■ 华中科技大学建筑与城市规划学院

摘要 瓦是人类建造史中古老的建构材料，有着实用性与装饰性双重特征。从功能角度，它覆盖屋顶，有遮风避雨作用；从审美角度，瓦的形制、瓦面雕刻、瓦材本身都有着与建筑环境相适应的艺术审美价值。汉口原租界保留的历史建筑中，瓦材运用广泛，在教堂、洋行、公馆、银行、里分等各类建筑均有特色设计，其设计之巧，做工之妙，都蕴含着丰富的文化价值，需要研究与挖掘。

关键词 近代汉口 瓦材 历史 再利用

1 近代汉口瓦材历史溯源

1.1 中国古代制瓦文献分析

“瓦，土器已烧之总名，象形，凡瓦之属皆从瓦。”[1]《说文解字注》中：“凡土器未烧之素皆谓之坯，已烧皆谓之瓦。”[2]可见瓦最初是陶器的总称，随着时代的更新替换才演变成为专门的建筑屋顶构件材料名称。中国瓦的制作可追溯到五帝时期，《古史考》载“夏世，昆吾❶氏作屋瓦”，《博物志》载“桀作瓦盖，是昆吾为桀作也”，战国《世本》中也载：“昆吾作陶”[3]。古籍中证实瓦在夏桀早期就有所出现。《本草纲目·土部·乌古瓦》中记载有瓦的医用价值，“乌古瓦”指古建筑上的瓦，因瓦陈旧颜色乌黑而称之，瓦气味甘、寒、无毒，可治中暑骤死、跌打损伤、骨折筋断、汤火灼伤。

《秦封宗邑瓦书》❷中发现中国已出土最早的“瓦”字，该书用瓦片形式记录秦惠文王封地给歜作为宗邑事件，其“瓦”字形似前后两瓦搭接，构造形态生动。《辞海》中将瓦解释为：“用于建筑物屋面覆盖及装饰用的板状或块状制品”[4]，瓦的现代释义包含其防漏和排水的功能属性得以显现（图 1）。

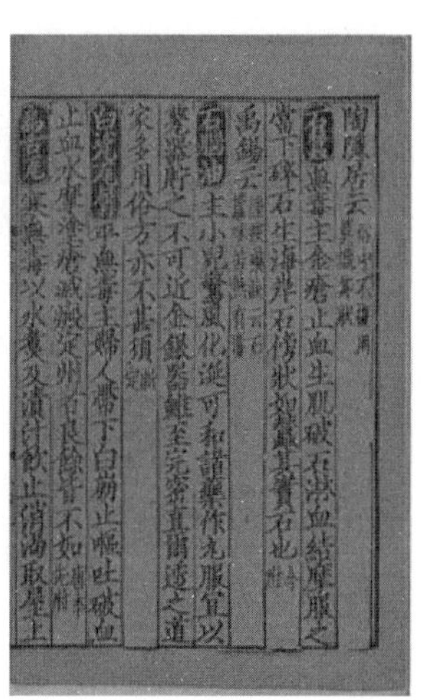

图 1 古籍文献中瓦的不同解析

（图片来源：《说文解字》《说文解字注》《秦封宗邑瓦书》《新编类要图注本草》）

制瓦工艺与过程在古籍中有着丰富的图像与文字记载。《天工开物》陶埏第七卷中载：“凡埏泥造瓦，掘地二尺余，择取无沙黏土而为之。百里之内必产合用土色，供人居室之用。凡民居瓦形皆四合分片。”[5]《古今图书集成图纂》中绘有详细手工作坊烧结砖瓦的全过程和清晰步骤，从中可发现手工烧结砖瓦所需工具、砖瓦窑的形制、手工烧结砖瓦技术在宋代已十分成熟，并得到广泛应用。

---

❶ 昆吾：黄帝时期的陶正，作陶器。《吕氏春秋通诠·审分览·君守》载：“昆吾，颛顼之后，吴回之孙，陆终之长子，己姓，本名叫做樊，传说中陶器制造业的发明者。”

❷ 《秦封宗邑瓦书》：1948 年出土于陕西户县，陶土制成的瓦坯，记载秦王封地事件。

宋代《营造法式》首次对砖瓦制造尺寸、用料、塑型、干燥、制窑和熔烧以及砖瓦窑的规格和砌筑施工，做出科学规定和总结。“瓦，其名有二，一曰瓦，二曰甍”，“造瓦坯用细胶土，不夹砂者。前一日和泥造坯，鸱兽事件同”。将筒瓦分为六种规格，将板瓦分为七种规格。“凡造瓦坯之制，候曝微乾，用刀蔑画，每桶作四片（雨瓦瓦作二片，线道瓦于每片中心画一道条子，十字画），线道条子瓦仍以水饰露明处一边”[6]，对制瓦泥料制备之严格，产品尺寸要求的准确性，由此可见一二。

明清时期古建瓦作有着详细的记载和规范要求。清工部《工程做法则例》卷四十三瓦作大式，卷四十六瓦作小式，卷五十三瓦作用料，卷六十七瓦作用工都有明确要求和规则；《内廷工程做法》卷三瓦作工料，记载清代官式建筑瓦作工料的具体规范以及用料及物料价格，各项标准、做法、计工、用料及物料价格、工价等均予开列说明[7]（图2）。

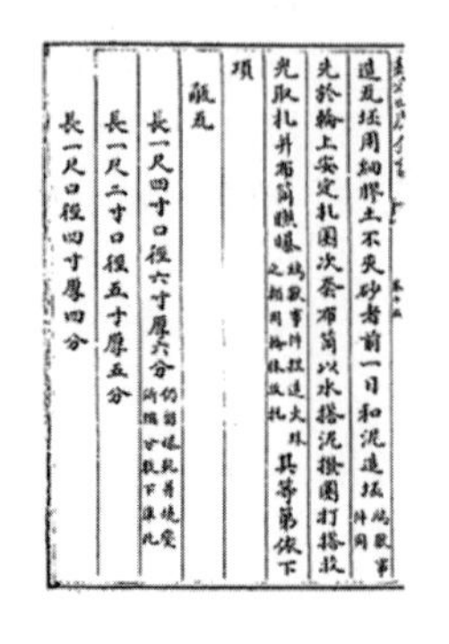

造瓦坯用細膠土不夾砂者前一日和泥造坯 鴟獸事件同
先於輪上安定扎圈次套布筒以水搭泥撥圈打搭收
光取扎并布筒曬曝 鴟獸事件捏造火珠之類用輪床收扎 其等第依下
項
瓶瓦
長一尺四寸口徑六寸厚六分 仍留曝乾并燒變所縮分數下準此
長一尺二寸口徑五寸厚五分
長一尺口徑四寸厚四分

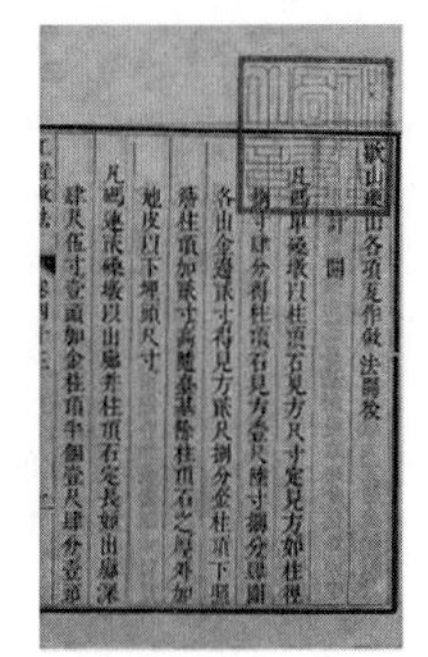

图 2　制瓦过程与手工作坊式烧结砖瓦，砖瓦与砖瓦窑制作施工

（图片来源：《天工开物》《古今图书集成图纂》《营造法式》、清工部《工程做法则例》）

1.2　中国近代早期工业制瓦

1840 年鸦片战争爆发后，清政府被迫签订《南京条约》❶，开放广州、厦门、福州、宁波、上海为通商口岸。租界的开辟使近代城市建设得到发展，烧结砖瓦在租界城市中得以运用，从西欧引进砖瓦制造机器代替传统手工作坊，遂逐渐形成专门的机械砖瓦厂，“中国传统砖瓦生产方式向工业化生产模式转变。”[8]（图3）。

图 3　蒸汽制砖瓦机、砖瓦厂广告

（图片来源：《中华砖瓦史话》、1932 年《建筑月刊》）

晚清至民国初期，烧结砖瓦已逐渐成为重要的中国民族工业。1934 年《日用百科全书》中记载：“砖瓦：中国砖瓦之制造向来均用手工，但近年来以仿西式建筑勃兴，机制砖瓦之出产亦呈重要，产品之种类颇多。”[9]并首次将砖瓦制造作为独立的工业生产门类。该书还记录着晚清到 1930 年全国 82 家砖瓦厂，其厂址分布为上海 19 家，南京 13 家，东北地区 18 家，其他地区如香港、汉口等地共 32 家。

1.3　“汉阳造”制瓦溯源

19 世纪末洋务运动兴起，汉阳依托靠山邻水的地理优势，发展冶金、机械、兵器、建材等工业，从南岸嘴沿汉江上行，工厂鳞次栉比；从长江到汉江，码头连绵排列，汉阳成为中国近代制造业的发端。而砖瓦制造业是湖北建材工业中最先创办的行业。1891 年张之洞在武汉创办的汉阳铁厂，是中国第一块红色“机瓦”的出产地，“汉阳造”数座砖瓦厂曾一度兴旺百年，产品通过汉江、长江远销上海、湖南、河南等全国各地。[10]汉口原租界中的教堂、公馆、洋行、住宅等各式建筑中的砖瓦也大多生产来源于“汉阳造”的砖瓦厂（图4）。

---

❶ 《南京条约》：是中国近代史上第一个不平等条约。于道光二十二年七月二十四日，由清廷代表耆英、伊里布、牛鉴与英国代表璞鼎查在停泊于南京下关江面的英舰皋华丽号上签订，标志着第一次鸦片战争的结束。

图 4　汉阳铁厂及砖瓦码头运输

（图片来源：《国际视野下的大武汉影像》《那个年代的武汉——晚清民国明信片集萃》）

1889 年汉阳铁厂造砖处成立，从英国购进制砖机、可尔太油炉等设施，每日产砖瓦 3 万～4 万块，为武汉机械制瓦之始。1900 年，商人们开始投资兴建机制砖瓦厂以满足三镇房地产建筑业发展迅速而带来日益增长的建材需求，裕记、阜成、华兴等 15 家砖瓦厂先后在汉江畔落址，工厂选在土质较好的汉阳黑山、郭茨口、琴断口、黄金口一带。

1906 年，德国商人在武汉创办德源砖瓦厂，首次用德式轮窑烧制砖瓦。1908 年，汉阳黑山建湖北官砖厂，该厂烧制青红砖及火砖、平瓦等；1911 年，该厂参加在罗马举办的世界博览会，生产的砖瓦获铜牌奖。据《湖北省志·工业志》记载，“1936 年汉阳砖瓦行业产销达到顶峰，机砖年销售 3000 万块，瓦 500 万余片。”[11] 1949 年，汉江沿岸仅剩 15 家砖瓦厂，均在汉阳琴断口、黄金口、赫山一带，它们处于停产或半停产状态，产量骤降（表 1）。

表 1　武汉砖瓦工业 1949 年企业概况表

创办年份	厂名	厂址	创办人	生产种类	代表建筑
1903	裕记砖瓦厂	汉阳郭茨口	周裕坤	平瓦、红砖、红瓦	裕华沙场、震襄沙场
1913	阜成砖瓦厂	汉阳黄金口	沈祝三	红砖、红瓦、青砖	平和打包厂
1916	富源砖瓦厂	汉阳琴断口	夏梦南	青瓦、红砖、红瓦	汉口富源里
1921	华新砖瓦厂	汉阳琴断口	夏梦南	红砖、红瓦	武汉三镇旧民房
1931	同惠砖瓦厂	汉阳琴断口	郑幼生	红砖、红瓦、墙地砖	武汉三镇旧民房
1948	恒泰砖瓦厂	汉阳赫山	林镛	红砖、红瓦	日军修建飞机场（已毁）
1948	汉阳砖瓦厂	汉阳琴断口	彭自尧	红砖、红瓦	日知会旧址、汉阳铁厂

注　该表格根据《汉阳区志》绘制。

新中国成立后 50 年代，裕记、阜成、华兴等一批老字号砖瓦厂改制更名为武汉市第一砖瓦厂、第二砖瓦厂、第八砖瓦厂等名称。合并后的砖瓦厂产销急剧增大，为新中国汉口城市建设做出贡献，至 90 年代黏土资源枯竭，各砖瓦厂逐渐限产、停产，砖瓦厂相继转移到别处生产，原厂房废弃或改为别用，“2003 年，为了保护土地资源环境，武汉市正式禁止生产和使用实心红砖”[11]，“汉阳造”砖瓦厂成为历史（表 2）。

表 2　近代汉口砖瓦厂变革及生产状况

创办年份	名称	厂址	原瓦厂名称	生产种类	年生产量
1950	武汉第一砖瓦厂	汉阳琴断口	裕记、和泰、恒泰等私营砖瓦厂	红砖、红瓦、水泥	红砖 7391 万块，红瓦 554 万块，水泥 4.3 万吨
1953	武汉第二砖瓦厂	汉阳琴断口	联生砖瓦厂、阜成砖瓦厂	红砖、红瓦、墙地砖	红砖 7000 万块，红瓦 220 万块，墙地砖 3 万平方米
1952	武汉第四砖瓦厂	汉阳琴断口	同惠砖瓦厂	红砖、红瓦、水磨石	红砖 2500 万块，红瓦 150 万块，水磨石 2.5 万平方米
1956	武汉第八砖瓦厂	汉阳琴断口	湖北江汉机制砖瓦厂	红砖、红瓦	红砖 8000 万块，红瓦 350 万块

注　该表格根据《汉阳区志》绘制。

2 近代汉口瓦类形态与构造

2.1 古朴素雅的青瓦

近代汉口的青瓦古朴素雅，青瓦取材于大地，亦可回归于自然。《说文解字》道：“青，东方色也。”[1]古人视“青”为天地最初之色。青瓦是以黏土为主要原料，经泥料处理、塑型、干燥和烧制而制成，外形呈弧形。青瓦取材于黏土泥沙，年代久远的青瓦屋顶上会生长出一种叫“瓦松”的植物，具有一定的药用价值。青瓦也是民居建筑中运用最普遍的材料，古朴素雅、沉稳宁静，具有不易褪色、抗冻性能好、使用周期长、抗腐蚀性等特点。无论是古代秦砖汉瓦，还是粉墙黛瓦，青瓦都是传统建筑装饰中最为质朴的民用材料（图5）。

图5 近代汉口建筑屋面各类瓦材图像

（图片来源：老汉口历史照片收藏家徐老师提供）

2.2 类型繁多的红瓦

汉口原租界中的里分、公寓、教堂、洋行等建筑屋顶主要以红瓦建造。如今，这些具有历史记录的红瓦成为汉口近代建筑繁华景象的实物见证，也为当下砖瓦美学价值研究提供重要的参考。汉口原租界巴公房子的屋顶由红瓦构成，建筑为红砖砌成，由永茂昌、广大昌营造厂营造。巴公房子上的脊瓦样式多，有圆、有方，随着屋顶造型的变化而改变设计构造。方脊瓦尺寸较大，长宽约37厘米×18厘米，表面平整光滑，两侧边轮形制不一，起到与其他脊瓦搭接的作用，瓦片背面有19条鱼骨形条纹，规则整齐，用以增强与屋顶的牢固结合；圆脊瓦敦厚，长宽约23厘米×22厘米，表面圆滑流畅，一侧有宽大的圆形边轮，而另一侧边轮较小。

建于1902年的汉口西商跑马场，塔楼中瓦的形态突出异形瓦特征，瓦的功能作用与艺术装饰性兼备。异形瓦整体呈菱形，长宽约39厘米×20厘米，覆盖于塔楼屋面，剑形凸起于瓦面的顶部中间，瓦片一侧为平面瓦边，另一侧有一道凹槽；背面平整，中心有剑形凹陷部分，与正面对应，顶端一侧为规则的瓦边，另一侧有两个凸起的瓦扣，瓦背面刻有“NAPPLER & Co HANKOU”英文字母，意为此瓦出自开源煤矿（表3）。

表3 巴公房子、西商跑马场屋顶瓦片测量图

巴公房子屋顶图	巴公房子方脊瓦	方脊瓦平面	方脊瓦背面	方脊瓦左侧面	方脊瓦右侧面
		370 180	370 180	180 70	180 70
巴公房子屋顶图	巴公房子圆脊瓦	圆脊瓦平面	圆脊瓦背面	圆脊瓦左侧面	圆脊瓦右侧面
		230 220	230 220	220 75	190 50
西商跑马场屋顶图	西商跑马场异形瓦	异形瓦平面	异形瓦背面	异形瓦左侧面	异形瓦右侧面
		390 200	390 200	130 60	130 60

注 表格中瓦绘制尺寸单位为毫米。

3 近代汉口制瓦工艺

3.1 手工瓦工艺

近代汉口传统手工制瓦取材风化且经陈腐处理的黄土压坯烧制。手工制瓦主要有七道工序：起泥、踩泥、做瓦、挖瓦窑、砌瓦窑、烧窑和洇窑。起泥，从江中取出黏性很强的黄泥粉碎，挑拣出碎石和杂质，保留细腻的粉末陶土；踩泥，将水倒在泥土堆上，用人力或牛力

反复踩踏，使泥软细腻；做瓦，将陶泥砸进匣子里塑形，再将砖匣子倒扣在撒有草木灰的院坝地上；挖瓦窑和砌瓦窑，挖出一个高约 1 丈 5 尺的半圆，砌成一个直径 3 米的圆筒形砖窑，以土坯衬里，底部为烧火口和炉槽；烧窑，窑门上层用柴草大火燃烧，下层空气流通和处理灰烬，烧窑须保持焚烧不熄火；最后一步洇窑，将水从顶部浸下，使窑内砖瓦全都被冷却，直到砖瓦变为青蓝色。19 世纪 90 年代初，武汉三镇所需建筑材料大增，而手工制瓦程序繁缛，生产低下，无法满足当时的建材需求，手工瓦遂被机械制瓦生产方式所取代，而这一制瓦工艺和技术作为一种传统技艺在当下具有传承价值和文化价值。

3.2 机械瓦工艺

近代汉口机械瓦与手工瓦取材相同，大多以汉阳黄金口、琴断口一带的泥土为原料。机械制瓦的重要步骤分为：取土、和泥、上机、晒胚、转机、拉胚、进窑、烧窑、出窑和提红等。其制作关键是窑的选择，传统的间歇式土窑，容量小，生产效率低，且需要时间冷却。而近代机制砖瓦厂则采用轮窑烧制，是向德国引进的一种椭圆形环式砖瓦窑炉，该机器分为预热带、烧成带和冷却带，当砖瓦土坯码入机器后，各窑体带自动轮流烧制。这种工作流程和生产方式，可连续运行工作，极大地提高产能，一次可生产上万块砖瓦。且机械瓦生产与手工瓦不同，和泥、做坯都以机械代劳，用机器切出的瓦坯平滑方正，烧制后的形状也更完整。因此在现存汉口近代建筑中，砖瓦遗存基本都为机制砖瓦。

砖瓦虽为较粗糙的建筑材料，但制造工序烦琐，专门从事相关专业的技师较少，其制造大多凭借自身经验。“1906 年德源砖瓦厂，是武汉最早用德式窑烧制砖瓦的工厂，在轮窑建造期间，参与建设的中方人员掌握建造轮窑的技术与操作方法，随后组建专业队伍，到全国各地承包建窑工程。”[12]（图 6）。目前这些近代砖瓦厂窑址已不存在，而利用砖瓦窑厂改造的无锡窑群遗址博物馆，让当地有百年历史的古窑群重获新生。

图 6　武汉多家砖瓦厂 20 世纪 80 年代工作场景
（图片来源：汉口古砖收藏家刘文斌先生拍摄）

4　近代汉口现存瓦材保护与创新

4.1 建筑外立面瓦材保护与创新

目前汉口原租界依然保留大量砖瓦建造的历史建筑，将原有瓦材进行保护和巧妙装饰可作为外立面更新设计的优化方式。建筑外立面瓦片设计可采取三种形式：①以瓦片为材料进行叠加，成为外立面新的装饰，其瓦的文化符号，经重新组合能拼出多种图案；②瓦片与木材、石材、钢材的组合，开启外立面新的承重方式；③瓦片丝网结构作为建筑外立面隔热层，解决玻璃幕墙阳光直射问题。如位于吉隆坡的 Petaling Jaya 瓦片住宅，原旧瓦片与钢条进行组合，设计成外立面屏风，以最大限度阻挡早晚阳光直射，降低室内温度，减少能源消耗。汉口原租界历史建筑保护可以沿用这些方式，瓦材的建筑外立面创新不仅能隔热抗风，同时独特的建筑装饰手段也能增强城市历史街区环境艺术氛围。

4.2 室内空间旧瓦利用新创意

汉口近代历史建筑进行文化改造，运用旧瓦更新方式形成新的城市历史面貌，既有时代的创新又有艺术的创新。目前关于室内旧瓦的利用有三种方式：①单片瓦陈设，瓦片可作文化展示，如瓦材熏香容器、瓦片形成的展品和画作，作为传达地域历史文化的载体；②瓦片叠合形式，瓦片的组合形成小型的艺术装置，如室内屏风或展墙，可以借鉴民居瓦片图形设计方式，形成年年有余、玉堂富贵等具有文化寓意的内容；③瓦片成面，瓦片形成的墙体如同织物，兼顾采光、通风的功能且形式巧妙，瓦色多样，古朴中凸显亮丽，能为室内环境的营造提供绿色环保材料（图 7）。

图 7　室内外空间瓦片创新利用
（图片来源：作者自摄）

5 结语

瓦作为中国传统建造材料，凝结着中国古代劳动人民的智慧，其丰富的文化内涵和制造工艺随着近代机械工业的进步而更替改变。近代汉口原租界建筑中瓦的丰富形态与组合，具有艺术审美价值，瓦材所蕴含的设计理念、细节工艺、材料品质都值得深入研究。提炼瓦元素，将其传统美学与现代解构设计进行图形组合、结构更替，会产生新的文化碰撞，期待未来由瓦材形成的环境设计在新的城市更新中有更为广泛的突破与发展。

参考文献

[1] 许慎. 说文解字 [M]. 北京：中华书局，2012.
[2] 段玉裁. 说文解字注 [M]. 台北：艺文印书馆出版，2005.
[3] 张玉书. 康熙字典（精）[M]. 上海：上海书店，2005.
[4] 夏征农. 辞海 [M]. 上海：上海辞书出版社，2009.
[5] 宋应星. 天工开物 [M]. 扬州：广陵书社，2009.
[6] 梁思成. 营造法式注释 [M]. 北京：中国建筑工业出版社，1983.
[7] 梁思成. 清工部工程做法则例图解 [M]. 北京：清华大学出版社，2006.
[8] 湛轩业，傅善忠. 中华砖瓦史话 [M]. 北京：中国建材工业出版社，2006.
[9] 张海翱. 近代上海清水砖墙建筑特征研究初探 [D]. 上海：同济大学，2008.
[10] 黄忠. “汉阳造”与汉阳近代工业 [J]. 世纪行，2012（8）：38-42.
[11] 湖北地方志编纂委员会. 湖北省志·工业志 [M]. 武汉：湖北人民出版社，1995.
[12] 武汉市汉阳区地方志编纂委员会. 汉阳区志 [M]. 武汉：武汉出版社，2008.

汉口近代建筑中壁炉装饰设计探究

■ 谢宇星
■ 华中科技大学建筑与城市规划学院

摘要 壁炉作为中国近代建筑发展的缩影，是汉口原五国租界建筑中具有个性特色的室内构造。文章通过分析近代汉口壁炉形成缘由、壁炉形态与风格特征、壁炉砌筑方式等内容，研究砖石结合与砖木材料构筑的壁炉装饰、陈设以及装饰图形的象征性内涵。探究近代汉口居住生活方式与室内风格特点，为当下历史建筑中壁炉修复与再利用，人居空间壁炉运用提供设计思路。
关键词 汉口 近代建筑 壁炉 装饰 陈设

壁炉作为室内装饰的一类特殊构造，在美国和欧洲的住宅建筑中承载着重要的实用性与情感价值。从古罗马时期最早的石砌筑壁炉至17世纪壁炉盒❶的发明，壁炉作为室内取暖、恒温设施被人类广泛运用。18世纪，壁炉随着西方各国建筑风格建立、复兴、繁荣，壁炉的设计也越来越精彩，包括维多利亚式、古典式、装饰艺术等不同风格出现。壁炉从功能实用走向装饰艺术的文脉变迁。随着19世纪近代中西方文化的不断碰撞与交融，壁炉文化成为近代中国城市中居住风格缩影，“由于文化传统使然，壁炉仍旧是起居室内空间限定和装饰的重要元素。”[1]壁炉装饰文化与内涵反映出近代中国社会的居住生活状态，展现出丰富的多元的建筑空间情感生动图像。

1 汉口近代建筑中壁炉装饰溯源

1.1 壁炉形成缘由

汉口五国租界中壁炉随建筑风格变迁呈现多样、独特的设计发展模式。1858年签订《中英天津条约》❷，增开汉口、九江、南京、镇江等长江沿岸城市为通商口岸。“根据《中英天津条约》和《北京条约》，汉口成为条约口岸。”[2]1861年汉口英租界建立，租界内建造领事馆、洋行、银行等各类建筑，由于冬春季节汉口气候较为寒冷，为保障室内取暖条件，早期租界建筑中都建造有特色的壁炉。英国领事馆是汉口原租界区第一座设计有壁炉的外廊式建筑；1865年麦加利银行建立，目前还保存有汉口最古老的壁炉，为古典主义风格；1895年德租界设立，建造德华银行（已毁）、1888年，“德国在汉口设立领事馆等建筑”[3]，其中德国工部局（现为武汉警察博物馆）保留比较完整的壁炉空间；1896年法租界中原法国领事馆内至今还保留着巴洛克式壁炉构造；俄租界从1896年至19世纪中叶建大量居住建筑，其中包括巴公房子等高档公寓、公馆，其建筑内部房间上下楼层都有壁炉相通，多样丰富；虽然日租界在1898年最晚设立，但其砖木结构、砖混结构成为壁炉材质的多种形式，但在1938年抗日战争中多处建筑已毁，仅有少量保存（图1）。

图1 租界建立初期沿长江带有壁炉的建筑
（图片来源：老汉口历史照片收藏家徐老师提供）

1.2 壁炉数量与分布

汉口五国租界各类建筑中均有壁炉构造设计，丰富多样。据初步统计，汉口原五国租界中设计有壁炉构造的近代历史建筑约有五十余座，其中包括领事馆、银行、洋行、公馆、公寓等建筑类型，其壁炉空间目前仍保留完整。受五国租界建筑风格的影响，多种不同风格样式

❶ 壁炉盒：由英国科学家本杰明·汤普森发明，类似铁制的盒子。用来封闭壁炉，给壁炉提供烧煤的空间。
❷ 《中英天津条约》：又称《中英续约》。第二次鸦片战争期间英国强迫清政府订立的不平等条约。

的壁炉构造在建筑中遗存，如原英租界景明洋行每层空间分布有古典主义、装饰艺术等不同风格壁炉16处，既具有功能价值，又凸显空间美学（表1、图2和图3）。

表1 原五国租界中有壁炉构造的建筑梳理

租界	领事馆	银行	洋行	公馆	里分、公寓、旧址	壁炉总数
英租界	英国领事馆	汇丰银行、花旗银行、横滨正金银行、麦加利银行、大清银行、广东银行、金城银行	保安洋行、景明洋行、怡和洋行、日清洋行、保顺洋行	吴佩孚公馆、鲁兹公馆、鼎新里1号、鼎新里2号公馆、吉庆街39号、铭新街13附1号、万尧芳公馆、南京路113号	大陆坊、德林公寓、上海村	约计120个
法租界	法国领事馆	东方汇理银行	立兴洋行	涂堃山公馆、程汉卿公馆、叶凤池公馆、詹天佑故居	公德里里分住宅、同兴里里分住宅	约计40个
俄租界	俄国领事馆、美国领事馆	华俄道顺银行	新泰洋行	李凡洛夫公馆、那克伐申公馆、唐生智公馆、宋庆龄故居、周苍柏公馆、周星堂公馆、涂堃山公馆、傅绍庭公馆	俄国巡捕房旧址、巴公房子、八七会议旧址、珞珈山街公寓、黎黄陂路44～48号	约计60个
德租界	德国领事馆	德华银行（已毁）	美最时洋行	坤厚里1号公馆	德国工部局巡捕房、江汉关公寓	约计30个
日租界	日本领事馆	无	无	李石樵公馆、夏斗演公馆	日本军官宿舍旧址	约计20个

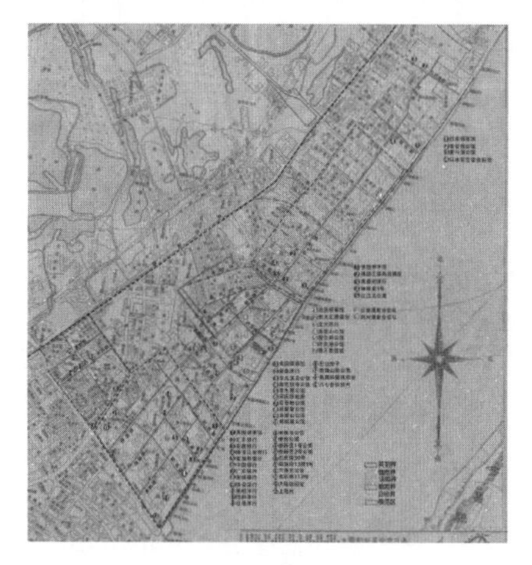

图2 原五国租界中现存壁炉建筑分布
（图片来源：底图源于1938年武汉历史地图）

图3 俄租界住宅中壁炉造型与陈设
（图片来源：老汉口历史照片收藏家徐老师提供）

汉口原租界中壁炉主要集中分布在商业发达地区，在洋行、银行建筑室内空间中，壁炉主要分布在室内办公区域、公共接待大厅及室内走廊；公馆、公寓建筑中壁炉则主要分布于卧室、客厅。联排住宅中壁炉则根据楼层及联排空间位置进行共通设计；领事馆及市政旧址建筑中壁炉主要分布于宴会厅、前厅等区域，在公共空间起到艺术装饰的作用。汉口原租界区建筑中壁炉的分布区域也展现出当时居住者对室内设计的高品质要求和特殊的文化审美。

2 汉口近代建筑壁炉风格与砌筑特点

2.1 壁炉风格变迁与装饰形态

汉口近代建筑中“壁炉除稳固房屋结构外，装饰也迅速发展”[4]并呈现独特多元的风格形式。壁炉主要风格类型包括：古典主义复兴式、维多利亚式、新艺术运动及装饰艺术运动风格等。壁炉最早以18世纪古典复兴风格样式、古典柱式及植物图案为主要设计来源，如英国领事馆、法国领事馆建筑中的壁炉；19世纪中期，汉口壁炉则是以维多利亚风格为主，如麦加利银行建筑中壁炉造型采用弧线、曲线与球形；20世纪初，由于新艺术及装饰艺术运动风格流行，壁炉开始设计为几何型装饰风格，在较晚建立的俄租界及日租界的公寓住宅建筑中均有体现（表2）。

汉口近代建筑中壁炉形态随风格变化在结构上呈现多种样式，其中包括：方形、半弧形、拱券式等多种不同形态样式的壁炉构造。如英国领事馆、法国领事馆中古典风格壁炉，主要采用方形及半弧形设计。而新艺术运动及装饰艺术风格壁炉形态则呈现出方形。

表 2　壁炉形态及风格特点对照

风格名称	英文名	时间	壁炉特色	材质	主要形式	含有的近代建筑
古典主义复兴式风格	Classical	18 世纪	古典装饰纹样	砖石	拱券式及半弧形式	英国领事馆、法国领事馆等
维多利亚式风格	Victorian	18—19 世纪	曲线装饰纹样	砖石、砖木	曲线形及半弧形式	麦加利银行等
新艺术运动风格	Art Nouveau	19—20 世纪	几何纹样	砖木	方形	德国领事馆等
装饰艺术运动风格	Art Deco	20 世纪	几何纹样	砖木	方形	景明洋行等

2.2　壁炉砌筑构造与结构方式

2.2.1　砖石结合砌筑

汉口原租界中的壁炉构造方式可归纳为砖石砌筑壁炉、砖木搭配砌筑壁炉两种主要类型，在壁炉构造装饰中包括金属装饰、木制装饰、石材装饰，其设计图形与壁炉的砌筑构造形成统一的整体。

(1) 壁炉围合面与墙体结合，围合面与墙体内外包裹，砖砌层从墙内延伸至炉口围合面，利于保温和传热。墙内砌筑靠墙壁烟道，“壁炉的烟道是一个垂直空间，通过蒸发，大部分进入到烟道内的水分便可消失在烟道。”[5] 壁炉外侧设计梯形炉口，底部设置炭火区。

(2) 壁炉烟囱与屋面结合，壁炉烟囱根据屋顶坡度、高度及屋面形态合理设计，并表现出多层次的烟囱构造。壁炉烟囱表面用红砖砌筑成烟道，在顶部设计简约图形装饰；烟囱顶部则留出排烟口，也有用铸铁管道安装其内，加强壁炉烟道的牢固性。汉口原俄租界珞珈山街公寓屋顶烟囱设计多种精美砖砌图形拼接，十分巧妙。

(3) 壁炉围合构架与墙面结合，壁炉构架按不同形态砌筑设计。方形壁炉砌筑体包括：构架柱腿、壁炉檐口等古典风格样式构造。半弧形壁炉，利用砖砌工艺砌筑半弧形拱券或在炉口外砌筑一圈或几圈拱券形砖条，“在砖石表面固定木条线脚作为衬底，确定装饰形状和位置”[6]；外部装饰木或砖的壁炉构架，也是一种表现形态（表 3 和表 4）。

表 3　汉口原租界中砖石壁炉砌筑方式类型与结构

壁炉结构		壁炉构造细节图	
壁炉与墙体	类型	墙体内部壁炉结构	墙体外部壁炉结构
	壁炉砖石类型	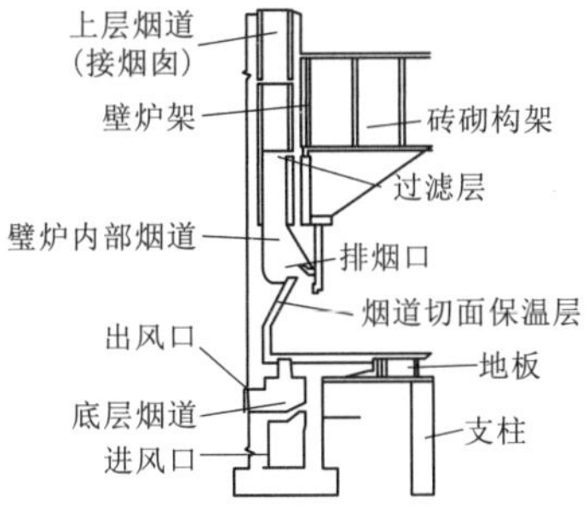	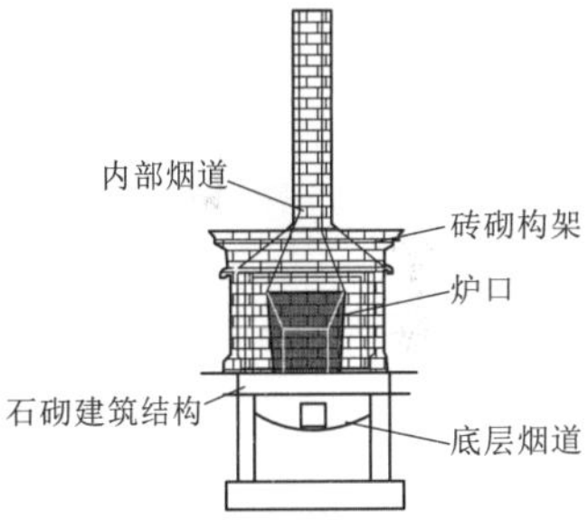
壁炉烟囱与屋面	类型	三角屋顶烟囱结构	斜面屋顶烟囱结构
	壁炉屋瓦类型	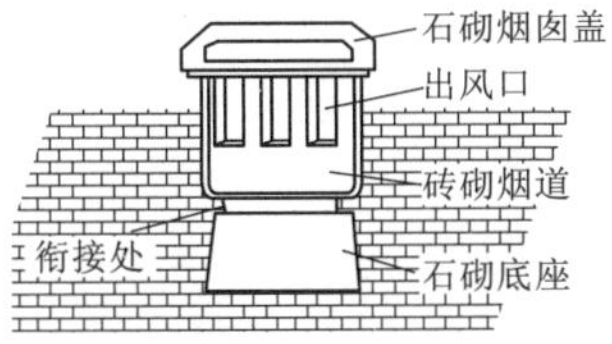	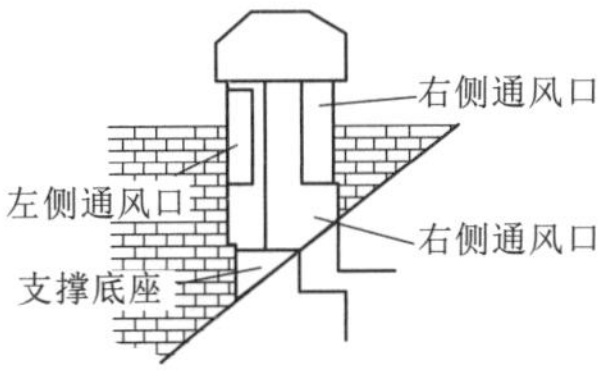
壁炉构架与墙面	类型	方形砖砌结构	圆弧形砖砌结构
	壁炉构架类型	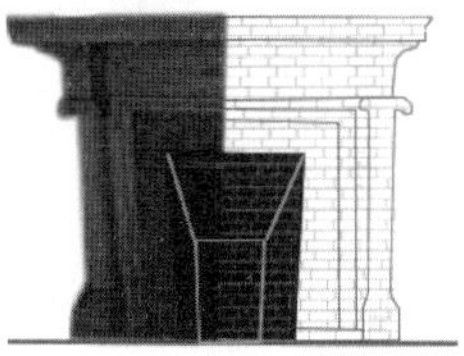	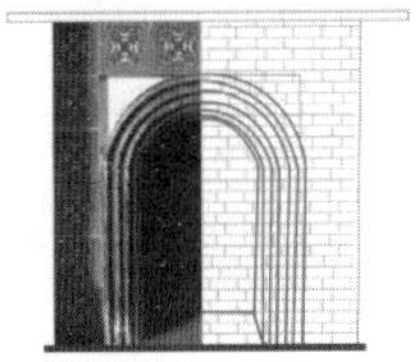

注　表内图示均为作者自绘。

表 4　汉口原租界中木饰壁炉饰面装饰分析

类别	壁炉照片及详细内容				
木饰壁炉					
表面材料	胡桃木框架 釉面瓷砖贴面	木质框架外涂白漆	柚木框架及瓷砖贴面	深木色框架	梨花木框架及瓷砖
空间位置	景明洋行 公共区壁炉	保安洋行 走道处壁炉	景明洋行 会议室壁炉	吴家花园 入口大厅壁炉	景明洋行 会议室前厅壁炉
细部构造	矩形构造，雕刻大体量框架。上部可储存，下部镶嵌其中	矩形构造，较平扁。上方罗马柱对称布局，下部雕刻几何形框架	矩形构造，上部有阁架且搭配矩形图案装饰。下方为几何造型，并配方形底座	方形构造，上方雕刻古典风格花纹，下部两边为螺旋线柱式	方形构造，上方为木板带有顶托，下方为圆形柱式，配有方形底座

注　表内照片均为作者自摄。

2.2.2　砖木搭配砌筑

砖木搭配壁炉指在原始砖砌结构上搭砌木制构架，木构架成为壁炉的核心砌筑区域。木构架主要运用“如酸枝木、大叶檀木、楠木、花梨、红木、胡桃木等颜色较深的硬木”[7]，木材表面涂上一层防火漆与防水漆，使外围木构架长久使用不易损坏。在汉口租界近代建筑中，银行、洋行、公馆、公寓等住宅建筑采用木饰壁炉较多。如吴家花园中壁炉类似中式神龛砌筑；麦加利银行中壁炉则是制作成柜架储物形式，并与室内陈设及家具风格统一。木构架采用榫卯结构嵌入砖石墙面，包括：矩形砌筑，通常会铺满整面墙，构造类似室内木制书架；方形砌筑，指围绕炉口砌筑扁平木构架类似梳妆台面设计。

3　汉口近代壁炉装饰细节与象征性

3.1　壁炉瓷砖的装饰象征性

汉口近代壁炉装饰材料细节设计呼应其整体的设计风格，主要体现在瓷砖贴面、木制雕刻、壁炉外围装饰。木制雕刻指在壁炉外围上下细部雕饰图形。首先在壁炉檐口处雕刻简单的几何图案；其次在壁炉上方及檐壁处雕刻框盒、凹凸状植物图案。壁炉台面下方腿柱间雕刻别致的木制顶托，图案为玫瑰，寓意浪漫、优雅。在壁炉腿柱上雕刻罗马柱等具有象征性的图案以及螺旋纹等。

瓷砖装饰位于壁炉装饰面，色泽明亮，图案丰富。“瓷砖内的图形，采用轴对称或者中心对称方式，使用二方连续或者四方连续的方法绘制不同类型的图案。”[8]。“汉口景明洋行中的壁炉上也点缀瓷砖花片，每个都独具特色设计与壁炉的整体风格协调”[9]。可见在汉口近代壁炉中采用装饰艺术风格的设计样式较多，并且独具审美特色。瓷砖内为玫瑰雕刻图形，不仅体现出简洁的线条感，也反映了居住者的浪漫情感与情怀（图 4）。

图 4　汉口景明洋行室内壁炉及瓷砖图形
（图片来源：作者自摄）

3.2 壁炉陈设的装饰象征性

汉口近代建筑壁炉陈设的装饰物融合中西文化特色，其中包括文玩、字画、雕刻、钟表等。受东方文化的影响，壁炉上方陈设物具有一定文化象征寓意。中国瓷器作为18世纪西方人眼中视为瑰宝的珍品，被大量收藏并摆放在居住空间中。瓷瓶的“瓶”与平安的“平”谐音，摆放瓷瓶寓意“平安、祥宁”。在近代中国住宅空间中壁炉属“火”，在其上部放置中式木雕、吉祥神兽、雕塑以及悬挂字画、神明画帖既能镇宅辟邪，也具有“如火如荼”的美好生活寓意。

钟表作为西方陈设装饰物最早在明代作为贡品被皇家宫廷使用。到晚清和近代，钟表已普遍用于生活中，在汉口原租界住宅建筑中基本都有摆放。钟表通常与烛台搭配放置，呈现曲线造型，兼具实用与美观两种属性。将钟与瓶放置在壁炉上，寓意“终生平静”。

壁炉周围配置构件包括：炉铲、柴架、壁炉屏风，以及铁艺壁炉栏杆等。炉铲和中式铁夹挂置在壁炉炉口侧面。壁炉屏风则是放置于壁炉前，“壁炉的炉火屏风用钢丝网制作，用于防止飞溅的火星和燃屑进入起居区内”[10]，屏风上绘制山水及花鸟画，象征寄托对自然的向往。屏风后会放置带有铃铛的三角座，用来支撑壁炉屏风。铁艺栏杆功能类似壁炉屏风，设置在壁炉炉口前与壁炉连成一体，并配有火箱❶。栏杆是壁炉炉口的装饰构造，表现为曲线、直线设计，并搭配圣杯装饰。在近代汉口居住建筑中代表“家族兴旺、步步高升”(图5)。

图5　壁炉陈设装饰物件

（图片来源：老汉口历史照片收藏家徐老师提供）

4　结语

汉口近代建筑中，壁炉作为东西方文化交融的产物，对历史建筑壁炉修复设计具有参考价值与研究价值。壁炉砌筑中砖石、砖木的特色工艺值得研究，壁炉构架装饰图形、象征寓意在人居环境、商业空间、办公环境中均可借鉴。未来人居空间环境中壁炉设备需融合现代科技手段，人工智能技术，在砌筑方式、材料组合、取暖设施、灵活安装、新能源利用上都有创新设计的发展潜力。壁炉构造与文化的介入，也需融入绿色环保设计与可持续设计观念，体现未来新科技、新材料、多元化的健康环境设计。

参考文献

[1] 王鲁民，陈琛．香烛与壁炉：从火的使用看中西传统住宅的不同［J］．新建筑，2004（6）：43.

[2] 王汗吾，吴明堂．汉口五国租界［M］．武汉：武汉出版社，2016.

[3]《汉口租界志》编撰委员会．汉口租界志［M］．武汉：武汉出版社，2003.

[4] HILLS，Nicholas，The English Fireplace［M］．London：Quiller Press Ltd，1983.

[5] 李芃芃，张剑葳，张小古．古建筑地炕的正负价值效应：中国古代取暖设备的历史、保护及再利用对策［J］．建筑学报，2019（S1）：161.

[6] 潘一婷，王小木，杨启凡，等．近代历史建筑灰泥仿石工艺研究：以东吴大学旧址葛堂哥特式立面为例［J］建筑与文化，2021（12）：72－75.

[7] 赵晓路，左琰．从荣宅壁炉看近代上海独立住宅海派装饰风格［J］．建筑与文化，2020（9）：38－41.

[8] 吕海雪．浅谈瓷砖在室内装饰设计中的表现［J］．佛山陶瓷，2013，23（8）：45－47.

[9] 任康丽．汉口景明洋行［J］．档案记忆，2019（9）：22－24.

[10] 钱惠．壁炉在中国室内中的装饰艺术研究［D］．长沙：中南林业科技大学，2012：60.

[11] 徐丽．中国室内陈设艺术设计的风格研究［D］．南京：南京林业大学，2005：60.

[12] 严康．火塘与壁炉：中西传统居室文化差异探微［C］//2019室内设计论文集，2019：66－68.

❶ 火箱：熏笼的别名。西方火箱为蒸汽机车锅炉组成部分，壁炉中火箱指泥沙堆砌的简易烤火箱。

明代陵墓神道石兽装饰研究

■ 吴世君
■ 华中科技大学建筑与城市规划学院

摘要 中国古代石兽雕塑伴随封建陵寝制度不断演化与发展，是研究古代帝王典章礼制、历史建筑、造型艺术发展的重要参考。石兽造型生动、雕刻精美，具有极高的研究价值。对明代陵寝神道石兽尺度、造型变迁、图形寓意的研究分析，将有利于当下陵墓建筑雕塑的保护，同时对现代城市中陵园景观设计具有重要参考价值。

关键词 石兽 神道 明代陵墓 装饰

1 明代陵墓神道石兽溯源

1.1 石兽发展起源

石兽属于一类仪卫性雕塑，是中国古代陵墓环境中具有典型性的景观特征元素。“玉柞宫西有青梧观，观前有三梧桐，树下有石麒麟二头，头高一丈三尺，刊其胁为文字，是秦始皇骊山墓上物也。”[1]，“自汉以后，天下送死者奢靡，多作石室石兽碑铭等物。”[2]这些关于中国陵墓前设置石兽早期的文字记载，对石兽具体尺度与用途都有详细记录。目前，发掘最早、保存较为完整的明代陵寝石兽是安徽凤阳明皇陵石兽群组，共计20对，包括石麒麟、石狮、石马、石虎和石羊等。[3]石兽一般位于陵墓神道❶两侧，既是守卫墓主，也是彰显皇威的设计手段。因此，石兽作为修建陵墓的礼制传承，历代王侯将相修建陵寝时，都沿用神道石兽进行装饰，根据礼制其数量、种类都有所不同。明代帝王陵墓神道所用石兽规模和数量都超越历代，石兽的种类颇为丰富，具有研究价值。杨宽《中国陵寝制度史》等专业论文对石兽起源有一定研究，但对石兽的考古目前尚未有准确定论，仍需继续深入探讨（图1）。

图1 明孝陵神道石兽遗址
（图片来源：《老明信片・南京旧影》）

1.2 石兽功能与演变

1.2.1 彰显皇权

陵墓神道石兽的功能受社会发展影响，东汉至明代一千六百多年的时间中不断演变、愈加丰富。明代神道两侧设置规模宏大的石兽雕塑，既是一种礼仪制度，也是皇权至上、不可侵犯的标志。[4]明成祖朱棣的长陵建筑规模宏大，石兽共计十二对，由望柱❷向寝殿方向依次为石狮、石獬豸、石骆驼、石象、石麒麟、石马，每种各两对，前一对或坐或卧，后一对为立像，整体华丽而庄重、皇威浩荡。石兽的尺度与规模成为神道中重要彰显皇权的象征物，也是整体陵墓设计的场景关键映像。

1.2.2 区分等级

明代修建陵墓，对皇族和人臣墓❸安置石兽作出规

❶ 神道：《后汉书・中山简王传》：“大为修冢茔，开神道。”神道是陵墓寝殿前开筑的大道，作为举行祭祀、参拜礼仪通往陵墓寝殿的主要道路，在陵园建筑中有着特殊地位。

❷ 望柱：通常被安置于神道顶端或中部、又称碣、标、华表等。李贤在《后汉书・中山简王传》中注：“墓前开道建石柱以为标，谓之神道。”望柱主要是作为一种指示性标志，标明神道的位置。

❸ 人臣墓：《封氏见闻录》：“人臣墓前有石羊、石虎、石人之属。”人臣墓是古代官员大臣之墓。

定，依据墓主身份等级明确区分石兽种类和数量。例如明太祖朱元璋孝陵神道石兽有石狮、石獬豸、石骆驼、石象、石麒麟、石马各两对，而同时期营建的藩王朱楧墓前仅有石虎、石羊、石麒麟、石狮各一对，石马两对。此外，《明会典》中对于人臣墓石兽设置亦有制度规范（表1）。

表1 明代人臣墓神道石兽类型及数量规范

官职	公侯	一品官	二品官	三品官	四品官	五品官	六品及以下
石兽类型及数量	石马、石羊、石虎各一对	石马、石羊、石虎各一对	石马、石羊、石虎各一对	石马、石羊、石虎各一对	石马、石虎各一对	石马、石羊各一对	不予设立

注 该表格以明代天顺二年《明会典》对墓主身份所作造墓规范为依据，由作者自绘。

神道石兽品类与数量越繁多，显示墓主身份等级越高贵；反之，则越低微。明代统治者以此措施加强“辨尊卑、别上下”的礼制渲染，达到巩固王朝统治和震慑臣民的政治目的。

1.2.3 守卫陵墓

石兽是带有警卫性质的，是王公贵族生前“卤簿❶”的缩影，源自“事死如事生❷”的中国传统生死观。[5]明代修建陵寝神道，为了表示威武和加强警卫，设置石兽“夹道其旁”，守卫陵墓。石兽的品类和数量，也代表着警卫力量的强弱。例如明代帝王陵墓前取消了唐宋帝陵常见的体型较小的石羊、石虎，而增加了石骆驼，甚至麒麟、獬豸等传说中的神兽，同时数量上也有所提升，以增强警卫力量。

1.3 石兽类别及文化寓意

明代陵墓神道石兽类别繁多，有力量强大的猛兽，如石虎、石狮等，还有象征平安祥和的石羊、石象等，此外还有民俗传说中能震慑鬼怪、护佑四方百姓的麒麟、獬豸等神兽。每一类石兽都有其独特内在寓意，古代工匠往往借助比拟、隐喻等手法，传达雕塑艺术内在的精神与情感（表2）。

表2 明代陵墓神道石兽常见类别及文化寓意

类别	代表作	名称	营建时间	文 化 寓 意
石狮		明皇陵石狮	1366年	狮子被佛教尊为守护之兽，神道设立石狮显示墓主身份、权威，既有震慑意图，又有辟邪作用
石虎		吴复墓石虎	1386年	虎因其威猛形象，一直被视作中华民族精神图腾。“墓上树柏，路头石虎。”[6]《风俗通》记载，墓前设立石虎可震慑四方邪祟，有驱邪避凶寓意
石马		秦愍王墓石马	1395年	马具有忠诚、勇敢的特性，自古以来便在交通、行猎、征战等活动中发挥作用。秦汉之际，王公贵族出巡的仪仗队里就有骏马，故明代神道放置石马也取意于此
石羊		秦愍王墓石羊	1486年	东汉许慎所著《说文解字》：“羊，祥也。”[7]羊是象征“吉祥”的瑞兽，神道上设立石羊，有着“国泰民安，天下吉祥”的寓意
石象		明长陵石象	1409年	象的重量与体积在动物中占据无可比拟的优势，民俗传说象能辨别桥梁、道路的虚实，在神道设置石象，除了有“安全”“稳固”的寓意之外，还有表彰墓主为人正直不阿之意

❶ 卤簿：古代皇帝出行时的仪从和警卫。
❷ 事死如事生：释义为对待死者要如同其生前一样，这是古人基于灵魂不灭观念而衍生的思想。

续表

类别	代表作	名称	营建时间	文化寓意
石骆驼		明孝陵 石骆驼	1381 年	骆驼曾是西汉丝绸之路上的重要交通工具，是中外交往的最好见证，将骆驼置于陵前，其目的既是在彰显中华民族忍耐顽强的精神，也有炫耀国力强盛，并象征着四域安宁之意
石麒麟		明祖陵 石麒麟	1386 年	古人把“麟、凤、龟、龙”称为四灵，以借喻杰出的人才，并把麟说成是“王者至仁，则出”[8]。因此，麒麟除了被尊为祥瑞，是如意吉祥的象征，还标志着统治者治国圣明、天下太平
石獬豸		明祖陵 石獬豸	1519 年	独角神兽，能明辨是非曲直，如遇有二人争斗，会用角去顶触其中有错的一方，而后世一直将其视为“法”的象征。在神道上立石獬豸，是在颂扬墓主法治严明

注 该表格以《风俗通》《说文解字》《诗经》等资料为依据，图片来自网络，表格由作者自绘。

这些神道石兽的姿态各异，寓意也都别有一番讲究，不仅有其考古意义，对于研究中国古代陵寝制度、历史文化、民俗风情也有独特价值。

2 明代陵墓神道石兽空间运用

2.1 石兽造型风格与尺度形制

石兽造型风格受各个时期社会背景以及主流思想差异化的影响，形成不同的时代特征。[9] 明初因陵制尚未形成，建造陵墓基本上是对唐宋陵制的模仿。洪武初年营建皇陵石兽，造型承袭唐宋时期的特点，石兽造像挺胸昂首、颇具气势。洪武十四年营建孝陵石兽，在唐宋基础上进行改革，造像以写实为主，不作过分装饰，刀法圆润且拙朴，石兽或立或卧，自然生动。至长陵、显陵时期，石兽虽雕琢精细，具有工艺装饰特点，但造型完全继承孝陵，这也说明明代中后期，雕塑艺术出现公式概念化倾向（图 2）。

图 2 明皇陵、孝陵、长陵、显陵石兽风格对比

（图片来源：《明朝帝王陵》）

石兽形制尺度在明代并无明确规定，但综合现存石兽数据分析，工匠创作过程中通常从墓主身份及石兽形象本源尺度进行参照。例如明长陵坐姿石狮，高约 1.8 米、长约 2.1 米，而在藩王朱梀墓前同类石狮高约 1.6 米、长约 0.9 米，体态更为瘦小；官员吴复墓前设立坐姿石虎，高约 1.2 米，长约 0.8 米，相较朱梀墓前高约 1.7 米、长约 0.9 米的同类石虎，其尺度进一步缩小，更贴近现实中老虎的体态。墓主身份越高贵，石兽体型越高大，在其形象来源的基础上进行夸张和美化处理；反之，则石兽体型越矮小，与其形象来源更贴近，更具写实性。

2.2 石兽多样组合模式

石兽在不同陵墓中，受社会发展、等级制度、墓主意愿等因素影响，群组数量、种类、排序方式有所区别，形成不同组合。其中以明代五座帝陵设立石兽数量最多、种类最丰富，本文按其营建时间排序并绘出下表（表 3）。

根据石兽种类异同，比较五座帝陵可将其分为两类——皇陵、祖陵为一类；孝陵、长陵、显陵为另一类。二者在石兽的类型和排序上产生很大变化。明皇陵修建正值明初，陵寝制度尚未成形，修建陵寝沿袭宋代礼制，石兽设置虽然在数量上超过宋陵，但种类仍是在前代基础上增删，移除独角兽、鸵鸟（或瑞禽）、象等，增加麒麟。营建孝陵时期，明太祖对陵寝制度进行改革，帝陵神道重新启用石骆驼、石象、石獬豸，移除石虎、石羊以区分君臣陵墓，并将石狮设为首位，麒麟的位置向后挪。石狮既是中外文明友好交流的象征，寓意国力昌盛、疆土辽阔，同时作为“百兽之王”，彰显皇权不可侵犯；麒麟作为祥瑞神兽，将其挪到与寝殿更近的位置，是为了增加对墓主的保护。[10]孝陵标志明代陵寝制度体系已发展成熟，后期营建长陵、显陵，乃至其他皇族、藩王、臣子陵墓皆遵循此制度，根据身份等级、墓主意愿等因素在其基础上删减石兽类别和数量，设置不同石兽群组。

表 3 明代帝陵神道石兽类别及数量

墓主	陵号	营建时间	陵墓位置	神道石兽数量	石兽种类及排序（自望柱向寝殿方向依次排序）
朱世珍夫妇	皇陵	1366—1379 年	安徽省凤阳县	20 对	石麒麟两对、石狮八对、石马两对、石虎四对、石羊四对
朱元璋	孝陵	1381—1405 年	江苏省南京市	12 对	石狮、石獬豸、石骆驼、石象、石麒麟、石马各两对
朱百六、朱四九、朱初一	祖陵	1386—1413 年	江苏省淮安市	10 对	石麒麟两对、石狮六对、石马两对
朱棣	长陵	1409—1427 年	北京市西北郊	12 对	石狮、石獬豸、石骆驼、石象、石麒麟、石马各两对
朱佑杬	显陵	1519—1566 年	湖北省钟祥市	12 对	石狮、石獬豸、石骆驼、石象、石麒麟、石马各两对

注 该表格以《明朝帝王陵》等资料为依据，由作者自绘。

2.3 石兽在陵墓空间中审美表达

石兽在陵墓平面布局中，以神道为中轴线，左右完全对称，相向而立，给人产生秩序、理性、庄重之美。在陵墓整体规划中，墓室建筑体积最大，位居神道末端；石兽体积较小，但是数量多，位居神道起首。两者在体量关系与视觉关系上达到均衡效果。“对称与均衡是重要的形式美法则，是事物静止与运动状态升华的一种美学法则”，神道石兽在古代陵墓中的布局充分体现出这一点。[12]

从纵向延神道中轴线观察，石马伫立，石虎蹲坐、石羊伏地，高低错落有致；石骆驼、石象造型和纹饰简洁干练，石麒麟、石獬豸装饰繁复；石象体量巨大，石狮相对瘦小；石象雕刻偏向写意手法、虚化细节，石麒麟更加写实、注重细节表现。石兽群组在高低、繁简、大小、虚实等对立关系中寻求统一，造型各异，写实与写意相互交错，在视觉上又产生了多样变化。

3 明代陵墓神道石兽保护思考

3.1 明代神道石兽现状

目前文献、调研数据显示，明代神道石兽遗址大致约 42 处，其中帝陵 5 处、亲王墓 15 处、郡王墓 5 处、臣子墓 17 处，广泛分布于中国北部、中部、东部、西南各省份。北京十三陵、安徽皇陵、南京孝陵、江苏祖陵、湖北显陵等多处皇家陵寝，以及陕西、河南、江西等地藩王墓因陵墓建筑宏伟，具有重要考古价值。

明代帝陵神道石兽群组经文物保护单位修缮、复位，保存状态较好，但目前仍有多处藩王墓、臣子墓石兽因保护措施不当，导致大量石兽自然风化。石兽还有一批被挪移到公园、堂庙等位置，或散落民间，逐渐遗失、损毁。这些对于中国古代雕塑实证研究及陵寝制度考古都是非常遗憾的（表 4）。

表 4 明代陵墓神道石兽遗存数量及现状

陵墓遗址		陵墓	等级	神道石兽遗存数量	石兽遗址现状
北京		明十三陵	皇家陵墓群	石狮、石獬豸、石骆驼、石象、石麒麟、石马 2 对	世界文化遗产；全国重点文物保护单位；国家 5A 级景区
河北沧州		刘焘墓	臣子墓	石狮、石羊 1 件	石狮移到梁屯村村口；石羊移到梁屯村文庙内
		张缙墓	臣子墓	石狮、石虎、石羊、石马 1 件	市级文物保护单位
河南	郑州	庄裕王墓	郡王墓	石马 1 对、石羊 1 件	石兽移到碧沙岗公园
		周悼王墓	亲王墓	石马 1 对、石狮、石虎、石羊 1 件	陵墓建筑损毁，石兽散落于附近树林
	安阳	赵康王墓	亲王墓	石象 1 对、石羊 1 件	市级文物保护单位
	新乡	潞简王墓	亲王墓	石貘貐、石爰居、石貔貅、石獬豸、石豹、石狻猊、石羊、石虎、石狮、石辟邪、石麒麟、石骆驼、石象、石马 1 对	全国重点文物保护单位；国家 4A 级景区

陵墓遗址	陵墓	等级	神道石兽遗存数量	石兽遗址现状
陕西西安	秦愍王墓	亲王墓	石马2对、石虎、石麒麟、石狮1对、石羊1件	全国重点文物保护单位 石兽被归位于陵园神道遗址
	秦隐王墓	亲王墓	石马3对、石麒麟1对	
	秦康王墓	亲王墓	石狮1对、石马3件	
	秦惠王墓	亲王墓	石马2对、石虎、石羊、石麒麟1对	
	秦简王墓	亲王墓	石马2对、石麒麟1对、	
	秦宣王墓	亲王墓	石虎、石羊、石马1对	
	秦宣王世子墓	世子墓	石马、石麒麟1件	
湖北钟祥	显陵	帝陵	石狮、石獬豸、石骆驼、石象、石麒麟、石马各2对	全国重点文物保护单位 国家4A级景区
江西 抚州	益端王墓	亲王墓	石马、石狮1对	全国重点文物保护单位； 石兽经清理被归位于陵园神道遗址
	益庄王墓	亲王墓	石狮1件	
	益恭王墓	亲王墓	石狮、石马1对	
江西 宜春	袁彬墓	臣子墓	石狮、石虎1件	石兽散落于陵园附近农田
安徽 凤阳	皇陵	帝陵	石麒麟、石马2对、石虎4对、石狮8对	全国重点文物保护单位； 国家4A级景区
安徽 合肥	吴复墓	臣子墓	石虎、石羊、石马1对	全国重点文物保护单位
安徽 蚌埠	汤和墓	臣子墓	石狮、石虎、石羊、石马1对	全国重点文物保护单位
江苏 南京	孝陵	帝陵	石狮、石獬豸、石骆驼、石象、石麒麟、石马2对	世界文化遗产； 全国重点文物保护单位； 国家5A级景区
	仇成墓	臣子墓	石虎、石羊1对	
	李文忠墓	臣子墓	石虎、石羊1对、石马1件	
	常遇春墓	臣子墓	石虎、石羊、石马1对	
	徐达墓	臣子墓	石虎、石羊、石马1对	
	李杰墓	臣子墓	石虎、石羊、石马1对	石兽移到雨花台烈士陵园
	吴良、 吴祯家族墓	臣子墓	石虎、石羊2对、石马1对	南京新世界小区花园
江苏 淮安	祖陵	帝陵	石狮6对、石麒麟、石马2对	全国重保；国家4A级景区
	潘埙墓	臣子墓	石虎、石羊1对	市级文物保护单位；潘埙祠堂
上海	张任墓	臣子墓	石羊、石马1对	石兽移交当地历史博物馆
浙江丽水	薛希琏墓	臣子墓	石虎1对、石羊1件、石马1件	石兽移交当地历史博物馆
广东广州	古文炳墓	臣子墓	石马1对、石虎1件	石兽散落于陵园附近山冈
广西桂林	悼僖王墓	郡王墓	石虎、石羊1对	全国重点文物保护单位； 石兽经清理被归位于陵园神道遗址
	庄简王墓	郡王墓	石狻猊、石羊、石貔貅、石麒麟、石象1对	
	恭惠王墓	郡王墓	石獬豸、石羊、石虎、石麒麟、石马、石象1对	
	康僖王墓	郡王墓	石獬豸、石羊、石虎、石麒麟、石马1对	
海南海口	海瑞墓	臣子墓	石虎、石羊、石马1对	全国重点文物保护单位
	丘浚墓	臣子墓	石羊、石马1对	省级文物保护单位

注 陕西西安、河南荥阳各有一处亲王墓，墓主确切身份尚未被考证，神道石兽部分遗存。目前国内各界针对明代神道石兽考古发掘与研究工作尚在继续，此表格仍需不断完善。

3.2 明代神道石兽保护

明代神道石兽是封建礼制、艺术形态、民俗事象、象征寓意等一系列古代陵寝文化因素交织的产物，呈现出中国古典园林恢弘壮观的空间景观特色（图3）。如何有效保护石兽，如何将石兽雕刻艺术、传统陵墓景观天人合一设计思想与当下陵墓社会文化、审美艺术进行关联，这些是值得思考的问题。

目前许多石兽被发掘后未得到妥善处理，散落于陵墓附近村庄或田野，应尽快联系当地文物保护部门进行清理、鉴定。而后，若原墓址建筑尚有遗存，可考察其神道位置，将石兽复位，并定期清理维护，避免石兽损毁或遗失。陵墓遗址应划定保护区域，并发掘其历史文化价值，亦可开发成为名胜古迹景点，展示其深厚历史文化；若原墓址建筑过度损毁，难以修复，应将石兽移交至当地历史博物馆，进行收藏、科学研究和宣传教育。

图3　明皇陵神道石兽景点
（图片来源：《明朝帝王陵》）

4　结语

明代陵墓神道石兽雕塑在继承唐宋礼制的基础上革故鼎新，规范其制度进一步完善，造型风格具有鲜明的时代特征，标志着中国陵寝制度的进一步成熟。同时，石兽雕刻工艺技法和造型艺术成就，对清代乃至现代中国雕塑艺术的发展都产生重大影响。明代神道石兽作为陵园空间重要的环境设计要素，不仅是古人陵寝礼仪制度和封建价值观的表现，也是中国古代雕刻艺术的重要体现，对现代纪念性园林及陵园景观设计具有参考和借鉴价值。

参考文献

[1] 刘歆．西京杂记［M］．北京：中华书局，2021.
[2] 沈约．宋书·礼制［M］．北京：中华书局，2019.
[3] 杨宽．中国古代陵寝制度史研究［M］．上海：上海人民出版社，2016.
[4] 王磊．凤阳中都皇陵石像生的艺术特色［J］．雕塑，2008（6）：62－63.
[5] 胡汉生．明朝帝王陵［M］．北京：学苑出版社，2013.
[6] 应劭．风俗通［M］．北京：国家图书馆出版社，2019.
[7] 许慎．说文解字［M］．北京：中华书局，2012.
[8] 佚名．诗经·周南［M］．北京：中华书局，2012.
[9] 胡开祥．古代石兽造型及其思想内涵浅析［J］．四川文物，1994（5）：29－33.
[10] 刘毅．明清皇陵制度比异［J］．北方文物，1999（2）：26－32.
[11] 郭立忠．肥东县明代吴复墓传统石像生调查研究［J］．创意与设计，2020（1）：70－77.

从岐山村看近代上海中产阶层住家木作装饰特征

■ 刘 涟 左 琰
■ 同济大学建筑与城市规划学院

摘要 20世纪初近代中产阶层成为社会中坚力量，其住家装饰是当时家装风尚的重要参照，这类人群的主要居所为1920年后兴建的新式里弄住宅，本文以新式里弄岐山村为例，通过对其室内木作包括墙面、地面和木质装饰构件的特征分析，展现近代中产阶层住家装饰风尚以及新式里弄住宅室内木作装饰的价值。

关键词 新式里弄 家装行业 画镜线 门窗 壁炉

1 近代上海中产阶层崛起和住家装饰行业兴起

上海近代中产阶层的研究很多，其中有两方面共识：首先上海近代社会分层包括上层、中层、下层三类，其中位于中间位置的中产阶层主要构成者为职员、专业人员、知识分子及自由职业者等受过较高教育、拥有某种专业技能的人群[4]；其次在中产阶层中又主要区分为两类，即专业人士和职员阶层，专业人士的职业声望、教育水平、收入普遍高过职员阶层，是中产阶层中的精英群体，这部分人群包括律师、会计、医生、新闻记者、工程师、教授等；而职员阶层为服务于政府、公司、企业等现代机构的人群，又称为大众层或“写字间阶层”[1][5]。

近代中产阶层人口在20世纪20年代开始长期增长，据统计，在抗战前上海职员及自由职业者数量为29万～32万人，同时20世纪30年代后期上海职员家庭的平均人口为6.55～6.60人每户，这样一来，上海中产家庭人口总量近达200万人，而据1937年的人口统计，全市登记总人口数量为380万余人[6]，因此中产家庭的人口数量超过全市登记人口半数之多，可以称为社会中坚力量。

20世纪20年代上海市五口之家的消费水平以月需66元为中等，30元为中等以下档次。随着公司、职位的不同，中产阶层收入不尽相同，20世纪20—30年代普通员工收入基本为40～100元，而高级职员或专业人士的收入基本为100～600元[4]。

室内装饰在近代又名为“装修”“装饰”“装潢”。国外室内装饰在开埠后就开设了室内装饰公司，其中最知名的有（英商）上海美艺木器装饰有限公司（Arts & Crafts，Ltd.）、（德商）时代公司（Modern Homes）和（美商）胜艺公司（Caravan Studio，Inc.）[2]。

近代本土室内装修主体除了承包建筑室内外整体工程的水木作、营造厂外，还有漆作、木器号、五金号等室内单项承包公司。这时期的室内业务存在两个特征：①材料、木器各自为业，缺乏整体性；②以各材料、物件的施工与安装为主，缺乏设计知识的整合。

这种现象直到1930年左右才有所转变❶，这时期的装饰公司大部分聘请专业设计师、工程师或技师进行室内绘图设计，设计知识的注入使得室内装饰行业已经不再只是早期的施工性行业了。这时期有专门创立的装饰公司，还有由漆作、木器号、五金号拓展业务形成的装饰公司，在20世纪40年代装饰公司数量日益增多，近代装饰业的发展达到顶峰。转型后的装饰公司业务各有侧重，主要分为三类：以家具、陈设配置为主导；以墙面油漆、花纸的装饰设计为主导[3]；整合前两者内容，并包含室内清洁、水电、设备、修理等业务的综合型装饰公司。以上装饰公司除了开展住家装饰工程外，往往也承揽店铺门面的装饰装修工作。

从家装业背景看，住宅室内木作装饰一般随同建筑设计一起由水木作、营造厂或工程公司承揽。

2 中产家庭的居所——新式里弄及岐山村

新式里弄住宅最早建于1920年，该类联排式住宅专为当时中产阶层小家庭的独住需求而设计（图1）。❷

新式里弄住宅是近代典型的中等住宅，即建造中追求实用、经济性的住宅。建筑师在设计此类住宅时，既需要考虑开发商的经济性要求，又要兼顾居住者的使用需求❸[7]。典型的中等住宅造价为1500～2500

---

❶ 直到1930年前后，《新闻报》商业广告中才开始出现以“装饰”“装修”“装潢”命名的公司，这预示着近代本土装饰装修行业的形成。

❷ 新式里弄于1930年代左右在四明银行、中国实业银行、浙江兴业银行、金城银行等金融资本的开发投资下大规模兴建。参考：上海地方志办公室。

❸ 经济性方面主要体现在建造材料的使用上；而实用性则体现在平面功能上，如餐室的分离、独立浴室。

元每平方米[8]，且一栋新式里弄在20世纪20—30年代月租大多在50元以上❶，是近代较富裕的中产家庭的住房首选。

位于越界筑路愚园路上的岐山村于1930年前后分别由五批业主陆续开发建造❷，总共87栋住宅，其中东面毗邻愚园路的32栋为邮政储金汇业局的高级职员住宅❸，与其相对的西面15栋由庄俊建筑师事务所设计❹。由于开发者不同，岐山村内汇聚了不同风格的里弄住宅，如西班牙式、英国式、现代式（图2），居住者中有不少知名人士，如钱学森家族。

作为上海各类新式里弄住宅的汇聚与缩影，通过对其中不同风格的住宅室内的研究，可以反映上海中产家庭居住环境的普遍状况。岐山村这类新式里弄住宅的室内地板、墙面构件、门窗、楼梯皆以木作为主，因此对其室内木作装饰特征的研究有助于了解近代中产阶层居住环境及风尚。

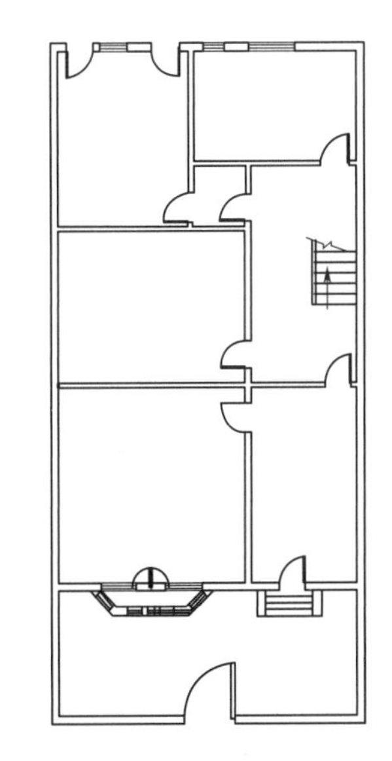

图1　岐山村10－16号底层平面图
（图片来源：作者绘制）

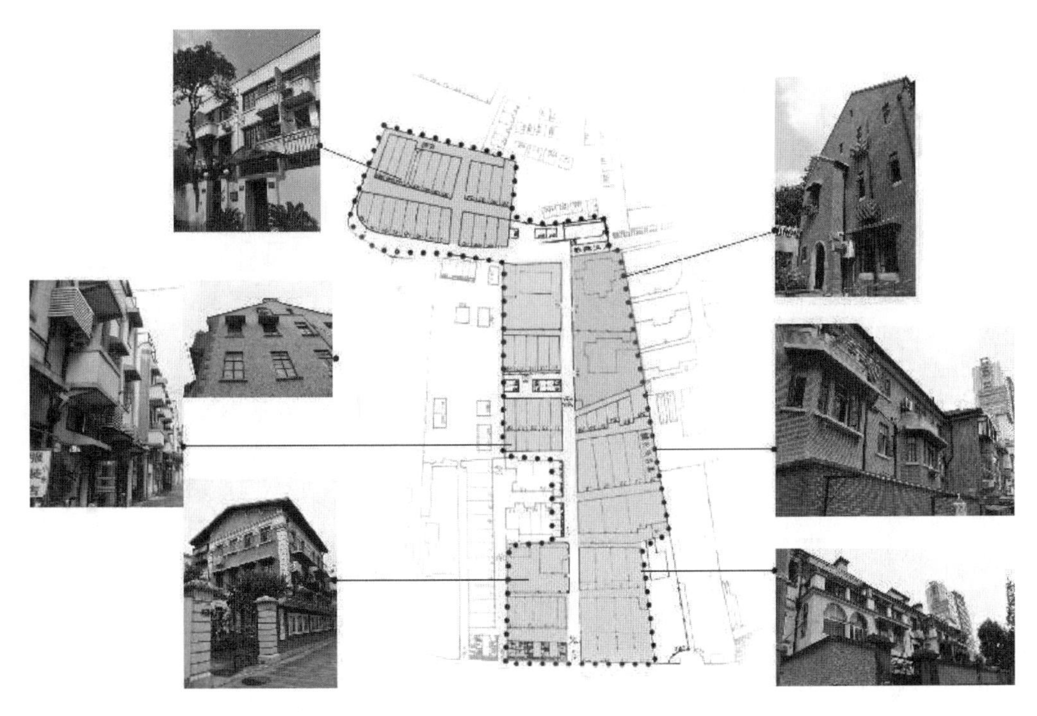

图2　岐山村总平面图及各类住宅照片
（图片来源：作者拍摄及绘制）

3　岐山村住家木作装饰特征

作者在岐山村五批不同期开发的住宅中总共选取20栋典型住宅进行室内考察，并走访15户室内原始木作保存较完好的住户进行访谈与室内装饰的拍摄，并以此获取的照片作为本研究的基础资料。

3.1　木作装饰特征1：简洁的木作线条与墙面比例

3.1.1　画镜线与踢脚线

岐山村室内墙面以油漆粉饰为主，墙面木作主要有

❶ 据近代地产商周浩泉在自述在1930年代左右，二层石库门里弄月租最多20元，而三层新式里弄住宅月租则至少50元。参考：中国人民政治协商会议上海市委员会文史资料委员会．旧上海的房地产经营［M］．上海：上海人民出版社，1990：55－56.

❷ 岐山村部分住宅设计图纸图鉴中的日期为1931年。来源：上海城市建设档案馆。

❸ 1950年8月，一份登记岐山村的缴解款项书回执尾部注明邮汇局清理处，说明近代时期岐山村归属于邮电汇金局。来源：缴解款项书回执，上海市电信局档案。

❹ 岐山村图纸图鉴中有庄俊建筑师事务所的签名。来源：上海城市建设档案馆。

两个：画镜线及踢脚线。画镜线又称为束腰线（Dado rail），设置于主要房间内，亭子间中普遍没有，画镜线环绕房间一周，高度根据门窗上框高度而定，或与门上框相接，或与窗上框相接，其自身高度在2寸（0.067m）左右。最高的画镜线与高窗上框相连，接近顶部线脚，高度在2.5m左右[8,10]；最低的画镜线与室内门框相接，高度在2.1m左右[8,10]；其他画镜线高度基本为2.1～2.5m，如与房间门洞相接（图3～图5）。

(a)

(b)

(c)

图3 岐山村住宅室内各房间画镜线高度

（图片来源：作者拍摄）

踢脚板则出现在室内各房间及走廊的墙脚处，底层走廊内一般为水泥踢脚。踢脚板上高度为0.1～0.2m，上部边缘有横向线脚装饰。

普通住家室内墙面被画镜线及踢脚板划分为壁缘（Freize）与台度（Wainscot）两部分。画镜线与踢脚板之间的部分称为台度，在高等住宅中台度由木质护墙板铺设装饰，而在中产家庭居住的新式里弄中，台度部分则普遍以油漆或花纸进行装饰；画镜线与顶面线脚之间的部分称为壁缘，这部分往往刷白粉或色粉[11]（图4）。

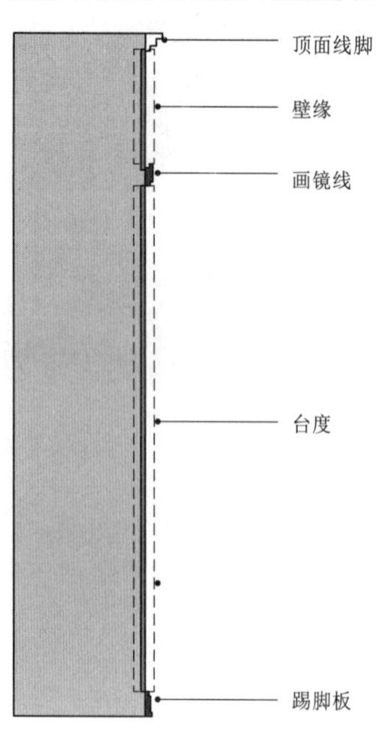

图4 房间墙面构造

（图片来源：作者绘制）

壁缘与台度的比例往往跟随画镜线高度而变化，由于房间墙面高度为2.7～3.0m[10]，忽略不计顶面线脚与画镜线的高度，房间高度统一取2.7m，踢脚板统一取0.1m，那么壁缘高度为0.2～0.6m，而台度高度为2.0～2.4m❶，因此墙面画镜线上下部分，即壁缘与台度的比例在1/12～3/10的范围内变化（图5）。

3.1.2 门窗的精致线脚

室内木质门主要有三类：房间的入户门、壁橱门；卫生间门；厨房门。

在尺寸上，房间门高度主要有两种，普通房门及带有通气口的房门。普通房为单扇门，门高度为2.0～2.1m，宽度为0.8～0.9m[10]；带有通气口的房门高度往往接近顶面线脚，通气口高度为0.45～0.5m[8]，通常以气窗或百叶的形式出现，带有通气口的房门主要位于南北朝向的主要房间中。房间壁橱门高度往往与普通门一致，有单开与双开门两种形式。而厨房、卫生间门的尺寸往往较小。

房间门的样式通常为方块形镶嵌门板，或门板上部镶嵌毛玻璃。虽然形式简单，但每块镶嵌木板及门框的边缘都作有精细的凹凸线脚，尤其是门框落地处设计有与踢脚板高度相当的凸出线脚，既符合力学原理，又在门框与地面、踢脚板的交汇处作了节点设计，增加稳重性与精致性。厨房、卫生间门的木板上部多镶嵌毛玻璃，与餐室连通的厨房门上往往会开送餐口，卫生间门则在门板下部设有百叶通气口（图6）。

窗户距地高度一般在0.9m左右，高度及宽度不一，与室内采光通风相关，起居室窗户面积不小于房间面积1/6，卧室窗户面积不小于房间面积1/8，窗户高度不大

❶ 根据前述房间高度、画镜线高度、踢脚板高度算出。

于 1.7m，宽度为 0.9～1.8m[8]，有的室内高窗上框接近顶面线脚，有的则与房门同高。新式里弄住宅普遍为东西向毗连式，且由于里弄住宅进深长、开间窄的特点，因此开在南北面的窗户基本设计成横向长窗的模式，占据墙面大部分宽度用以增加采光及通风。

岐山村作为新式里弄住宅的典型，其窗户多为钢窗，窗户的室内部分周围包裹木质窗框，较为普通的窗框为简单的木条装订，木条边缘有线脚装饰，窗户下方的木条往往长于窗户；而稍微高级的房间则将窗户下方木条设计成带有线脚的小窗台，并将上框设计成窗帘盒，窗帘盒的样式则像一个小型壁缘，顶部与底部都有横向线脚装饰(图 7)。

综上所述，虽然门窗样式简洁，以方正、直线为主，但在木板的转折、节点、端部往往设计凹凸线脚，增加了室内木质线条的精致感与装饰性。

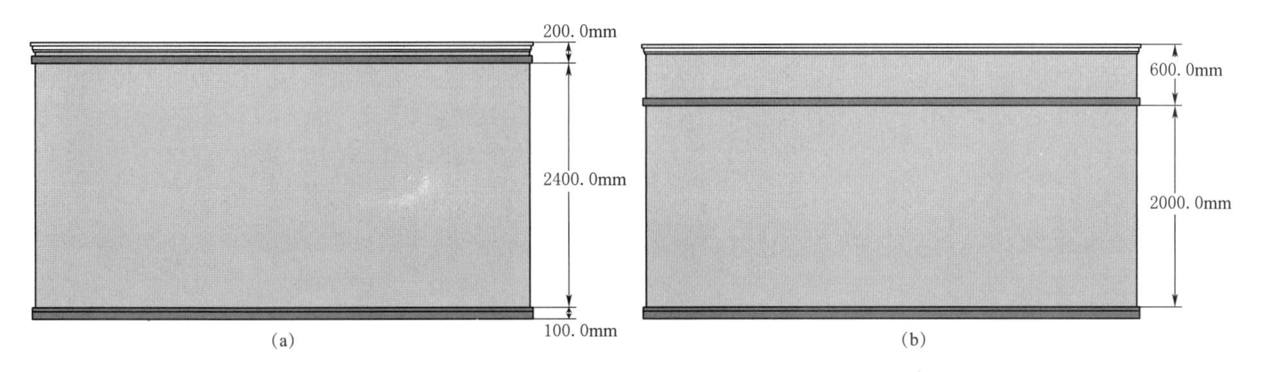

图 5　房间墙面比例

（图片来源：作者绘制）

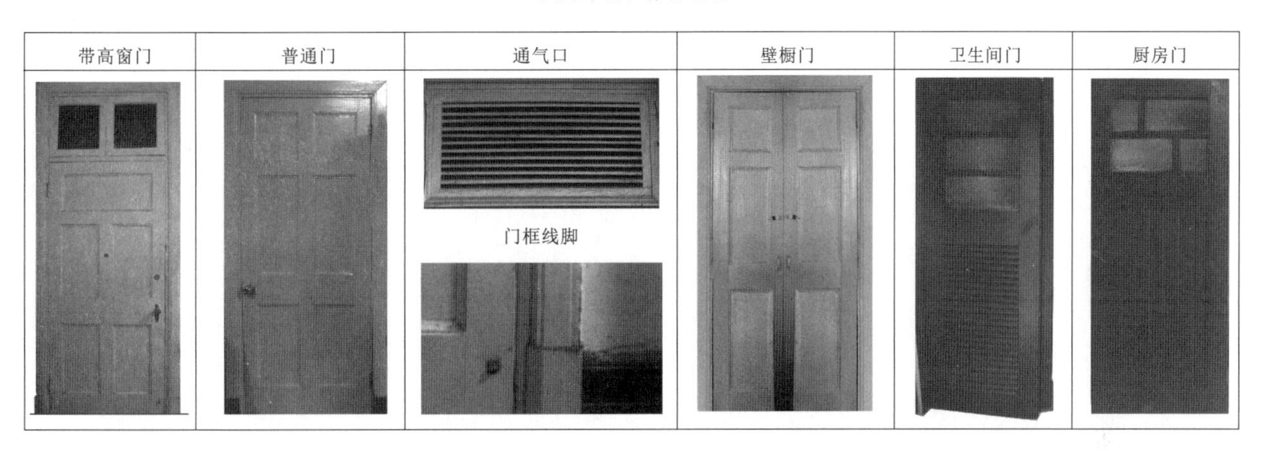

图 6　岐山村室内各类木门样式

（图片来源：作者拍摄）

图 7　岐山村室内木质窗框线脚

（图片来源：作者拍摄）

3.2　木作装饰特征 2：装饰构件的标准化

新式里弄室内木质装饰构件主要有两处：壁炉、楼梯栏杆。

岐山村中室内有壁炉的住宅数量不多，往往出现于较高级新式里弄住宅的主要房间中，这些壁炉像微缩版的西式建筑，具有壁炉柱、壁椽、檐口等结构，壁炉上的木雕也是参照西式经典装饰图案而成（图 8)。但值得注意的是，壁炉上的装饰图案与住宅室内外装饰并不具有强烈的关联性，其上的装饰鲜少出现在建筑外观或室内其他构件上，这使得壁炉本身更像是一个独立于住宅之外的装饰构件；不仅如此，其上装饰图案也并不指向某种具体的风格或意象，其更像一种抽象装饰符号，单纯为室内增加一些装饰性。究其原因，这是近代装饰图案知识的标准化造成的。

图 8　岐山村室内壁炉装饰图案
［图片来源：作者拍摄、上海建筑装饰（集团）设计有限公司提供］

由于 20 世纪初本土建筑行业将西方经典装饰元素从建筑整体中独立标注为特定装饰图例进行知识普及，最典型的案例便是 1936 年发行的《英华·华英合解建筑辞典》，书中将建筑装饰图案与文字定义一一对应，统一并规范行业内装饰图案的形式与运用。这类举动造成了近代装饰图案被标准化为抽象装饰符号，并无差别地运用到各室内木作装饰中。

室内楼梯栏杆按照装饰复杂程度可以分为三类：第一类为简单的直板栏杆，这种栏杆柱头样式简单方正，栏杆、扶手、侧板上除了简洁的边缘线脚外，没有其他装饰图案；第二类具有简单装饰的栏杆，即在栏杆木板上进行简图案的镂空，或以带有线脚的整块木板作为现代式整体、流线型栏杆；第三类栏杆为机器制造的车脚栏杆，普遍出现在较高档的里弄住宅中。由于木料的线脚可以通过基本工具刨制，而镂空、车旋栏杆在近代都可以通过机器进行生产制造。因此这些栏杆的装饰样式也是由特定工具批量、流水生产的标准化构件，标准化构件也降低了生产成本，从而使其广泛进入中产家庭的居所中。因此不仅在岐山村，这三类栏杆样式也普遍出现在各新式里弄住宅中（表 1）。

表 1　岐山村室内三类楼梯栏杆样式

样　式	图　　片		
简单直板型	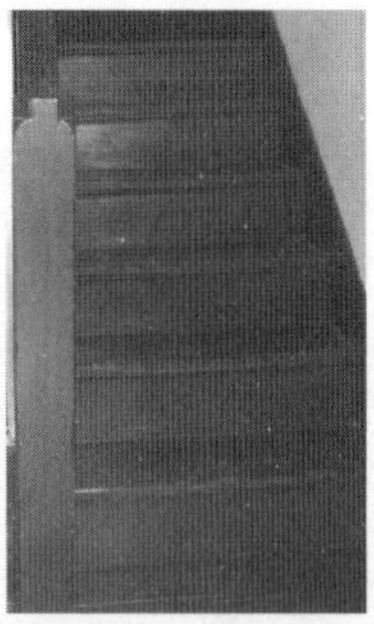		
简单装饰型	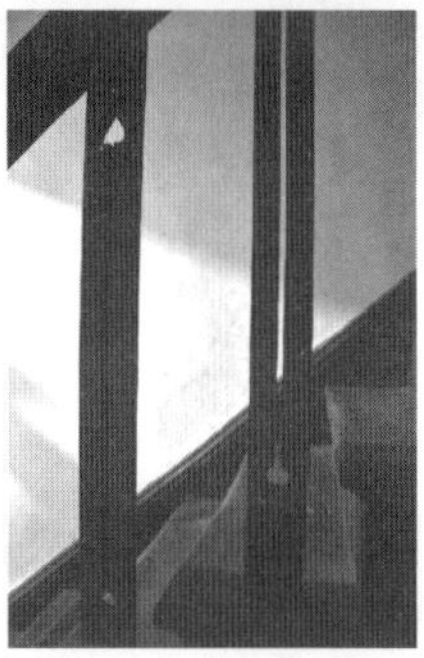	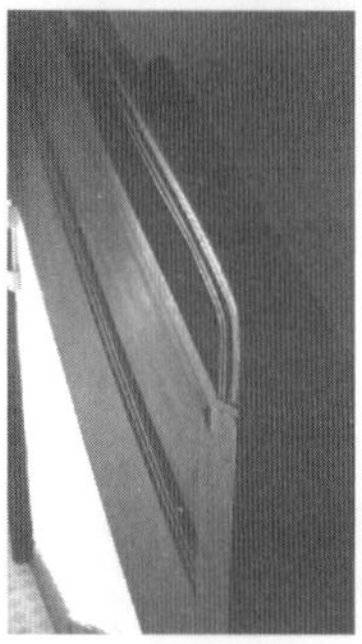	

续表

样式	图片
车脚型	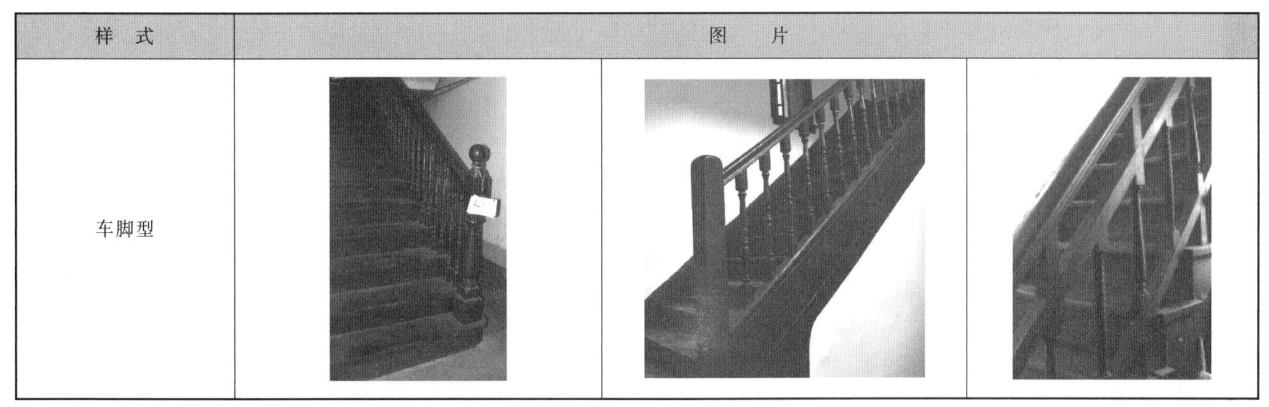

注 作者拍摄，作者拍摄、上海建筑装饰（集团）设计有限公司提供。

总体而言，无论是壁炉上装饰图案知识的标准化，还是栏杆造型中生产工艺的标准化，都导致了以岐山村为代表的新式里弄住宅室内木质装饰构件的标准化。

3.3 木作装饰特征 3：地板选材的经济性

岐山村室内无论是走廊还是房间，大部分地板都是直板的形式。从其颜色和木纹判断，走廊地板材料普遍为松木。其中松木有国产本松和进口洋松两类，上海的本松主要有五种：皖松、建松、瓯松、杭松、台松，分别产于安徽、福建、温州、杭州、台州；进口松板主要来源于美国和俄罗斯，其中各松板仍有品质之分。普通住宅中的走廊为本松板，颜色呈黄褐色，纹理直行；较好住宅的走廊使用洋松板，呈黄褐色，稍有花纹，但由于枝节较多，因此极可能使用的是二号洋松板。而房间内地板亦有本松板、洋松板两类，洋松板居多，较好的房间室内使用一寸窄板制作拼花地板（表 2）。

表 2 岐山村室内地板样式

价格（均价）❶			
走廊地板		房间地板	
本松板	洋松板	洋松板	拼花地板

注 作者拍摄、上海建筑装饰（集团）设计有限公司提供。

以上可见，无论是房间还是走廊，松木都是新式里弄住宅室内最常用的木料。由于松木产地多、资源广，在 1932—1937 年，上海同业公会的木材价格制定中松木价格几乎在所有木材价格中垫底，具有极高的经济性，除了松木，常作为地板的材料还有柳桉木，但其价格较高，在新式里弄住宅地板中极少选用。由此可见新式里弄住宅地板的选材具有明显的经济性特征（表 3）。

室内松板根据产地分为本松板、俄松板、美国洋松板三类，价格依次升高，总体控制在 60～140 银元每千尺之间，其中以美国洋松为例，又细分为不同型号，包括四寸及六寸宽的一口企口板、副一号企口板、二号企口板。[12]这在保证新式里弄地板选材经济性的基础上，又适当地给予了地板品相的丰富性。

表 3 室内木材价格

类型	价格（均价）❷
杉木	70 银元/万根
本松	60 银元/千尺
洋松	95 银元/千尺
麻栗	130 银元/千尺
橡木	130 银元/千尺
柳桉木	150 银元/千尺
柚木	400 银元/千尺

❶❷ 价格是对同种木材的不同型号、类型取平均值而来。

除了木材的经济性，地板上保护涂料的选材中也充满性价比的考量。地板油漆由油类、漆及色粉组成，油或漆干燥后成光透膜具有保护木材的功效。其中油的主要成分有桐油、亚麻仁油、苏子油、松节油。在这些油类中，近代桐油❶是大部分中等板材表面油漆的首选，因为桐油是我国特产干性油，其产地众多，遍及四川、湖南、湖北、贵州、广西、浙江等省（自治区），具有28元/担的价格优势，相较于当时同样具有干燥防水功能的苏子油（33元/担）、亚麻仁油（36元/担）[13]具有更高的性价比，因此以桐油作为油漆防护的地板普遍用于新式里弄以及旧式里弄这类中等及以下住宅中，而以桐油与生漆结合的光漆❷常用于中等以上的住宅。

4 总结

近代上海中产家庭的住家以新式里弄为主，其室内木作装饰由于同时兼顾开发商的经济性需求及中产阶层的舒适性需求，其主要采取材料经济性、线性装饰及标准化装饰的措施。以室内木地板为典型，在室内木料及其防护油漆上都表现出选材经济性的特征；室内墙面木作中的画镜线、踢脚板、门窗虽然都是方正的直线式样，但在边缘、节点处都作有精致的凹凸线脚，使室内立面呈现具有细节设计及统一性的线型装饰特征，而木作线脚的设计与制作也得益于近代木工刨具发展成熟，降低了线脚开槽的难度与成本；壁炉、栏杆构件则是新式里弄室内木作中仅有的木作装饰图案及造型，其特征表现为图案及造型符号的抽象化与标准化，即这类装饰往往没有具体意象与整体风格的指向性，仅单纯增加室内的装饰性，同时由于近代西式图例的标准化传播以及机器车床的标准化制作，因此这类标准化、类似图案与造型的木作装饰构件常常广泛应用于各新式里弄住宅中。

中产阶层因人数日趋增加成为近代社会居住风尚形成的中流砥柱。对其住家木作装饰的研究反映出近代大部分人群的居家室内装饰的审美风尚。同时也希望对上海现存大量新式里弄住宅的保护与改造有所启发。

［本文为国家自然科学基金（项目编号：51878452）的成果之一。］

参考文献

[1] 江文君. 近代上海职员生活史［M］. 上海：上海辞书出版社，2011.

[2] 周予希. 被埋没的中国现代设计先驱：钟熀及其建筑装饰公司考［J］. 装饰，2019（10）：80－83.

[3] 中國興藝公司裝璜部. 中國興藝公司裝璜部開業公告［N］. 新闻报，1942.

[4] 忻平. 现代化进程中的上海人及其社会生活：1927—1937［M］. 上海：上海大学出版社，2009.

[5] 江文君. 都市社会的兴起：近代上海的中产阶层与职业团体［M］. 上海：上海辞书出版社，2017.

[6] 体育与美育：上海人口：三百八十万八千余，较上年增加廿六万［J］. 磐石杂志，1937，5（2）：47.

[7] 佚名. 住宅建筑引言［J］. 中国建筑，1933，1（2）：27.

[8] 徐鑫堂. 经济住宅［M］. 上海：徐鑫堂建筑工程师事务所，1933.

[9] 中国人民政治协商会议上海市委员会文史资料委员会. 旧上海的房地产经营［M］. 上海：上海人民出版社，1990：55－56.

[10] 唐英. 房屋建筑学［M］. 上海：商务印书馆，1945.

[11] 杜彦耿. 英华·华英合解建筑辞典［M］. 上海：上海市建筑协会，1936.

[12] 佚名. 建筑材料价目木材上海市木材业同业公会公议价目［J］. 建筑月刊，1935，3（3）：51－53.

[13] 佚名. 调查：上海之油漆业［J］. 工商半月刊，1932，4（19）：1－8.

❶ 桐油为压榨桐树之桐子而得，淡黄或暗黑色，将其煮熟掺入五明子和金底，使其易于干燥有光泽。

❷ 光漆有光亮色泽，不加色粉时为淡黄色。生漆本身见空气为红色，旋即转为黑色。

浅谈空间设计的科学与艺术融合发展

■ 董维华　李咏仪
■ 中国城市建设研究院有限公司

摘要　随着时代的进步，人们的需求不断增加，空间设计也在不断发展，目前正在尝试科学与艺术融合发展。虽然科学与艺术形态不同，但是可以相互融合与促进。科学与艺术不可分割，科学的进步带来技术创新，而创新的技术又为艺术打开了新世界。而在建筑中始终可以发现科学与艺术的融合，在建筑创作中，设计师的设计思维结合了科学与艺术，通过交互式设计来完成作品。在当今时代，科学与艺术的融合已经催生出新媒体艺术，给新型艺术产业提供了新的发展方向。在建筑空间设计中，科学与艺术相融合，将会创造出新的发展道路。
关键词　**科学与艺术融合　科学中的艺术　艺术中的科学　空间设计　建筑**

1　科学与艺术的联系

随着时代的变迁，人们的精神需求不断地增加，所以空间设计的发展方向也是不断的贴合人们的需要。目前来看，空间设计的发展正在尝试科学与艺术的融合，这种融合设计方式可以追溯到古希腊时期，那时的艺术家就在设计中融入这两种元素。由此可见，艺术和科学本就是相互贯通的，在应用的过程中，用创造的手段使得两者的融合可以增加应用对象的神秘感，给人们更加丰富的体验。同样，在空间设计中，如果能够将两者融合起来，必将使空间焕发新的活力。

目前，科学二字有着明确的定义，科学是利用数据验证、推理计算、解释说明对某一种现象的解释，代表的是一种严谨、客观的态度，科学往往代替的是绝大多数人的共同认知，是普遍接受的“真理”。而艺术却与之相反，后者往往表达的是一种主观体验，表达的是主观对象自身对外界环境、生活状况的一种体验，主观对象借助艺术这一手段将其内心体验表达出来。从艺术作品中可以看出，一个成功的作品必然蕴含着作者想表达的情感，作者借助某一手段赋予其情感，向世人传递。

科学与艺术看似没有关联，从定义上可以看出两者的关联甚微，一个代表着个人主观，另一个代表着绝大多数人的客观。但是从人类的发展过程中可以看出，不同时代的艺术是不同的，往往伴随着科技的发展，艺术家也在不断地探索不同时期的材料技法、人文历史和地理环境，并将在这个过程中获得到的内容转变为创作向世人展示。可以说，艺术家在不同时期的表达方式是不一样的，与科技的应用水平密切相关，同样，不同时期的科学也正在借助艺术表达。可以说两者虽然内容差距极大，但是却在应用时互相成就，两者缺一不可。科学和艺术的融合意义巨大，两者不仅能够创造新的观念，且能一起发展共同探究人类追求的宇宙的隐秘。虽然两者形式不同，但是却能够相互融合，相互促进。

作为历史上应用科学与艺术最成功的例子，著名画家达·芬奇成功地将艺术表达和科学实践进行了结合。在早年，当人们提到科学和艺术时，他们认为它们是两个不相关的领域。许多人认为科学代表理性和对自然的探索。如果说科学是理性的，那么艺术相对而言便是感性的，因为艺术表示着人类对自己内心世界的探索，是一种外在的表现，不同的艺术家可能会创作出不同的艺术。是对人类内心世界的探索。科学反映的问题通过一定的现象反映出一定的本质，通过分析具体和抽象的现象创造出良好的知识结构；艺术是从事物的内在感受和灵感的迸发中产生的东西。这些东西往往是人们通过自己的生活或工作经历，通过自身的美感塑造出来的，具有作者个人的审美特征和艺术色彩。因此，艺术必须理解自然，同时探索人类的心灵。著名物理学家李政道先生曾经说过，“科学和艺术的关系就好比硬币的正反面，这说明科学与艺术本身就是不可分割的。”事实证明，科学与艺术的融合不是只有在新时代才促进形成的，而是本身就是自然界的特性，只是在新时代人们发现了这种特性。

2　科学与艺术的融合

艺术的特点在于人的想象力，因此艺术的表达方式多种多样，所以在某种意义上带动了科技的发展。同样，科技的发展带来了许多的工艺，这些工艺为艺术表达提供了更多的媒介。如今，艺术和科学的结合力度更是飞速增加，大量的新兴信息传播媒介和创作新技术为艺术家们提供了更多的选择，例如以数字技术著称的3D打印技术将艺术家的天马云空的想象成功转换为表达媒介提供了可能。总之，不仅仅是艺术创作，其余的各个领域都是不断地增加与科学的融合，科学新技术将许多不可能变为了可能，当然，科学也是在不断的进步，带来的科技产品包括互联网、数字孪生、生物医药技术等极大地改变了我们的生活，这些创新的技术为艺术家打开了融合的新场所，创作者在此背景下不断地进行融合创新表达，创作出更多符合时代特征的艺术作品。

从古到今，在建筑艺术始终可以发现科学与艺术的融合。从古代的砖房、茅草房到现在的形式各异，拥有各种建筑科技的混凝土房，科技的发展推动了建筑结构的发展，而建筑的外在特点正是艺术的表达，建筑者用特有的艺术表达形式借助建筑的结构向世人表达，甚至有些的建筑作品已成为城市和时代的代表，成为不可取代的经典，例如迪拜的帆船酒店，其从建筑的构图、设计、尺寸都代表着时代的艺术，在其建造过程中应用的独特结构可以帮助其克服沙尘暴的威胁，这里边体现着是科学与艺术的融合。

历史上，古埃及人用石料来堆砌搭建房屋，到了罗马时代，当时的人用石材能够搭建出大跨度建筑。之后，工业革命更是给全世界的发展起到了推动作用，技术的发展使得建筑中应用的建材发生了转换，建筑中钢筋混凝土的应用增加了建筑的承重、质量，也释放了艺术表达的枷锁。正如，美国著名建筑设计家密斯的作品——西格拉姆大厦（图 1），便是这一时期钢筋混凝土建筑的成功作品。密斯所推崇的钢和玻璃的结构成功使现代的建筑改变了过去的长建筑周期、短寿命的特点，然而要知道在这种工艺结构的背后是科学的发展，这种结构化的建造技术在许多的建筑物中都能发现，大到一个房间，小到一个螺丝，从中我们都能发现结构化的布局，由此可见建筑艺术便是与科技密不可分的。另外一位建筑师柯布西埃与密斯不同，他推崇的结构是钢筋混凝土结构，

图 1　西格拉姆大厦

在他的建筑作品中可以看到许多钢筋混凝土的作品，他对钢筋混凝土的应用推动了现代建筑搭建标准化、高效化的进度，在不失效率的同时也能够给人们带来艺术美学的感受。

说到科学与艺术融合发展给建筑带来的创作，不得不提到贝聿铭与几何学。历史上的各种艺术作品，其创作过程中都蕴含着几何学的知识。当然数学几何知识的应用在建筑中很常见，一个成功的建筑是离不开几何学知识的。例如，著名建筑家贝聿铭，他设计的作品以公共建筑群为主，在他的代表建筑中，就可以看见精彩的数学几何知识的应用。中银大厦也是贝聿铭作品之一（图 2），在这座建筑的建造过程中，蕴含着丰富的模数制几何知识，而且贯穿于整座建筑，这使得这座建筑的设计堪称模数制应用的完美之作。模数制源自于一块比例接近 0.5 的石材，受益于此，建筑中应用模数制即建筑的轴网与层高之间接近 2/1，除了此处，建筑的各处尺寸基本上都体现着模数制的应用。这样会使得建筑呈现出来的空间特点十分的完美，随处可见符合模数的石材，增加了建筑的完整性。

图 2　中国银行北京总行

贝聿铭的建筑风格以等腰三角形和其他几何形状为特色。贝聿铭使用等腰三角形作为建筑物的基础设计了法国巴黎卢浮宫外景（图 3），以适应情节的形状，这个建筑成了他的经典之作，从建筑符号方面来说，三角形具有稳定性，用作建筑中，可以象征建筑的经久不衰。是永恒的象征。贝聿铭设计的玻璃金字塔的周围便有一个旋转了四十五度的方形水池，以便留出空间作为入口，最终该入口广场形成了三个三角形的独特形状。从贝聿铭所有设计的建筑物中，看出他沉迷于对几何精算的偏爱，所以他的建筑设计都是以锐利的直线，单纯的构造，会让你感觉到结构的透明性，这恰恰是对几何性魅力最直接的解释。从某种意义上来讲，贝聿铭的建筑可以理解为遵循自然规律和自然原本的信息最直接的代表。

可以说，建筑设计是一种的外在体现，是艺术的表达形式之一。经济文化的发展，使得人们对建筑的使用需求也在不断发展，因此建筑设计也应当与时俱进，迎合人们的喜好。工业革命的出现推动了 20 世纪科学技术的进步，同时也推动了科技与艺术的融合，融合程度取

图 3　法国巴黎卢浮宫外景全景金字塔入口

得进一步的提高。所以，对于 21 世纪的设计创作，不仅仅是要满足科学的应用，体现时代的科学特性，更重要的是要合理的融合艺术和科学，这就需要设计者的灵活运用，如何把握其间的关系，对于创作出的作品至关重要。国家推行很长时间的建设工程信息化 BIM 技术，将建筑的前期设计、建设过程管理、后期运维的保障等环节实现信息数字化管理，降低了建造过程的成本，效率也得到了进一步的提高。所以，未来的设计师需要具备艺术修养与计算机、材料等技术同等匹配才能上岗就业。除了建筑设计，在绘画艺术上也面临着新科学的洗礼，现代科学带来的新材料、新的加个工艺无形的推动着传统绘画的发展，因此面对如此问题，艺术工作者不能够拒绝变化的产生，一如以往的保持传统创作，要适时的在创作中加入创新的元素，迎合时代的发展、大众的口味。

在 17 世纪之前，文艺复兴推动了艺术在世界各地蓬勃发展，与此同时，科学似乎还不是那么的显眼。17 世纪之后，自然科学迎来了爆发式的发现增长，自然科学的出现带给世界许多的变化。18 世纪以后，自然科学更是取代了传统艺术的地位，成为那个时代发展的主要方向，自然科学带来的不仅仅是科学技术，更是给人们带来了一种认知的变化，古艺术中的诗意与月、神话等现象均有了清晰的解释，人们不再对古典的艺术那么的向往，由此可见，艺术倘若没有跟随时代的发展变化，便会慢慢地不被世人所推崇。但是，这并不代表着艺术的消亡，还是有一些艺术家仍然在坚持创作，例如博尔赫斯，他便是当时坚持创作的文学家之一，也是慢慢地接受了科学的变化，主动的改变，开始出现一些新的艺术作品。慢慢地那些讴歌月亮、星空的艺术作品转换为了描写机器时代、城市化进展的作品。高世名认为，自然科学的出现不会终结艺术的发展，艺术一定会产生一种新的形式，融合自然科学，迎合时代的发展。

科学技术和艺术一样，均是为人类服务的，所以二者的发展需要贴合人类的发展方向。对于科学技术而言，其可以帮助人类生活的更加方便，应用在人们生活场景的方方面面，而艺术却是不一样，艺术在人们生活中的体现往往体现于人们的精神世界。科学和艺术都无法从人们的生活中剥离，二者也无法相互离开，对于科学而言，需要艺术来包装自己，将自己表达出去，而艺术的更新迭代需要科技的助力，两者相辅相成共同进步，为人们服务。

目前可以看出的是，经济和科学的发展给人带来了更高的精神追求，在数字经济时代，对于艺术设计而言，人们的追求已经不满足于二维创作，不断的追求三维乃至思维的设计。这就需要设计师不断的追求探索，尝试新的设计状态，利用新的科学技术，从其他艺术作品中寻求灵感，以此谋取突破，可以说在数字时代，艺术创作都在不断地向数字化方向发展。

数字化艺术的典型之作便是一种空气净化生态机，也被称为空气泡泡净化机（图 4）。空气泡泡净化机的原理是利用小球藻来净化空气，形成新的“空气泡泡”。这一项目体现了生物技术与建筑环境的先进整合，来催生新一代不断成长的“活的建筑”，将观赏性与高效的生态性能融为一体。这是生物与艺术结合的绿色可持续发展设计的典型例子，也是在环保领域科学与艺术成功融合发展的典范。

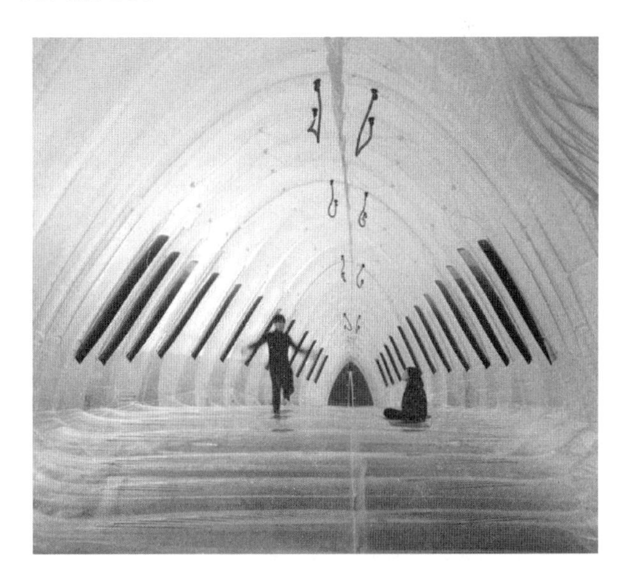

图 4　空气泡泡案例

此外，在当今时代，科学与艺术的融合已经催生了一个新领域的发展——新媒体艺术。传统观念中对科学和艺术的理解认为这是两个领域，如今基于新媒体这一新兴科技，艺术也成功利用新媒体平台，以一种迎合大众喜好的形式慢慢地融入大众的生活。随着新媒体传播平台在我国的发展，人们在平台上创作艺术供人们消遣已成为生活的常态，几乎每个用户都可以在新媒体平台上进行创作，这种艺术创作传播方式推动了更多的新型艺术的出现。各式各样的艺术开始走进人们的生活。当然，新型艺术的背后必然也伴随着新型艺术产业的出现，这说明艺术与科技的融合已经给新型艺术产业提供了新的发展方向。

比如 H28 治愈星球，这是重庆大学附属肿瘤医院打造的首个儿童肿瘤病房，和普通病房相比，这里更像一个游乐园。这个项目很温暖且有趣，最大的亮点是游戏交互，设计师把游戏作为一种媒介，与卡通角色和“乐园”相融合，给患病儿童来具有温暖的治愈空间和浸入式的情感体验。这个设计背后涉及心理学、人体工程学、共情力和互动科学等，是科学与艺术融合的典型，富有人文关怀的成就。

3 总结

科学并不是简简单单的对普遍现象的总结，而是科学家从自然现象中得到的理论知识的总结和升华，青出于蓝而胜于蓝，这些知识并不是仅仅适合某一个体，而是适合解释整个类别的自然现象，自然科学的真理性是外在的，而不是属于科学家自身的，它是由科学家整理总结出来的。与人类共属自然世界的一部分。同样，艺术家追求的真理也同自然科学一样，是属于自然世界的没有时间的感念。尽管从某些方面讲科学和艺术之间存在很大的区别，但是要知道，二者之间的关联也是植根于自然世界是无法抹掉的。科学与艺术也是一种思维方式，如同东方人思维承认整体概念普遍联系，讲求“天人合一”；而西方文化是一种分析的思维模式，崇尚深度探索和个体差异，如同人的左右脑感性与理性并存。要知道，科学和艺术都在不断地发展，追求领域的真理的普遍性，人们也在这两个领域中不断地探索自然，追求最终的普遍性。如果说硬币的正面是科学，那么反面一定是艺术。二者都是人类探索发现的结果，并且二者一直在朝着普遍性的方向发展。我想两个领域的融合与促进，也是两种思维模式的跨界激发思考。在建筑空间设计中，也将创造出新的发展道路，为科学与艺术的发展、为人类的生活环境提高到一个前所未有的高度，是大势所趋，也是势在必行！

参考文献

[1] 周振甫. 周振甫自选集 [M]. 济南：山东教育出版社，1998.

[2] 李政道. 李政道文录 [M]. 杭州：浙江文艺出版社，1995.

[3] 韩小伲. 为科学和艺术搭一座桥李政道 [J]. 科学家，2014 (11)：52-55.

[4] 方正怡，方鸿辉. 科学与艺术的会合 [J]. 自然杂志，2006 (6)：12-14.

[5] 冯士超，夏炎. 科学与艺术是一个硬币的两面——李政道先生的艺术情怀 [J]. 科学中国人，2018 (20)：10-13.

体验式商业综合体“情景营造”设计研究
——以遵化爱琴海城市广场商业综合体为例

■ 陆娇娇　范小胜
■ 中国建筑设计研究院有限公司室内空间设计研究院

摘要　本文以遵化爱琴海城市广场商业综合体项目为例，结合商业背景、业态功能、动线规划、主题设置、风格形式等设计要素，探讨了人与人、人与商业之间自然的互动关系以及如何利用感官体验进行商业空间“情景营造”。
关键词　商业综合体　沉浸式　情景营造　室内设计

1　新商业时代的现状与发展趋势

商业综合体作为一种商业零售业态出现于20世纪初期，第二次世界大战后在美国及其他发达国家逐步盛行；以休闲、购物、餐饮、娱乐、文化等一站式综合性服务逐步风靡全球。在我国，20世纪80年代以前，常见的实体商业类型主要为百货大楼、市场和供销社；到了20世纪90年代中期，在市场经济的影响下，中国城市的面貌日新月异；国内一线城市如北京国贸商城、上海恒隆广场、广州天河城广场等陆续建成运营，涌现出一批具有一定体量规模、业态颇丰、经营较成熟的商业综合体雏形。伴随着新型商业崛起、主力消费人群更迭，以及大众消费观念的转变，国内商业综合体已脱离野蛮生长的初级阶段，进入到以运营能力、购物体验、品牌业态为核心竞争力的下一阶段。

随着互联网电商的不断渗透、线上购物受到了更多消费者的青睐，加上我国已进入后疫情阶段，大众普遍处于心理修复期，这些因素导致了线下实体零售、餐饮、文娱等服务性第三产业持续低迷。横亘在整个线下零售业面前的压力与日俱增，大量现实竞争与未来转型难题仍亟待解决。

商业综合体作为城市的一部分和谐存在，要做到突破和转变就要融入更多的城市功能，形成一种人期待的、整合的、兴奋的购物体验。随着商业3.0模式时代的来临，室内设计师们展开了一系列关于消费者感官体验、情绪营造、精神诉求等意识形态的探索和研究，他们试图与文化背景、空间形态、功能分布等因素产生关联，其核心实质都是围绕着同一个关键词——“场景体验”来进行的。唯有营造出独特的、创新的、主题性的空间场景，才能打破区域、线上消费的壁垒，是其具有核心竞争力的流量密码。

2　“情景营造”策略——以遵化爱琴海城市广场商业综合体为例

2.1　商业综合体走进三、四线城市

探讨商业空间室内设计与“情景营造”之间的相互关联，与在地背景、文化密不可分。据《2021中国购物中心年度发展报告》调查数据显示，三、四线城市购物中心呈高增长态势，部分城市将迎来更多的商业机会。购物中心行业将呈现结构性增长，行业存量增速逐渐放缓，但三、四线城市增速仍高于一、二线城市。面对这一情况，不同城市综合体的设计策略也会有所倾斜，这不只是关系到城市规模、文化背景，还应结合当地的经济发展、区域周边购物中心存量和规模进行整体策划，这样才能依据差异解决所面临的实际问题和发挥设计的最大价值。

2.2　遵化爱琴海商业项目概况

遵化市隶属于唐山市，遵化意为“遵从孔孟之道，教化黎民百姓”。历史悠久，源远流长，有“千年古县”之称。遵化市生产总值处于全市中上游水平，但增长率波动明显。遵化爱琴海城市广场商业综合体项目位于遵化市核心区域，用地面积约为53897.94m²，总建筑面积为290449.01m²。本项目是由一座大型商场（A座商业）、东侧小型商场（B座商业）组成（图1）。本案周边分布多个高档的住宅社区，地处区域是全市的政治、经济、文化、交通中心。遵化市内商业项目分布较分散，均以百货零售为主，缺乏综合性的全业态商业项目，居民对于现有商业有惯性消费意识，对新商业配套需一段时间的培养。如何打造独特的、全业态、体验式消费目的地，就成了遵化爱琴海x项目在遵化、唐山及华北地区“出圈”的最佳途径。

图1　遵化爱琴海城市广场商业综合体建筑效果图

2.3 遵化爱琴海商业空间主题营造

2.3.1 “爱琴海”主题

爱琴海集团依托所运营的爱琴海购物公园，致力于为中国消费者提供更好的生活体验，以文化、生态、情感为核心价值关怀，满足新兴都市群体消费升级的内在需求。目前已经进入北京、上海、天津、重庆等 100 余个城市。爱琴海集团是进行城市综合体及商业购物中心筹建、招商、运营的资产管理平台，是跻身国内最具发展潜力的商业品牌。

遵化爱琴海项目依托于爱琴海集团的商业背景。在设计之初，设计团队前往上海爱琴海进行了考察（图 2、图 3），以爱琴海商业浪漫、唯美的氛围调性为基底，以代表海洋主题的海岸线、海浪等流线型元素为主要空间语言，柔化空间界面，没有强烈的粉饰，由表及里地营生出细腻、包容、轻松、和谐的商业空间体验。

图 2　上海爱琴海主中庭

图 3　上海爱琴海副中庭

2.3.2 创造专属 Slogan

爱琴海商业主题为画卷提供了底色，那么创造独特、专属的商业品牌 Slogan，就是需要通过设计去绘制的每一笔。“古城展新颜”这句有力、易传播、易上口的 Slogan，是遵化爱琴海这个项目的核心主题。遵化是千年古城，本项目位于遵化中心路段——凤凰路，设计主题与城市背景生根，我们以《诗经 · 大雅》中的“凤凰鸣矣，于彼高冈。梧桐生矣，于彼朝阳。”词话引出空间主题，通过吉祥的凤凰寓意遵化古城，本案的落成将给这座古城注入了生机与活力，如同画面中的凤凰一般，面向朝阳，展翅鹏飞。将遵化爱琴海项目与城市形成链接，试图通过设计给这座城市递交一份友好的答卷，同样唤醒置身其中人们对城市的一份记忆和归属感。

进一步提炼“凤凰”元素，尾羽的形态、羽毛的形状、羽毛闪烁的质感都被我们巧妙地融入空间设计之中。1 号入口门厅的顶面造型提炼凤凰尾羽的形态通过抽象的设计语言进行描绘，诠释了飘逸、具有张力的空间感受，这种形态又有一种聚拢、引导的趋势，传达了一种友好的空间情绪，似乎在迎接着四面八方的来客（图 4）。

通过含蓄的手法进行立面设计，整体中有细节，对材质精准把控，如局部墙面用夹丝玻璃进行装饰，这种材质的运用来源于凤凰羽毛的质感。地面运用了三色无机石拼接成羽毛的造型样式（图 5）。

两大主题贯穿空间始终，设计变得丰富饱满。这正是商业 Slogan 的一种诠释，独特的空间语言营生出不同的体验，体验使记忆留存，这便是一种“情景营造”的策略，使人流连忘返。

在通州绿心商业街项目中，设计团队将运河文化植入设计中，两侧商铺鳞次栉比，沿街外摆延伸空间功能，熙熙攘攘的人群川流在商业街中，营造了繁华热闹河畔市井气息。统一的木作门楣、两侧地砖的拼接如同河岸栈道，中庭小品也具象地使用了古船造型装置，生动地描绘了繁忙运河、两岸人家的美好景象（图 6）。

图 4　1 号门厅方案

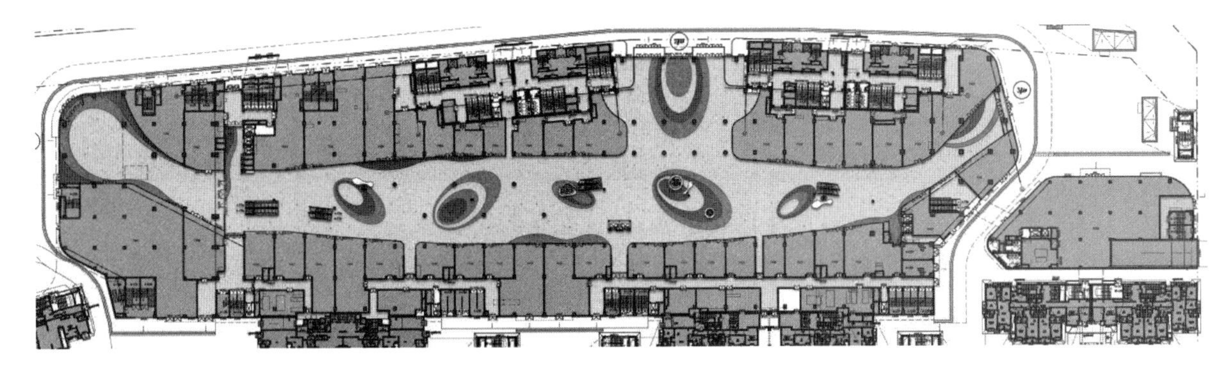

图 5　一层地铺方案

2.4　体验式商业空间场景营造

设计师通过对空间功能的梳理，勾勒出一条无形的“线”，不仅是常说的空间交通组织流线，同样是一条引导顾客购物体验、丰富空间层次的故事线。这条“线”通常从“垂直”与“水平”两个方向展开，进而增强人与人、人与商业自然舒适的互动体验。

2.4.1　创造“网红”点，解锁“流量”密码

遵化爱琴海项目主中庭为四层挑高，狭长合型中庭，两侧分布长约 100 米商业街。在中庭置入“凤凰之眼”装置，贯穿 1～4 层。“凤凰之眼”如同一个天外飞碟，与主中庭巧妙地融合在一起，错落的形态使原本规整的空间灵动起来，它似乎成为了空间的“心脏”将源源不断的活力注入到场所之中。设计师希望通过这个特别的存在，创造一个亮点，也就是现在流行的“网红”打卡点，当然，它绝不是一个迎合造作的产物，它生根于这个空间，这源于“凤凰之眼”的功能本身，它打破了原有冗长的交通动线，成为了空间中的“驻足点”，人们停留于此等候休息、拍照打卡、沟通交流(图 7)。加建玻璃连桥，连通“凤凰之眼”与对岸，提升了空间的灵活度、创造了更加便捷的购物流线。两侧商业街形成联动，丰富同层之间的对话关系，进而激活了整个空间的场域。

图 6　通州绿心地下商业街

图 7　“凤凰之眼”装置

2.4.2　把握讲“故事”的节奏

设计师要善于把握叙事节奏，在空间中穿插趣味节点，串联起横向故事线。二层中岛区位于主中庭北侧商业街中间位置，临近玻璃连桥入口，设计师在此穿插了“发呆区”这个小章节，平面上形成一个核心三角区（图 8)。“发呆区”如同一个静谧的小花园，在这个围合的小区域加入更多绿植，艺术照明装置营造自然与惬意的氛围，形成了“动—静—动”的空间节奏，为购物疲乏的顾客提供了一个充满惊喜的角落。

图 8　发呆区

2.4.3　“乏味”变“趣味”

公共卫生间位于空间后场，由于建筑条件受限，顾客去往卫生间要通过狭长的走廊。那么如何“变废为宝”利用空间创造丰富的场所体验呢？设计师利用光、电效果创造奇妙的空间感受，如同一次探险；合理规划建筑剪力墙设计休息等候区吸引更多的人流，利用该区域部分界面进行商业展示，创造更多的商业价值，这样就赋予了这条走廊新的生命（图 9)。

图 9　卫生间走廊

2.4.4 创造“圈层”文化

现代商业争夺的是80后、90后的消费群体，他们乐于为心情买单，为圈子买单。这要求商业设计要融入更多可以使消费者产生身份认同的元素，比如特定的文化艺术、手作、运动等。为“圈层”文化建立一个营地，就可以与这个群体产生高频互动，继而拓展消费边界，提升商业价值。“不是艺术研究所”融合了展陈、互动等体验性装置，提供了一个交流分享的场所，消费者在购物过程中也增加了一份目的所指（图10）。

图10 不是艺术研究所

2.4.5 回归“以人为本”

随着我国二胎政策的开放，新生儿数量也在稳步提升。商业综合体以服务为主，须从人的根本需求出发，做到“以人为本”。现如今的父母多为80后、90后的年轻家长，这类人群需要在公共场所考虑到孩子如何安排，又可同时满足自己的需求。多数商家已经开始意识到儿童看护活动场所的服务性大于营利性，好的服务可营生信赖，这也是“引流”的手段之一。设计师同样将亲子活动区以一个独立的区域置于空间之中，闭合区域更有安全性，设置了舒适的家长等候区、海洋球区、儿童阅读区、手工区等。这种设计也预设了一种可能，爸爸们不再满目愁容地焦急等待，妈妈们可以尽情置身于购物的海洋之中（图11）。

图11 亲子活动区

3 总结

本文以遵化爱琴海城市广场商住综合体项目为例，结合商业背景、业态功能、动线规划、主题设置、风格形式等设计要素，逐层探讨了人与人、人与商业之间自然的互动关系以及如何利用感官体验进行商业空间“情景营造”。商业空间设计是多元化、不断迭代更新的，这就要求设计师要具备敏锐的洞察力、与时俱进的智慧、平衡各项因素的包容性和丰厚的专业技能储备，同时，还应从消费者的角度出发：设计了什么不重要，感觉到什么才重要。希望可以通过本文为室内设计师们提供观念上的提示和基础性的借鉴。

农旅融合背景下的川南丘陵地区乡村景观规划设计研究

■ 李 吉[1] 黄 禾[1] 孙 丹[2] 罗小娇[3] 王华斌[1] 杨琪芮[1] 陈孟琰[1]
■ 1 绵阳职业技术学院 2 四川电影电视学院 3 绵阳城市学院

摘要 社会主义新乡村建设的重大背景下，以中国乡村旅游发展较为快速、自然资源相对丰富的川南丘陵地区为落脚点，对该区域乡村观光旅游资源及景观设计状况展开了研究分析，并通过对丘陵地区的特色园林绿化设计要点与总体空间布局模型，以及乡村景区发展的关键理论，最终探讨和找出了适宜于川南丘陵地区发展丘陵地区特色旅游区的景观设计方式与发展战略。

关键词 农旅融合 丘陵地区 景观设计

引言

丘陵地区风光是川南丘陵地区区域山势自然地貌的主要特点，且各自然风景地貌区多拥有丰厚的野生动植物文化资源，气候条件宜人，民族文化底蕴浓厚，因此发展乡村旅行有着先天性的优势资源、自然环境条件优势和地域资源优势。目前川南丘陵地区区域乡村旅行发展得相当快速，乡村已成为了当代广大市民放松和休闲旅行的主要旅行目的地。所以，新乡镇风景的建成就变得尤为重要。而新型乡村构建的发展也恰恰为城乡观光旅游提供了巨大的政策保障，即新乡镇的建成首先需要做好的乡镇区域经济社会、政治、人文和社会保障等各方面的基础工程建设，最后达到将新乡镇构建成经济繁荣、基础设施齐全、环境优美、文明祥和的社会主义新型乡镇的总体目标。乡土景色与风貌已成为了乡镇景区的“外衣”，也变成了实现发展丘陵地区城乡观光旅游的重要途径与方式。

1 乡村旅游及川南丘陵地区特色景观设计相关理论研究

国外很早就开始重视对丘陵地区农村风景的考察，其重点大多集中在农村土

地管理、农村风景的保存以及文化景观等。现阶段国内丘陵地带的农村观光考察的重点集中在城市聚集区域的农村生产场景、农村自然景观的研究、农村土地的发展、农村生态、地方特色民居的保存以及旅游产品等领域。川南农村旅游区景观设计的探索方式主要偏向于对农村观光、景观规划的探索。

1.1 乡村旅游

农村游是传统农村和游览景观相结合所形成的一个新型的旅游项目。农村传统文化游览景观，广义上是指依托乡村游览融合了农业、生态、农事生产、村俗风貌和民俗民风等多元民俗传统文化的综合性载体。其中，山丘地区特色乡村景区因其独特的历史文化游览资源与自然环境，是人们发展农村生态观光旅游的绝佳地域之一，它适应高节奏、高浓度生存的现代城市人追求“返璞归真、返回大自然、追求健康”的城市生存潮流，也使得山丘地区乡村旅游资源日益获得了人们的广泛关注。

1.2 川南丘陵地区特色乡村景观构成要素

景观是个很广义的范畴，不同的专业领域有不同的认识，因此园林绿化方案设计应该尽量符合旅游者的实际需要，更宜采取合理式的决策方式。乡村景要素、地形地貌要素、植物基本要素、交通景观基本要素和公共设施基本要素是川南农村旅游区景点的五个主要组成部分。其中，乡村景既是在新型乡村建设大背景下城镇化建设的重点，又是乡村园林绿化方案设计的核心内容；地形地貌基本要素又是在丘陵地区景点中最具典型特征的地形特征，是道路植物布局与路线规划的重要基础；川南山地夏季高热高湿，冬季严寒，属典型的湿热季风气候，植物主要具垂直分布带特征，按高度由低至高依次相当于常绿阔叶林、落叶阔叶林、低中山常绿针叶林、亚高山常绿针叶林等，在平均海拔较高的丘陵地区还散布有亚高山落叶针叶林；交通景物要点既是乡村游览的重要交通干道和主要交通枢纽，又是游客旅行活动的主要观光途径，竖向路线布置是否合理将直接影响旅游者的观光视线和对周围景色的第一印象；公共设施要点则是指与景点环境相匹配的卫生、照明、休息、交通、安保和通信等有关的服务设施。

1.3 川南丘陵地区特色乡村景观空间格局

平远空间、高远天空和高远空间三种空间格局，是在丘陵地区景观中区别于其他地貌类型的主要特点和划分方法。平远空间通常是指坐落在城市视线中相对空旷地区的小村庄，主要布置在山岭中间相对平旷的位置或山麓的缓坡上，也包括距离遥远的靠山傍水式、临山夹路式；高远空间设计通常布置于山岭深谷及小流域之间，道路蜿蜒环绕，四周则相对封闭，可分成环山式、倾斜

式；高远空间设计则是位于视平线之上的特殊空间设计，如在山巅的村庄、住宅等依山而建，之上群山绵延，而山下沟壑纵横，有高台式、山巅式。

2 农旅融合概述

针对乡村农场和旅游服务之间的关系，国外的许多研究者也开展了各种各样的科学研究。韦克（Veeck）表示旅游观光和农产品的双向整合是农村旅行的未来方向；北原（Kitahara）表示推动农村发展对增强城市人际关系起到重大影响；日和崎（Hiwasaki）则表示，将乡村社区的发展与绿色旅游和生态旅游密切相关。国内的部分专家学者认为，要推动农村旅游业文化资源和农产品的融入，促进产业链的整合，提供新的商品类型与业态，从而实现商品的附加值；也有专家学者指出，从根本来说是农业产品之间的交叉发展和融入催生了都市乡村旅游业，将城乡都市农业文化旅游文化资源和都市的旅游文化产物融入，将都市的旅游休闲业务扩展至农村，而优化农村观光旅游文化资源的最主要路径，就是发展现代休闲农业。

从广义来说，农旅融合就是指在农村农业和旅游业文化资源之间的彼此联系、交叉渗透，最后成为新产业关系；狭义的农旅融合，就是把农村观光旅游商品所包含的六要素（食、住、行、娱、游、购）和农产品资源融为一体，构成了观光农业、感受农业、生态农业，让农旅融合的项目具有情、闲、娱、赏四大感受，从而构成了新型的乡村经济模式，实现农村土地资源利用的升级。

3 川南丘陵地区特色乡村旅游区景观现状及问题分析

3.1 村落景观简陋而单调

目前，这些村落房屋的改变是将房屋外立面涂上统一色彩的外墙漆，改造风格单调，缺乏民族特色。而传统院落景观则因为相对的隐蔽性，并不能进行建设与改建。

3.2 农业景观单一缺乏美观性

农业作物栽培既是农户赖以生存的主要经济来源，又是农村文明的根本，成为吸引游人到此游览的主要原因。目前农作物栽培主要以原栽培形态为主，不具有观赏性和美观特性。

3.3 配套休闲娱乐设施缺乏

充足而完备的休闲娱乐服务设施不但可以让旅游者实现轻松娱乐的目的，而且是游览景点的最基础组成要件。川南各地现有丘陵地区特色乡村景区受交通和经济条件制约，多数仅设有餐厅、棋牌和垂钓等千篇一律的基本娱乐服务项目，不具有完备的娱乐服务设施。

3.4 地域文化缺失，景观设计同质化

各个乡村景点均以各地不同的村落、人文和自然环境资源为基础，各个旅游区的景观设计也均将按照当地不同区域特点进行分类设计，景点的不同也是景点吸引旅游者的特点所在。

4 川南丘陵地区特色乡村旅游区景观设计策略

4.1 景观设计生态化策略

这里所说的环境生态化主要包含了两方面：一方面，是指环境自然景观的设计与改造应当强调环境属性，并贯彻可持续发展的基本原则。在环境生态景观建设与后期的再利用过程中，尽量不破坏原有植物、土地和自然资源；在景点耗材的材料选用上，尽量使用环保型、可反复使用的建筑材料。而另一方面，则是以农业文明是农村观光旅游的核心。因此农村旅游景点就应该以农业文明为内核，加以发展建设。而农村旅游景点区别于其他农村旅游目的地之处，就是以农业文化为主的产品景观和比较粗放的土地利用景观，另外还有农村特色的田园文化和田园生活。农业文明不但能够反映到传统乡村建设上，还能够以各种农业观光旅游工程项目的相关基础设施建设为载体，实施到旅游者自己的农业旅行体验活动中。

4.2 合理运用丘陵地区的特有空间格局布置环境景观

平远空间、高远天空和高远空间的空间布局结构是中国丘陵地区自然景观特有的类型，空间层次感较其他地区更为丰富，更能够塑造出更加生动多样的自然景观形态。各种景观要素必须根据丘陵地区山势而设，尽量减少对原来地貌、植物的损坏。因此，既可通过竖向的空间形成阶梯状自然景观，又可针对坡地自然环境进行一系列的攀登、高山冒险和滑梯等各种观光活动。

4.3 旅游体验化的景观设计

游览活动最基础的元素即体验式游览，如今旅游者已不再满足单一的参观式游览，而是期待在游览活动中可以进行欣赏、了解、交流、休闲和消费等一系列的体验式游览活动，体验式游览适应当今的大发展经济条件。所以，农村旅游景观设计从观光类农村情景向实践类农村情景转变，各种农村观光产品都应该进行情景体验化和场景化，包括农业的感受、农村文化的体验等。

4.4 景观设计应该达到题材化与区域化的结合

目前，川南丘陵地区的文化特色农村景区文化同质化现状突出，大多缺乏属于自身的主题文化和主要风景特点。而一个景区最具有独特性和最能吸引旅游者的地方，就在于该景区的主要风光特点和游览项目，是否具有区别于其他景区的地方。如想使景区形成地方特点，必须做好两点：一是景区按照市场定位和旅游者需要，选择相对应的独特鲜明主题；二是发掘当地人文精髓，并把该企业文化精神加以包装、建设和实施到景区和游览活动上。如都江堰的盆景村，就根据盆景为主体，对村容村貌、交通景观、文化休闲设施等加以建设，从而实现了种植业与旅游服务业相结合的新发展模式。

4.5 旅游配套建设从单一性向多元化的转变

当前，中国乡村旅游最大的问题就在于无法适应中国人民群众对观光旅游的广泛需要，主要体现为休闲娱乐项目单调，配套基础设施发展滞后。餐饮、棋牌和农产品采摘等三大服务项目作为当前中国大部分乡村旅游区的仅有服务项目，而食宿、购物、学习、交流、体验、探索和观光等与客人旅行需要密切相关的配套基础设施发展不够。所以，丰富旅游服务项目，并且加强与其相关的景区配套服务基础设施就感到十分关键。另外，相关的环卫、资讯、道路交通、电力、安保、娱乐和景观小品等公共服务提供基本体系建设也需要得到进一步完善。

4.6 景观设计形式和功能相结合的策略

景观设计既要讲究审美性，又要讲究实用性。易被美的东西所诱惑是人类与生俱来的特点，在丘陵地区的农村旅游区景点的形象塑造，也要在符合人类游览行为要求的前提下，基于观赏性原理而加以设置。如在景点中适当设置的休息座位、垃圾箱、路灯、信息指示牌和厕所等公共设施本身就是实用性的表现，但经过设置后使景点中具有地方文化浓厚、主体特征突出、富有观赏性等特性的造型，也属审美化的范畴。

4.7 实现农业景观与观光旅游的融合

各个村庄都有其独特的农业资源与风光，在这种可创造的自然条件下，可适度添加某些元素与本地的耕地、山系或水体融合，从而形成独特的观光景点，这就将极大地利用现场的农业资源与自然资源的综合效益。因此，在丘陵地区就充分发挥该地的天然落差与溪流特点，构成了“龙泉叠瀑”，在瀑布附近修建了观瀑栈道，并打造与飞瀑相匹配的水中步石道和悬索桥，与整体飞瀑景色构成了统一和谐的自然景观。此外，还充分发挥瀑入口地势差的优点，大量栽植花卉，构成了花卉景点，并利用花木和山水背景互为衬托，构成了梯级型的花卉观光景点。

4.8 实现采摘种植与体验旅游的融合

实现了乡土农业与观光旅游的同步发展还能够促进地方其他行业的进一步发展，所以，在发展地方乡土资源的过程中，还可以注重于开发利用地方的文化资源与产品资源，并开发新的体验项目，以满足游客的娱乐需要。比如，钟山镇的贡相产品便是该地方的重要经济效益源泉，该地的村民们还在大力开发着青梅、杨梅等地方水果种植业，还培育与发展了“百果园”，运用了该地的良好地理与自然气候自然环境，大量培育了葡萄、柠檬等地方特色瓜果，把鸡鸭放入果园中养殖，开展了游客的采集与捉禽体验等活动。一方面能够在较大程度上增加旅游者的生活体验感受，为旅游者提供极大的休闲娱乐享受；另一方面也能够增加本地农户的经济社会收入，以此带动整个钟山镇的经济社会发展。

5 川南丘陵地区特色乡村旅游区景观设计策略

本文主要从社会主义新乡村建设的理论角度对农村游览区的景观进行了探讨，并经过有关基础理论研究和现状调研与问题剖析后，对该类景区景观设计的方式与对策给出了初步看法。以此实现了美化当地新农村景观、提升游览景观、丰富游览活动内容的目的。最后通过吸纳旅游者，利用新农村建设与旅游业有机地结合的发展模式，进一步提高地方城镇居民的经济社会生活收入、改善人民的生活，以此达到推动川南丘陵地区经济社会发展的宏伟理想。

[基金项目：绵阳市社会科学研究规划项目，四川丘陵地区农旅融合村落规划与风貌设计研究—以绵阳市铁炉村为例，项目编号：MY2022YB054。]

参考文献

[1] 张琪．农旅融合背景下的乡村旅游景观规划设计［J］．工业建筑，2021.
[2] 詹柴，王凯，徐志豪，等．农旅文融合视域下宁波农田景观规划设计探讨［J］．南方农业，2020，14（28）：4.
[3] 凌士义，付路瑶．农旅融合模式下乡村聚落民宿化设计研究：以豫南地区为例［J］．农业科学，2021，4（4）：5－6.
[4] 孙克劣，姜琳琳．基于农旅融合的乡村旅游规划分析［J］．砖瓦世界，2021（2）：6－7.